21 世纪高职高专机械基础系列规划教材

# CAD/CAM—Mastercam X 实例教程

主　编　冯辉英　朱成俊
副主编　郭　威

武汉理工大学出版社

## 内容简介

本书从软件的基本应用与行业知识入手，以最新版本 Mastercam X7 软件应用为主线，以典型实例为导向，由浅入深，图文并茂，讲解详细，并融入了丰富的实践经验与技巧，使得本书内容具有专业性、实践性、职业性的特点，通过对本书内容的学习、理解和练习，能够使读者真正具备 Mastercam 编程者的水平和素质。

本书既可以作为高职高专院校机械、模具设计与数控编程加工等专业的教材，也可作为对制造行业有浓厚兴趣的读者的自学教材。


**图书在版编目(CIP)数据**

CAD/CAM—Mastercam X 实例教程/冯辉英，朱成俊主编. —武汉 ：武汉理工大学出版社，2018.2

ISBN 978-7-5629-5735-5

Ⅰ. C…　Ⅱ. ①冯…　②朱…　Ⅲ. ①计算机辅助制造-应用软件-教材　Ⅳ. ①TP391.73

中国版本图书馆 CIP 数据核字(2018)第 030449 号

**项目负责人**：王兆国　　**责任编辑**：黄玲玲

**责任校对**：李正五　　**封面设计**：许伶俐

**出版发行**：武汉理工大学出版社

**社　　址**：武汉市洪山区珞狮路 122 号

**邮　　编**：430070

**网　　址**：http://www.wutp.com.cn

**经　　销**：各地新华书店

**印　　刷**：荆州市鸿盛印务有限公司

**开　　本**：787×1092　1/16

**印　　张**：15

**字　　数**：390 千字

**版　　次**：2018 年 2 月第 1 版

**印　　次**：2018 年 2 月第 1 次印刷

**印　　数**：1—2000 册

**定　　价**：36.00 元

凡购本书，如有缺页、倒页、脱页等印装质量问题，请向出版社发行部调换。

本社购书热线电话：027-87523148　87664138　87523238　87165708(传真)

# 前　　言

Mastercam 软件是美国 CNC Software 公司研制开发的基于 PC 机平台的 CAD/CAM 系统，自 1984 年诞生以来，就以其强大的加工功能闻名于世。它集二维绘图、三维实体、曲面设计、数控编程、刀具路径模拟及真实感模拟加工等功能与一身，对系统运行环境要求较低，使用户在造型设计、CNC 铣床、CNC 车床和 CNC 线切割等加工操作中，都能获得最佳效果，所以在机械、汽车、航空以及模具制造中被广泛应用。

本书通过六大任务介绍了 Mastercam X 的 CAD 和 CAM 功能的使用方法。任务一为 Mastercam X 基础知识；任务二为端盖零件图的绘制；任务三为鼠标外壳曲面设计；任务四为烟灰缸实体设计；任务五为端盖零件的加工；任务六为烟灰缸的加工。

本书在编写的过程中使用了 Mastercam X7 的中文汉化版，不同的汉化版本的界面中，命令、工具、选项等的翻译可能有所不同，请读者在使用时注意。

全书由河南工业职业技术学院冯辉英、朱成俊主编，郭威为副主编，参编人员有河南工业职业技术学院方雅等。其中任务一、任务二由冯辉英编写，任务三由郭威编写，任务四、任务六由朱成俊编写，任务五由方雅编写。

由于时间仓促及编者水平所限，本书中错误与疏漏之处在所难免，希望读者不吝指教，在此表示衷心的感谢。

编　者

2017 年 10 月

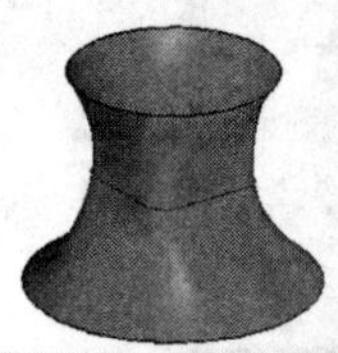

# 目　录

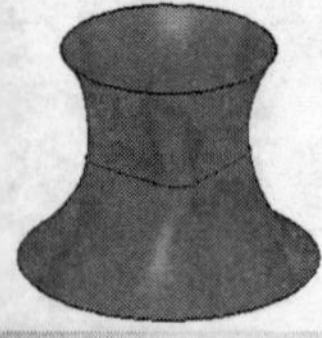

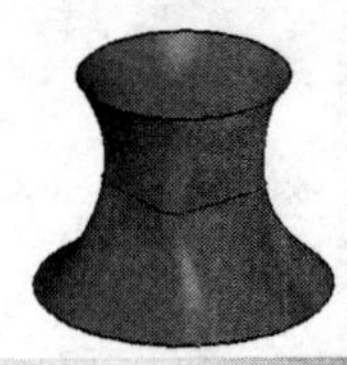



# 任务一　Mastercam X 基础知识

**学习目标**

1. 了解 Mastercam X 软件的基本知识，对使用 Mastercam X 软件进行数控编程的基本流程有一个较为系统的认识。

2. 掌握 Mastercam X 软件基本操作。

## 1.1　Mastercam X 的主要功能



Mastercam X 作为 CAD/CAM 集成软件，包含设计(CAD)和加工(CAM)两大部分，主要包含以下功能。

1. 二维绘图和三维造型功能

(1)强大的二维绘图功能：使用 Mastercam X 可以快速高效地绘制、编辑复杂的二维图形，并能够方便地对二维图形进行尺寸标注、图形注释和图案填充等工作，还可以打印工程图样。

(2)曲面造型手段丰富：Mastercam X 可以非常直观地用多种方法创建规则曲面，也可以创建网络曲面、扫掠曲面、举升曲面等多种不规则的光滑曲面；而且可以对曲面或多个曲面进行等半径或不等半径的圆角过渡，还具有曲面倒角、偏移、修剪等曲面编辑功能。

(3)先进的实体建模功能：Mastercam X 具有特征造型和参数化设计功能，可以对实体进行布尔运算、倒圆角、倒角、薄壳等处理，操作简单，适合零部件的结构设计。

(4)实体与曲面的综合造型功能：Mastercam X 通常综合使用实体造型和曲面造型功能来创建模型。在实体模型上再构建所需要的曲面模型，这样，可以通过曲面设计工具来完成零件外形的详细设计，可用于设计具有复杂外形的零件。如果需要，还可以将曲面转换为实体造型。

(5)着色功能：Mastercam X 可以对创建的曲面或实体模型进行着色处理；可以使用模型本身的颜色，也可以指定颜色，甚至可以给模型赋予材质，并可以设置光照效果，通过对模型进行移动和任意角度的旋转操作，产生非常逼真的效果。

2. 数控编程

(1)加工方式多样化：Mastercam X 提供了多种走刀方式。各种进退刀方法丰富实用，能够迅速加工非常复杂的表面。在曲面加工中，Mastercam X 提供了 8 种粗加工方法和 11 种精加工方法。

(2)加工智能化：Mastercam X 加工的刀具路径与被加工零件的几何模型一致。当零件几何模型或加工参数被修改后，可以迅速准确地更新相应的刀具路径。在“操作管理器”中，可以综合管理实体模型、刀具参数及加工参数等，修改和编辑上述参数非常方便。

3. 刀具路径管理功能

Mastercam X 的主要功能是对设计的产品进行加工，利用 Mastercam X 生成的刀具路径，不仅可以在 PC 机上模拟加工过程，而且能够产生在数控机床上真实加工所需要的加工程序清单。

(1)刀具路径的图形编辑：Mastercam X 可以直观地在屏幕上编辑单个刀位点，也可以方便地修改、增加或删除某一段刀具路径。

(2)加工参数管理及优化工具：在数控程序中，通常在刀具路径中会有较多极短的直线走刀指令或重复的直线走刀指令。在保证编辑精度的前提下，Mastercam X 的程序优化器会自动把这些指令转化为一条直线指令或一条圆弧指令，从而大大减小了加工程序的长度。

(3)可靠的刀具路径校验功能：Mastercam X 内置了一个功能齐全的模拟器，可以真实、准确地模拟切削零件的整个过程。不仅能显示刀具和夹具，而且能迅速检查刀具、夹具与被加工模型之间的干涉、过切和碰撞现象。这样可以省去了试切工序，节省了加工时间，降低了材料消耗，提高了加工效率。



(4)自定义刀具库和材料库：在 Mastercam X 中，用户可以自定义刀具库和材料库，并可以根据刀具库和材料库中的数据自动计算进给速度和主轴转速，也可以根据需要修改刀具库和材料库中的数据。

4. 数据交换与通信功能

(1)提供强大的格式转换器：Mastercam X 支持 IGES、ACIS、DXF、DWG 等流行存档文件的转换，进行企业间可靠的数据转换。

(2)开放的 C－HOOK 接口：用户可以将自编的工作模块与 Mastercam X 无缝链接。

(3)与数控机床直接进行通信：Mastercam X 将生成的 G 代码文件直接传入数控机床，为 FMS(柔性制造系统)和 CIMS(计算机集成制造系统)的集成提供了支持。

## 1.2　Mastercam X 的 CAD/CAM 过程

1. 图形的产生

(1)绘图：以鼠标和数字化仪根据软件所提供的指令来精确地画出或修整图形。

(2)扫描：以接触式探针或非接触式扫描仪来产生模型坐标数据，以提供 CAD/CAM 软件编辑。

(3)转入文档：不同的软件都有属于自己的特定文档格式，但这些软件本身也都提供转入特定格式文档的功能，这些图形交换文档转换格式有 IGES、DXF、SAT、CADL、STL、VDA、ASCII、DWG、Parasild 等。可以与 Autocad、CADKEY、Solid EDGE、PRO/E、UGII 等 CAD/CAM 软件进行数据交换。

2. 产生刀具路径

当被加工物体的几何模型产生后，接下来就是要进行加工规划，Mastercam X 会根据使用者设定的刀具尺寸、完成加工面的表面粗糙度及加工次数等特定参数计算而产生刀具路径。并且会将路径资料及刀具参数储存在 NCI 文件中，通过后处理程序转换为 NC 加工程

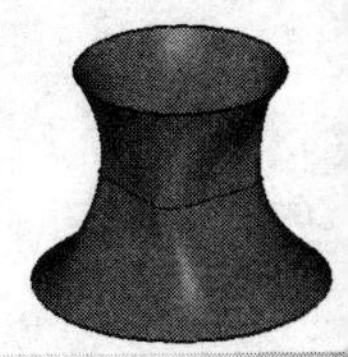



序，以控制刀具切削工件。这种 NC 程序最常用的是 G 指令或 M 指令，由于各个机床厂家的 NC 加工指令代码并不一致，所以转换时必须注意。

一般 CAM 加工的基本流程为：①依图形设计资料决定素材大小与材质。②决定加工特征的种类和数量。③决定加工特征的加工方法、顺序及加工机床。④决定加工用的刀具、夹具及加工参数。⑤编制 NC 加工程序。

## 1.3　Mastercam X 的工作界面

如图 1-1 所示为 Mastercam X7 系统的工作界面。

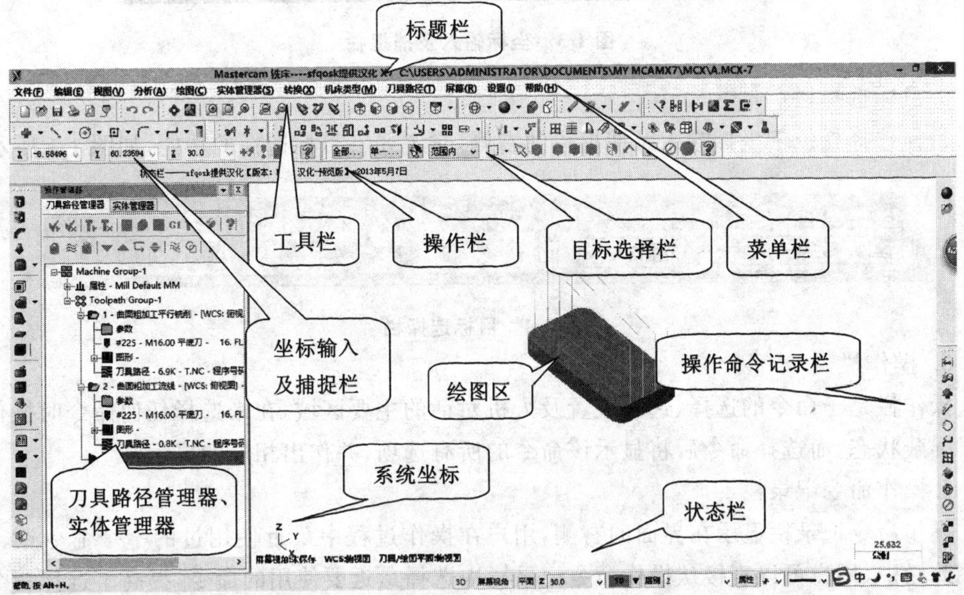


**图 1-1　Mastercam X7 系统的工作界面**

1. 标题栏

标题栏在整个界面的顶端，用于显示软件名称、模块名称、软件版本号以及当前文件的保存路径和文件名称。

2. 菜单栏

紧接标题栏下面为菜单栏，它包含了 Mastercam X 系统的所有菜单命令。依次为【文件】、【编辑】、【视图】、【分析】、【绘图】、【实体管理器】、【转换】、【机床类型】、【刀具路径】、【屏幕】、【设置】、【帮助】。

3. 工具栏

紧接菜单栏下面为工具栏，如图 1-2 所示，它是将菜单栏中的命令以图标的方式来表达，点击图标可以快捷选取所需要的命令。Mastercam X 系统有许多工具栏，默认状态下，界面上显示一些最常用的工具条，若要用到其他工具，用户可以增加或减少工具栏。

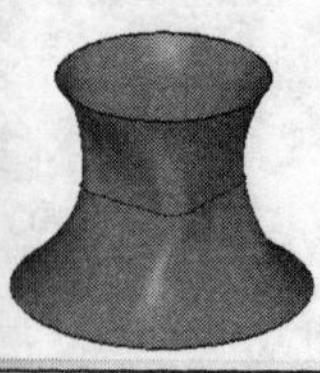

图 1-2 工具栏

4. 坐标输入及捕捉栏

紧接工具栏下面为坐标输入及捕捉栏，它主要起坐标输入及绘图捕捉的功能，如图 1-3 所示。

图 1-3 坐标输入及捕捉栏

5. 目标选择栏



目标选择栏位于坐标输入及捕捉栏的右侧，它主要有目标选择的功能，如图 1-4 所示。

图 1-4 目标选择栏

6. 操作栏

操作栏是子命令的选择、选项设置及人机对话的主要区域，在未选择任何命令时操作栏处于屏蔽状态，而选择命令后将显示该命令的所有选项，并作出相应的提示。

7. 操作命令记录栏

操作命令记录栏显示在界面的右侧，用户在操作过程中最近使用过的十个命令逐一记录在此栏中，用户可以直接从操作命令记录栏中选择最近要使用的命令，提高了选择命令的效率。

8. 绘图区

在 Mastercam X 系统显示界面上，最大的空白区域便是绘图区，绘图区就像我们手工绘图的空白图纸，所有的绘图操作都将在上面完成。绘图区是没有边界的，可以想象成是一张无限大的空白图纸，无论多大的图形都可以绘制并显示出来。

绘图区的左下角显示了 Mastercam X 系统当前的坐标系、当前所设置的视图“Gview”、坐标系类型“WCS”和构图面“Cplane”。

9. 状态栏

在绘图区的下方是状态栏，它显示了当前所设置的颜色、点的类型、线型、线宽、图层及 Z 深度等的状态，选择状态栏中的选项可以进行相应的状态设置，如图 1-5 所示。

图 1-5 状态栏

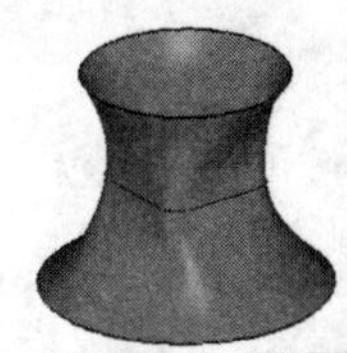





10. 刀具路径管理器、实体管理器

刀具路径管理器能对已经产生的刀具参数进行修改，如重新选择刀具大小及形式，修改主轴转速及进给率等；实体管理器能修改实体尺寸、属性及重排实体构建顺序等。

## 1.4 文件管理

图 1-6 文件菜单

Mastercam X 的文件管理功能是通过如图 1-6 所示的文件菜单和如图 1-7 所示的文件工具栏来实现的。

图 1-7 文件工具栏

1. 新建文件

每次启动 Mastercam X 后，系统将自动进入新建图形的状态。另外，在完成一个文件设计工作后，可以再新建一个文件进行其他设计工作。

单击菜单栏中的“文件”/“新建文件”命令，或单击“文件”工具栏中的按钮，即可新建一个空白文件。

2. 打开文件

若要调取文件，单击菜单栏中的“文件”/“打开文件”命令，或单击文件工具栏中的按钮，弹出如图 1-8 所示的对话框。在该对话框中，设置文件打开的目录路径，然后选择文件类型，找到文件后，单击打开按钮即可。

3. 保存文件

保存文件有 3 种方式：保存、另存文件和部分保存。用户需要对完成的文件进行保存，在主菜单上选择“文件”/“保存”命令，弹出“另存为”对话框。设置另存文件的路径，如图 1-9 所示。

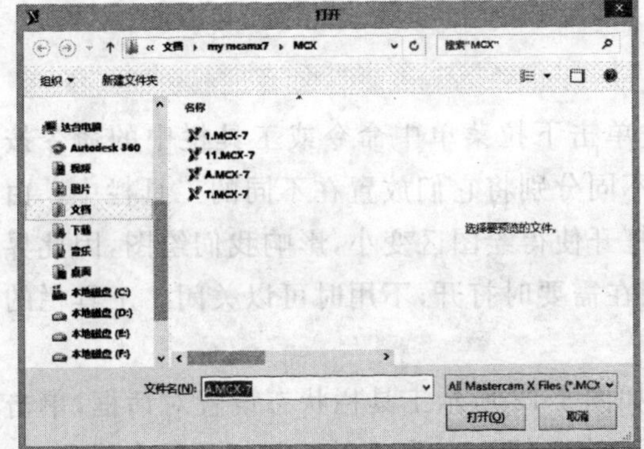


图 1-8 “打开”对话框

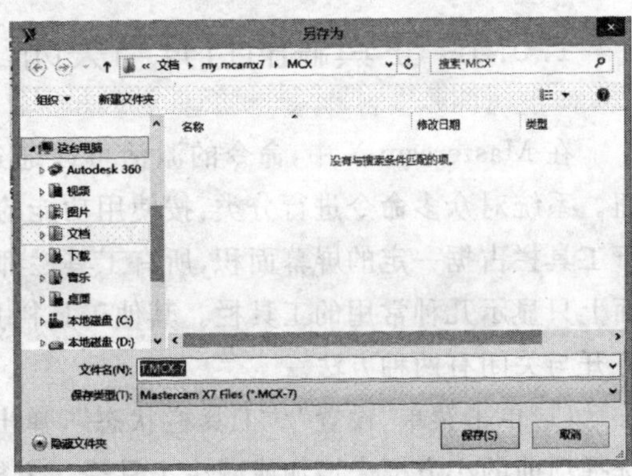


图 1-9 “另存为”对话框

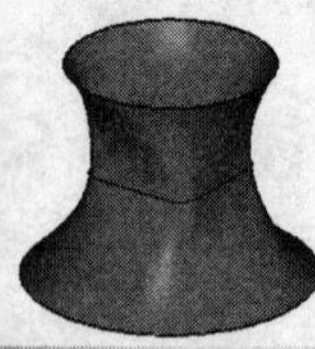



“另存为”保存文件和“部分保存”文件弹出的对话框都一样，但意义不同。“另存为”是将当前的文件再复制一份进行保存，对原来的文件没有任何影响，相当于副本。“部分保存”是选取绘图区某一部分图素进行保存，没有选取的部分则不保存。

4. 合并文件

在主菜单上选择“文件”/“合并文件”命令，弹出“打开”对话框，在对话框中选择要合并的文件。在这里可以将其他. MCX 的文件合并到当前文件中。

5. 汇入、汇出文件

汇入、汇出文件主要用于不同文件格式之间进行转换。汇入是将其他类型的文件转换为. MCX 文件。汇出是将. MCX 文件转换成其他类型的文件。

在主菜单上选择“文件”/“汇入”命令，弹出“汇入文件夹”对话框，如图 1-10 所示。汇入文件类型是选择要转换的文件的格式。

在主菜单上选择“文件”/“汇出”命令，弹出“汇出文件夹”对话框，如图 1-11 所示。汇出文件类型是选择要转换的文件的格式。



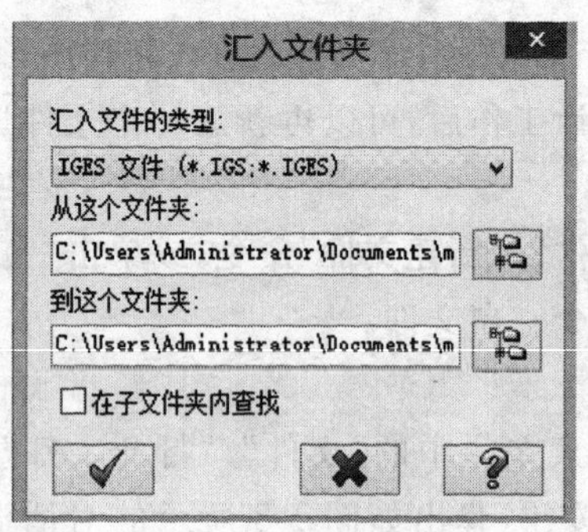


图 1-10 “汇入文件夹”对话框

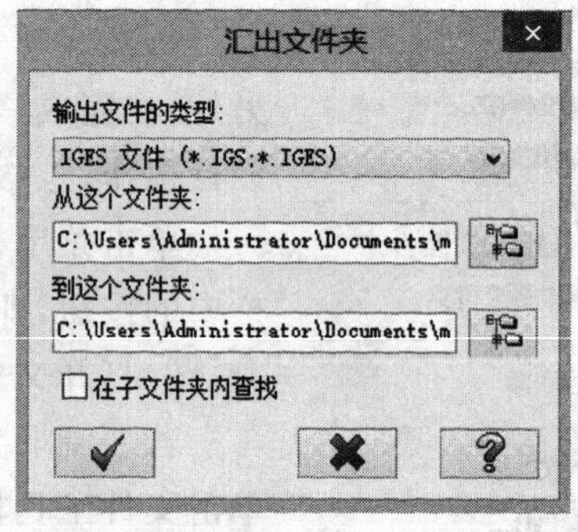


图 1-11 “汇出文件夹”对话框

## 1.5 绘图基础

### 1.5.1 工具栏的打开与关闭

在 Mastercam X 中，命令的激活可以通过单击下拉菜单中命令或工具栏中的命令按钮。系统对众多命令进行分类，按使用功能的不同分别将它们放置在不同的工具栏中。由于工具栏占据一定的屏幕面积，所有工具栏都打开使得绘图区变小，影响我们绘图，因此界面上只显示几种常用的工具栏。其他工具栏只在需要时打开，不用时可以关闭。工具栏的打开与关闭有两种方法。

(1)单击菜单“设置”/“工具栏状态”，弹出如图 1-12 所示工具栏状态设置对话框，单击选择项前的小方框来增加或减少工具栏。方框中有“√”的选项，为该工具栏显示在界面上，否则为隐藏状态。

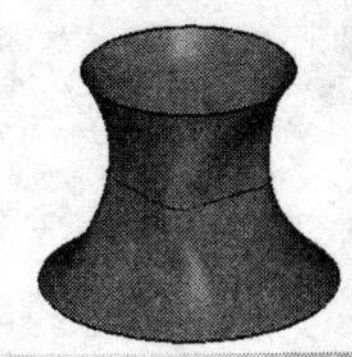

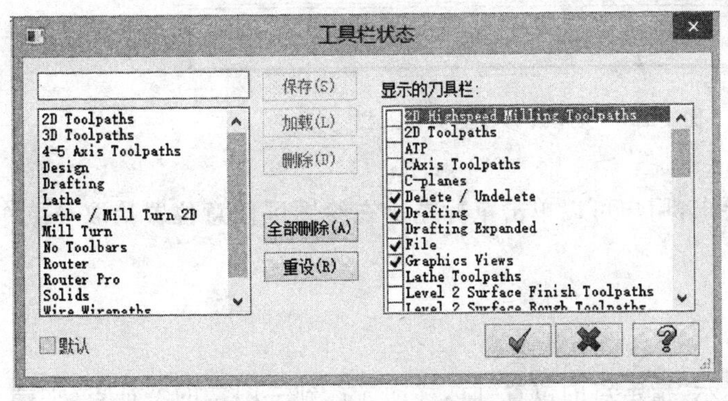


图 1-12　工具栏状态设置对话框

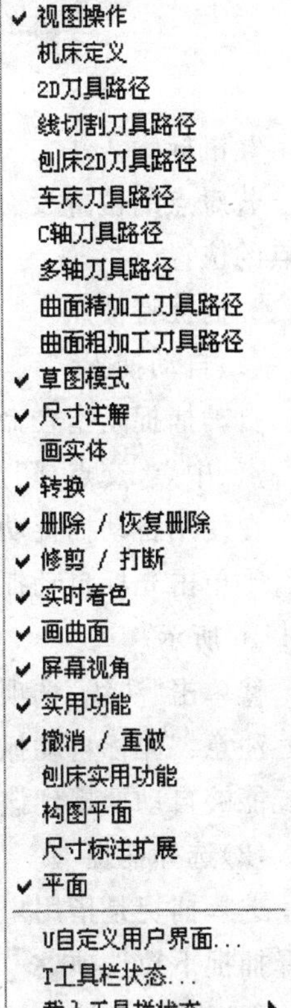


图 1-13　工具栏项目设置菜单

(2)移动鼠标使箭头放置在任意工具栏上，单击鼠标右键，即可弹出如图 1-13 所示工具栏项目设置菜单。移动箭头到选择项前单击鼠标左键，来打开或关闭工具栏。每项前有"√"的选项，为该工具栏显示在界面上，否则为关闭状态。

## 1.5.2　点的指定

绘制图形时，经常需要指定点的位置，如直线的端点、圆的圆心等。在 Mastercam X 中可以通过输入坐标、对象捕捉等方法来确定点的位置。

1. 坐标输入法

若知道点的坐标值，用户可以在光标自动抓点工具条上，如图 1-14 所示，在 X、Y、Z 文本框中分别输入相应的坐标值，然后按回车键即可指定点的位置。

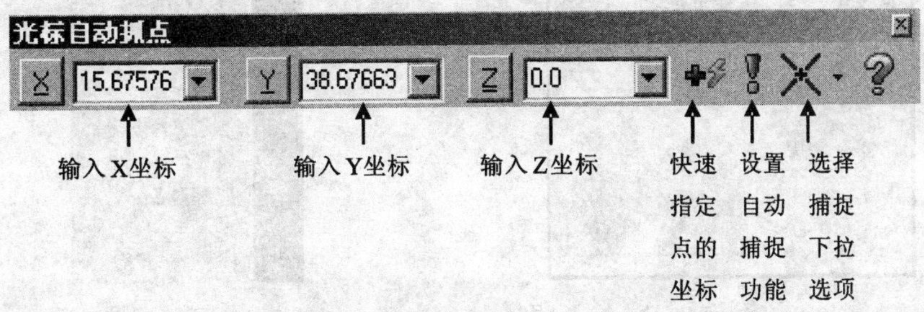


图 1-14　光标自动抓点工具条

(1)X、Y、Z:用于输入目标点的坐标值，输入每一个坐标值后要按回车键确认。

(2)✚⚡:快速目标点坐标输入。单击✚⚡按钮，系统以如图 1-15 所示的快速目标点坐标输入栏覆盖三个独立的 X、Y、Z 坐标输入栏，用户可以直接输入目标点的 X、Y、Z 坐标值，这样可以避免在三个独立坐标输入栏移动鼠标光标的麻烦，输入目标点的坐标值后按回车键确认即可。

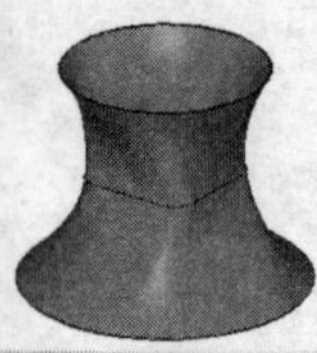



图 1-15 快速目标点坐标输入栏

2. 鼠标输入法

若对点的位置没有明确要求，用户可以单击鼠标左键在绘图区任意位置拾取一点作为该点的位置。

3. 捕捉特征点

(1)自动捕捉

自动捕捉是指在命令行提示"指定点的位置"时，移动光标到一图素的特征点(如端点、圆心点、中点、交点、切点、法线点等)附近时，系统会自动捕捉该点。

在使用自动捕捉功能之前，要对光标自动捕捉点进行设置。操作举例如下：

①单击光标自动抓点工具条中自动捕捉按钮，即打开"光标自动抓点设置"对话框，如图 1-16 所示。



②单击"法线"选项，"法线"选项前的小方块内就出现"√"。

注意："光标自动抓点设置"对话框中各选项前的小方块内有"√"的特征点，在绘图时，系统能够自动捕捉到该点，否则系统不能够自动捕捉到该点。

(2)选择捕捉

选择捕捉是指用户需要捕捉某种类型的特征点时，可以单击光标自动抓点工具条中的选择捕捉下拉选项，出现选择捕捉对话框，如图 1-17 所示。选择相应的捕捉按钮，然后在绘图区中捕捉该特征点。

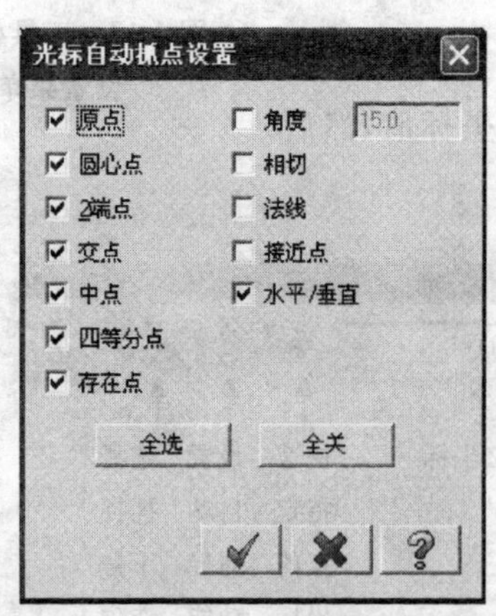


图 1-16 "光标自动抓点设置"对话框

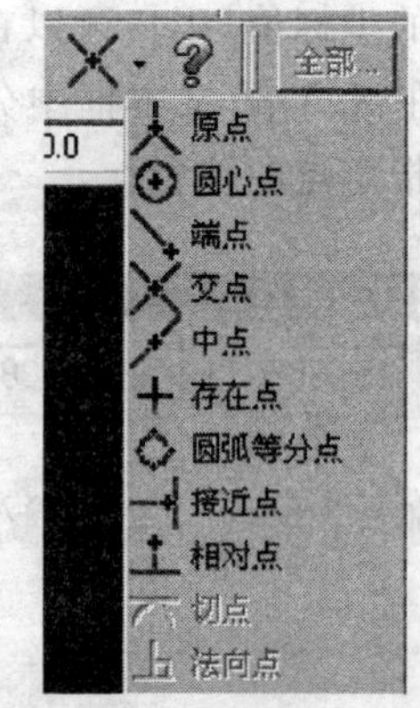


图 1-17 选择捕捉对话框

操作举例：

相对点捕捉：可以捕捉到距某一点相距(ΔX，ΔY，ΔZ)的点。

示例：输入距离原点(10，10)位置的点。

操作步骤：

①先单击 F9 键，打开辅助坐标轴。

②激活画线命令，系统提示指定第一点，单击下拉选项，弹出如图 1-17 所示对话框。

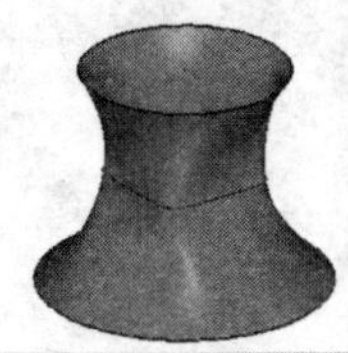



③选择"相对点",在绘图区利用鼠标拾取原点,然后在 内输入"10,10",按回车键,结果距原点(10,10)位置的点就输入进去了。

选择捕捉与自动捕捉不同,选择捕捉每次只能捕捉一种类型的特征点,而且选择捕捉的优先级比自动捕捉要高。在使用选择捕捉的任何时候,都能通过单击光标自动抓点工具条中的选择捕捉下拉选项按钮进行捕捉,此时系统会暂时屏蔽自动捕捉功能,捕捉完成,系统又返回到自动捕捉模式。

## 1.5.3　选择图素的方法

绘制图形的过程中,需要对图形进行大量的编辑,编辑图形时,首先选择需要编辑的图素,Mastercam X 的选择功能非常灵活,不仅能够根据图素的位置进行选择(单选、窗口选择等方法),而且还能够对图素按照图层、颜色和线型,圆弧、直线等多种属性进行划分,以便快速选择图素。Mastercam X 系统的选择功能主要集中于目标选择栏中,如图 1-18 所示。

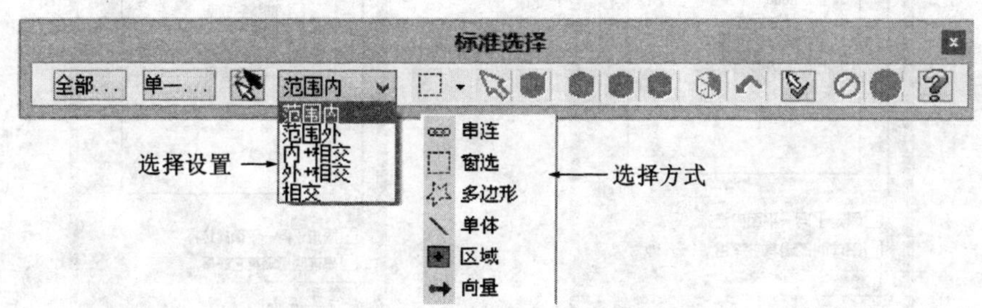


图 1-18　目标选择栏

1. 全选

单击"全部"按钮,打开如图 1-19 所示的选择所有对话框。在选择所有对话框选择某一项类型,则该类型的所有图素被选中。

2. 单一选择

单击"单一" 按钮,打开如图 1-20 所示的单一选择对话框。在单一选择对话框选择某一项类型,这是被限定选择某一类型的图素,只有符合设置条件的图素能被选中。

3. 串连选择

串连选择是指选择一组首尾相接的图素,单击图素上任意位置,首尾相接的图素都被选中。

4. 窗选

窗选是指用鼠标分别在屏幕上选取两个点来确定一个矩形窗口,用窗口方式选择一组几何图素。该命令要配合目标选择栏中的选择设置。

(1)视窗内:只选中完全包含在窗口内的图素。

(2)视窗外:只选中在窗口外的图素。

(3)范围内:选中完全包含在窗口内的图素和与窗口边线相交的图素。

(4)范围外:选中在窗口外的图素和与窗口边线相交的图素。

(5)相交物:只选中窗口边线相交的图素。

5. 单体选择

在选择图素时,单击图素则该图素即被选中。

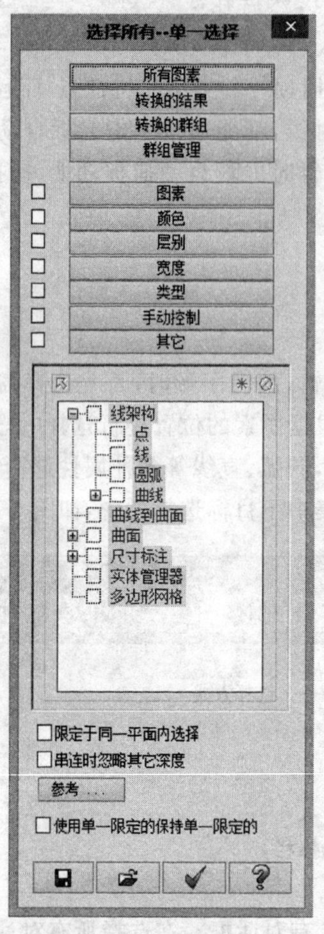


图 1-19　选择所有对话框

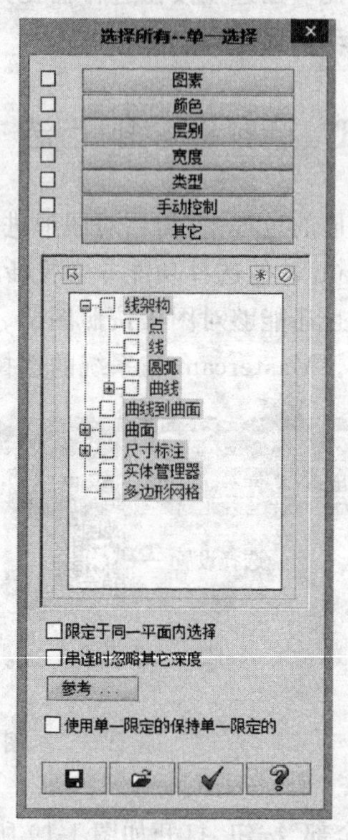


图 1-20　单一选择对话框



6. 区域选择

区域必须封闭，而且首尾相交，区域选择时在封闭区域内单击一点，即可选中该区域内的所有图素。

7. 向量选择(或相交选择)

选择图素时，可在绘图区连续指定数点，系统将这些点之间按顺序建立矢量，形成围栏(不必封闭)，则与围栏相交的图素被选中。

8. 多边形选择

多边形选择与窗选类似，在选择图素时，用鼠标在绘图区指定几个点，拖出一个封闭多边形区域，则在该区域的图素即被选中。

### 1.5.4　串连

串连是一种指定顺序和方向的选择图素方法，如绘制刀具路径、构建曲面和实体。串连有两种类型：开放式串连和闭合式串连。开放式串连是指起点和终点不重合，如简单的直线、小于 360°的圆弧；闭合式串连是指起点和终点重合，如矩形、多边形、圆等。

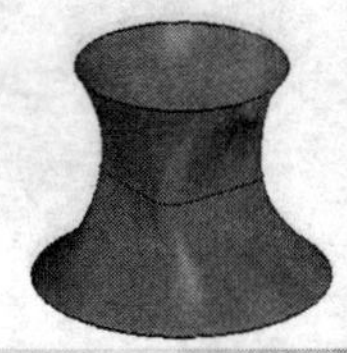

每次选择串连时给一个方向，在串连图素上，串连方向用一个箭头表示，以串连起点为基础。系统计算串连方向是依赖于串连类型的，看选择的图素是开放式还是闭合式的。若选择开放式串连，则串连的起点紧接着串连图素的端点，串连方向与串连端点相反；若选择闭合式串连，则串连的方向取决于选取串连选项对话框的参数。

1. 串连的选择方法

在使用“串连补正”和“牵引曲面”等命令时，将首先打开如图 1-21 所示的“串连选项”对话框，要求选择需要操作的串连图素，然后设置操作参数以完成操作。

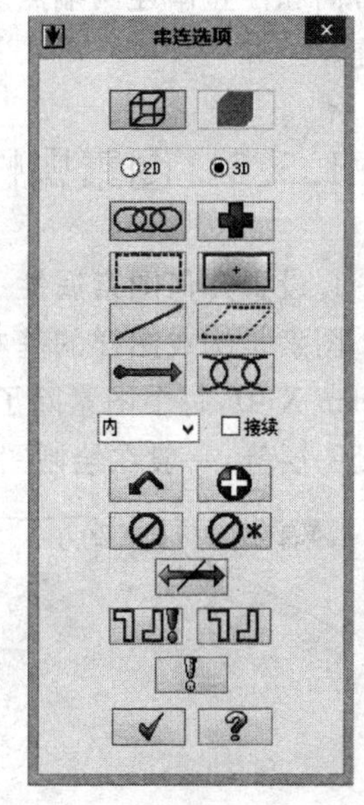


图 1-21　“串连选项”对话框

在“串连选项”对话框中，系统提供了多种选择图素构成串连的方法。

(1)串连：这是默认选项，通过选择线条链中的任意一个图素而构建串连，如果该线条链的某一个交点是由 3 个或 3 个以上的线条相交而成，即有分支点，则系统不能判断该往哪个方向搜寻。此时，系统会在分支点处出现一个箭头符号，提示用户指明方向，用户可以根据需要选择分支点附近的任意需要的线条即可让系统继续往指定的方向进行搜寻。如此重复，即可完成复杂的线条链的选择。

(2)窗口选择：通过矩形窗口一次可以选择多个串连。系统通过矩形窗口的第一个角点来设置串连方向，起点应靠近图素的端点。

(3)单选：用于选择单一图素作为串连。

(4)向量选择：与矢量围栏相交的图素被选中，构建串连。

(5)选择上次：用于选择上次命令操作时选取的串连。

(6)点选取：选择点作为构成串连的图素。

(7)区域选择：提供了单击一点串连嵌套图形的技术，嵌套图形使所有图形包括在外边图形的边界内。

(8)多边形选择：与窗口选择串连的方法类似，只是用一个封闭的多边形窗口去选择串连。

(9)部分串连：是一个开放式串连，是由整个开放式串连和闭合式串连的一部分图素串连而成。部分串连先选择图素的起点，后选择图素的终点。

2. 串连选项参数

用户可以对构建的串连进行参数设置，单击串连对话框中的串连选项设置按钮，打开如图 1-22 所示串连选项参数设置对话框。

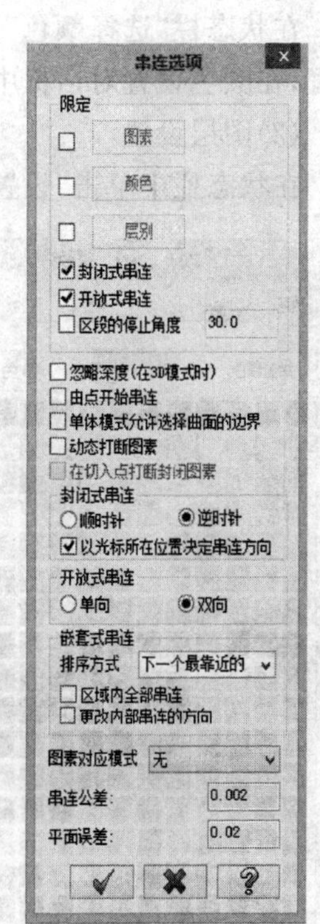


图 1-22　串连选项参数设置对话框

在串连选项参数设置对话框中，选中“图素”按钮前的复选框并单击“图素”按钮设置图素形式，则以所设置的图素形式为基础限定串连图素；选中“颜色”按钮前的复选框并单击“颜色”按钮设置颜色，则串连仅和所设置的颜色相同的图素；

选中“层别”按钮前的复选框并单击“层别”按钮设置图层相同的图素。选择并设置区段停止角度的值，可指定一部分图素能包括的最大角度，并仍可串连。当串连时，若系统找到一个比区段停止角度更大的角度，它会停止串连操作，并等待用户响应。串连公差的值用于指定可分离和停止串连两端点之间的距离，若连接的图素之间距离超过了公差值，则系统会停止串连。

## 1.5.5 图素属性的设置与修改

1. 设置几何图素属性

图素是构成图样的基本几何图形，包括点、直线、曲线、圆弧、曲面和实体等。在 Mastercam X 中，每个图素除了它本身包含的几何信息外，还有其他属性，如颜色、线型、线宽和所处图层等，一般在绘制图形前，先要在状态栏设置这些属性，如图 1-23 所示。

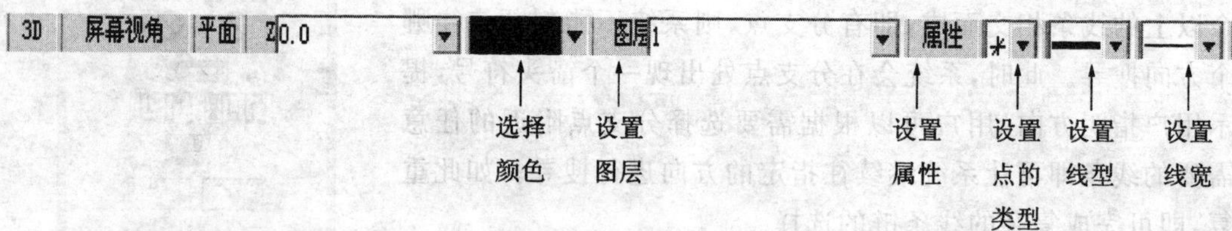


图 1-23 状态栏

(1)颜色设置

在状态栏“选择颜色”所在的色块中单击鼠标左键，即打开如图 1-24 所示的颜色设置对话框，在颜色设置对话框中选择一种颜色，然后单击确定按钮 ✓，即可完成颜色的设置。

(2)图层设置

在状态栏中单击“设置图层”按钮，打开如图 1-25 所示的图层管理器对话框。

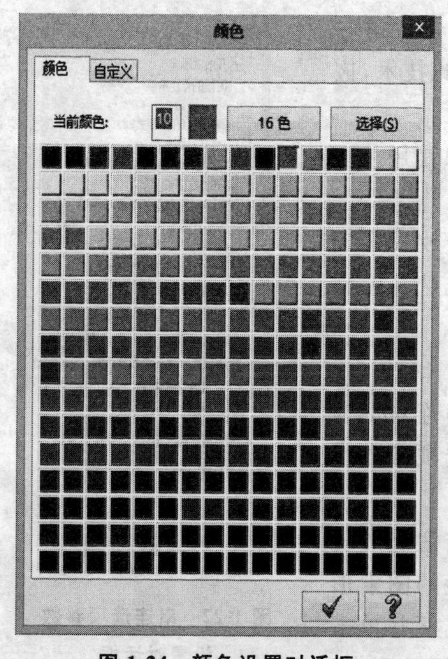


图 1-24 颜色设置对话框

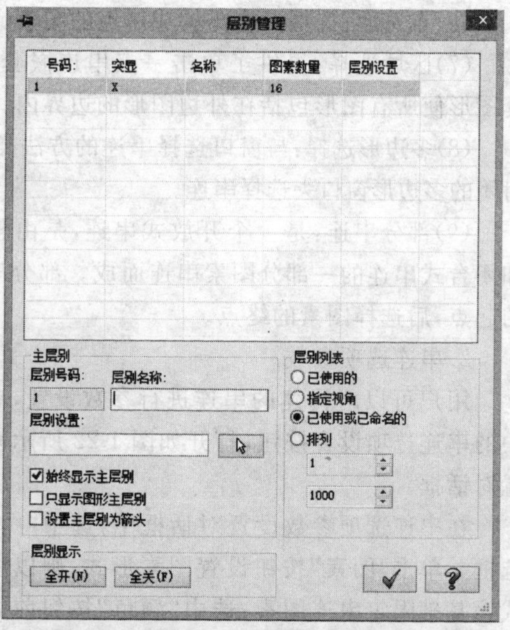


图 1-25 图层管理器对话框

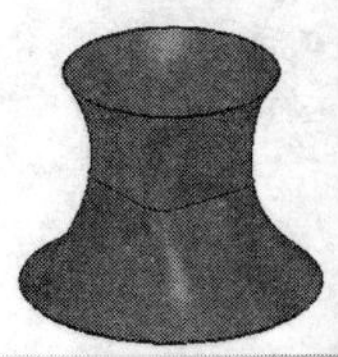



①新建图层

在图层管理器对话框中，用户可在“号码”文本框中输入一个层号，在“名称”文本框中输入图层的名称，然后单击确定按钮✓，即可建立一个新层。

②设置当前层

在图层列表中，单击图层编号即可将该层设置为当前层，即此后绘制的图素将放置在该图层上。

③显示和隐藏图层

单击某图层所在行“突显”栏中的“X”，去掉“X”标记，表示隐藏该图层，绘制在该图层上的图素不可见；再次单击此处，又添加上“X”标记，表示显示该图层，绘制在该图层上的图素为可见。

(3)线型和线宽的设置

在状态栏中分别选择“线型”下拉列表和“线宽”下拉列表，可以设置线型和线宽的属性。

(4)属性的设置

以上每次操作只是设置一种属性，用属性设置可以一次设置多个属性。

在状态栏中单击“设置属性”按钮。打开如图1-26所示图素属性对话框。然后依次单击颜色、线型、线宽、层别等后面的▾按钮，就可以设置图素的颜色、线型、线宽、图层等属性。

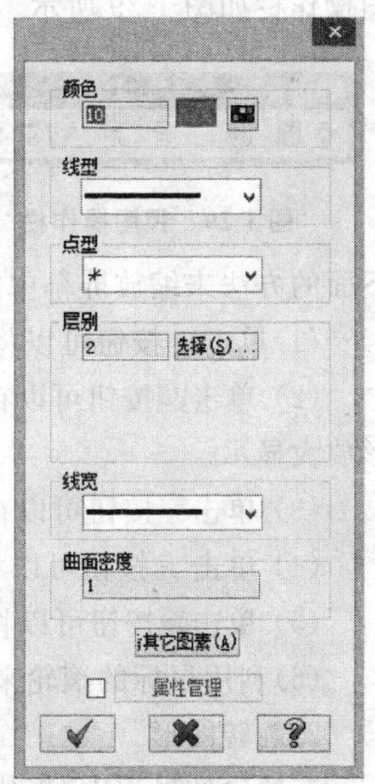


图1-26 图素属性对话框

2.修改几何图形属性

几何图素的修改一般包括颜色、线型、线宽和所处图层的修改。

(1)修改线型

将图1-27(a)所示图形中的直线修改成点画线。

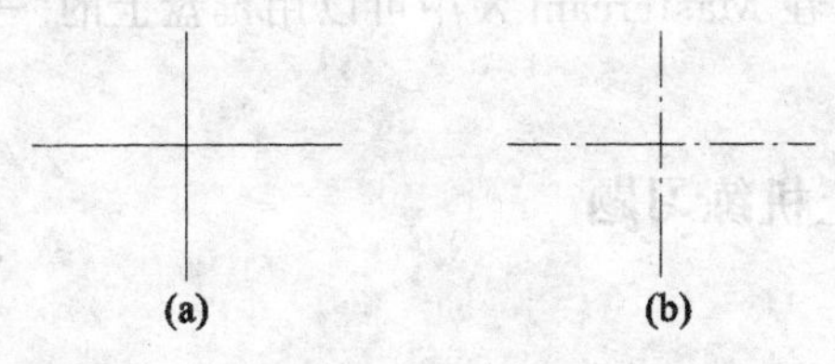


图1-27 修改线型

操作步骤为：

①选中图1-27(a)中相交两直线。

②移动鼠标到状态栏属性上，单击鼠标右键，打开图1-28所示修改图素属性对话框。

③单击线型选项前复选框，并在列表中选择点画线，单击确定按钮，结果如图1-27(b)所示。

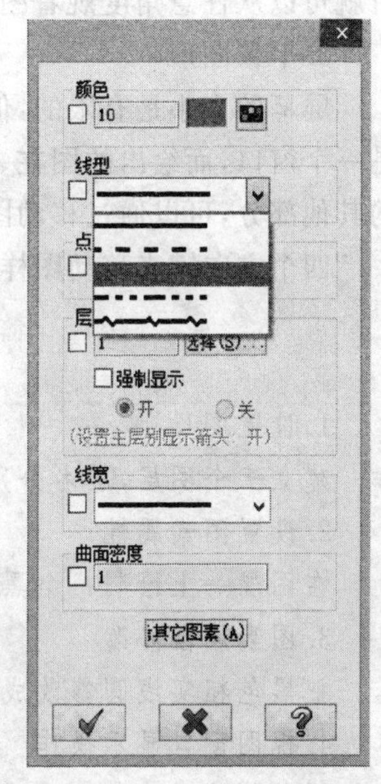


图1-28 修改图素属性对话框

(2)修改线宽、颜色、点类型、图层

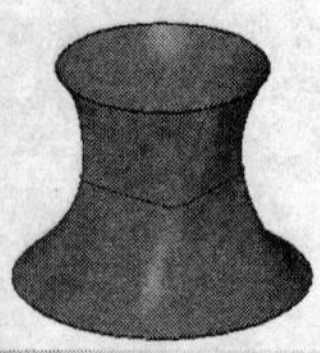



修改线宽、颜色、点类型、图层与修改线型操作步骤类似。

### 1.5.6 视图显示操作

在建模过程中，为了便于绘图，经常需要对图形进行放大、缩小、移位、旋转等操作。视图操作栏如图 1-29 所示。

图 1-29 视图操作栏

1. 缩放图形

在建模过程中，经常会遇到图形很大的情况，这时，就像离得很近观察，只能看到物体的局部，如果从较远的地方来观察，就可以看到物体的全部，在 Mastercam X 中可以通过下面的方法来缩放屏幕中的图形。

(1)单击按钮可以将画出的图形全部而且尽可能大地显示在窗口内。

(2) 单击按钮可以在绘图区指定窗口中心点，并且拉出一矩形，然后将该窗口内的图形放大显示。



(3) 单击按钮可以在图形局部拉出一矩形，然后将该窗口内的图形放大显示。

(4) 单击按钮可以将选中的图素放大显示。

(5) 单击按钮可以将画出的图形缩小。

(6)利用鼠标的滚轮来进行缩放。

2. 旋转图形

在建模的过程中，想从不同的角度观察图形，按住鼠标中键移动鼠标，绘制好的图形会随着鼠标的移动而旋转；或单击按钮，在绘图区选取一点作为旋转中心点，推动鼠标，这时就可以从任意角度观看图形。

3. 平移图形

屏幕的大小是有限的，但绘制的图形可能很大，或者由于位置不同，若要把绘图区看成是一个窗口，而绘出的图在一张大图样上，从窗口处只能看到图样的一部分。如果想看图样的其他部分，可以通过移动图样来实现。在 Mastercam X 中可以用键盘上的"→""←""↑""↓"四个方向键来移动图样。

## 上机练习题

1. 设置图层

建立三个图层，层名分别为一、二、三。

2. 设置图素属性

在图层一上绘制一个黑色粗实线圆。

3. 图素属性修改

把黑色粗实线圆修改成红色细实线圆。

4. 视图窗口显示操作

用 Z 视窗放大的方法或推动鼠标滚轮的方法把圆放大，然后恢复原状。

# 任务二　端盖零件图的绘制

**学习目标**

1. 掌握 Mastercam 各种二维绘图命令的使用方法。
2. 掌握 Mastercam 二维图形编辑命令的使用方法。
3. 能够熟练地绘制二维图形。

## 2.1　二维图形的绘制

### 2.1.1　点的绘制

点是几何图形的最基本图素。绘点功能提供了绘点、动态绘点、曲线节点、绘制等分点、绘制端点和小圆心点等多种方式。

激活画点命令，单击菜单"绘图"/"P 画点"或单击按钮，出现绘点菜单，如图 2-1 所示。在绘点菜单中选取不同的画点方式，并根据操作栏的提示完成操作。

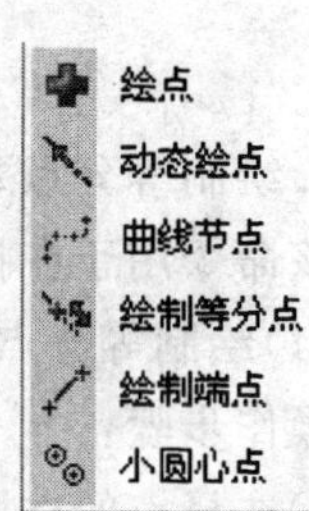

图 2-1　绘点菜单

1. 绘点

用户可以利用捕捉方式在某一指定位置（如端点、中点、交点、圆心点等位置）绘制点，如图 2-2 所示。

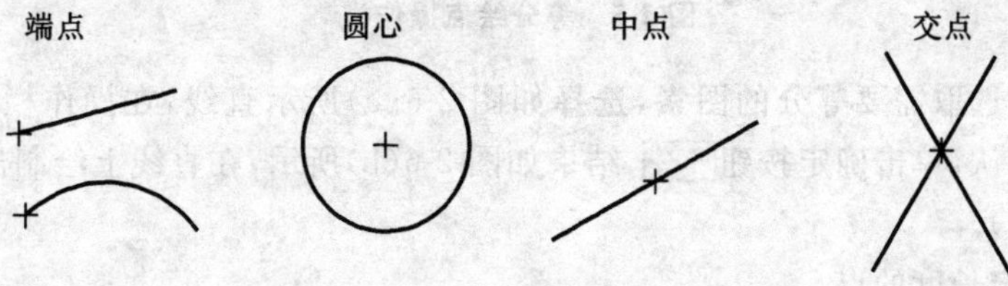

图 2-2　指定位置绘点

2. 动态绘点

该命令用于沿着已知对象，使用选点方式绘点。

操作步骤：

①选择点的立即菜单中的 动态绘点(D)... 。

②系统提示选取图素（直线、圆弧、曲线、曲面或实体面），选取圆，出现一动态移动箭头，

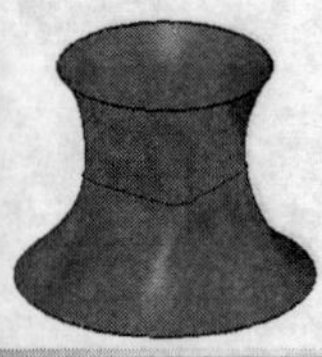

移动箭头到 P 点单击鼠标左键。按【ESC】键结束动态绘制，结果如图 2-3(b)所示。

③单击操作栏中的确定按钮 ✓ 或【ESC】键退出动态绘点命令。

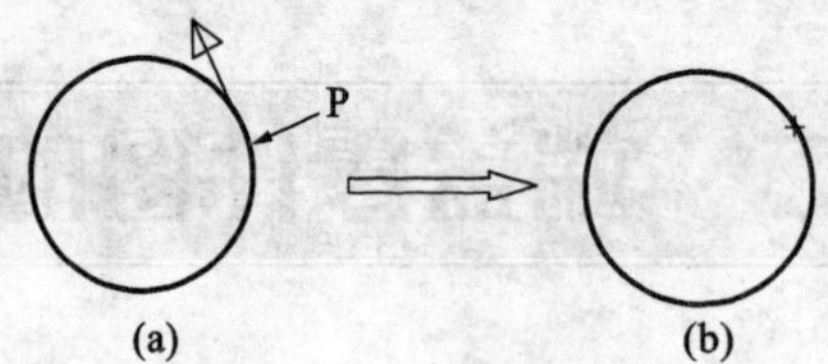


图 2-3　动态绘制点

3. 曲线节点

该命令用于在 SPLINE 曲线上绘制点。

操作步骤：

①选择点的立即菜单中的 N曲线节点。

②系统提示选取参数式曲线，选择如图 2-4(a)所示参数式曲线，结果如图 2-4(b)所示。



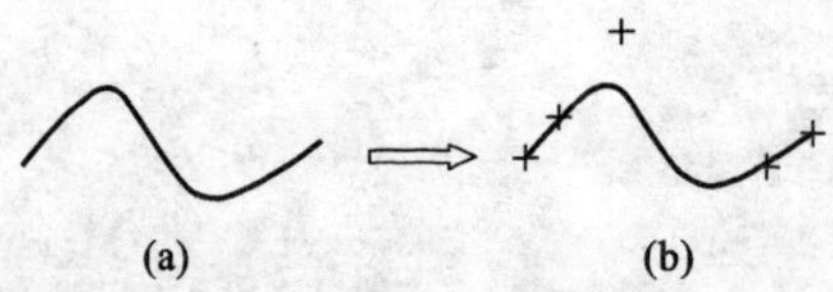


图 2-4　曲线节点

4. 绘制等分点

该命令用于在指定的直线、圆和曲线上绘制等分点。

(1)绘制等分点

操作步骤：

①选择点的立即菜单中的 S指定长度...，这时显示如图 2-5 所示等分绘点操作栏。

图 2-5　等分绘点操作栏

②系统提示选取需要等分的图素，选择如图 2-6(a)所示直线，在操作栏输入等分点数“5”，按回车键确认，单击确定按钮 ✓，结果如图 2-6(b)所示，在直线上绘制出 5 个点(即将线段进行 4 等分)。

(2)绘制指定长度的点

操作步骤：

①选择点的立即菜单中的 S指定长度...。

②系统提示选取需要等分的图素，选择如图 2-7(a)所示直线，在操作栏输入长度“20”，按回车键，单击确定按钮 ✓，结果如图 2-7(b)所示。

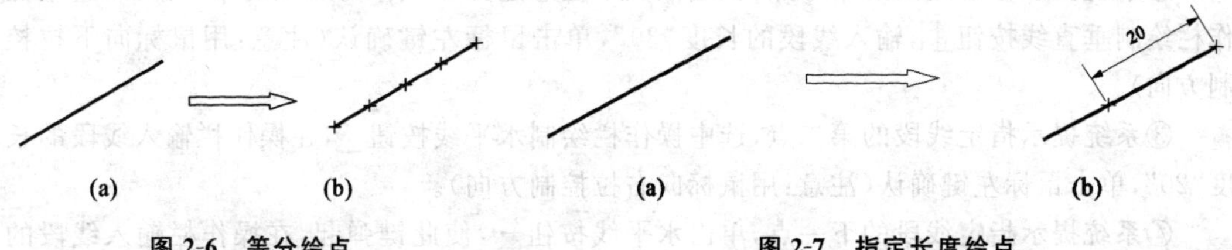


**图 2-6　等分绘点**　　　　**图 2-7　指定长度绘点**

5. 绘制端点

该命令用于在直线、曲线、圆弧等图素的端点处自动绘点，但不能在圆、椭圆的中心处绘制点。

操作步骤：

①选择点的立即菜单中的 端点(E)。

②系统自动选择绘图区内的所有几何图形并在其端点处产生点。

6. 小圆心点

该命令用于绘制所选定的圆或圆弧的中心点。

操作步骤：

①选择点的立即菜单中的 小圆心点(A)。

②系统提示选取圆或圆弧，选择圆或圆弧后，点击 ✓，在所选的圆或圆弧的中心处绘制点。

## 2.1.2　直线的绘制

直线是几何图形的最基本图素。直线绘制功能提供了绘制任意线、近距离线、分角线、垂直正交线和平行线等方式。

激活绘制直线命令，单击“绘图”/“直线”或单击 按钮，出现绘制直线的立即菜单，如图 2-8 所示。在绘制直线的立即菜单中选取不同的画线方式，并根据操作栏的提示完成操作。

绘制任意线(E)...
绘制近距线(C)
绘制分角线(B)...
绘制垂直正交线(P)...
绘制平行线(A)...
创建切线通过点相切(T)...

**图 2-8　绘制直线的立即菜单**

1. 绘制任意线

该命令能够绘制水平线、垂直线、极坐标线、连续线及切线。选择此命令后，系统启动绘制任意线操作栏，各按钮所对应的命令如图 2-9 所示。

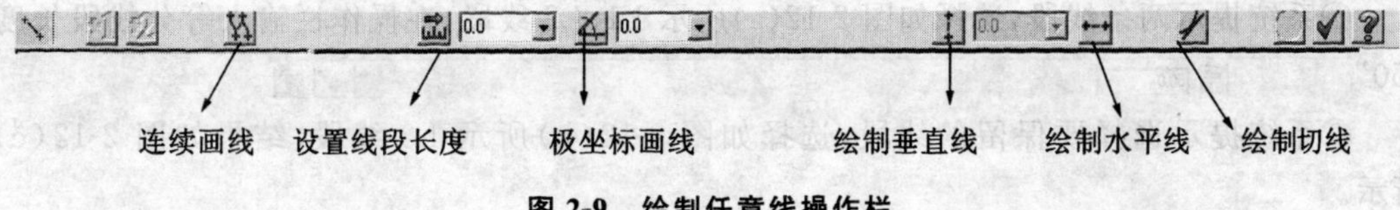


**图 2-9　绘制任意线操作栏**

操作步骤：

①选择绘制直线立即菜单中的 绘制任意线(E)...，然后在操作栏中点击连续画线按钮。

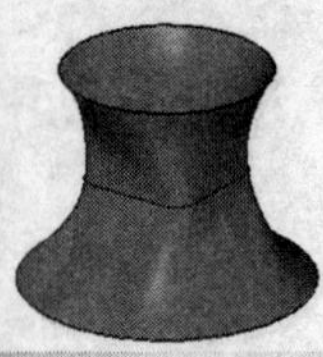

②系统提示指定线段的第一点，在绘图区中任意选择一点作为线段的第一点 P，选中操作栏绘制垂直线按钮，输入线段的长度“30”，单击鼠标左键确认（注意：用鼠标向下拉控制方向）。

③系统提示指定线段的第二点，选中操作栏绘制水平线按钮，在操作栏输入线段的长度“20”，单击鼠标左键确认（注意：用鼠标向右拉控制方向）。

④系统提示指定线段的下一点，单击水平线按钮，使此键弹起，在操作栏输入线段的长度“20”，线段角度设为“60”，按回车键确认。

⑤系统提示指定线段的下一点，在操作栏输入线段的长度“20”，线段角度设为“180”，按回车键确认。

⑥系统提示指定线段的下一点，在操作栏输入线段的长度“13”，线段角度设为“90”，按回车键确认。

⑦系统提示指定线段的下一点，利用捕捉方式选择起始点 P，单击操作栏确定按钮，结束画线命令。结果如图 2-10 所示。



2. 绘制近距线

该命令用于绘制两几何图素间最近的连线。

操作步骤：

①选择绘制直线立即菜单中的 绘制近距线(C)。

②系统提示选择直线、圆弧、曲线，选择图 2-11（a）中 P1、P2 圆弧，结果如图 2-11（b）所示。

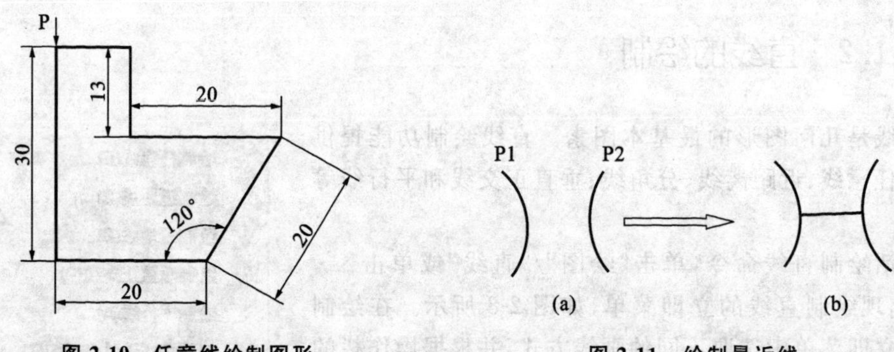


图 2-10　任意线绘制图形

图 2-11　绘制最近线

3. 绘制分角线

该命令用于绘制两条交线的分角线。

操作步骤：

①选择绘制直线立即菜单中的 绘制分角线(B)..。

②系统提示两条线段，选择如图 2-12（a）所示 L1、L2 线段，在操作栏输入等分线段长度“50” 50.0 。

③系统提示选择要保留的线段，选择如图 2-12（b）所示 L3 线段，结果如图 2-12（c）所示。

4. 绘制垂直正交线

该命令用于绘制与一直线、圆弧或曲线相垂直的线。系统启动绘制垂直正交线操作栏，各个按键的命令如图 2-13 所示。

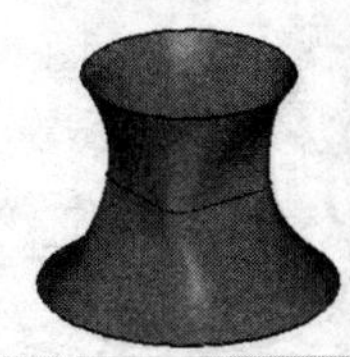



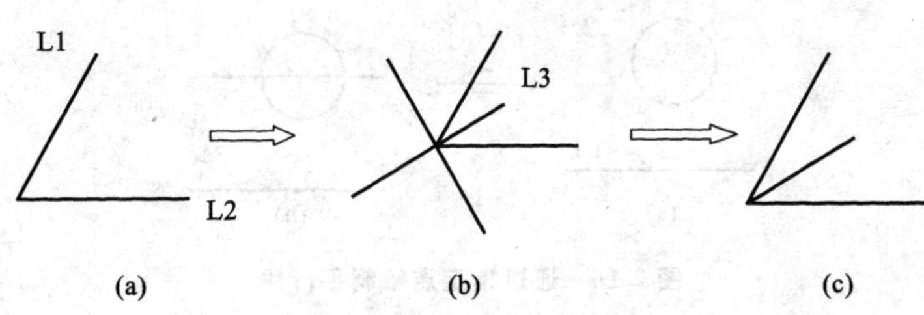


图 2-12　绘制分角线

图 2-13　绘制垂直正交线操作栏



操作步骤：

①选择绘制直线立即菜单中的 绘制垂直正交线(P)... 。

②系统提示选择直线、圆弧、曲线，选择图 2-14(a)中直线，按下绘制切线按钮，系统提示选择圆弧，选择图 2-14(a)中圆，结果如图 2-14(b)所示。

③系统提示选择要保留线段，选择图 2-14(b)中 L1 线段，单击确定按钮，结束绘制切线命令。结果如图 2-14(c)所示。

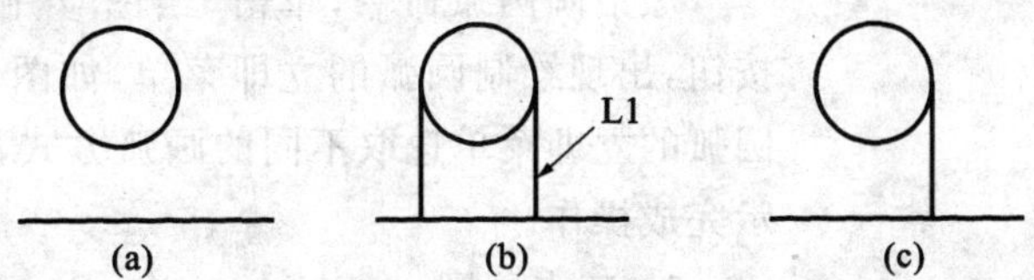


图 2-14　绘制正交线

5. 绘制平行线

该命令用于绘制与一直线平行的线。绘制平行线有 3 种方式：通过某一点方式，设置平行线间距离方式和与一圆弧相切方式。启动绘制平行线操作栏，各个按键的命令如图 2-15所示。

图 2-15　绘制平行线操作栏

操作步骤：

①选择绘制直线立即菜单中的 绘制平行线(A)... 。

②系统提示选取一直线，选取图 2-16(a)中 L1 直线；系统提示选取通过点，选取圆的圆心；绘制结果如图 2-16(b)所示。

③系统提示选取一直线，选取图 2-17(a)中 L1 直线，在操作栏输入平行线间距离为“20”，回车确认，系统提示指定补正方向，在直线 L1 上方任意位置点击一下，绘制结果如图 2-17(b)所示。

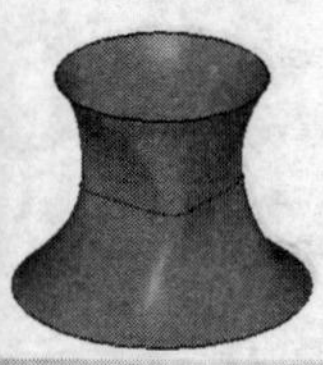



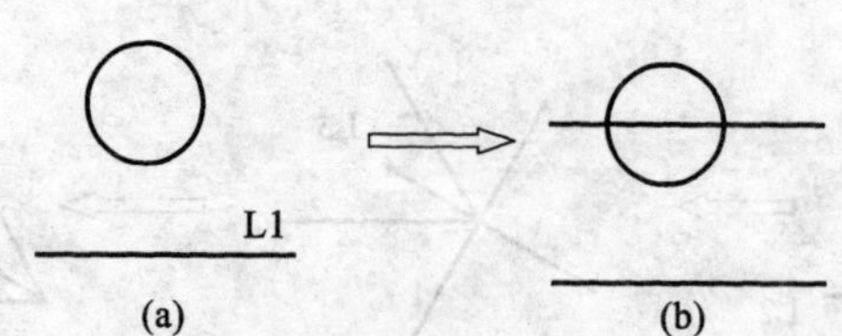


图 2-16　通过指定点绘制平行线

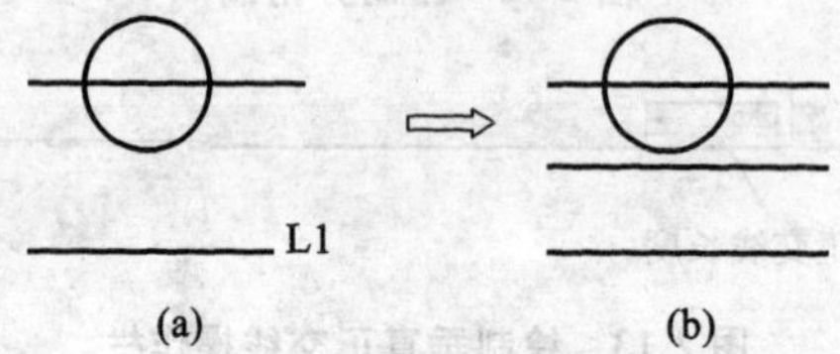


图 2-17　指定平行线间距离绘制平行线



### 2.1.3　圆弧的绘制

圆弧是构成图形的基本要素，为了适应多种情况下的圆弧绘制，绘制圆弧功能提供了 7 种方式：三点画圆、已知圆心点画圆、圆心极坐标画弧、端点极坐标画弧、两点画弧、三点画弧和绘制相切弧。

三点画圆(E)...
已知圆心点画圆(C)...
极坐标圆弧(P)...
极坐标画弧(O)...
两点画弧(D)...
三点画弧(3)...
切弧...(T)...

图 2-18　绘制圆弧的立即菜单

激活画圆弧命令，单击"绘图"/"圆弧"或单击小三角按钮，出现绘制圆弧的立即菜单，如图 2-18 所示。在绘制圆弧的立即菜单选取不同的画弧方式，并根据操作栏的提示完成操作。

1. 三点画圆

三点画圆，用于选择圆通过的三个点画圆，有三点画圆、两点画圆及相切画圆三种方式。系统启动三点画圆操作栏，各个按键功能如图 2-19 所示。

图 2-19　三点画圆操作栏

(1)三点画圆

操作步骤：

①单击画弧立即菜单中 三点画圆(E)... 。

②系统提示输入第一点，依次选择图 2-20(a)中 P1、P2、P3 三点，单击确定按钮 ✔，结束画圆命令，结果如图 2-20(b)所示。

(2)相切画圆

操作步骤：

①单击画弧立即菜单中 三点画圆(E)... 。

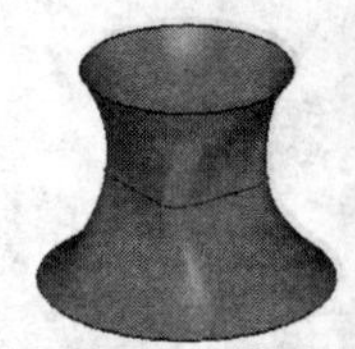



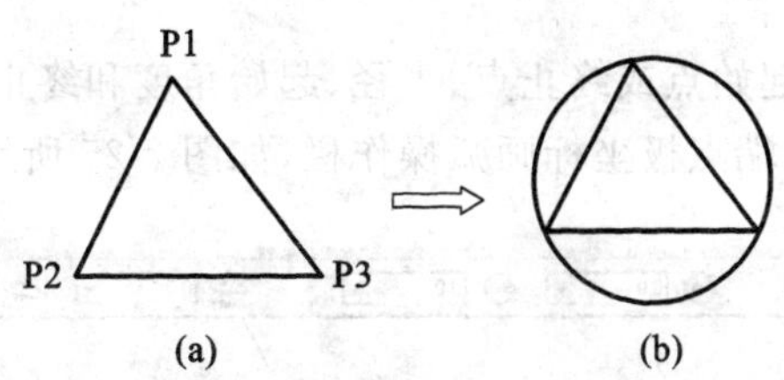


图 2-20　三点画圆

②系统提示输入第一点，单击三点画圆操作栏中的相切画圆按钮。

③系统提示选取一图素，依次选择图 2-21(a)中三条线段，单击确定按钮，结果如图 2-21(b)所示。

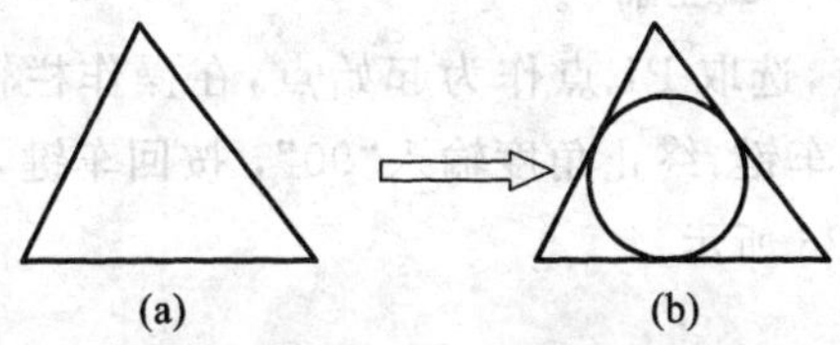


图 2-21　相切画圆



2. 已知圆心点画圆

该命令用于指定圆的圆心位置和输入圆的半径或直径画圆。

操作步骤：

①单击画弧立即菜单中 已知圆心点画圆(C)...。

②系统提示输入圆心，在绘图区任意选择一点作为圆心点，在操作栏中 20.0 输入圆的半径“20”(输入半径后，系统自动给出圆的直径，反之亦然)，按回车键确认，单击确定按钮，结果如图 2-22 所示。

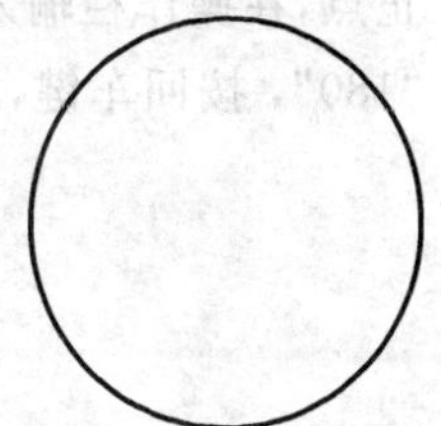

图 2-22　圆心点画圆

3. 圆心极坐标画弧

该命令用于指定圆弧的圆心来绘制极坐标圆弧。系统启动圆心极坐标画弧命令后，显示圆心极坐标画弧操作栏，如图 2-23 所示。

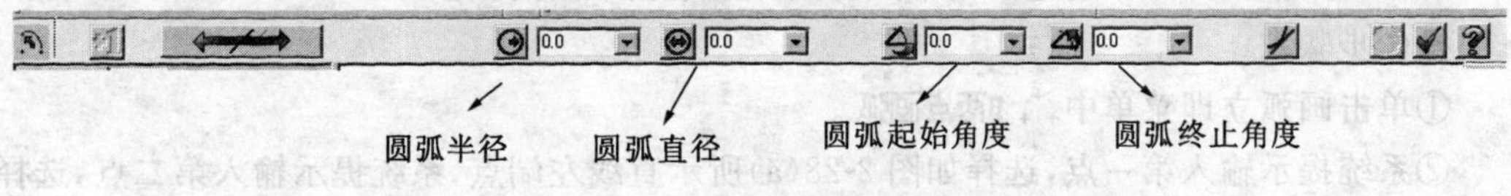


图 2-23　圆心极坐标画弧操作栏

操作步骤：

①单击画弧立即菜单中 P极坐标...。

②系统提示输入圆心，在绘图区任意选择一点作为圆心点，在操作栏中输入圆弧半径“20”，按回车键，起始角度输入“0”，按回车键，终止角度输入“180”，按回车键，结果如图 2-24 所示，单击确定按钮，结束圆心极坐标画弧。

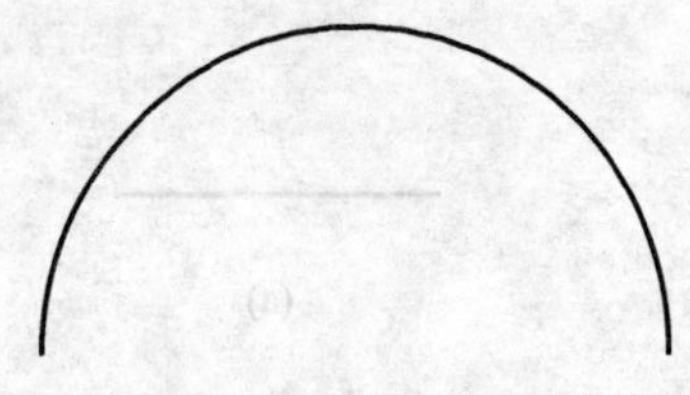

图 2-24　圆心极坐标画弧

4. 端点极坐标画弧

该命令用于定义圆弧起始点或终止点、半径、起始角度和终止角度来画弧。系统启动端点极坐标画弧命令后，显示端点极坐标画弧操作栏，如图 2-25 所示。

图 2-25 端点极坐标画弧操作栏

(1)起始点方式

操作步骤：

①单击画弧立即菜单中 0极坐标...。

②系统提示输入起始点，选取 P1 点作为起始点，在操作栏输入圆弧半径“20”，回车确认，起始角度输入“0”，按回车键，终止角度输入“90”，按回车键，单击确定按钮，结束端点极坐标画弧，结果如图 2-26 所示。

(2)终点方式

操作步骤：

①单击画弧立即菜单中 0极坐标...。

②系统提示输入起始点，在操作栏选择终点画弧方式，在绘图区选取 P1 点作为圆弧终止点，在操作栏输入圆弧半径“20”，回车确认，起始角度输入“90”，按回车键，终止角度输入“180”，按回车键，单击确定按钮，结束端点极坐标画弧，结果如图 2-27 所示。

图 2-26 起始点方式画弧　　图 2-27 终点方式画弧

5. 两点画弧

该命令用于已知圆弧通过的两个点和圆弧的半径来画圆弧。

操作步骤：

①单击画弧立即菜单中 D两点画弧.。

②系统提示输入第一点，选择如图 2-28(a)所示直线左端点，系统提示输入第二点，选择直线右端点，在操作栏输入圆弧半径“20”，按回车键，系统提示选取保留圆弧，选择图 2-28(b)所示圆弧 P，结果如图 2-28(c)所示.

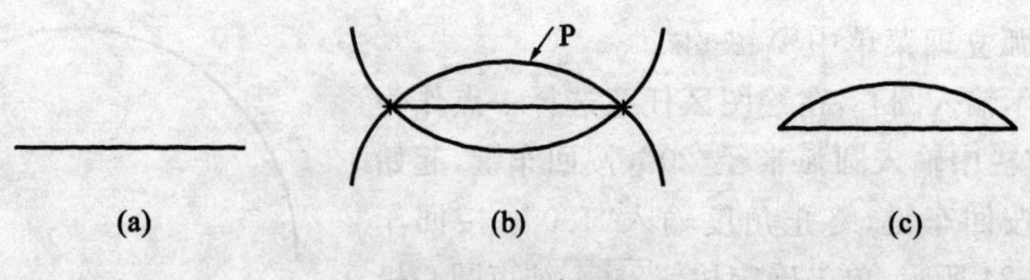


图 2-28 两点画弧

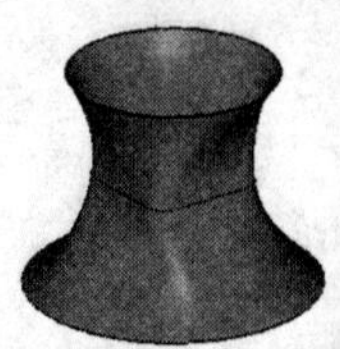



6. 三点画弧

该命令用于通过确定不在同一条直线上的三点来画弧。

操作步骤：

①单击画弧立即菜单中 3 三点画弧。

②系统提示选择输入第一点，在绘图区任选一点作为 P1 点，系统提示选择输入第二点，在绘图区任选一点作为 P2 点，系统提示选择输入第三点，在绘图区任选一点作为 P3 点，单击确定按钮，结束三点画弧，结果如图 2-29 所示。

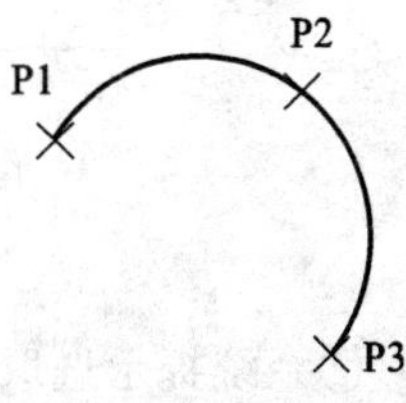


图 2-29　三点画弧

7. 绘制相切弧

该命令用于绘制与已存在的直线或圆弧相切的圆弧，绘制相切弧有四种方法。启动绘制相切弧命令后，显示相切弧操作栏如图 2-30 所示。

图 2-30　相切弧操作栏

操作栏中按键功能为：

：绘制一个 180°的圆弧，且与选择的几何图形相切。

：绘制经过某一点并与一几何图形相切的圆弧。

：绘制与一直线相切且圆心位于另一条直线上的圆弧。

：动态绘制圆弧。

：绘制与三个图素相切的圆弧。

：绘制与三个图素相切的圆。

：绘制与两个图素相切的圆弧。

(1)操作

①单击画弧立即菜单中 切弧...。

②系统提示选取与圆弧相切的图素，选择图 2-31(a)所示直线；在操作栏输入圆弧半径“10”；系统提示选取切点，选取直线的左端点；系统提示选取要保留的相切圆弧，选取图 2-31(b)所示 P 圆弧，单击确定按钮，结束画相切弧，结果如图 2-31(c)所示。

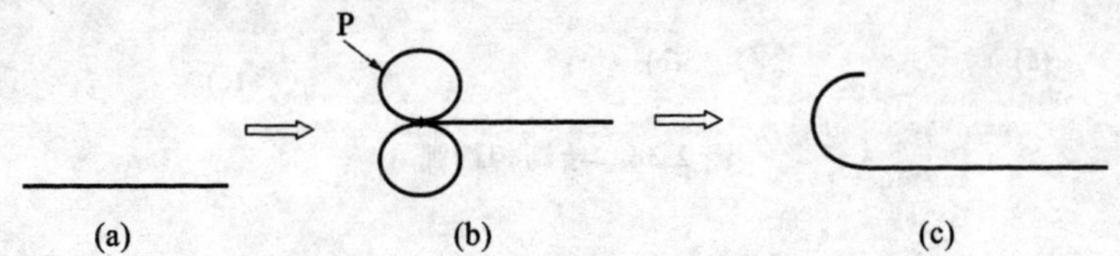


图 2-31　绘制相切弧 1

(2)操作

①单击画弧立即菜单中 切弧...。

②系统提示选取与圆弧相切的图素，在操作栏选中按钮，选择图 2-32(a)所示 L1 线段；系统提示选择圆弧所经过点，选择图 2-32(a)所示 L2 线段左端点；系统提示选择保留的相切圆弧，选择图 2-32(b)所示 P 圆弧，单击确定按钮，结束画相切弧，结果如图 2-32(c)所示。

(3)操作

①单击画弧立即菜单中 切弧...。

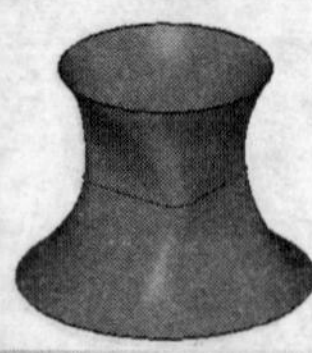



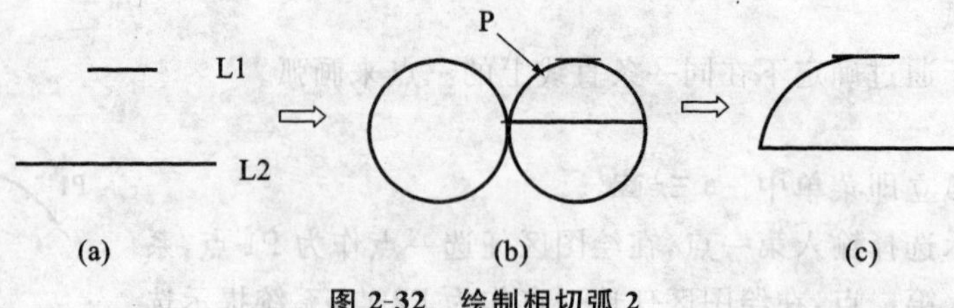

(a) (b) (c)

图 2-32 绘制相切弧 2

②系统提示选取与圆弧相切的图素，在操作栏选中按钮，选择图 2-33(a)所示 L1 线段；系统提示选择圆心所经过的直线，选择图 2-33(a)所示 L2 线段；系统提示选择保留的相切圆弧，选择图 2-33(b)所示 P 圆弧，单击确定按钮，结束画相切弧，结果如图 2-33(c)所示。

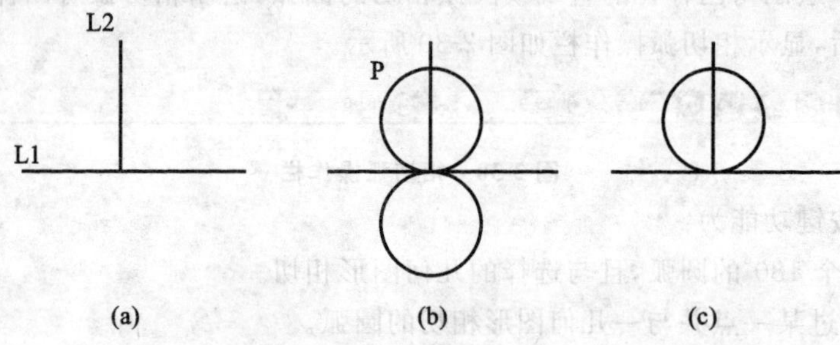

(a) (b) (c)

图 2-33 绘制相切弧 3



(4)操作

①单击画弧立即菜单中 切弧...。

②在操作栏选中按钮。

③系统提示选取与圆弧相切的图素，选择图 2-34(a)所示直线；出现一动态移动箭头，移动箭头到图 2-34(b)所示 P1 点处，单击鼠标左键，系统提示选择圆弧端点位置，在绘图区任意选一点，单击确定按钮，结束画相切弧，结果如图 2-34(c)所示。

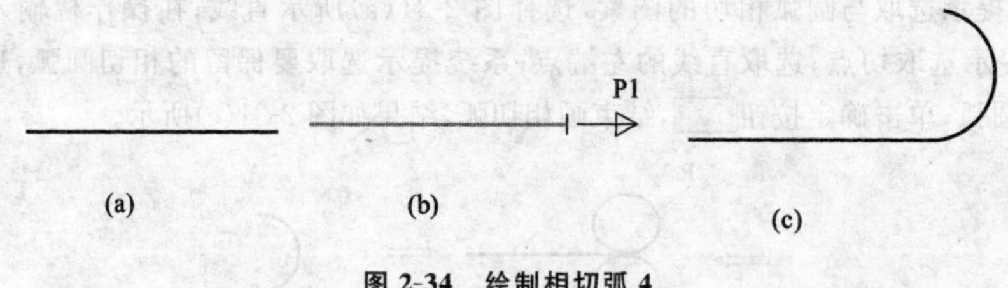

(a) (b) (c)

图 2-34 绘制相切弧 4

## 2.1.4 矩形的绘制

矩形是构成图形的基本图素。在 Mastercam 中，矩形的绘制包括绘制简单的矩形和矩形形状设置两方面。

(1)绘制简单的矩形

矩形绘制功能提供了根据两点画矩形和已知一点和长度加宽度画矩形两种矩形绘制方法。

激活画矩形命令，单击“绘图”/“画矩形”或单击小三角按钮/画矩形。矩形的绘制命令启动后，显示绘制矩形的操作栏如图 2-35 所示。

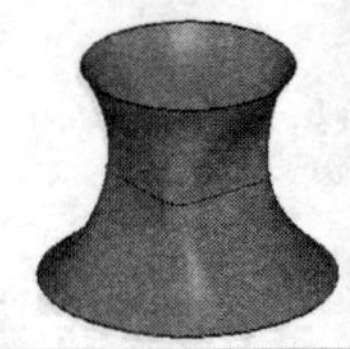

图 2-35　绘制矩形操作栏

操作举例：绘制如图 2-36 所示矩形。

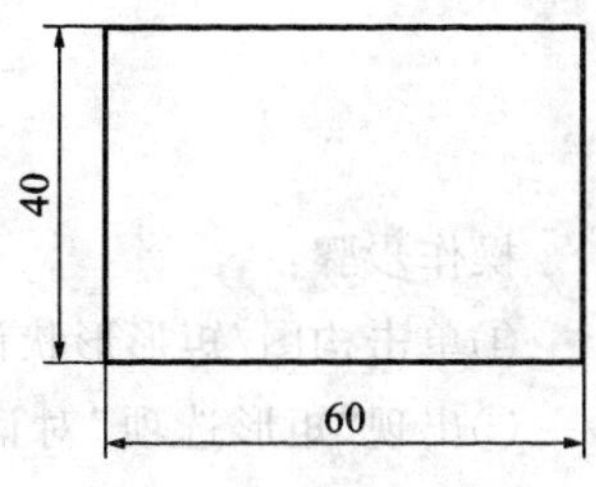


图 2-36　绘制矩形

操作步骤：

①单击 小三角按钮/“R 画矩形”。

②系统提示选择第一个角点的位置，在绘图区用鼠标拾取坐标原点。

③系统继续提示输入矩形长度、宽度或选取对角点位置，在操作栏输入矩形长度“60”，回车确认，输入矩形的宽度“40”，回车确认。

④单击确定按钮，结束画矩形命令。结果如图 2-36 所示。

(2)矩形形状设置

矩形形状设置命令可以绘制变形的矩形，如倒圆角的矩形、D 形矩形、双 D 形矩形等。

激活矩形形状设置命令，单击“绘图”/“矩形形状设置”或单击 小三角按钮/矩形形状设置，出现“矩形选项”对话框，如图 2-37 所示。在“矩形选项”对话框进行必要的设置，按操作栏提示操作。

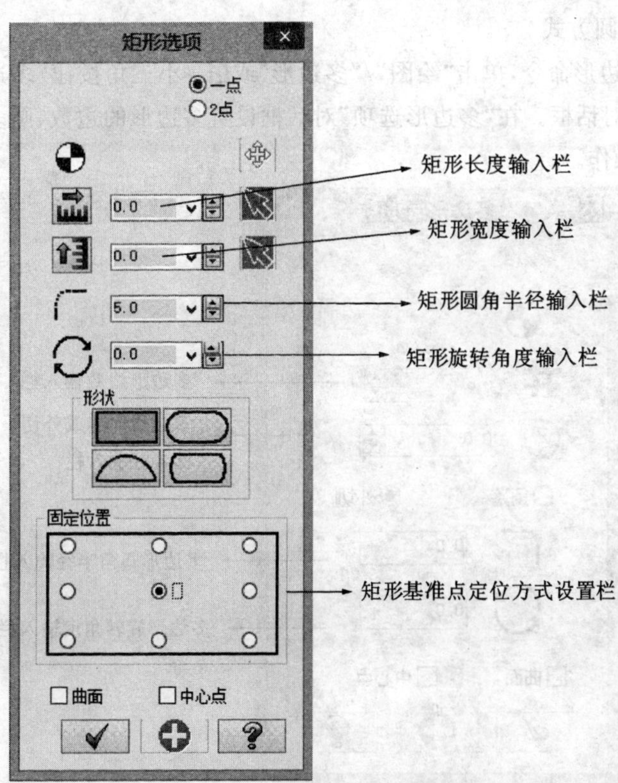


图 2-37　“矩形选项”对话框

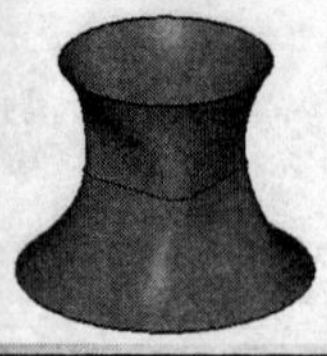



操作举例:绘制如图 2-38 所示矩形。

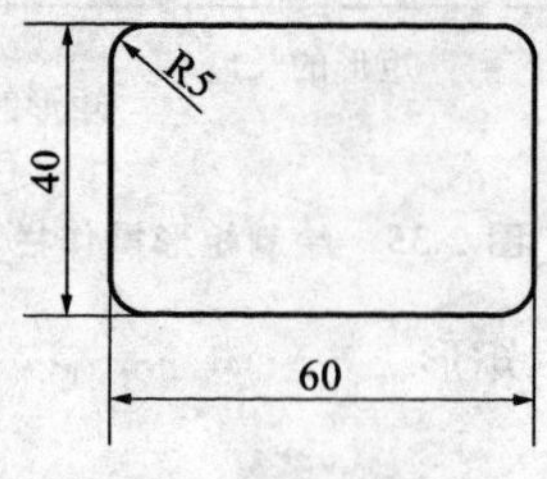


**图 2-38　绘制矩形**

操作步骤:

①单击构图/矩形形状设置。

②出现"矩形选项"对话框,在对话框中设置以基准点方式绘制矩形,输入矩形长度"60",回车确认,输入矩形宽度"40",回车确认,输入矩形圆角半径"5",在形状栏中选择标准矩形方式,在锚点栏选择中心点定位方式。

③系统提示选取基准点位置,用鼠标拾取坐标原点。

④单击"矩形选项"对话框下面的确定按钮,确定产生的矩形,并结束命令。



## 2.1.5 绘制多边形

绘制多边形命令用于绘制正多边形,系统提供了两种绘制多边形的方式:中心点外切圆方式和中心点内接圆方式。

激活绘制正多边形命令,单击"绘图"/"多边形"或小三角按钮/多边形,出现如图 2-39 所示"多边形选项"对话框。在"多边形选项"对话框设置多边形的边数、画多边形的方式、半径等,按操作栏提示操作。

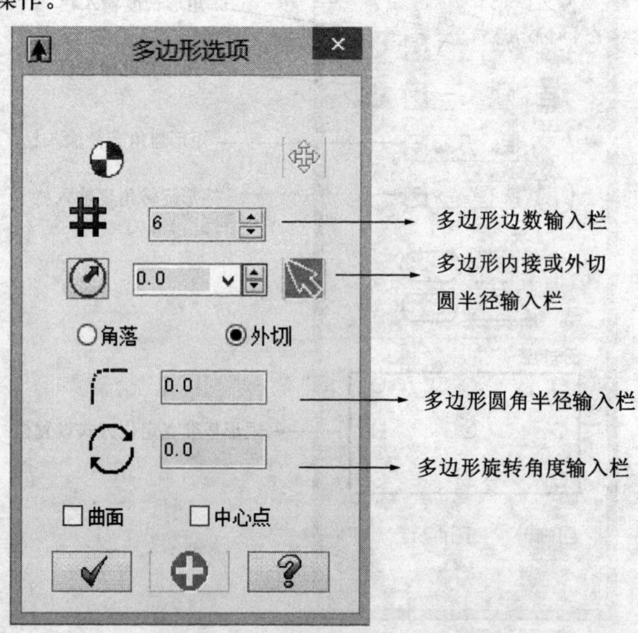


**图 2-39　"多边形选项"对话框**

操作步骤：

①单击“绘图”/“多边形”，出现“多边形选项”对话框。

②在“多边形选项”对话框中，选择外切圆绘制多边形方式，设置多边形边数栏输入“6”，半径栏输入“30”。

③系统提示选取基准点位置，利用鼠标在绘图区任意选取一点。

④单击“多边形选项”对话框下面的确定按钮，确定产生的多边形，并结束命令，结果如图 2-40 所示。

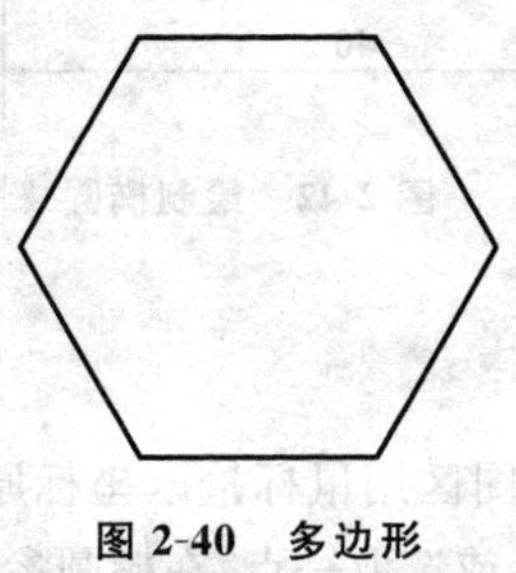

图 2-40　多边形



## 2.1.6　椭圆的绘制

椭圆的绘制命令可以绘制完整的椭圆，也可以绘制椭圆弧。

激活椭圆的绘制命令，单击“绘图”/“椭圆”或单击小三角按钮/椭圆。弹出如图 2-41 所示椭圆参数设置对话框。在椭圆参数对话框进行必要的设置，按操作栏提示操作。

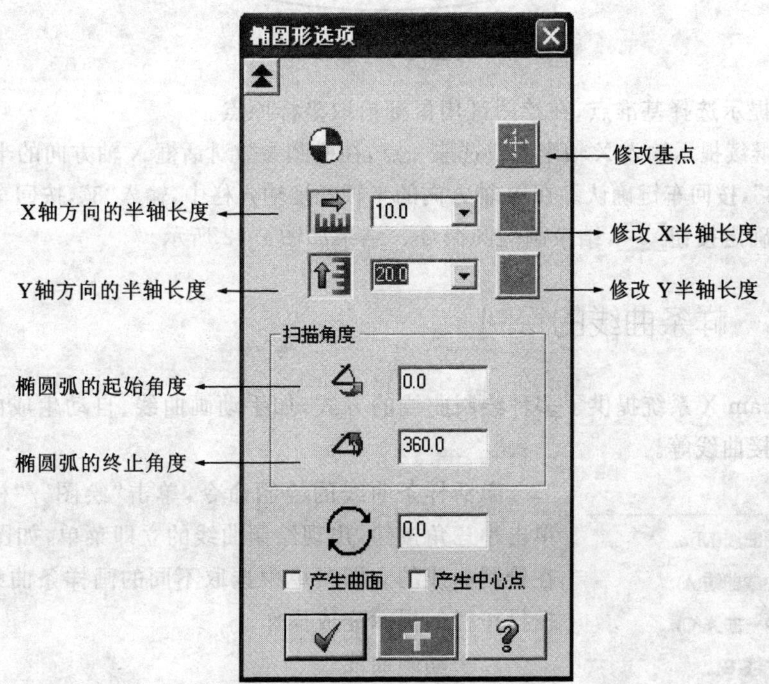


图 2-41　椭圆参数设置对话框

操作举例：绘制如图 2-42 所示图形。

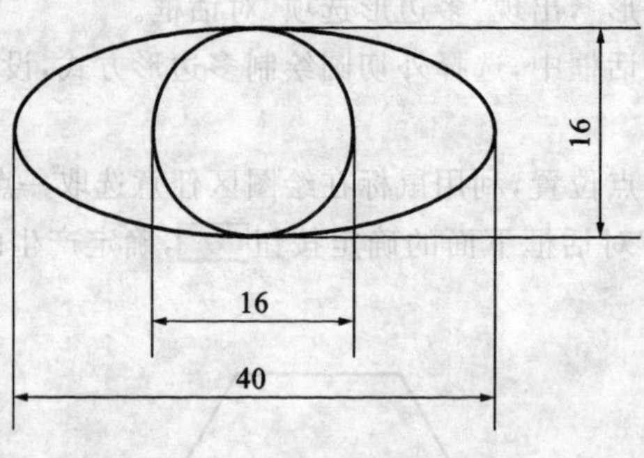


图 2-42　绘制椭圆

操作步骤：

①单击“绘图”/“椭圆”。

②系统提示选择基准点，在绘图区用鼠标拾取坐标原点。

③系统继续提示输入 X 轴半径或选取一点，在椭圆参数对话框 X 轴方向的半轴长度输入栏中，输入“20”，按回车键确认；在 Y 轴方向的半轴长度输入栏中，输入“8”，按回车键确认。

④单击应用按钮 ，结果如图 2-43 所示。

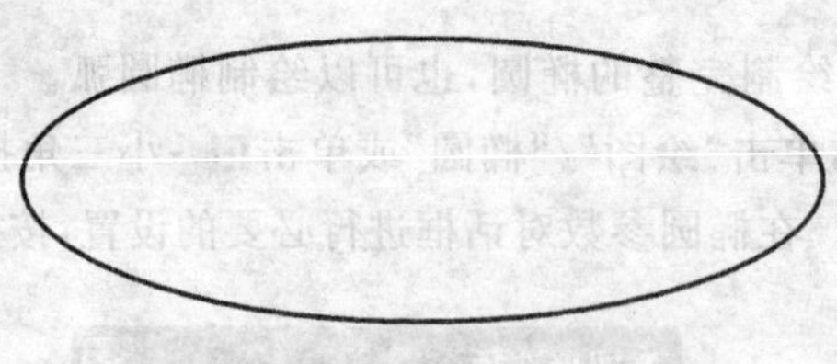

图 2-43　椭圆

⑤系统提示选择基准点，在绘图区用鼠标拾取坐标原点。

⑥系统继续提示输入 X 轴半径或选取一点，在椭圆参数对话框 X 轴方向的半轴长度输入栏中，输入“8”，按回车键确认。在 Y 轴方向的半轴长度输入栏中，输入“8”，按回车键确认。

⑦单击确定按钮 ，结束画椭圆命令。结果如图 2-42 所示。

## 2.1.7　样条曲线的绘制

Mastercam X 系统提供了多种绘制曲线的方式，如手动画曲线、自动生成曲线、转成单一曲线和熔接曲线等。

激活样条曲线的绘制命令，单击“绘图”/“样条曲线”或单击小三角按钮，出现绘制曲线的立即菜单，如图 2-44 所示。在绘制曲线的立即菜单中选取不同的画样条曲线方式，并根据操作栏的提示完成操作。



图 2-44　绘制曲线立即菜单

1. 手动画曲线

操作步骤：

①单击“绘图”/“样条曲线”/“手动画曲线”命令。

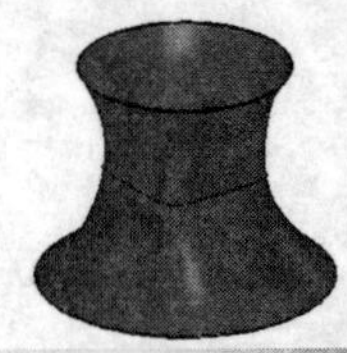



②系统提示选取一点,用鼠标在绘图区依次选取 P1、P2、P3、P4 四点,回车确认。

③单击操作栏中的确定按钮✓,结束画样条曲线。结果如图 2-45 所示。

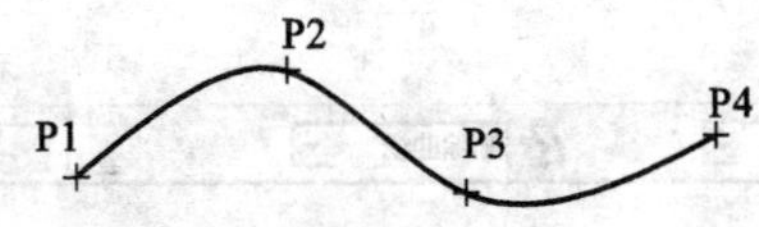


图 2-45　手动绘制出的曲线

2. 自动生成曲线

操作步骤:

①单击“绘图”/“样条曲线”/“自动生成曲线”命令。

②系统提示选取第一点,用鼠标选取如图 2-45 所示 P1 点;系统接着提示选取第二点,用鼠标选取如图 2-46 所示 P2 点;系统接着提示选取最后一点,用鼠标选取如图 2-45 所示 P3 点。

③单击操作栏中的确定按钮✓,结束画样条曲线。结果如图 2-47 所示。



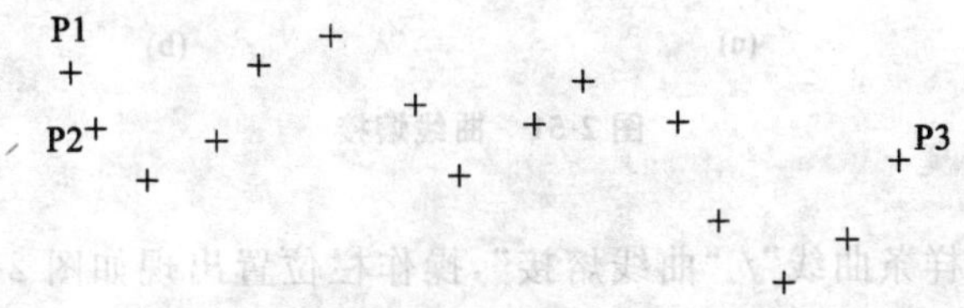


图 2-46　样条曲线所通过的点

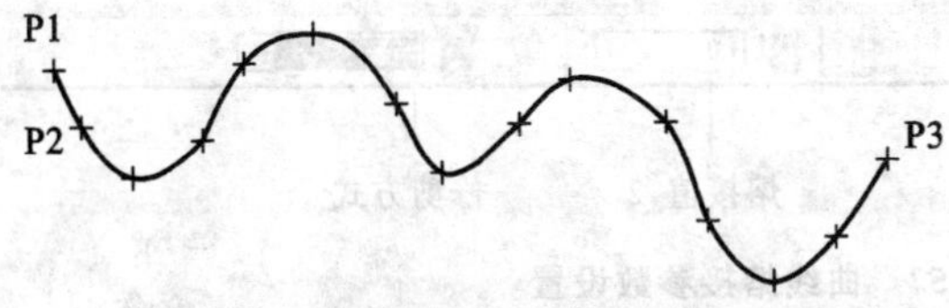


图 2-47　自动生成的样条曲线

3. 转成单一曲线

该命令用于将首尾相连的多条直线、圆弧或曲线连接合并为一条曲线。

操作举例:如图 2-48 所示转成单一曲线。

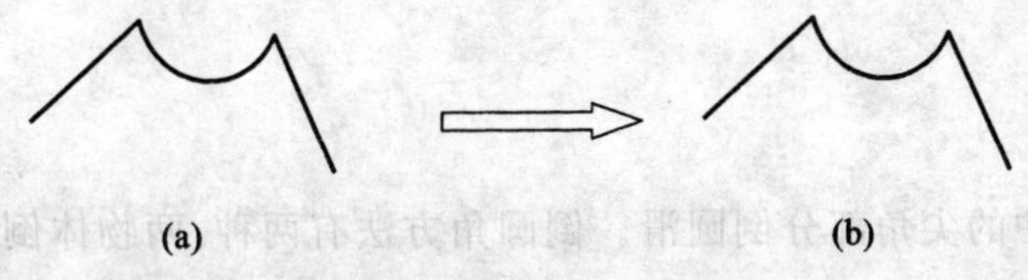


图 2-48　转成单一曲线

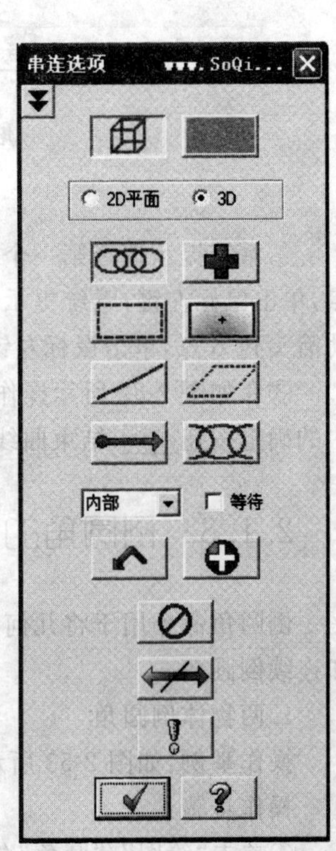


图 2-49　“串连选项”对话框

操作步骤:

①单击“绘图”/“样条曲线”/“转成单一曲线”命令。

②系统弹出如图 2-49 所示“串连选项”对话框,提示选择要转成单一曲线的串连图素,串连选择如图 2-48(a)所示连续

线，单击“串连选项”对话框中的确定按钮 ✓ 。

③在如图 2-50 所示操作栏设置图素处理方式为“删除曲线”，单击操作栏中的确定按钮 ✓ ，结束曲线转换操作。

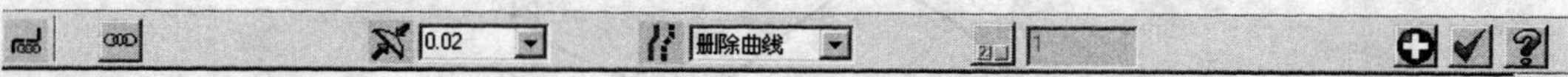


图 2-50 设置转换单一曲线参数

4. 曲线熔接

该命令用于在直线、圆弧、SP 曲线之间绘制一条样条曲线，将用户所选的两个图素相连接，如图 2-51 所示。

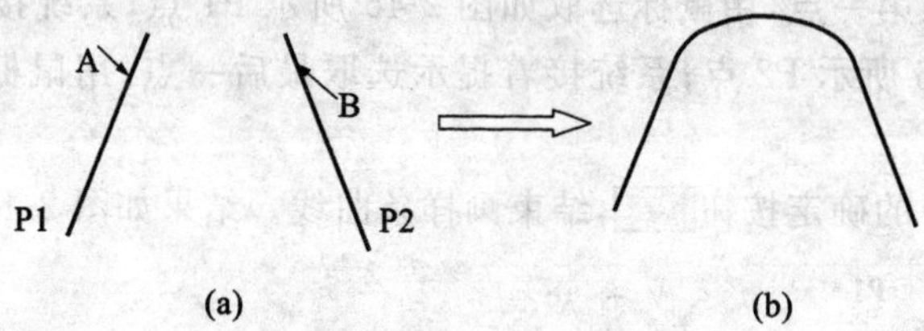


图 2-51 曲线熔接

操作步骤：

①单击“绘图”/“样条曲线”/“曲线熔接”，操作栏位置出现如图 2-52 所示曲线熔接参数设置对话框。

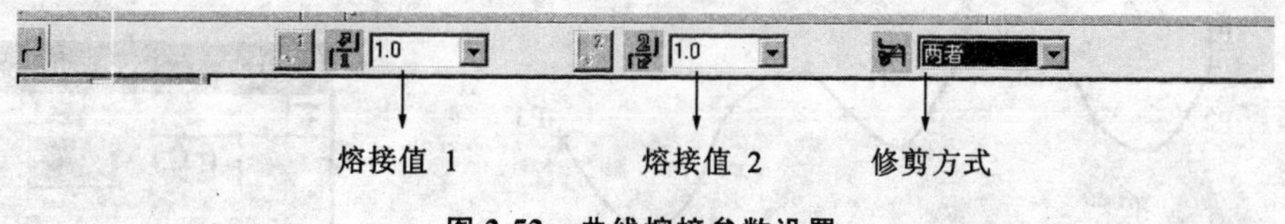


图 2-52 曲线熔接参数设置

②系统提示选择第一个曲线的熔接位置，选择如图 2-51 所示曲线 P1，并移动箭头到 A 点，单击鼠标左键；系统提示选择第二个曲线的熔接位置，选择如图 2-51 所示曲线 P2，并移动箭头到 B 点，单击鼠标左键。

③在如图 2-52 所示操作栏中设置曲线修剪方式为“两者”(即两者均修剪)，单击操作栏中的确定按钮 ✓ ，结束曲线熔接操作，结果如图 2-51(b)所示。

### 2.1.8 倒圆角的绘制

倒圆角命令用于将几何图形中的尖角部分倒圆滑。倒圆角方法有两种：两物体倒圆角和连续倒圆角。

1. 两物体倒圆角

操作举例：如图 2-53 所示倒圆角。

操作步骤：

①单击“绘图”/“圆角”/“倒圆角”命令。

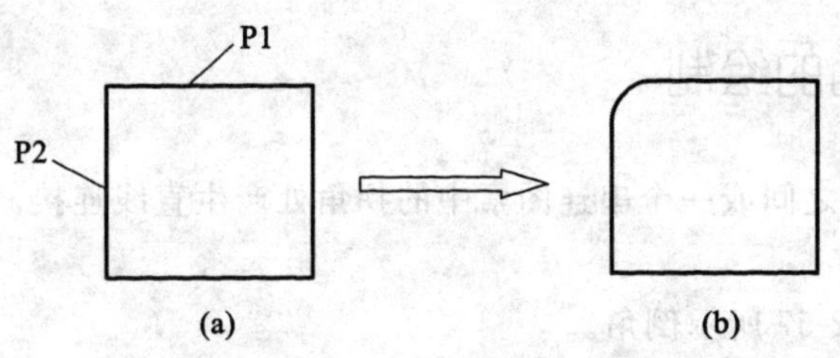


图 2-53　倒圆角

②系统提示选取第一个倒圆角的图素，选择如图 2-53(a)所示 P1。

③系统提示选择另一个倒圆角的图素，选择如图 2-53(a)所示 P2。

④在如图 2-54 所示圆角设置操作栏中设置圆角半径为“10”，回车确认，单击确定按钮 ✔，结果如图 2-53(b)所示。

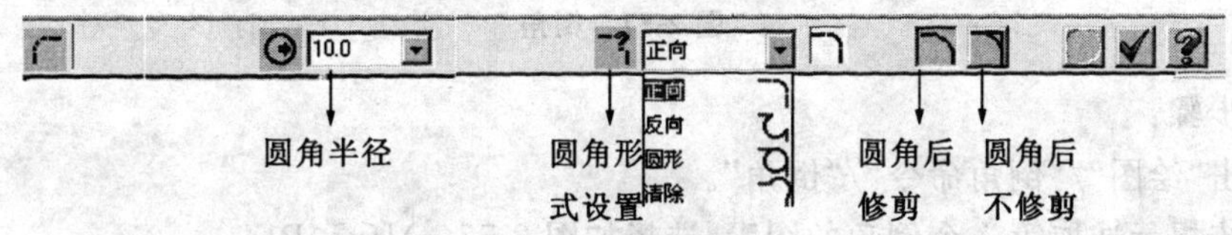


图 2-54　圆角设置操作栏

2. 连续倒圆角

操作举例：如图 2-55 所示串连倒圆角。

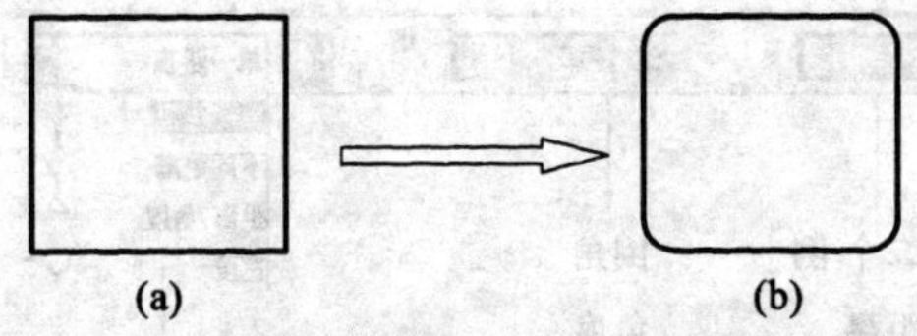


图 2-55　串连倒圆角

操作步骤：

①单击“绘图”/“圆角”/“串连倒圆角”命令。

②弹出串连对话框，串连选择如图 2-55(a)所示四边形，单击确定按钮 ✔。

③在如图 2-56 所示串连倒圆角操作栏中设置圆角半径为“5”，回车确认，单击确定按钮 ✔，结果如图 2-55(b)所示。

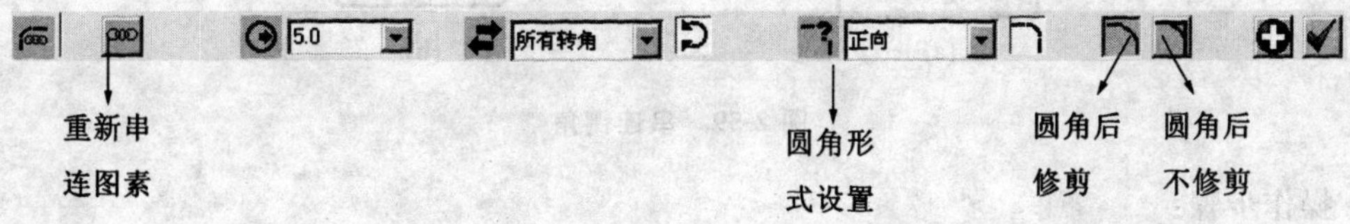


图 2-56　串连倒圆角操作栏

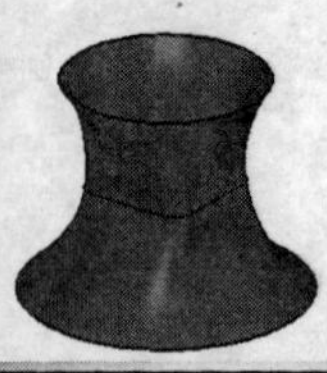



### 2.1.9 倒角的绘制

倒角是在两图素之间或一个串连图素中的拐角处产生直线连接。

1. 倒角

操作举例：如图 2-57 所示倒角。

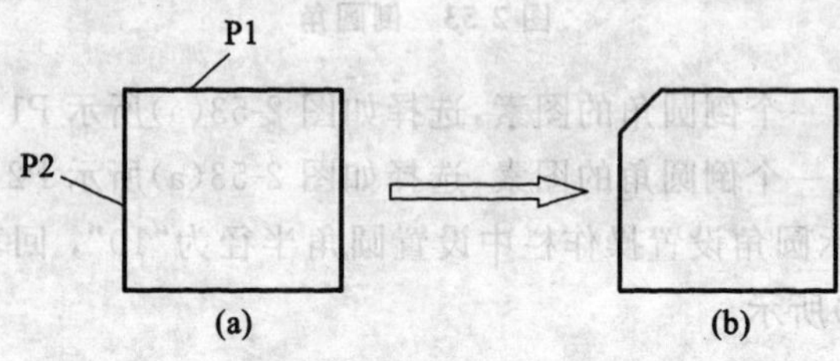


图 2-57 倒角



操作步骤：

①单击“绘图”/“倒角命令”/“倒角”。

②系统提示选取第一个倒角的图素，选择如图 2-57(a)所示 P1。

③系统提示选择另一个倒角的图素，选择如图 2-57(a)所示 P2。

④在如图 2-58 所示倒角操作栏中设置倒角距离为“5”，单击确定按钮✔，结果如图 2-57(b)所示。

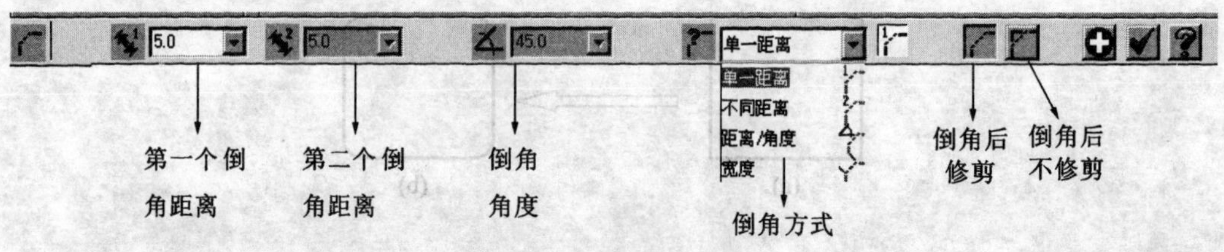


图 2-58 倒角操作栏

2. 串连倒角

操作举例：如图 2-59 所示串连倒角。

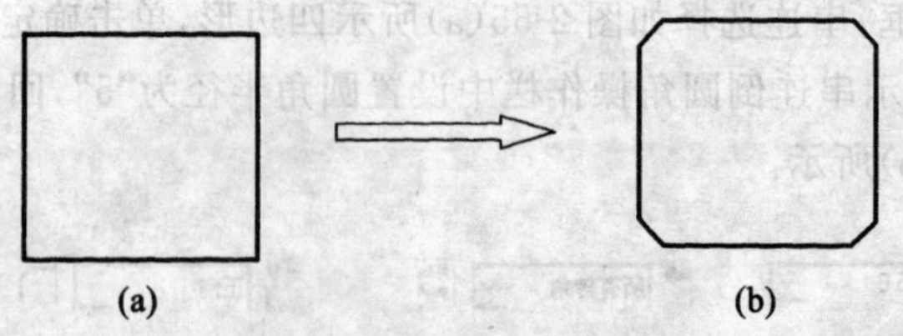


图 2-59 串连倒角

操作步骤：

①单击“绘图”/“倒角”/“连续倒角”命令。

②弹出串连对话框，串连选择如图 2-59(a)所示四边形，单击确定按钮✔。

③在如图 2-60 所示串连倒角操作栏中设置倒角距离为“5”，单击确定按钮，结果如图 2-59(b)所示。

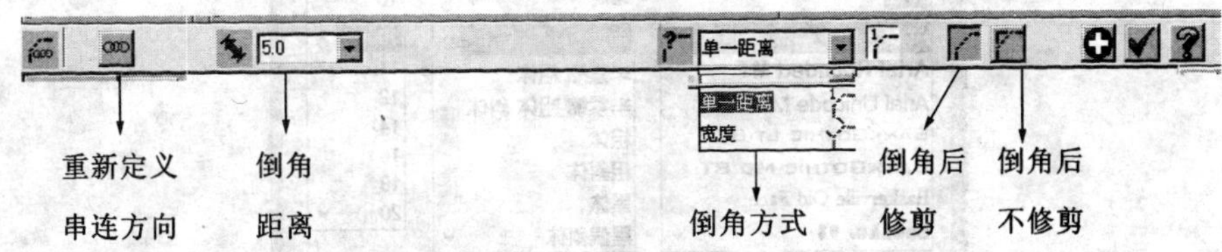


**图 2-60　串连倒角操作栏**

## 2.1.10　文字的绘制

图形文字不同于标注文字，图形文字要用于加工，是图样中的几何信息图素，而标注文字用于说明，是图样中的非几何信息要素。所以，图形文字的生成过程就像是画图一样，每一笔画都是独立的图素，可以对其独自进行操作

激活文字绘制命令，可以选择菜单栏中的“绘图”/“绘制文字”命令，弹出如图 2-61 所示“绘制文字”对话框。

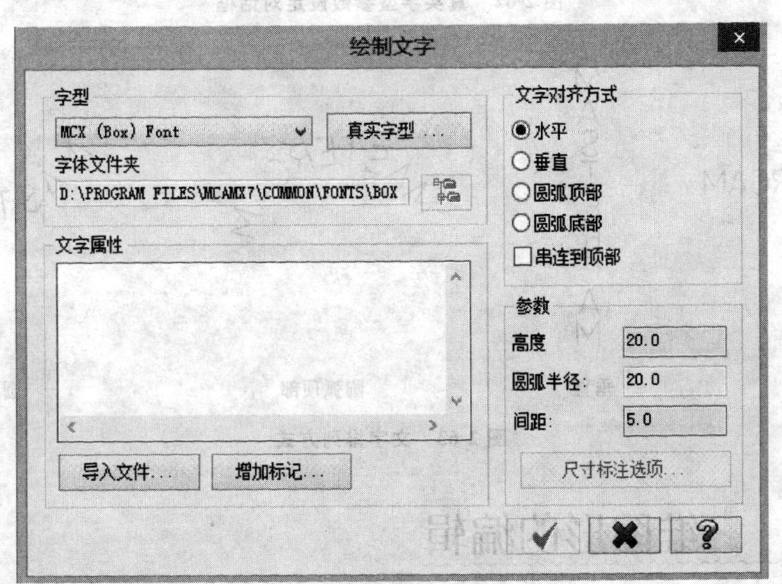


**图 2-61　“绘制文字”对话框**

1. 真实字型

单击 真实字型... 按钮，系统弹出如图 2-62 所示真实字型参数设定对话框。

2. 排列方式

文字排列方式有四种，如图 2-63 所示。

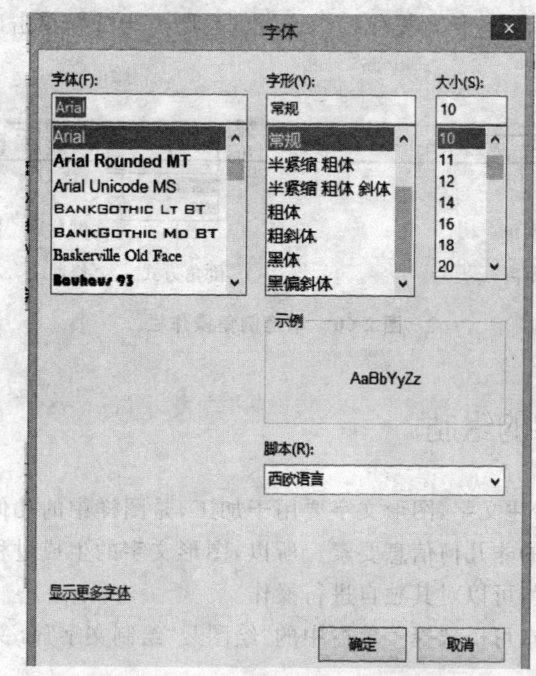


图 2-62　真实字型参数设定对话框

图 2-63　文字排列方式

## 2.2　二维图形的编辑

### 2.2.1　删除命令

1. 删除几何图素

删除命令可用于从屏幕和系统的资料库中删除一个或一群组设定的图素。

操作步骤：

①单击“编辑”/“删除”/“删除图素”或单击按钮。

②系统提示选择图素，用某种方法选择要删除的图素。

③按回车键确认，结束命令。

2. 删除重复图素

该命令用于删除图形中重复的图素，如直线、圆弧、曲面等。

操作步骤：

①单击“编辑”/“删除”/“ 删除重复图素”或单击按钮。

②单击确认按钮，则系统删除图形中重复的图素。

## 2.2.2　修剪/打断/延伸几何图素

修剪/打断/延伸几何图素命令可以将两个相交或不相交的几何图形在交点处进行修剪，也可以将它们进行打断或延伸。

要激活修剪命令，单击菜单“编辑”/“修剪/打断” /“修剪/打断”或单击按钮，显示修剪/打断/延伸操作栏。如图 2-64 所示。

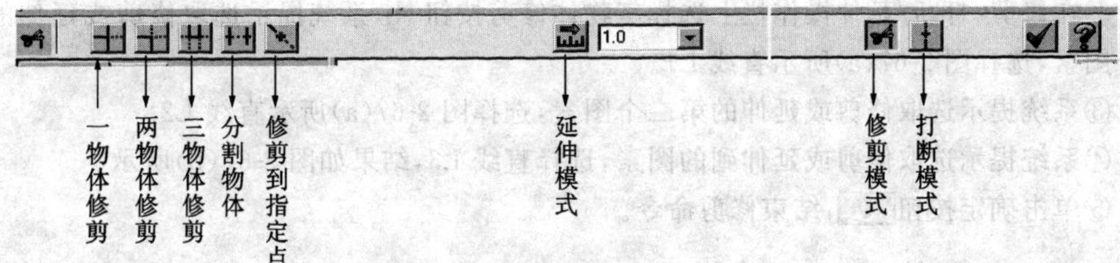


**图 2-64　修剪/打断/延伸操作栏**

修剪/打断/延伸几何图素命令主要有 7 种操作方式。

1. 一物体修剪

操作步骤：

①单击按钮，激活修剪/打断/延伸几何图形命令。

②在修剪/打断/延伸操作栏上选择一物体修剪按钮，系统提示选取图素去修剪或延伸，选择图 2-65(a)所示直线 L1。

③系统提示选取修剪或延伸到的图素，选择直线 L2，结果如图 2-65(b)所示。

④系统继续提示选取图素去修剪或延伸，选择图 2-65(c)所示直线 L3。

⑤系统提示选取修剪或延伸到的图素，选择直线 L4，结果如图 2-65(d)所示。

⑥单击确定按钮，结束修剪命令。

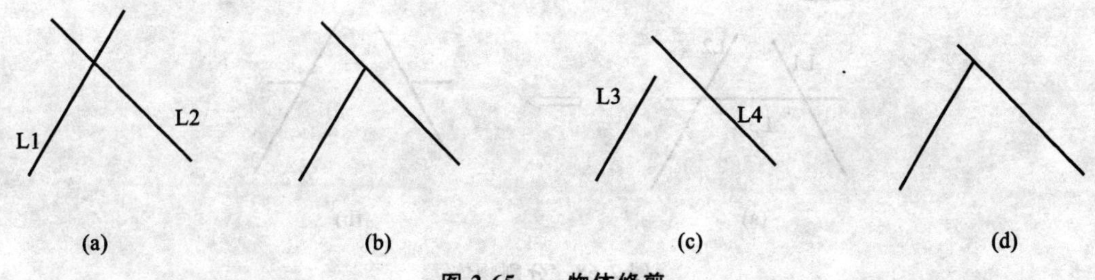


**图 2-65　一物体修剪**

2. 两物体修剪

①单击按钮，激活修剪/打断/延伸几何图形命令。

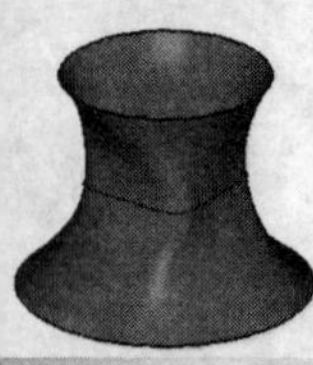



②在修剪/打断/延伸操作栏上选择两物体修剪按钮，系统提示选取图素去修剪或延伸，选择图 2-66(a)所示直线 L1。

③系统提示选取修剪或延伸到的图素，选择直线 L2，结果如图 2-66(b)所示。

④单击确定按钮，结束修剪命令。

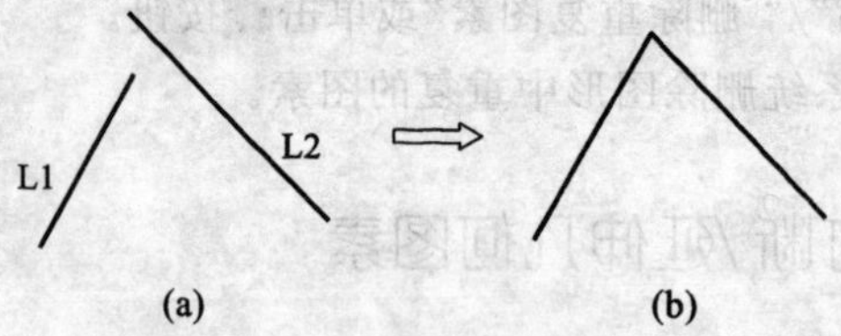


图 2-66　一物体修剪

3. 三物体修剪

操作步骤：

①单击按钮，激活修剪/打断/延伸几何图形命令。



②在修剪/打断/延伸操作栏上选择三物体修剪按钮，系统提示选取修剪或延伸的第一个图素，选择图 2-67(a)所示直线 L1。

③系统提示选取修剪或延伸的第二个图素，选择图 2-67(a)所示直线 L2。

④系统提示选取修剪或延伸到的图素，选择直线 L3，结果如图 2-67(b)所示。

⑤单击确定按钮，结束修剪命令。

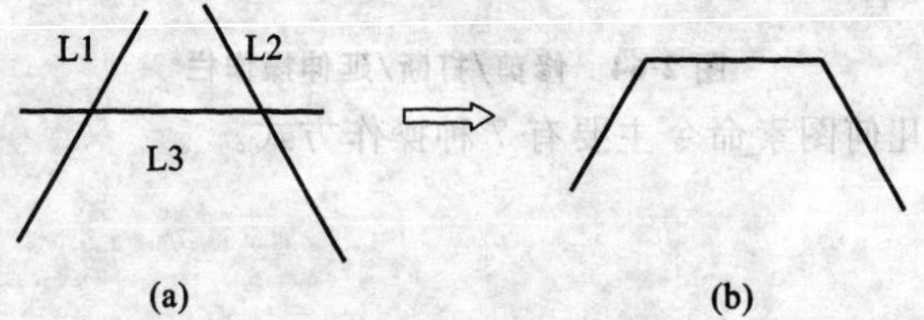


图 2-67　三物体修剪

4. 分割物体

操作步骤：

①单击按钮，激活修剪/打断/延伸几何图形命令。

②在修剪/打断/延伸操作栏上选择分割物体按钮，系统提示选取分割的图素，选择图 2-68(a)所示直线 L3，结果如图 2-68(b)所示。

③单击确定按钮，结束分割操作。

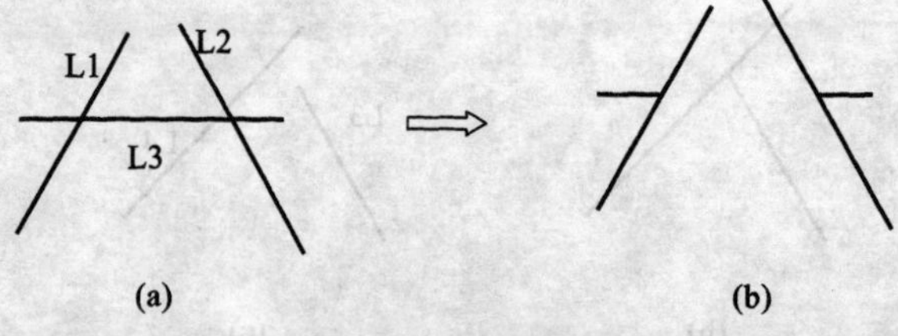


图 2-68　分割物体

5. 修剪到指定点

该命令可以将图素修剪/延伸到指定点。如果该点不在图素或图素的延长线上，则将图

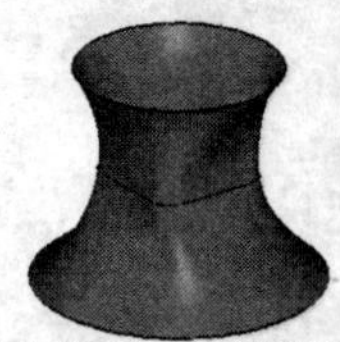



素修剪/延伸到图素的垂直点处。

操作步骤：

①单击按钮，激活修剪/打断/延伸几何图形命令。

②在修剪/打断/延伸操作栏上选择修剪到指定点按钮，系统提示选取修剪的图素，选择图 2-69(a)所示直线。

③系统提示指出修剪到的位置，选取圆的圆心点，结果如图 2-69(b)所示。

④单击确定按钮，结束修剪操作。

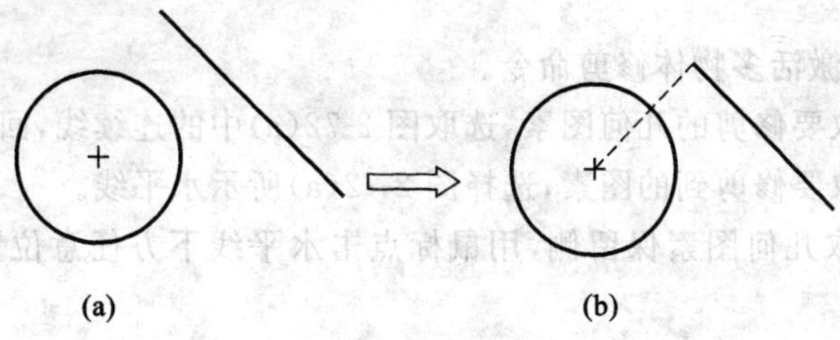


图 2-69　修剪到指定点



6. 延伸长度

该命令可以把一个几何图素延伸或缩短指定的长度，即在延伸参数输入栏 -10.0 中输入延伸长度(注意：正值则延伸，负值则缩短)。

操作步骤：

①单击按钮，激活修剪/打断/延伸几何图形命令。

②在修剪/打断/延伸操作栏上选择延伸模式按钮，在延伸参数输入栏 -10.0 中输入延伸长度“5”，回车确认。

③系统提示选取延伸的图素，选择图 2-70(a)所示直线上端处(延伸方向与选择的位置有关)，结果如图 2-70(b)所示。

④单击确定按钮，结束延伸操作。

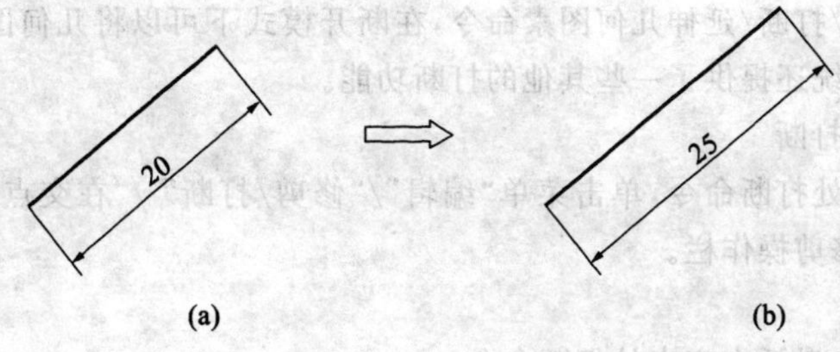


图 2-70　延伸几何图素

7. 打断几何图素

单击打断模式按钮，系统启动打断功能，打断几何图素与修剪几何图素的操作类似，它们的区别在于打断几何图素命令将几何图形在交点处打断后仍保留交点两侧的几何图形，而修剪几何图素命令将交点一侧的几何图形删除掉。

## 2.2.3　多物体修剪

多物体修剪命令可以用一图素为边界一次修剪多个图素。

激活多物体修剪命令，单击菜单“编辑”/“修剪/打断” /“多物体修剪”或单击按钮，显示多物体修剪操作栏，如图 2-71 所示。

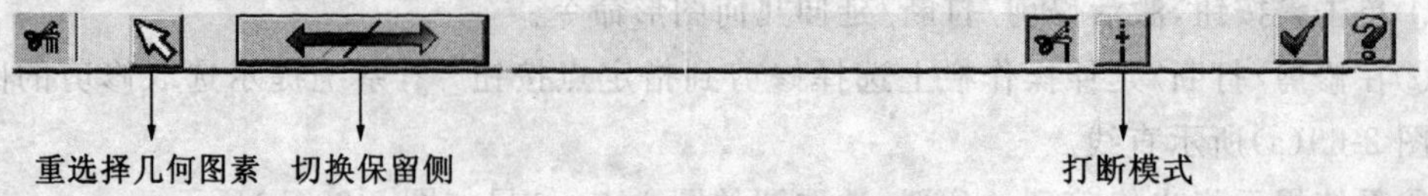


**图 2-71　多物体修剪操作栏**

操作步骤：

①单击按钮，激活多物体修剪命令。

②系统提示选取要修剪的几何图素，选取图 2-72(a)中的连续线，回车确认。

③系统提示选取要修剪到的图素，选择图 2-72(a)所示水平线。

④系统提示选取几何图素保留侧，用鼠标点击水平线下方任意位置处，结果如图 2-72(b)所示。

⑤单击多物体修剪操作栏中“切换保留侧”按钮，结果如图 2-72(c)所示。



⑥单击确定按钮，结束多物体修剪命令。

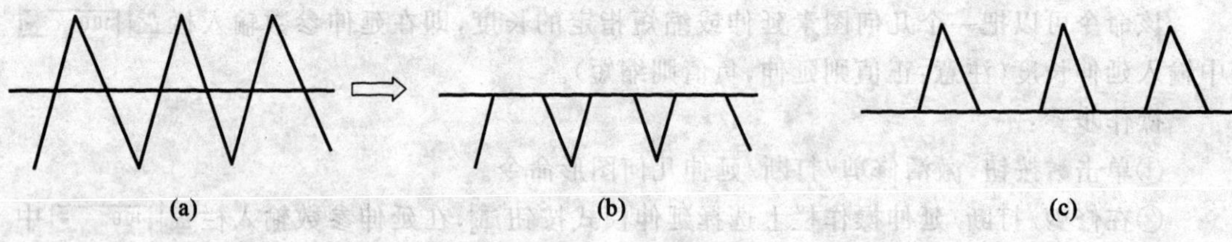


**图 2-72　多物体修剪**

## 2.2.4　打断几何图素

除了使用修剪/打断/延伸几何图素命令，在断开模式下可以将几何图素在交点处一分为二，Matercam 系统还提供了一些其他的打断功能。

1. 在交点处打断

要激活在交点处打断命令，单击菜单“编辑”/“修剪/打断” /“在交点处打断”或单击按钮，显示多物体修剪操作栏。

操作步骤：

①单击按钮，激活在交点处打断命令。

②系统提示选取要打断的几何图素，选取图 2-73(a)中的圆和直线，回车确认；然后用删除命令删除多余的图素。结果如图 2-73(b)所示。

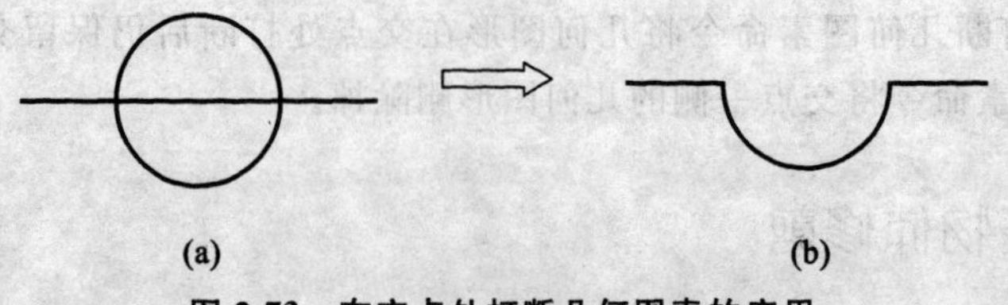


**图 2-73　在交点处打断几何图素的应用**

2. 打成多段

打成多段命令是对选中的图素进行定数等分或定长方式打成多段。

要激活打成多段命令，单击菜单“编辑”/“修剪/打断” /“打成多段”或单击按钮，显示打成多段操作栏，如图 2-74 所示。

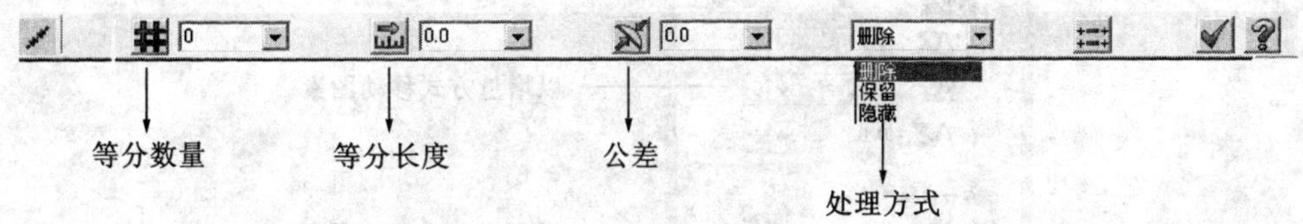


图 2-74　打成多段操作栏

## 2.2.5　连接图素

连接图素命令可以把多个图素连成一个图素，只有共线的线段、被断开的圆弧和被断开的 SP 样条曲线才能进行连接。



激活连接图素命令，单击菜单“编辑”/ “连接图素”或单击按钮。

操作举例：将图 2-75(a)所示两段直线连接起来。

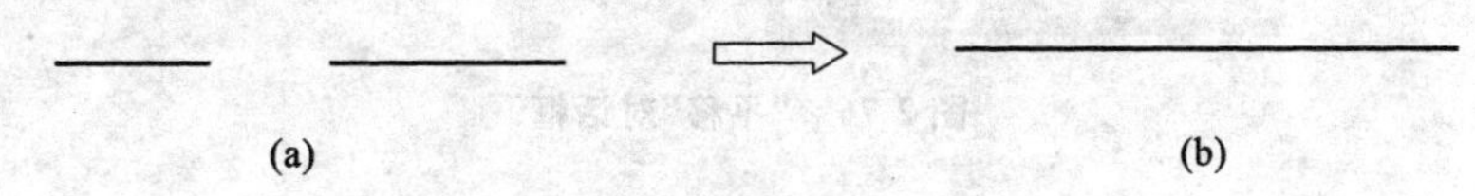


图 2-75　连接几何图素

操作步骤：

①单击按钮，激活连接图素命令。

②系统提示选取要连接图素，选取图 2-75(a)中的两直线，回车确认；结果如图 2-75(b)所示。

## 2.2.6　平移

平移是将所选择的图素移动或复制到新的位置。

激活平移命令，单击菜单“转换”/“平移”或单击按钮。命令激活并选择图素后出现“平移”对话框，如图 2-76 所示。

选中“移动”单选钮，则图素平移后，原图素被删除。选中“复制”单选钮，则以复制方式平移图素。选中“连接”单选钮，则图素平移后，新图素和原图素的端点连接。

操作举例 1：用增量方式将矩形向上平移。

操作步骤：

①单击菜单“转换”/“平移”，激活平移图素命令。

②系统提示选取要平移图素，选取图 2-77(a)中的矩形，回车确认；弹出平移对话框，参照图 2-76 所示设置平移参数(注意：输入每一个参数后，要回车)，结果如图 2-77(b)所示。

③单击确定按钮，结束平移命令。

操作举例 2：运用平移选项中连接功能。

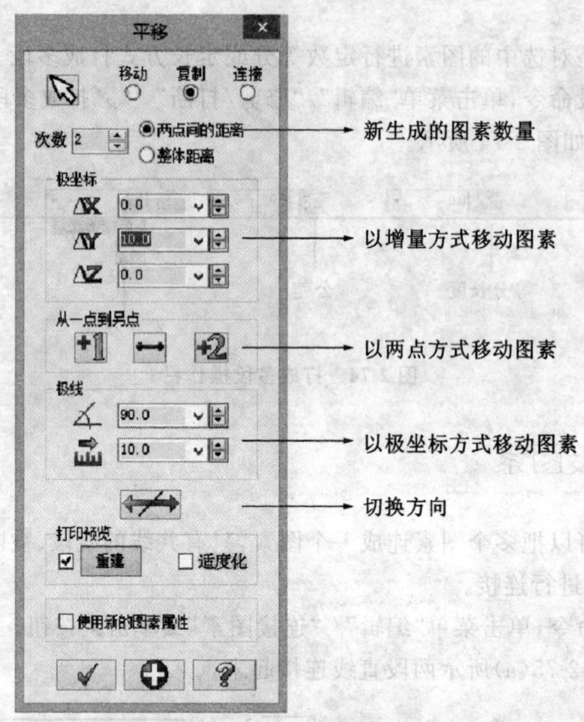


图 2-76 “平移”对话框

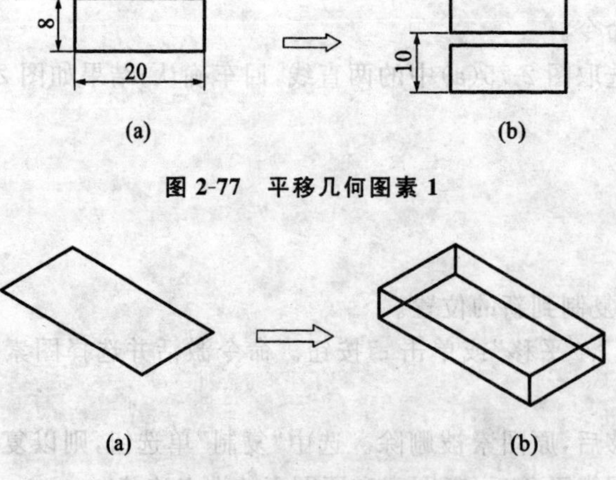


图 2-77 平移几何图素 1

(a) (b)

图 2-78 平移几何图素 2

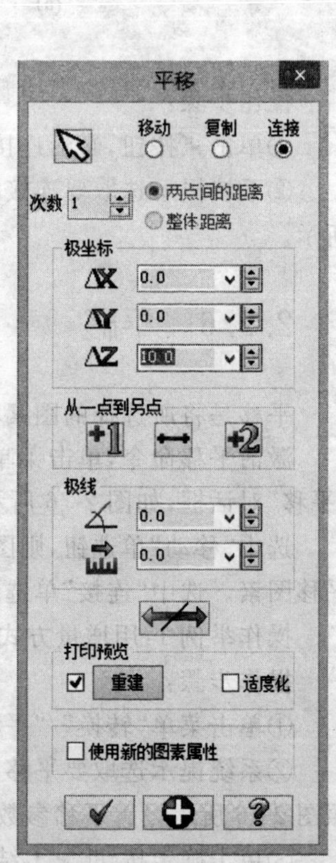


图 2-79 平移图素参数设置

操作步骤：

①单击菜单“转换”/“平移”，激活平移图素命令。

②系统提示选取要平移图素，选取图 2-78(a)中的四边形，回车确认；弹出“平移”对话框，参照图 2-79 所示设置平移参数（注意：输入每一个参数后，要回车），结果如图 2-78(b)所示。

③单击确定按钮 ✓，结束平移命令。

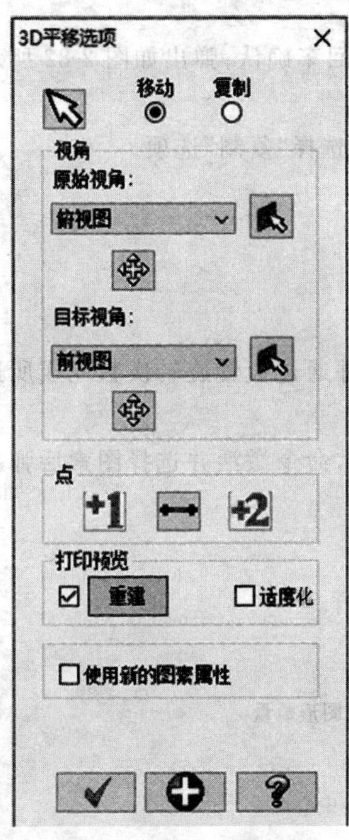


图 2-80　3D 平移对话框

## 2.2.7　3D 平移

3D 平移是将所选择的图素在不同的构图面之间进行平移或复制。

要激活 3D 平移命令，单击菜单“转换”/“3D 平移”或单击按钮，命令激活并选择图素后弹出 3D 平移对话框，如图 2-80 所示。

操作举例：将图形由水平构图面转换到前视图构图面上。

操作步骤：

①单击菜单“转换”/“3D 平移”，激活 3D 平移图素命令。

②系统提示选取要平移图素，选取图 2-81(a)中的圆，回车确认；弹出如图 2-80 所示 3D 平移对话框。

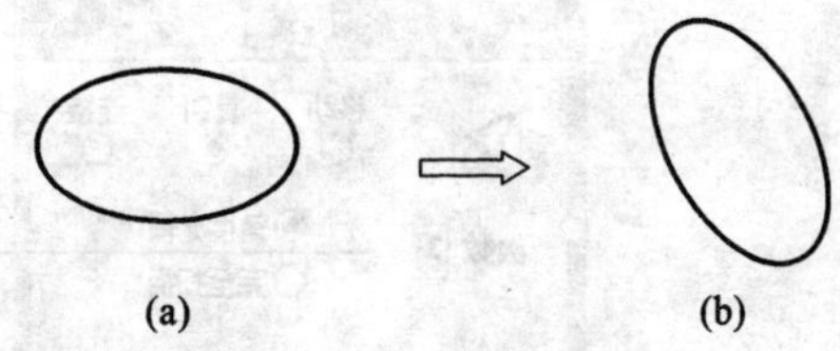


图 2-81　3D 平移几何图素

③在弹出如图 2-80 所示对话框中选择“移动”选项；原始视角设为“俯视图”；目标视角设为“前视图”。

④单击确定按钮，结果如图 2-81(b)所示。

## 2.2.8　镜像

镜像是将选中的图素以 X 轴、Y 轴、Z 轴、一条任意线段或两点为镜像面进行镜像。

要激活镜像命令，单击菜单“转换”/“镜像”或单击按钮，命令激活并选择图素后弹出“镜像”对话框，如图 2-82 所示。

操作举例：运用镜像命令绘制图 2-83。

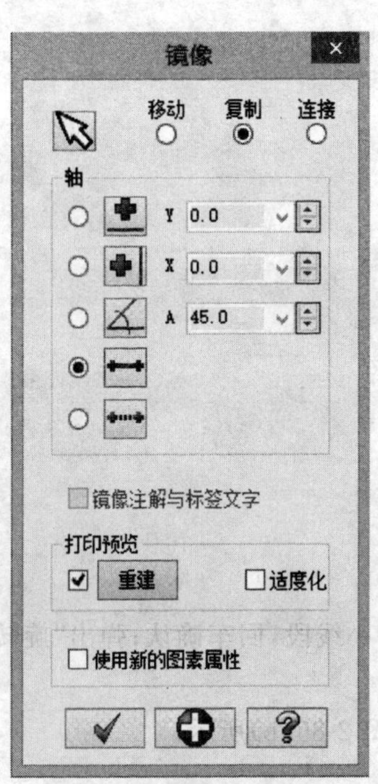


图 2-82　“镜像”对话框

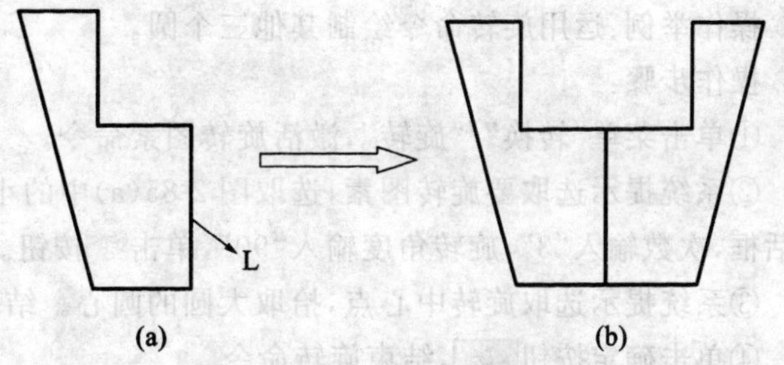


图 2-83　镜像几何图素

操作步骤：①单击菜单“转换”/“镜像”命令。

②系统提示选取要镜像图素，选取图 2-83(a)中的图素，回车确认；弹出如图 2-82 所示“镜像”对话框。

③在“镜像”对话框中选择直线；选中 L 直线，在对话框中选择“复制”选项。

④单击确定按钮 ✓，结果如图 2-83(b)所示。

## 2.2.9 旋转

旋转是将选择的图素围绕旋转基准点旋转一定的角度，并通过设置旋转次数完成所选图素的环行阵列。

要激活旋转命令，单击菜单“转换”/“旋转”或单击按钮，命令激活并选择图素后弹出“旋转”对话框，如图 2-84 所示。



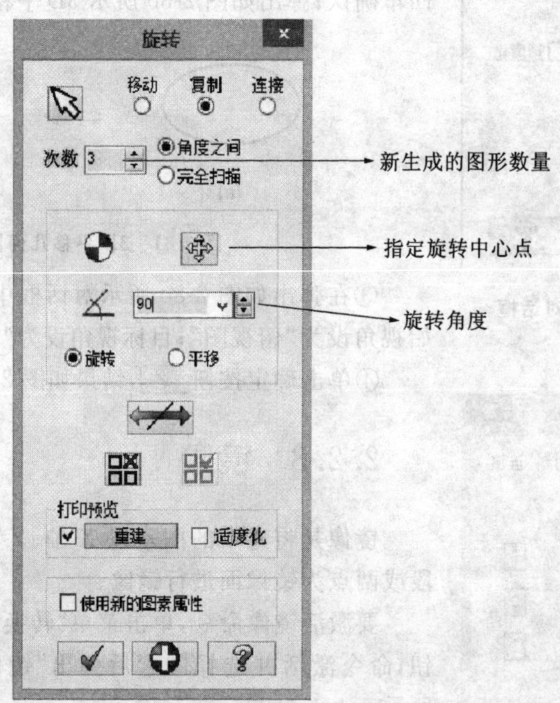


图 2-84 “旋转”对话框

操作举例：运用旋转命令绘制其他三个圆。

操作步骤：

①单击菜单“转换”/“旋转”，激活旋转图素命令。

②系统提示选取要旋转图素，选取图 2-85(a)中的小圆和小线段，回车确认；弹出“旋转”对话框，次数输入“3”，旋转角度输入“90”，单击按钮。

③系统提示选取旋转中心点，拾取大圆的圆心。结果如图 2-85(b)所示。

④单击确定按钮 ✓，结束旋转命令。

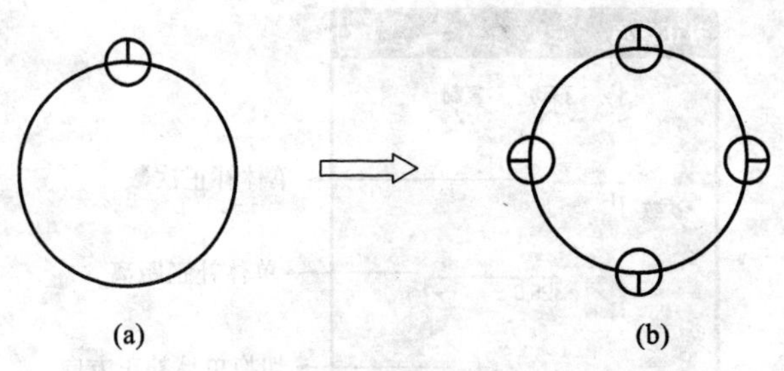


图 2-85　旋转几何图素

## 2.2.10　缩放

图 2-86　缩放对话框

缩放可以将选中的图素按指定的缩放基准点或缩放比例进行放大或缩小。在 Mastercam X 中可以进行等比例缩放和不等比例缩放。



要激活缩放命令，单击菜单"转换"/"缩放"或单击按钮，命令激活并选择图素后弹出缩放对话框，如图 2-86 所示。

操作举例：运用缩放命令绘制图 2-87。

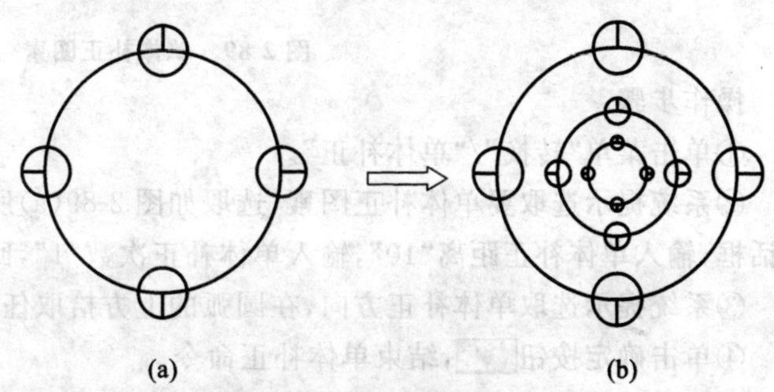


图 2-87　缩放几何图素

操作步骤：

①单击菜单"转换"/"缩放"。

②系统提示选取要缩放图素，选取如图 2-87(a)所示所有图素，回车确认；弹出缩放对话框，输入缩放比例"0.5"，输入缩放次数"2"，单击按钮。

③系统提示选取缩放基点，拾取大圆的圆心，结果如图 2-87(b)所示。

## 2.2.11　单体补正

单体补正可以将选中的图素按给定的方向和距离进行偏移。

要激活单体补正命令，单击菜单"转换"/"单体补正"或单击按钮，命令激活并选择图素后弹出单体补正对话框，如图 2-88 所示。

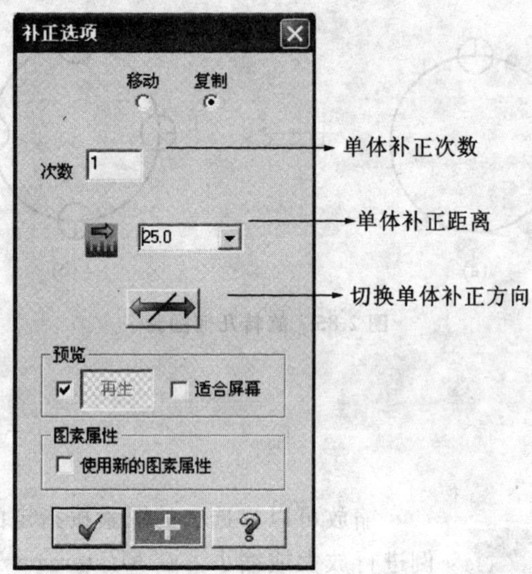


图 2-88　单体补正对话框



操作举例：运用单体补正命令绘制图 2-89。

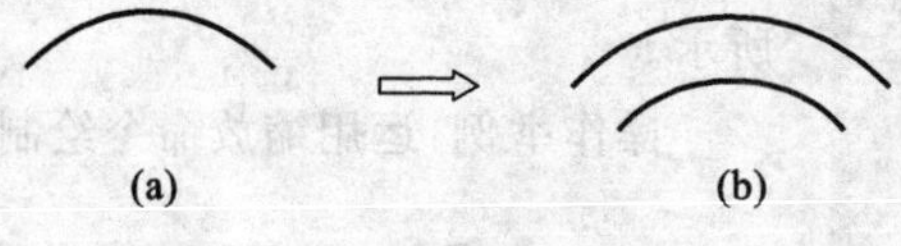


图 2-89　单体补正图素

操作步骤：

①单击菜单“转换”/“单体补正”。

②系统提示选取要单体补正图素，选取如图 2-89(a)所示圆弧，回车确认；弹出单体补正对话框，输入单体补正距离“10”，输入单体补正次数“1”，回车确认。

③系统提示选取单体补正方向，在圆弧的上方拾取任意一点，结果如图 2-89(b)所示。

④单击确定按钮 ✓，结束单体补正命令。

## 2.2.12　串连补正

串连补正可以将选中串连的图素按给定的方向和距离进行偏移。

要激活串连补正命令，单击菜单“转换”/“串连补正”或单击按钮，命令激活并选择图素后弹出“串连补正”对话框，如图 2-90 所示。

操作举例：运用串连补正命令绘制图 2-91。

操作步骤：

①单击菜单“转换”/“串连补正”。

②弹出“串连补正”对话框，串连选取如图 2-91(a)所示所有图素，单击确定按钮 ✓。

③弹出“串连补正”对话框，输入串连补正距离“10”，回车确认；输入串连补正 Z 深度“0”，回车确认；输入串连次数“1”，回车确认。

④单击确定按钮 ✓，结束串连补正命令，结果如图 2-91(b)所示。

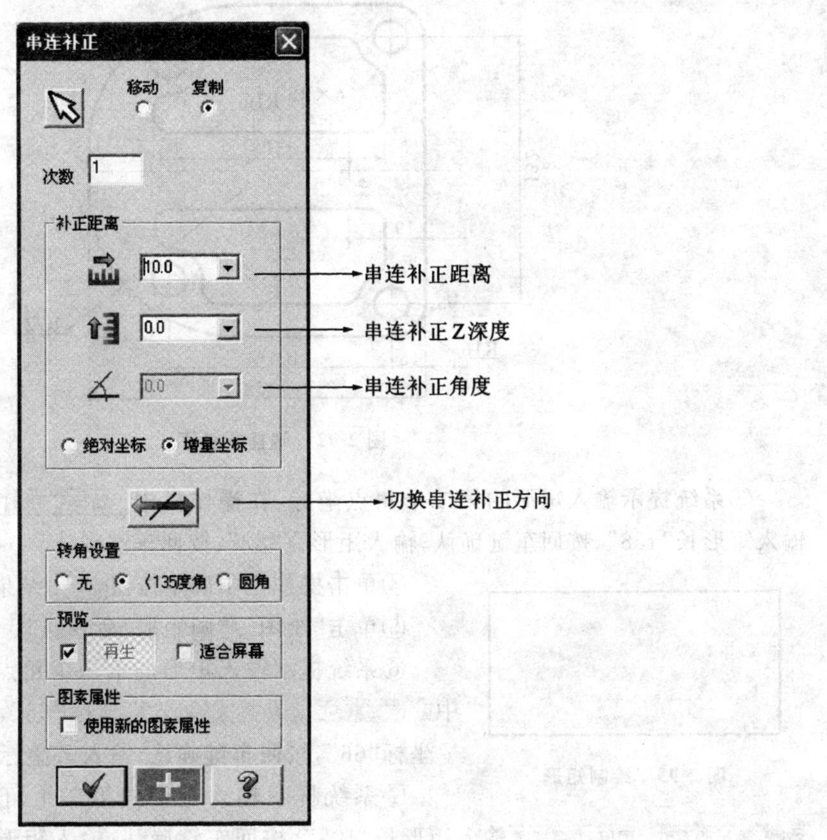


图 2-90　串连补正对话框

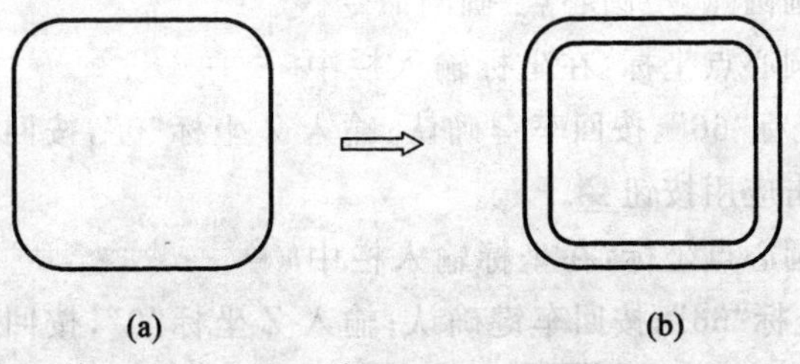


图 2-91　串联补正几何图素

## 2.3　任务实施

任务：绘制如图 2-92 所示端盖零件图。

操作步骤：

①单击“绘图”/“画矩形”命令。

②系统提示输入矩形的第一个角点坐标：在坐标输入栏中 X 50.0 Y 50 Z 0.0 输入 X 坐标“50”，按回车键确认；输入 Y 坐标“50”，按回车键确认；输入 Z 坐标“0”，按回车键确认。

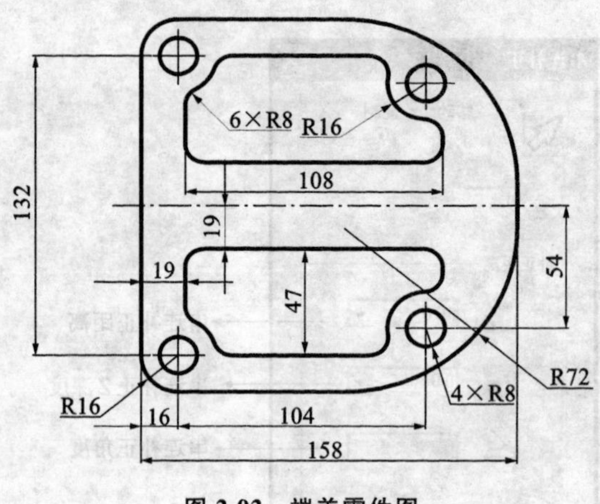


图 2-92　端盖零件图

③系统提示输入矩形的第二个角点坐标：在操作栏中 输入矩形长“158”，按回车键确认；输入矩形宽“82”，按回车键确认。



④单击操作栏中确定按钮 ，结果如图 2-93 所示。

⑤单击“绘图”/“画矩形”命令。

⑥系统提示输入矩形的第一个角点坐标：在坐标输入栏中 输入 X 坐标“66”，按回车键确认；输入 Y 坐标“66”，按回车键确认；输入 Z 坐标“0”，按回车键确认。

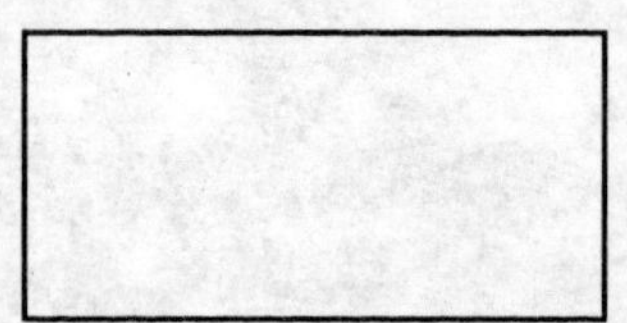

图 2-93　绘制矩形

⑦系统提示输入矩形的第二个角点坐标：在操作栏中 输入矩形长“108”，按回车键确认；输入矩形宽“47”，按回车键确认。单击操作栏中确定按钮 ，结果如图 2-94 所示。

⑧单击“构图”/“画圆弧”/“圆心点”画圆命令。

⑨系统提示输入圆心点坐标：在坐标输入栏中 输入 X 坐标“66”，按回车键确认；输入 Y 坐标“66”，按回车键确认；输入 Z 坐标“0”，按回车键确认；在操作栏中输入圆心半径“8”，单击应用按钮 。

⑩系统提示输入圆心点坐标：在坐标输入栏中 输入 X 坐标“66”，按回车键确认；输入 Y 坐标“66”，按回车键确认；输入 Z 坐标“0”，按回车键确认；在操作栏中输入圆心半径“16”，单击确定按钮 ，结果如图 2-95 所示。

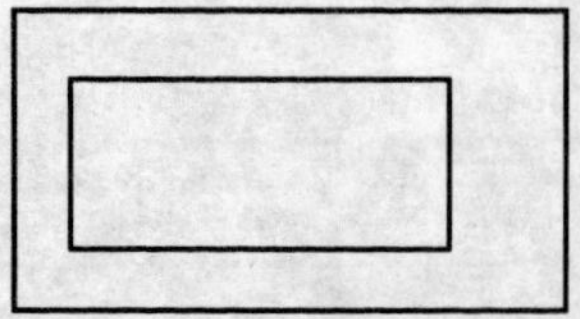

图 2-94　绘制内矩形

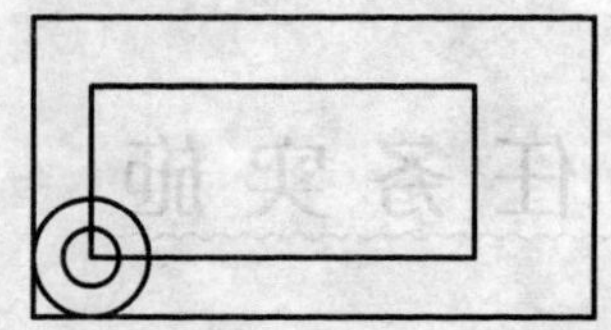

图 2-95　绘制圆

⑪单击“构图”/“画圆弧”/“圆心点”画圆命令。

⑫系统提示输入圆心点坐标：在坐标输入栏中输入 X 坐标“170”，按回车键确认；输入 Y 坐标“78”，按回车键确认；输入 Z 坐标“0”，按回车键确认；在操作栏中输入圆心半径“8”，单击应用按钮 。

⑬系统提示输入圆心点坐标：在坐标输入栏中输入 X 坐标“170”，按回车键确认；输入 Y 坐标“78”，按回车键确认；输入 Z 坐标“0”，按回车键确认；在操作栏中输入圆心半径“16”，单击确定按钮，结果如图 2-96 所示。

⑭单击“编辑”/“修剪/打断”/“修剪/打断”命令。

⑮在操作栏单击三物体修剪按钮，然后依次拾取如图 2-96 所示 P1、P2、P3 图素；再拾取 P2、P4、P5 图素，单击确定按钮，结果如图 2-97 所示。

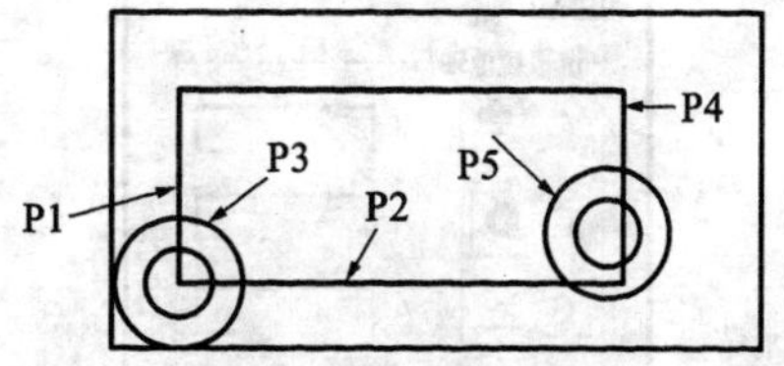


图 2-96　绘制圆

⑯单击“构图”/“倒圆角”/“选两物体”命令。

⑰在操作栏中输入倒圆角半径“16”，然后拾取如图 2-97 所示 L1、L2 图素。单击应用按钮；在操作栏中输入倒圆角半径“72”，然后拾取如图 2-97 所示 L2 、L3 图素，单击确定按钮，结果如图 2-98 所示。

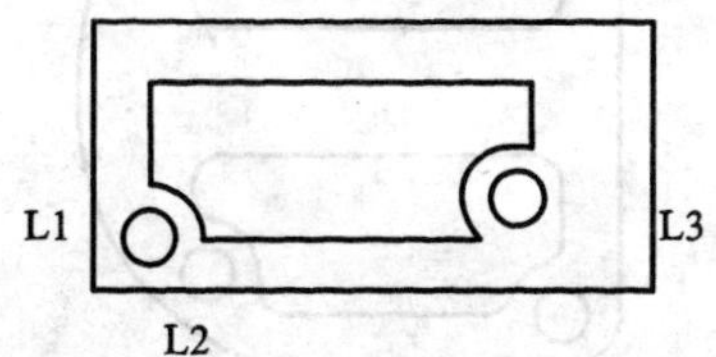


图 2-97　修剪几何图素

图 2-98　倒圆角

⑱单击“构图”/“倒圆角”/“选两物体”命令。

⑲弹出串连选项对话框，用串连方式选择如图 2-99 所示图素，单击串连选项对话框中确定按钮。

⑳在操作栏中输入倒圆角半径值为“8”，结果如图 2-100 所示，单击操作栏中确定按钮。

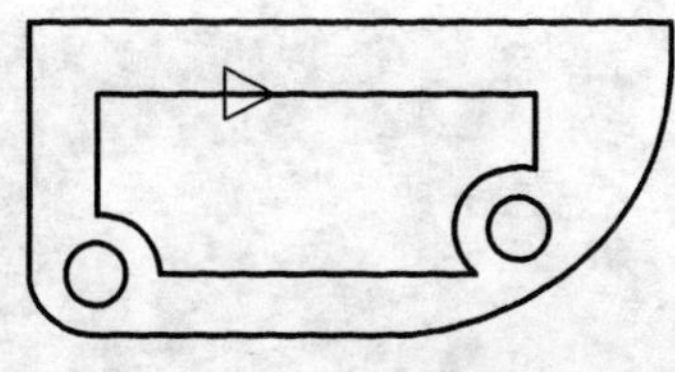

图 2-99　串连选择图素

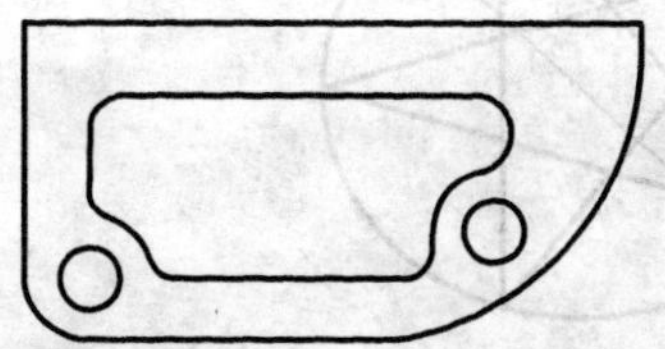

图 2-100　串连倒圆角

㉑单击“转换”/“镜像”命令。

㉒系统提示选取镜像图素：选取如图 2-101 所示镜像图素，回车，结束选取图素。

㉓系统弹出如图 2-102 所示“镜像选项”对话框，单击以直线为镜像线按钮，在绘图区拾取如图 2-101 所示 L 直线，单击“镜像选项”对话框中确定按钮，结果如图 2-103 所示。

㉔单击“编辑”/“删除”命令。

㉕拾取如图 2-103 所示 L 直线，按回车键，结束删除命令，结果如图 2-104 所示。

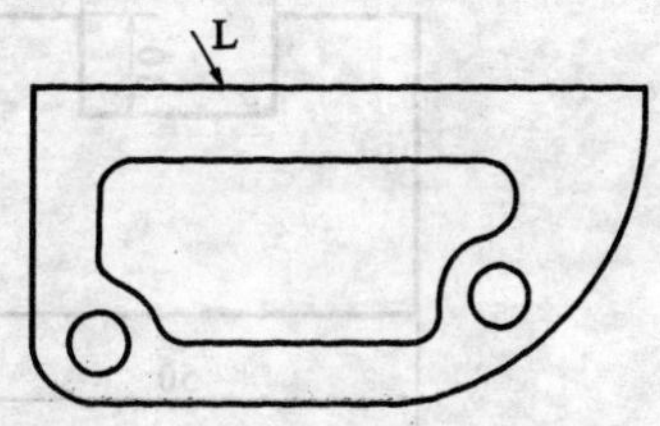


图 2-101　选取镜像

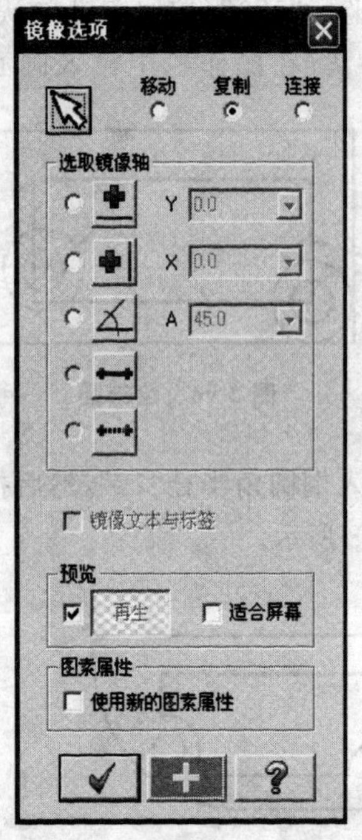


图 2-102 “镜像选项”对话框

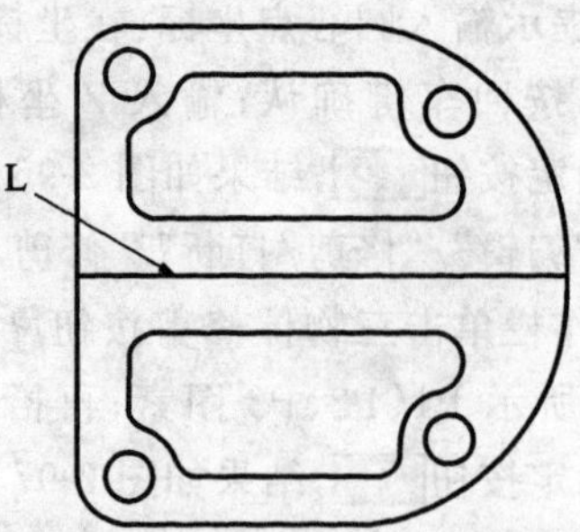


图 2-103 镜像几何图形

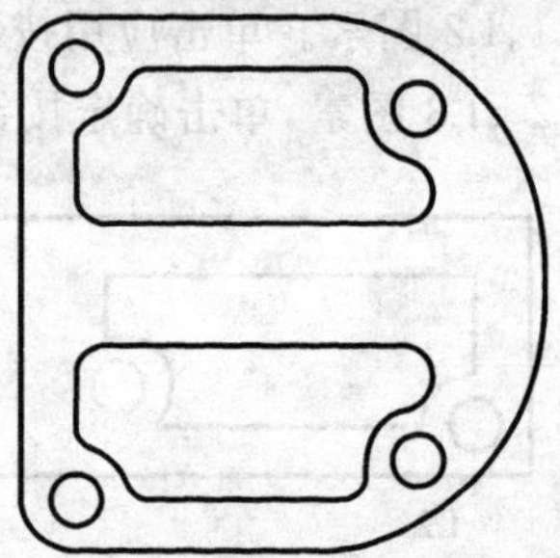

图 2-104 结果图形

## 上机练习题

1. 运用绘制等分点命令绘制图 2-105。

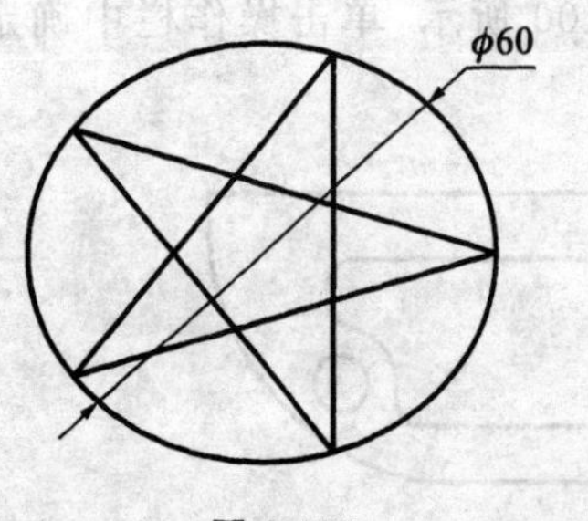


图 2-105

2. 运用绘制直线命令绘制图 2-106。

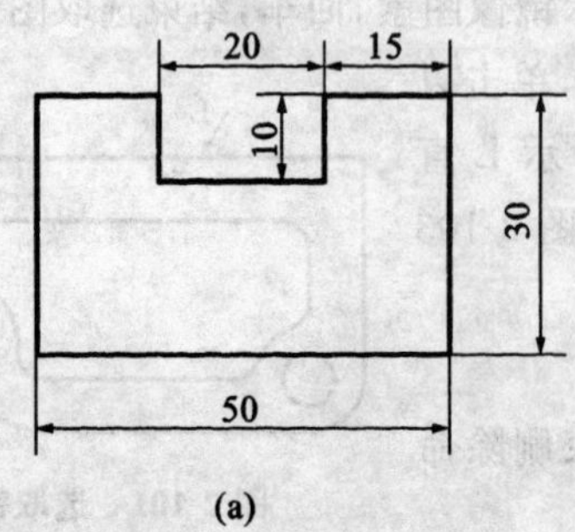


(a)

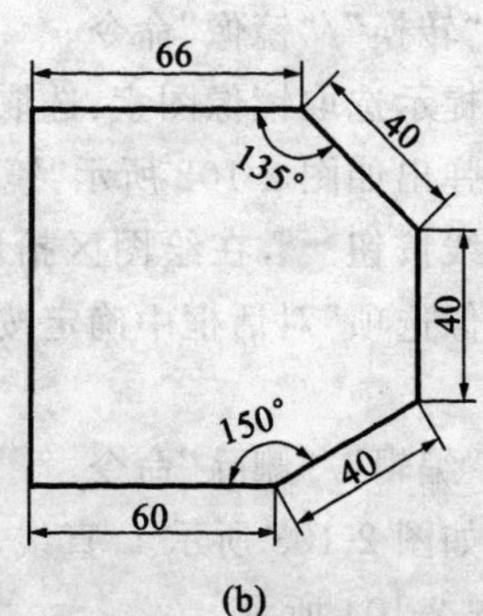


(b)

图 2-106

3. 运用绘制矩形、多边形和圆弧命令绘制图 2-107。

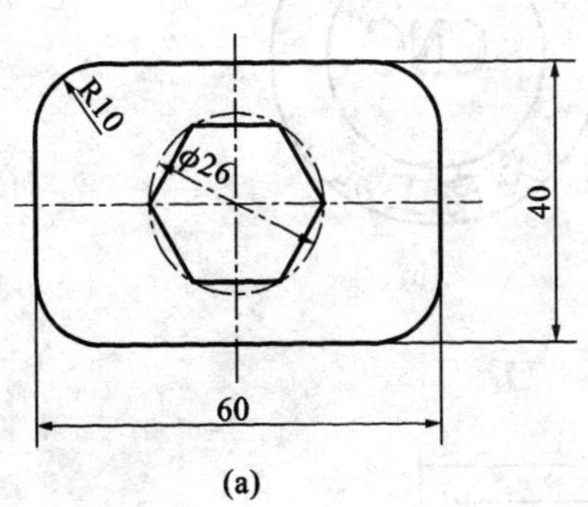


(a)

(b)

图 2-107

4. 运用绘制直线、圆弧和旋转命令绘制图 2-108。

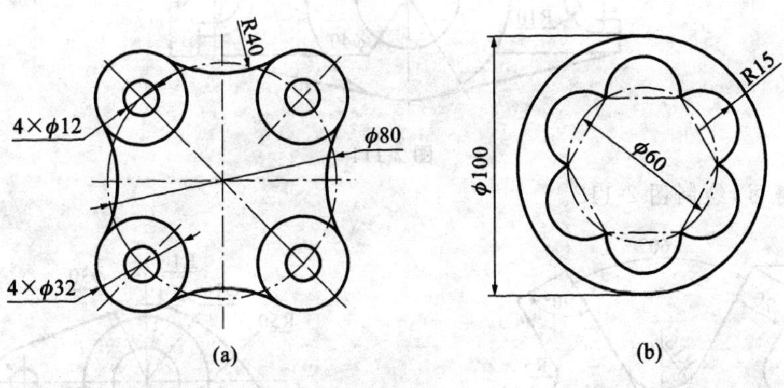


(a)　　(b)

图 2-108

5. 运用绘制直线、圆弧、椭圆，修剪、补正和倒圆角命令绘制图 2-109。

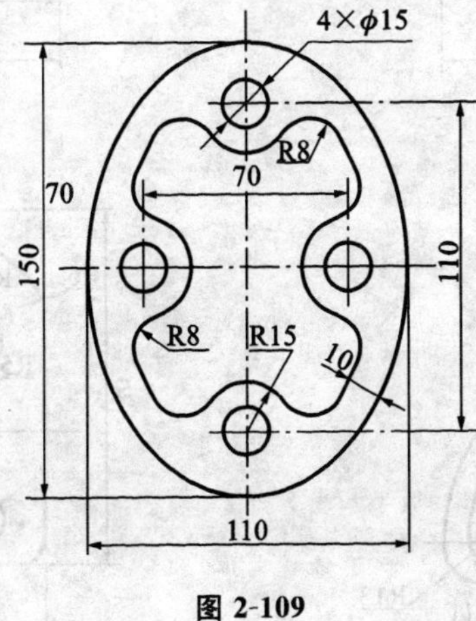


图 2-109

6. 运用圆弧、文字绘制命令绘制图 2-110。

7. 运用镜像命令绘制图 2-111。

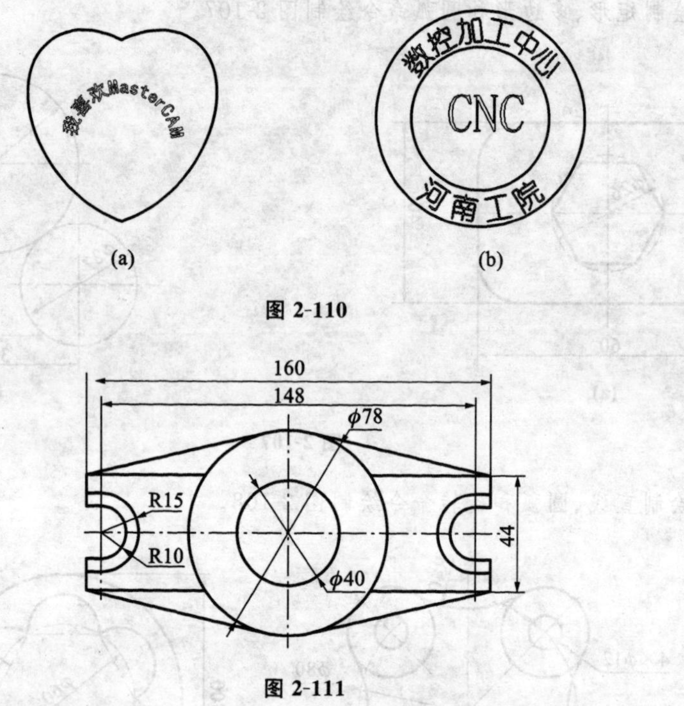


图 2-110

160
148
φ78
R15
R10
φ40
44

图 2-111

8. 综合练习，绘制图 2-112。

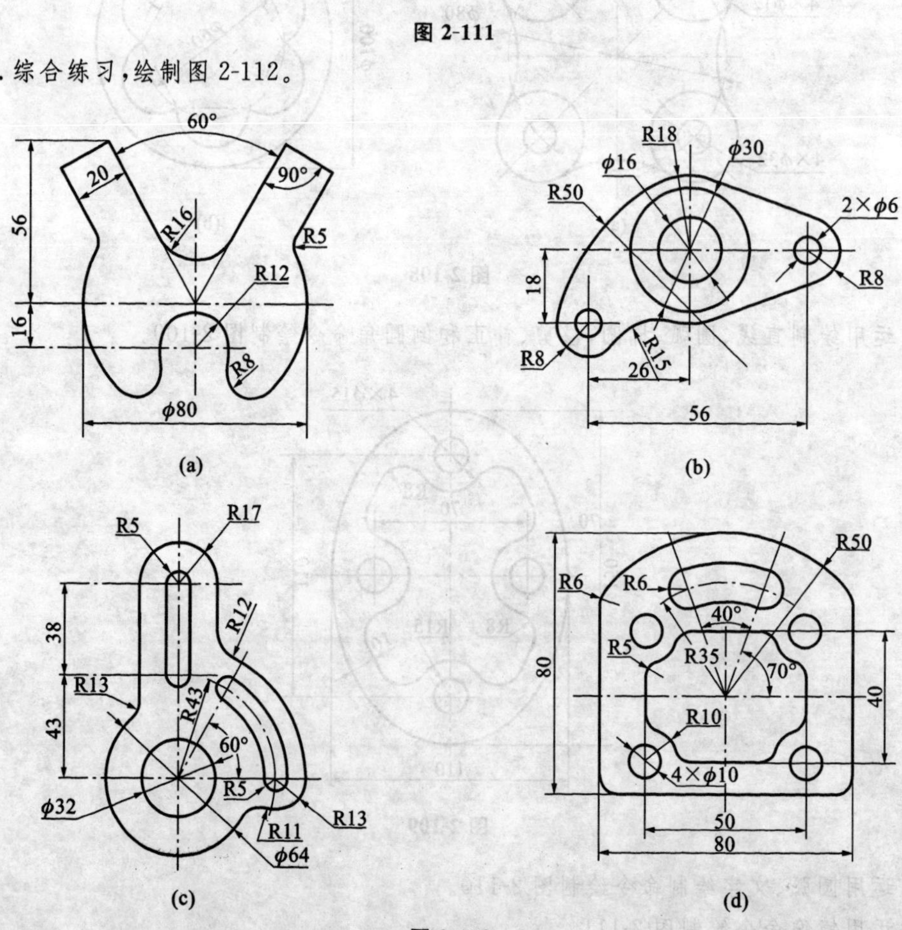


图 2-112

# 任务三　鼠标外壳曲面设计

**学习目标**

1. 掌握直纹、举升、旋转、扫描等操作来创建各种各样三维曲面。
2. 掌握曲面修剪、曲面倒圆角、曲面熔接等操作来创建复杂的三维曲面。
3. 能熟练地运用曲面设计的方法创建零件外形。

## 3.1　绘图面、Z深度及视图

曲面设计是 Mastercam X 系统设计部分的核心内容之一，Mastercam X 系统提供了更加强大的曲面设计功能，与实体设计相比，曲面设计的柔韧性更强、更具有可塑性。

要掌握 Mastercam X 的三维绘图功能，必须认识和掌握 Mastercam X 环境中系统坐标的使用及如何进行绘图面、Z深度和视图的设置。

### 3.1.1　绘图面

在 Mastercam X 中引入绘图平面的概念是为了能将复杂的三维绘图简化为简单的二维绘图。绘图面是用户当前要使用的绘图平面，与工作坐标系平行，绘图面决定了所绘制几何图形的空间几何位置。设置好绘图面后，则所绘制出的图形都在绘图平面上，如绘图面设置为“俯视图”，则用户所绘制出的图形就产生在平行于“俯视图”的绘图面上。

(1)绘图面的设置方法

①点击如图 3-1 所示的工具栏上的图标按钮来设置俯视图、前视图、右视图以及实体面确定绘图面、图素确定绘图面、指定视角设置绘图面、平面与视角相同等。

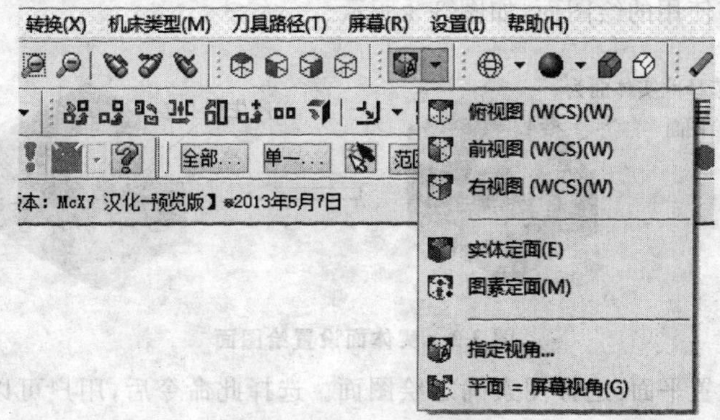


图 3-1　绘图面设置

②选择如图 3-2 所示的状态栏中的"平面"命令，然后在绘图面菜单中选取相关选项来设置绘图面。

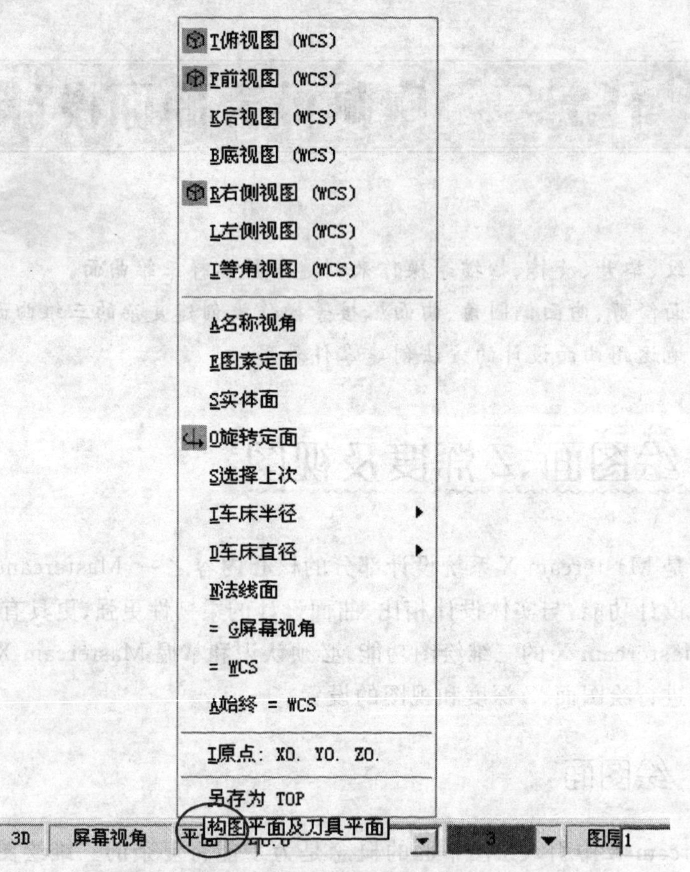


**图 3-2　通过状态栏设置绘图面**

(2)绘图面设置选项说明

①设置平面为俯视图：俯视绘图面。

②设置平面为前视图：前视绘图面。

③设置平面为右视图：右视绘图面。

④按实体面设置平面：实体面确定绘图面。选择此命令后，用户可以通过选择实体的表面来确定当前使用的绘图面，如图 3-3 所示。

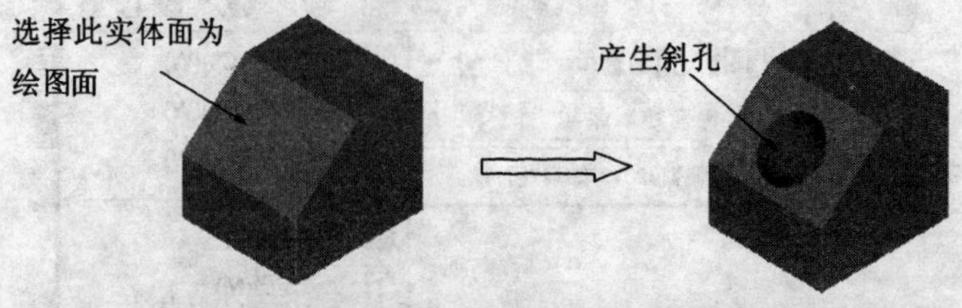


**图 3-3　实体面设置绘图面**

⑤按图素设置平面：选择图素确定绘图面。选择此命令后，用户可以通过选择绘图区内的某一平面几何图形、两条线、3 个点来确定当前所使用的绘图面。如图 3-4(a)所示，选择线

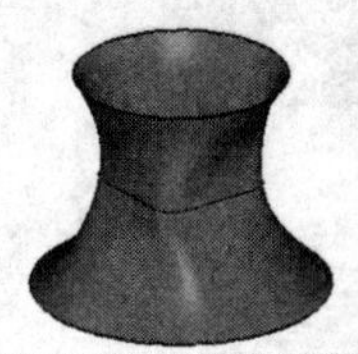



段 L1 和 L2，系统给出如图 3-4(b)所示绘图面的 X 轴、Y 轴和 Z 轴坐标，并弹出如图 3-4(c)所示的绘图面选择对话框，可以单击▶按钮来选择所需要的绘图面(主要是坐标轴的方向不同)。绘图面选择完毕后，单击确定按钮✓，系统弹出如图 3-4(d)所示的绘图面设置对话框，可以在“名称”栏输入绘图面名称，单击确定按钮✓，则当前所处的绘图面为线段 L1 和 L2 组成的平面。

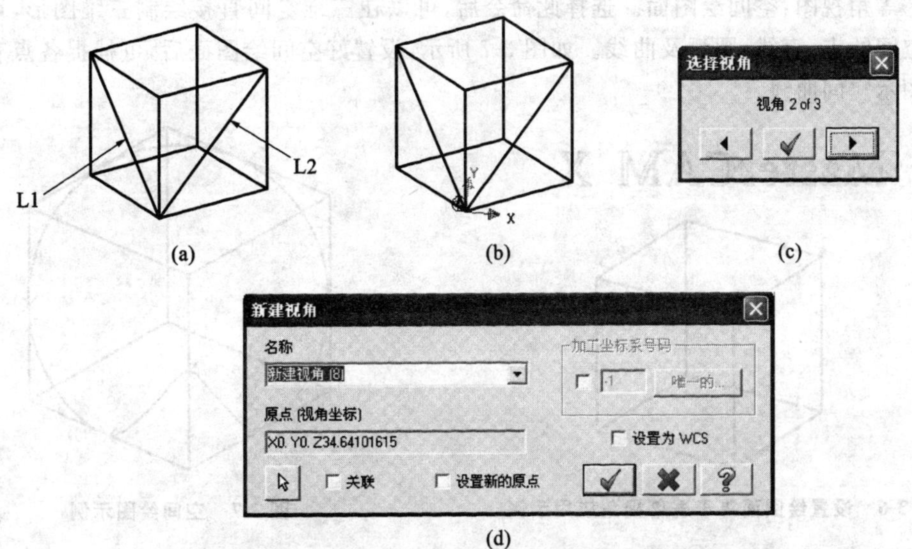


(a)　(b)　(c)

(d)

**图 3-4　按图形设置绘图面**

(a)选择两条线段；(b)显示坐标轴；(c)绘图面选择；(d)输入绘图面

⑥指定视角：选择此命令后，系统弹出如图 3-5 所示的绘图面管理对话框，用户可以通过选择绘图面名称的方式设定当前使用的绘图面。

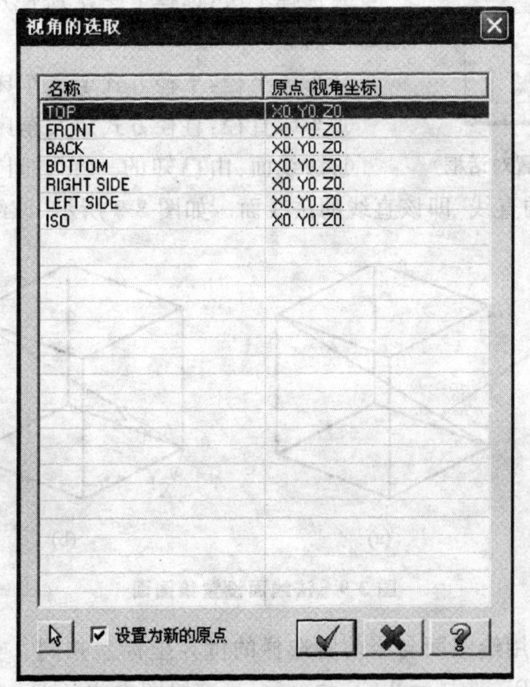


**图 3-5　选择绘图面名称确定绘图面**

⑦设置平面等于屏幕视角:设置一个与当前屏幕视角平面一致的绘图面。一般的操作是:首先确定一个视角平面(视角平面可通过动态旋转来进行确定),然后选择该命令来确定绘图面与当前屏幕视角一致。该命令可方便于在三维空间进行尺寸标注和文字的注写,如图 3-6 所示。

⑧等角视图:空间绘图面。选择此命令后,可以在三维空间直接绘制三维图形,可用于绘制空间的点、直线、圆弧及曲线。如图 3-7 所示,设置好空间绘图面后,可捕捉各点直接绘制出图示空间曲线。

MasterCAM X

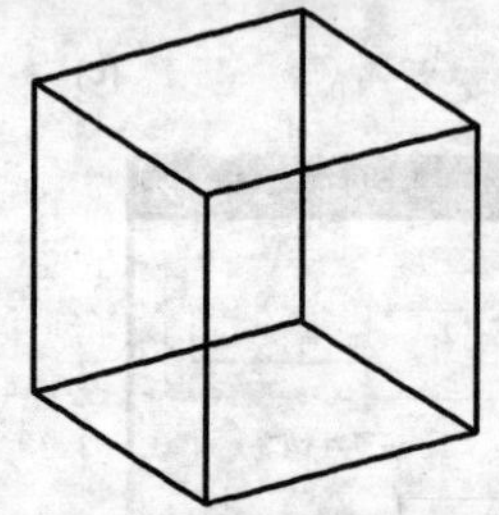

图 3-6　设置绘图面等于屏幕视角应用示例

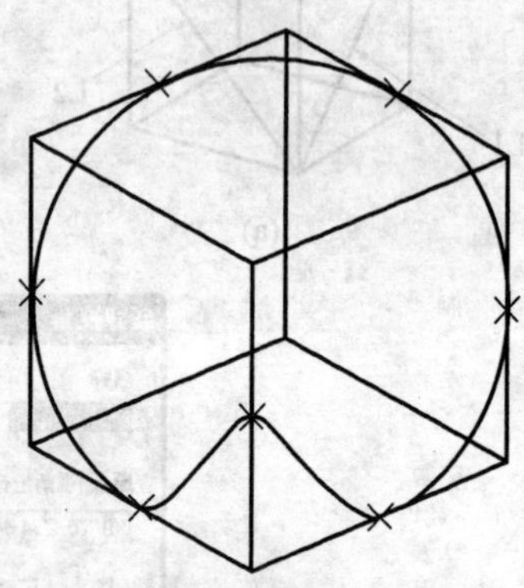

图 3-7　空间绘图示例

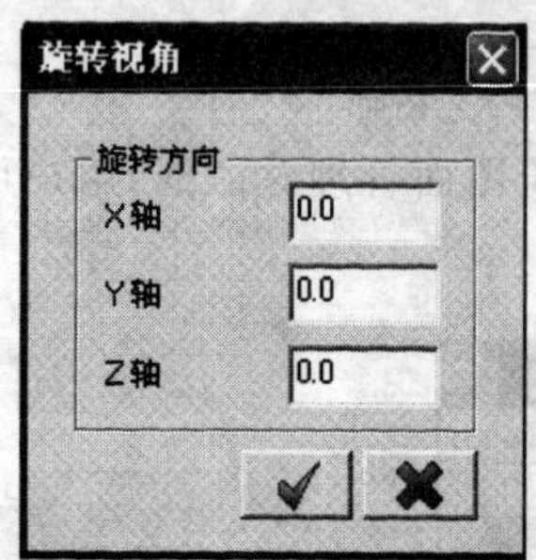


图 3-8　绘图面旋转设置对话框

⑨旋转定面:旋转绘图面。选择此命令后,系统弹出如图 3-8 所示的绘图面旋转设置对话框,可在对话框中输入当前绘图面绕 X 轴、Y 轴和 Z 轴旋转的角度来产生具有一定旋转角度的绘图面。

⑩选择上次:选择上一次所使用的绘图面作为当前使用绘图面。

⑪车床半径:半径方式定义车床绘图面。

⑫车床直径:直径方式定义车床绘图面。

⑬法线面:由已知的一条空间直线来确定绘图平面,此平面垂直于所选取的直线,即该直线的法线面。如图 3-9 所示,该绘图面垂直于直线 L1。

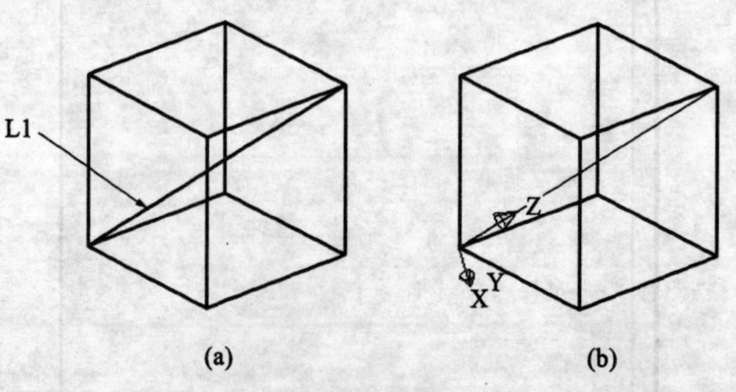


图 3-9　法线面设置绘图面

⑭=WCS:当前使用绘图面与当前所选择的世界坐标系相同。如图 3-10 所示,当前世界坐标系为"WCS:TOP",选择=WCS 命令后,当前绘图面为"Cplane:TOP"。

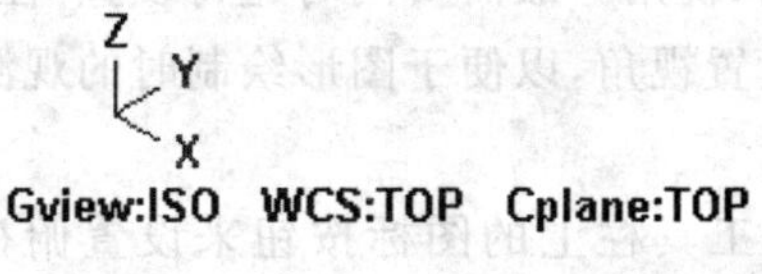

Z Y X

Gview:ISO　WCS:TOP　Cplane:TOP

图 3-10　当前绘图面＝WCS 设置

## 3.1.2　Z 深度设置

绘图面设置完毕后，需要进行 Z 深度设置。Z 深度是用户绘制出的图形所处的三维深度，是用户设置的工作坐标系中的 Z 轴坐标。同一个绘图面，由于绘图面 Z 深度的不同，所绘制的几何图形所处的空间位置也不相同。

绘图平面和 Z 深度的关系如图 3-11 所示，设置绘图平面为“俯视图”，输入不同的 Z 深度，则所绘制的图形在不同的与绘图面平行的平面上，其距离就为 Z 深度。

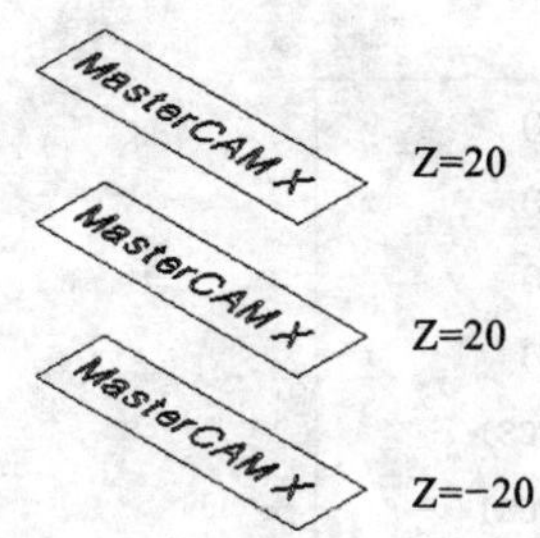


图 3-11　绘图平面和 Z 深度的关系

Z 深度的设置方法：

①直接在如图 3-12 所示状态栏的 Z 深度输入栏输入所需要的 Z 深度值即可。

②单击如图 3-12 所示 Z 深度输入栏前面的 Z 按钮，直接选择几何图形上的某一点来作为当前的 Z 深度。

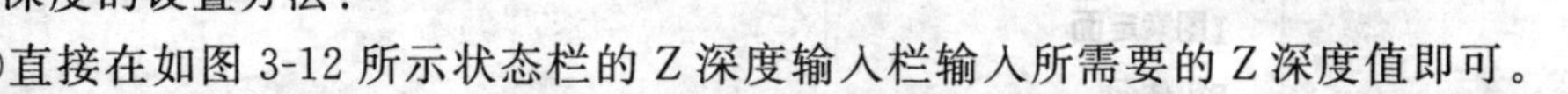

图 3-12　Z 深度设置

注意：在绘制几何图形时，如果状态栏前的模式是 3D 模式，这时捕捉几何图形上的某点来绘制几何图形，则所绘制几何图形的 Z 深度为捕捉点的 Z 深度，当前设置的 Z 深度对其无效。

## 3.1.3　视角设置

视角指的是观察所绘制图形的角度。视图设置与绘图面设置基本相同，视角只是从不同的角度来观察几何图形，它不决定几何图形的空间几何位置，而绘图面决定了所绘制几何图形的空间几何位置。

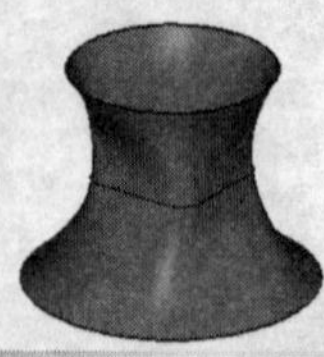



绘制三维图形时，绘图面、视角一般需要同时进行设置，往往是先设置好绘图平面，用以确定图形绘制的位置，然后设置视角，以便于图形绘制时的观测。

(1)视角的设置方法

①点击如图 3-13 所示的工具栏上的图标按钮来设置俯视图、前视图、侧视图、等角视图、动态旋转视角、返回前一视角以及选择命名视角等。

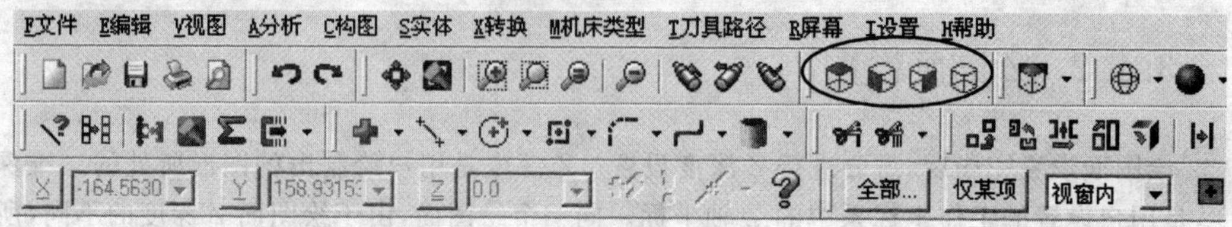


**图 3-13　视角设置**

②选择如图 3-14 所示的状态栏中的“屏幕视角”命令，然后在视角菜单中选取相关选项来设置视角。



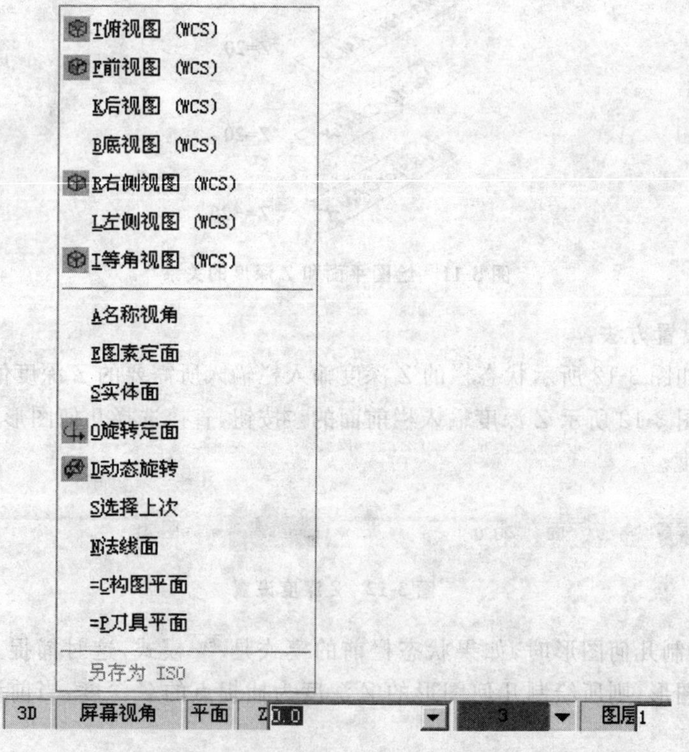


**图 3-14　通过状态栏设置视角**

(2)视角设置选项说明

①俯视图：选择从俯视图观测图形。

②前视图：选择从前视图观测图形。

③右侧视图：选择从右侧视图观测图形。

④等角视图：选择从三维空间观测图形。

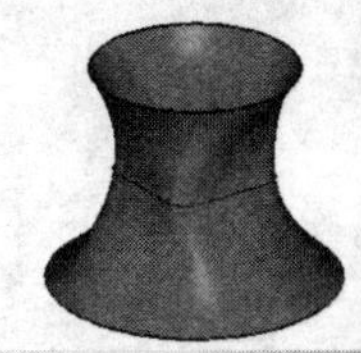



⑤动态旋转视角：选择绘图区内的某一点来任意动态旋转观测图形，也可以直接用鼠标中键动态旋转视图。

⑥返回前一视角：单击此按钮，系统将返回前一观察视角。

⑦选择命名视角：单击此按钮，系统弹出如图 3-15 所示视图管理对话框，可以通过选择视图名称的方式来设定当前所使用的视图。



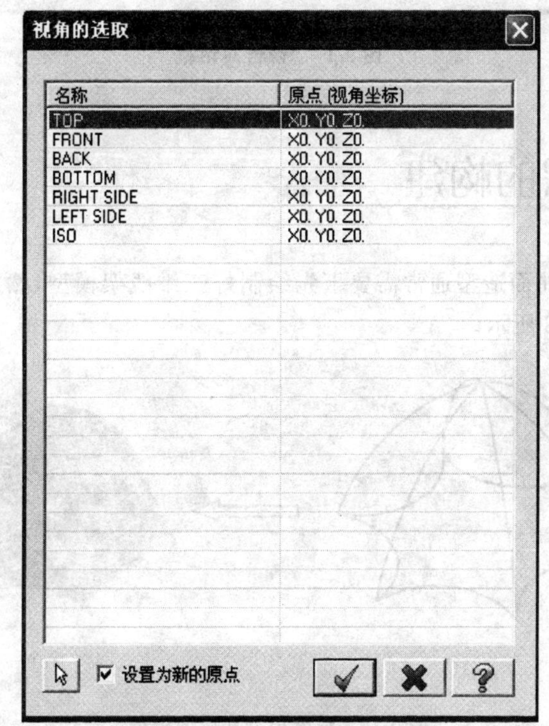


**图 3-15　选择视图名称确定视图**

其他视角的设置方法与绘图面设置基本相同。

作图时，一定要随时注意绘图面和视角的设置，可通过绘图区左下角的“视角/坐标系类型/绘图面”状态来了解当前设置的状态。如图 3-16 所示的绘图面设置为“俯视图”，视角设置也为“俯视图”。

Y

X

**Gview:TOP　WCS:TOP　Cplane:TOP**

**图 3-16　当前设置状态显示**

如果设置绘图面与视角相同，那么在设置时要注意视图对绘图面设置的影响。如绘图面已设置好为“俯视图”，然后再设置视角为“前视图”，则此时绘图面也跟随着设置为“前视图”。

一般要避免设置绘图面与视角垂直，如先设置视角为“前视图”，再设置绘图面为“俯视图”，那么在绘制图形时，系统会弹出如图 3-17 所示的警告对话框（警告——绘图面和视角垂直了）。

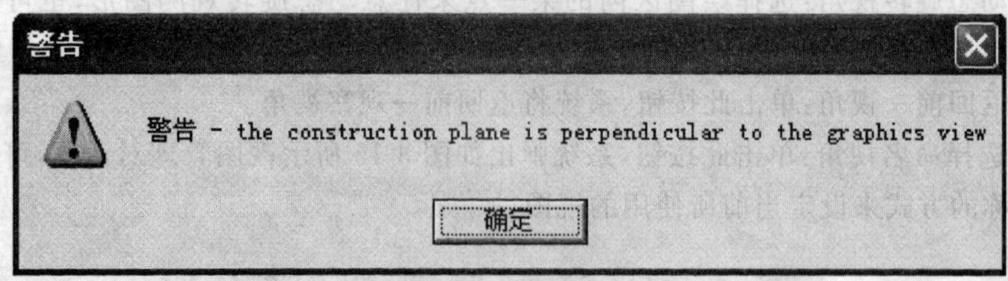


图 3-17 警告对话框

## 3.2 线架的构建



Mastercam X 的曲面造型通常需要事先绘制好三维线架模型，然后在此模型的基础上构建出曲面，如图 3-18 所示。

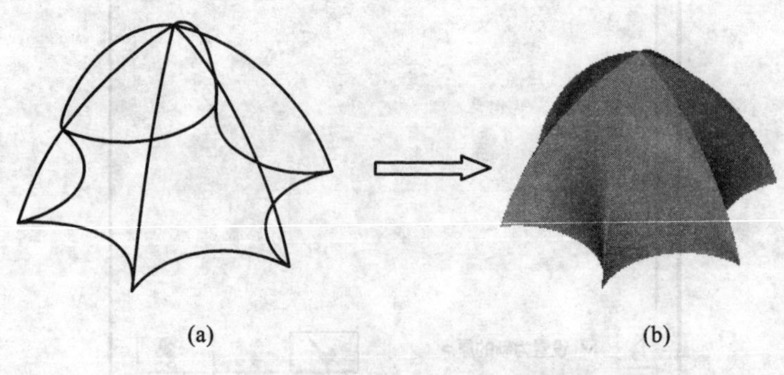

(a) (b)

图 3-18 线架模型和曲面模型

(a)线架模型；(b)曲面模型

三维线架模型是以实体的边界(边缘)来定义物体，其体现的是物体的轮廓特征或物体的横断面特征。三维线架模型不能直接用于产生三维曲面刀具路径。

三维线架模型是物体的抽象表示，它的构建是 Mastercam X 进行曲面和实体造型的基础，没有一个事先建好的线架模型就不能很好地进行曲面和实体的构建。

在三维线架模型的构建中要灵活地运用绘图面、Z 深度和视图的设置，并且还要在三维空间中比较好地应用图形的转化。下面通过几个实例进行说明。

操作举例 1：直纹曲面三维线架模型的构建实例。

如图 3-19 所示是由 4 个圆弧、4 条直线所绘制出的三维线架模型，此图可作为直纹曲面构建的轮廓。

操作步骤：

①选择绘图面为“前视图”，图形视角为“等角视图”。

②选择菜单栏中的“绘图”/“画圆弧”/“极坐标”命令。在弹出的输入框中输入如图 3-20 所示的数值，单击应用按钮，接受产生的极坐标圆弧。

③选择绘图面为“侧视图”。在输入框中输入如图 3-21 所示的数值，单击确定按钮，接受产生的极坐标，并结束极坐标圆弧命令。

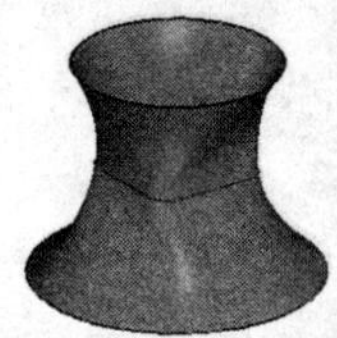



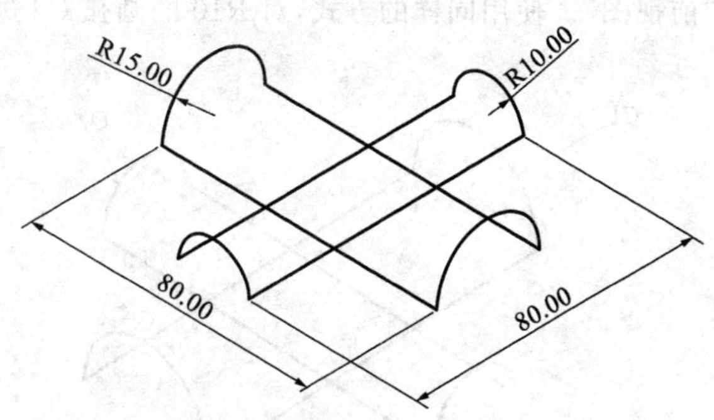


图 3-19　直纹曲面三维线架模型

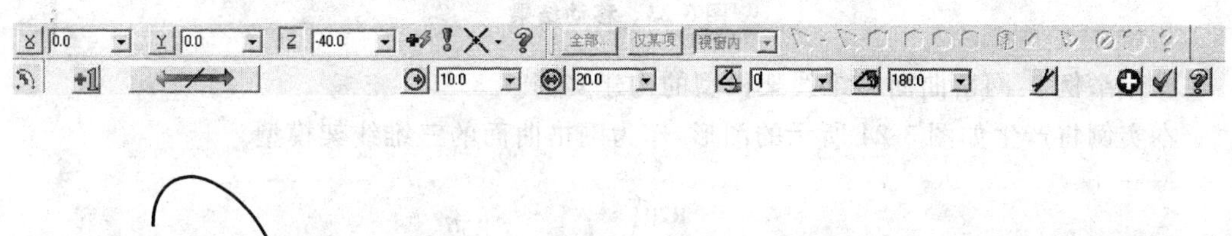

图 3-20　利用极坐标命令绘制圆弧

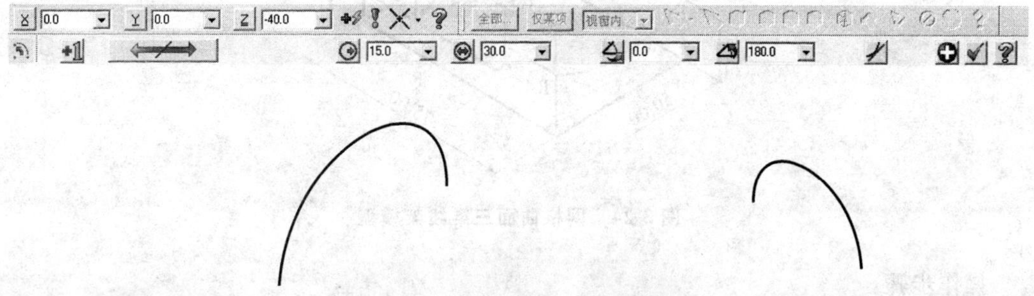

图 3-21　利用极坐标命令绘制圆弧

④选择菜单栏中的"转换"/"平移"命令。选择 R15 的圆弧 C1 作为要移动的几何图形，在弹出的"平移选项"对话框中，使用"连接"方式，次数为"1"，按回车键确认，Z 方向移动距离为"80"，按回车键确认，单击确定按钮 ✔，结果如图 3-22 所示。

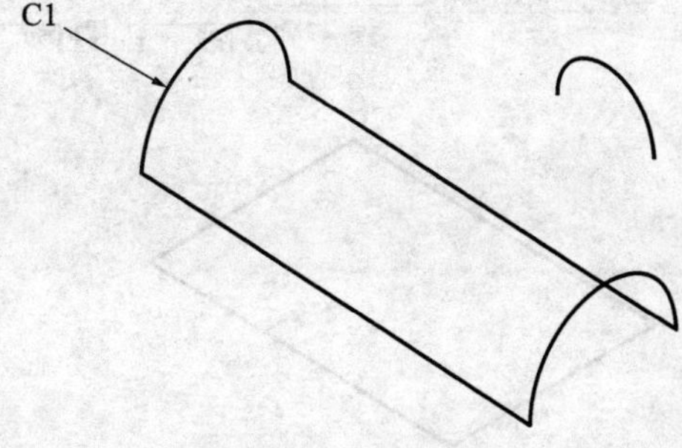


图 3-22　移动结果

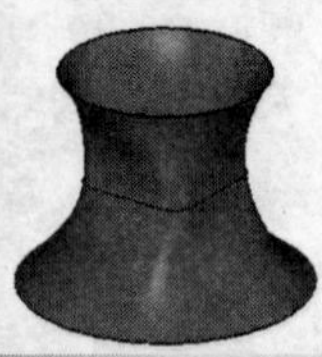





⑤设置绘图面为“前视图”。使用同样的方式，对 R10 的圆弧 C2 进行平移操作，结果如图 3-23 所示。

**图 3-23　移动结果**

操作举例 2：网格曲面三维线架模型的构建实例。

本实例将产生如图 3-24 所示的图形，作为网格曲面的三维线架模型。

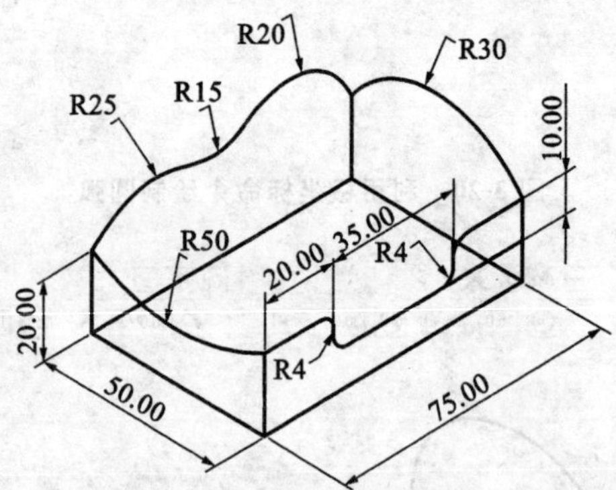


**图 3-24　网格曲面三维线架模型**

操作步骤：

①选择绘图面为“俯视图”，图形视角为“等角视图”。

②选择菜单栏中的“绘图”/“画矩形”命令。在如图 3-25 所示的操作栏中单击中心定位矩形按钮，并输入如图所示的数值，指定矩形中心在系统原点，单击确定按钮，接受产生的矩形，并结束矩形命令。

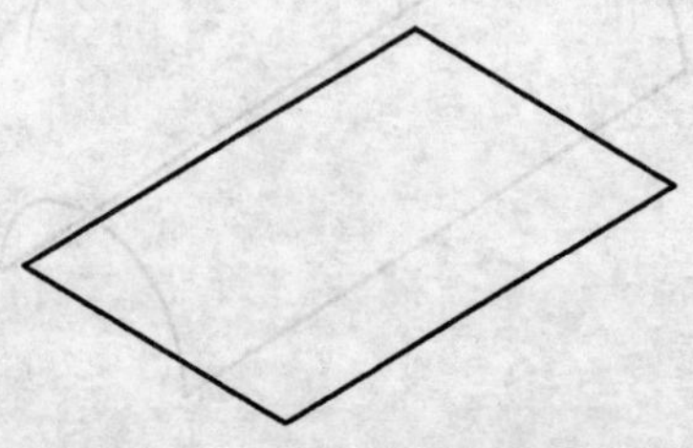

**图 3-25　绘制矩形**

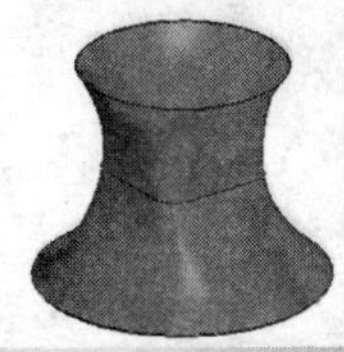



③选择菜单栏中"转换"/"平移"命令。选择图 3-25 所示的矩形作为要移动的几何图形，在弹出的"平移选项"对话框中，使用"连接"方式，次数为"1"，按回车键确认，Z 方向移动距离为"20"，按回车键确认，单击确定按钮，结果如图 3-26 所示。

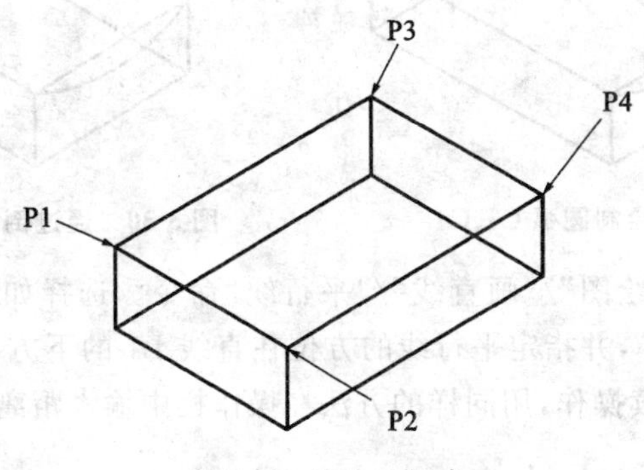


**图 3-26　产生矩形盒**



④设置绘图面为"前视图"。

⑤选择菜单栏中的"绘图"/"画圆弧"/"两点画弧"命令。系统提示选择圆弧端点，选择如图 3-26 所示的线段端点 P1、P2，并在操作栏中输入圆弧半径"50"，按回车键确认，在备选的 4 条圆弧中，选择好要保留的圆弧，产生圆弧 C1，单击应用按钮，接受产生的圆弧，结果如图 3-27 所示。

⑥系统继续提示选择圆弧端点，选择如图 3-26 所示的线段端点 P3、P4，并在操作栏中输入圆弧半径"30"，按回车键确认，在备选的 4 条圆弧中，选择好要保留的圆弧，产生圆弧 C2，单击应用按钮，接受产生的圆弧，结果如图 3-28 所示。

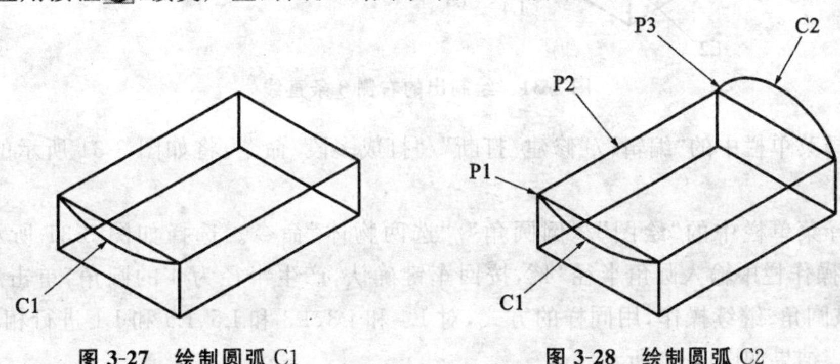


**图 3-27　绘制圆弧** C1　　　　**图 3-28　绘制圆弧** C2

⑦系统继续提示选择圆弧端点，设置绘图面为"右视图"。选择如图 3-28 所示的线段端点 P1、P2(P2 为线段中点)，并在操作栏中输入圆弧半径"25"，按回车键确认，在备选的 4 条圆弧中，选择好要保留的圆弧，产生圆弧 C3，单击应用按钮，接受产生的圆弧；继续选择线段端点 P2、P3，并在操作栏中输入圆弧半径"20"，按回车键确认，在备选的 4 条圆弧中，选择好要保留的圆弧，产生圆弧 C4，单击确定按钮，接受产生的圆弧，并结束两点画弧命令，结果如图 3-29 所示。

⑧选择菜单栏中的"绘图"/"倒圆角"/"选两物体"命令。选择如图 3-29 所示的半径分别为"25"、"20"的两条圆弧 C3、C4，在操作栏中输入圆角半径"15"，按回车键确认，单击确定按钮，并结束倒圆角命令，结果如图 3-30 所示。

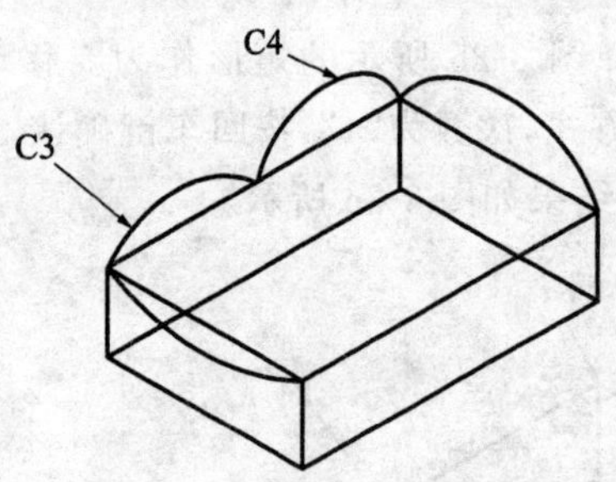


图 3-29　绘制圆弧 C3、C4

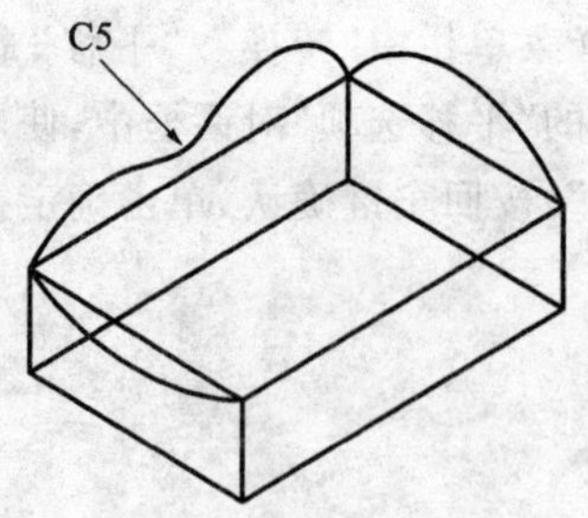


图 3-30　通过倒圆角绘制圆弧 C5

⑨选择菜单栏中的“绘图”/“画直线”/“平行线”命令。选择如图 3-31 所示的直线 L1，在操作栏中输入距离“10”，并指定平行线的方位在直线 L1 的下方，产生直线 L3，单击应用按钮，接受该直线；继续操作，用同样的方法在操作栏中输入距离“20”，产生直线 L2 的平行线 L4、L5。



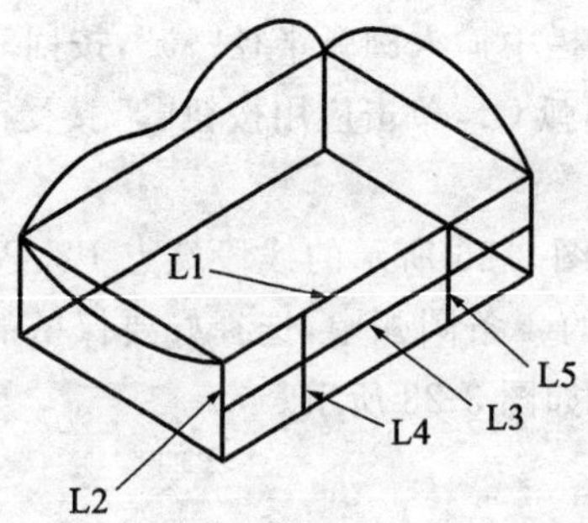


图 3-31　绘制出的右侧 3 条直线

⑩选择菜单栏中的“编辑”/“修建/打断”/“打成多段”命令，将如图 3-31 所示的直线 L1 打成两段。

⑪选择菜单栏中的“绘图”/“倒圆角”/“选两物体”命令。选择如图 3-31 所示的直线 L1、L4，在操作栏中输入圆角半径“4”，按回车键确认，产生半径为 4 的圆角，单击应用按钮，接受该圆角；继续操作，用同样的方式，对 L4 和 L3、L3 和 L5、L5 和 L1 进行相同圆角半径倒圆角。结果如图 3-32 所示。

⑫删除多余图素，结果如图 3-33 所示。

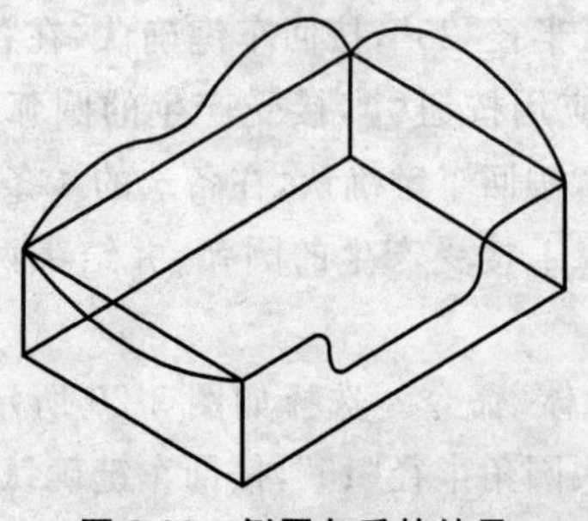

图 3-32　倒圆角后的结果

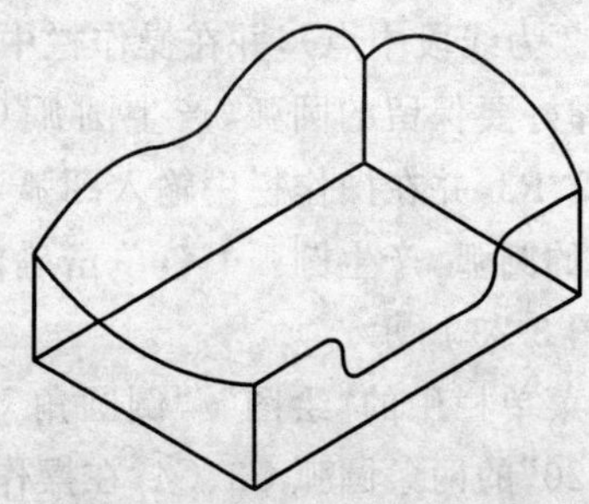

图 3-33　网格曲面线架模型

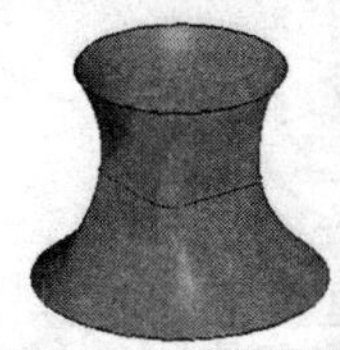





# 3.3　曲面的构建

曲面是用数学方程式来定义物体表层的形状表现，一个曲面包含有多个段面(sections)或缀面(patches)，它们熔接在一起而形成一个图素。使用曲面造型可以很好地表达和描述物体的形状，曲面造型已很广泛地运用于汽车、轮船、飞机机身以及各种模具和模型的设计和造型中。

## 3.3.1　直纹、举升曲面

直纹、举升曲面是由两个或两个以上的外形以熔接的方式而形成的一个曲面，其中直纹曲面是以直线的方式进行熔接，而举升曲面是以参数化的方式熔接。

(1)构建直纹曲面操作步骤

①准备好如图 3-34(a)所示的线架模型，产生如图 3-34(b)所示的直纹曲面模型。

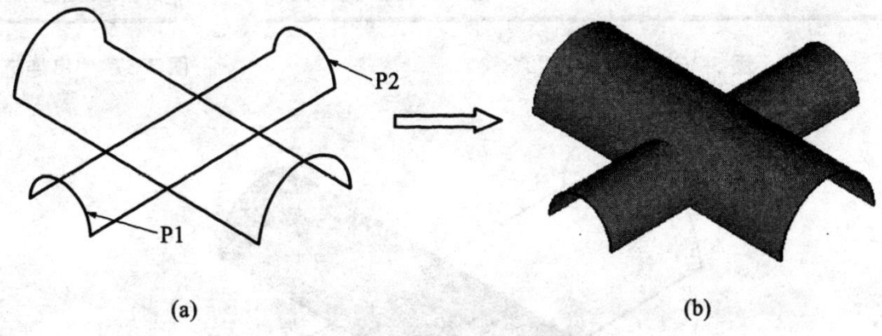


**图 3-34　构建直纹曲面**

(a)线架模型；(b)直纹曲面

②在如图 3-35 所示状态栏中的 图层 按钮上单击鼠标左键，启动图层管理命令。

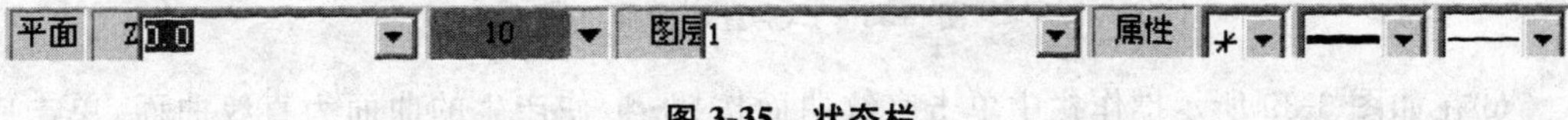


**图 3-35　状态栏**

③系统弹出如图 3-36 所示的“图层管理器”对话框，在“编号”栏内输入图层名“2”，按回车键确认，单击确定按钮 ✔ ，使当前图层为第 2 层(设计曲面时要养成良好的图层操作习惯，即将线架模型与曲面模型分别放置于不同的图层，以方便后继的编辑操作)。

④选择菜单栏中的“绘图”/“曲面”/“直纹/举升曲面”命令，系统弹出如图 3-37 所示的“串连选项”对话框，单击单体选择按钮 (所谓单体选择，即选择的几何图形为单一的图素)。

⑤选择如图 3-34(a)所示圆弧 P1、P2 处，使串连方向及起点保持一致(注意：选择位置会影响产生的曲面，串连方向及起点不一致时会产生扭曲直纹曲面)，单击“串连选项”对话框中的确定按钮 ✔ ，结果如图 3-38 所示。

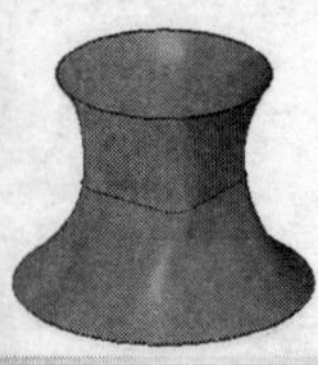

图 3-36 新建图层“2”

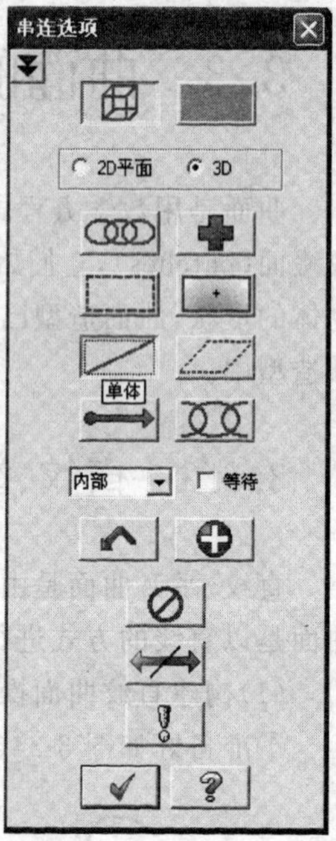

串连选项
2D平面
3D
单体
内部
等待

图 3-37 “串连选项”对话框

图 3-38 产生直纹曲面

⑥在如图 3-39 所示操作栏中单击直纹曲面按钮，使产生的曲面为直纹曲面，单击应用按钮，结束第一个直纹曲面的操作。

图 3-39 设置直纹曲面方式

⑦使用同样的方法，创建第二个直纹曲面，单击操作栏的确定按钮，结束直纹曲面命令，结果如图 3-40 所示。

(2)构建举升曲面操作步骤

①准备好如图 3-41(a)所示的线架模型，产生如图 3-41(b)所示的举升曲面模型。

②在如图 3-35 所示状态栏中的 图层 按钮上单击鼠标左键，启动图层管理命令。

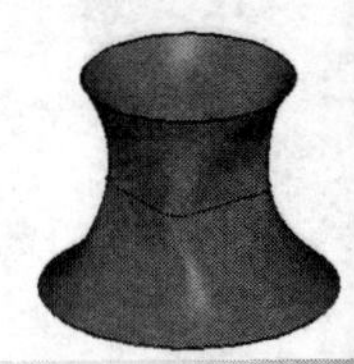

图 3-40　直纹曲面操作结果

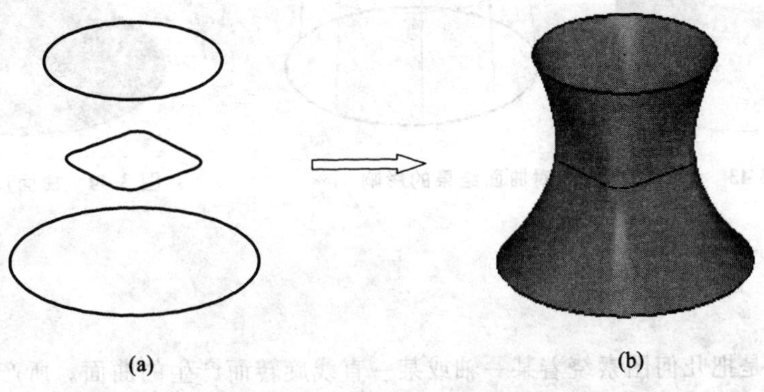


图 3-41　构建举升曲面

③系统弹出“图层管理器”对话框，在“编号”栏内输入图层名“2”，按回车键确认，单击确定按钮，使当前图层为第 2 层。

④选择菜单栏中的“绘图”/“曲面”/“直纹/举升曲面”命令，系统弹出如图 3-37 所示的“串连选项”对话框，单击单体选择按钮。

⑤按顺序依次选择如图 3-42(a)所示图形的 P1、P2、P3 处(矩形 2 要使用串连选择方式)，使串连方向及起点保持一致(注意：选择位置会影响产生的曲面，串连方向及起点不一致时会产生扭曲举升曲面)，单击“串连选项”对话框中的确定按钮，结果如图 3-42(b)所示。

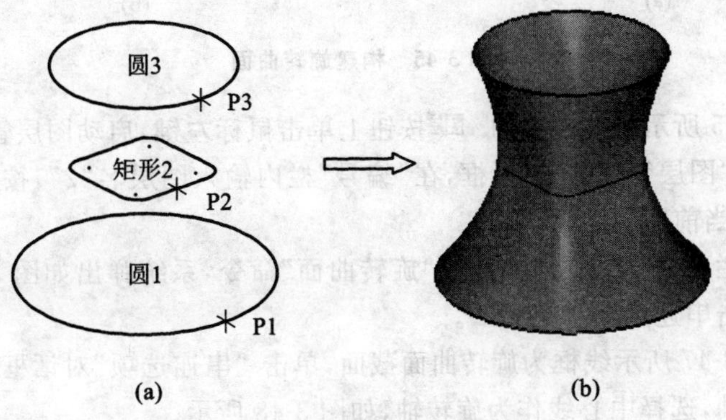


图 3-42　构建举升曲面过程

(a)选择举升曲面截面；(b)产生举升曲面

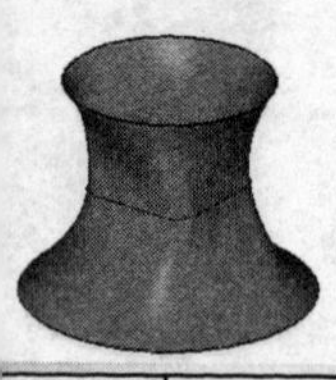



注意:①在构建曲面时,要注意外形的选取次序,如果先选取圆 1,再是圆 3,最后是矩形 2,则举升曲面的构建结果如图 3-43 所示。②为了保证曲面连接的正确,需要对某些外形图素进行打断处理,如图 3-44 所示曲面产生了扭曲,是因为没有对矩形在 P2 处进行打断处理。③外形要光滑,要避免尖角,否则会出现曲线的锐角部分将被忽略。

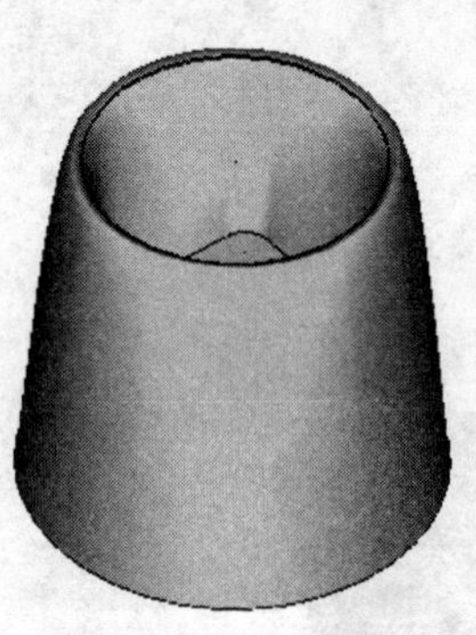

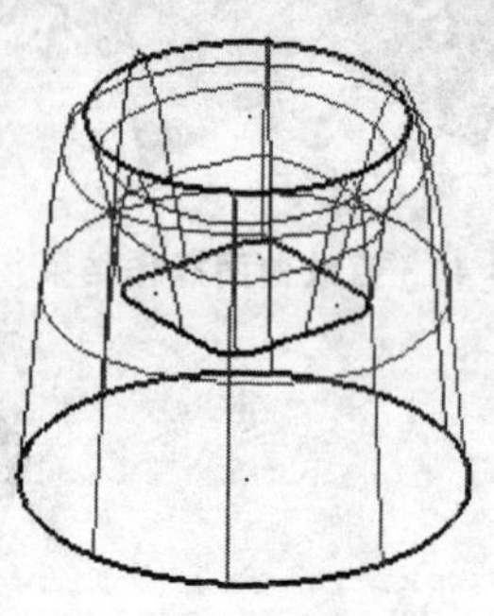

图 3-43 外形选择次序对曲面结果的影响

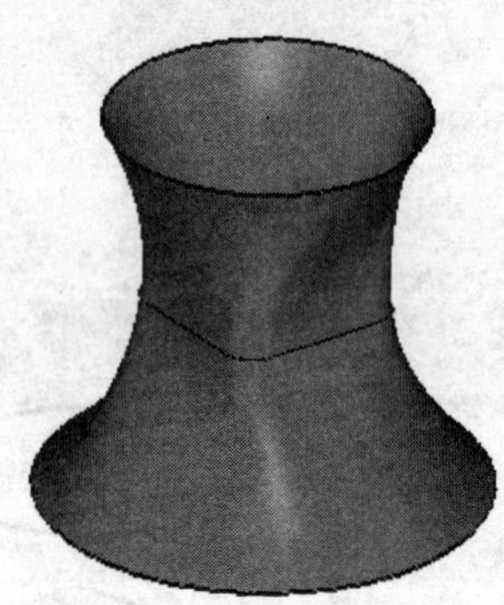

图 3-44 曲面产生了扭曲



## 3.3.2 旋转曲面

旋转曲面是把几何图素绕着某一轴或某一直线旋转而产生的曲面。所产生的曲面永远垂直于所旋转的轴线。

操作步骤及方法:

①准备好如图 3-45(a)所示的线架模型,产生如图 3-45(b)所示的旋转曲面模型。

(a) (b)

图 3-45 构建旋转曲面

②在如图 3-35 所示状态栏中的 图层 按钮上单击鼠标左键,启动图层管理命令。

③系统弹出“图层管理器”对话框,在“编号”栏内输入图层名“2”,按回车键确认,单击确定按钮,使当前图层为第 2 层。

④选择菜单栏中的“绘图”/“曲面”/“旋转曲面”命令,系统弹出如图 3-46 所示的“串连选项”对话框,单击串连选择按钮。

⑤选择如图 3-47 所示线框为旋转曲面截面,单击“串连选项”对话框中的确定按钮,系统提示选取旋转轴,选择中心线作为旋转轴,如图 3-48 所示。

⑥在如图 3-49 所示旋转曲面操作栏中,输入旋转曲面起始角度为 0°,输入终止角度为 270°,单击确定按钮,接受产生的旋转曲面,结果如图 3-50 所示。

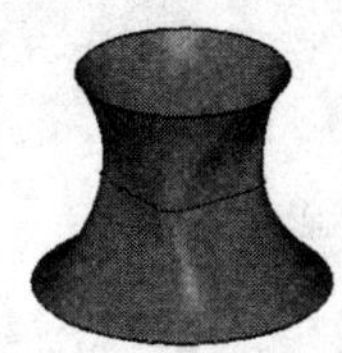



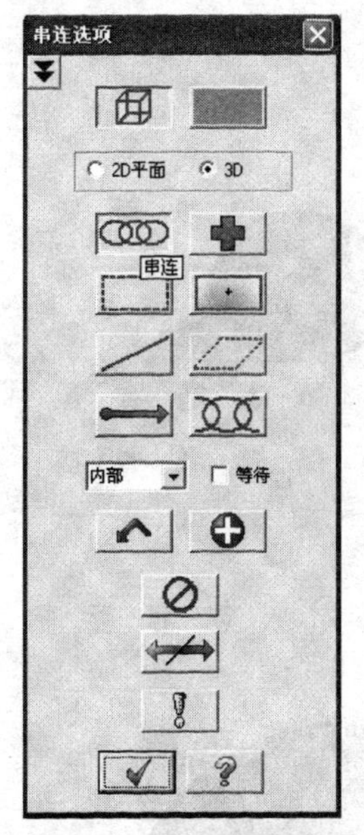


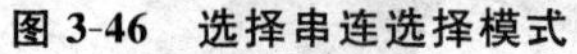

图 3-46　选择串连选择模式

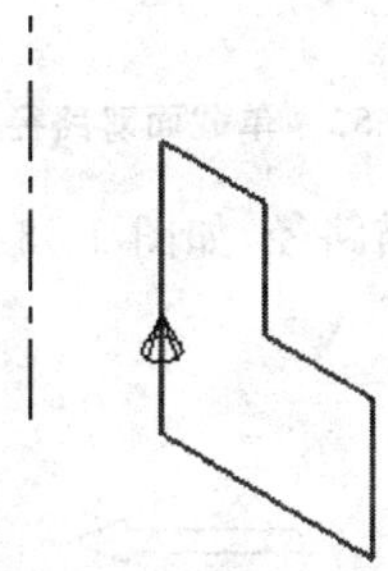

图 3-47　选择旋转曲面截面

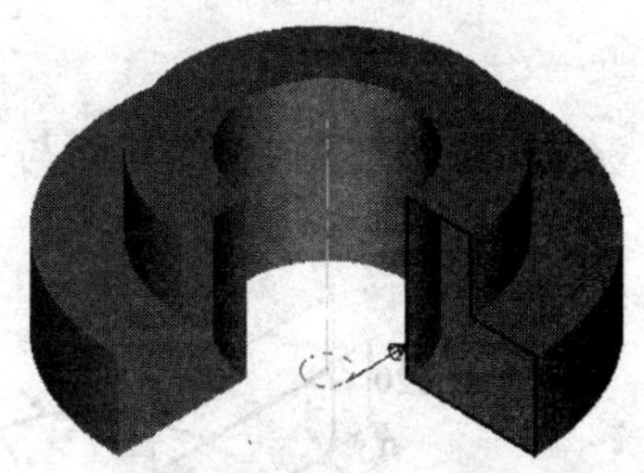

图 3-48　选择旋转轴

图 3-49　设置旋转角度

注意:旋转角度由选取旋转轴时的那一端点来进行确定,不能使用负值,但能通过选择旋转轴的另一端点来确定相反的旋转角度。旋转的方向永远是沿着选取旋转轴的端点向另一端点观看的顺时针方向,满足右手螺旋法则。

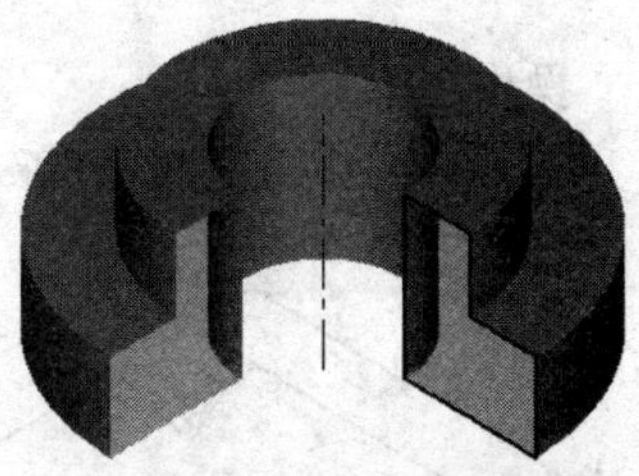

图 3-50　旋转曲面操作结果

### 3.3.3　扫描曲面

扫描曲面是将物体的断面外形沿着一个或两个轨迹曲线移动,或者把两个断面外形沿着一个轨迹曲线移动而得到的曲面。

Mastercam X 系统提供了 3 种形式的扫描曲面。

①一个扫描截面和一个扫描路径,如图 3-51 所示。

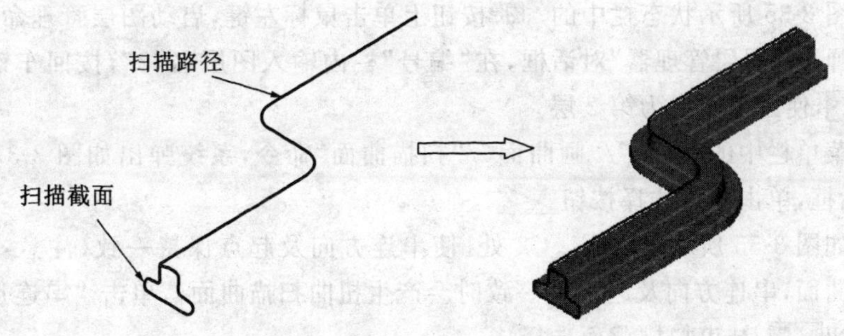


图 3-51　单截面单路径

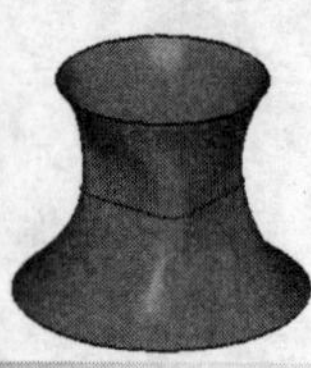





②一个扫描截面和两个扫描路径，如图 3-52 所示。

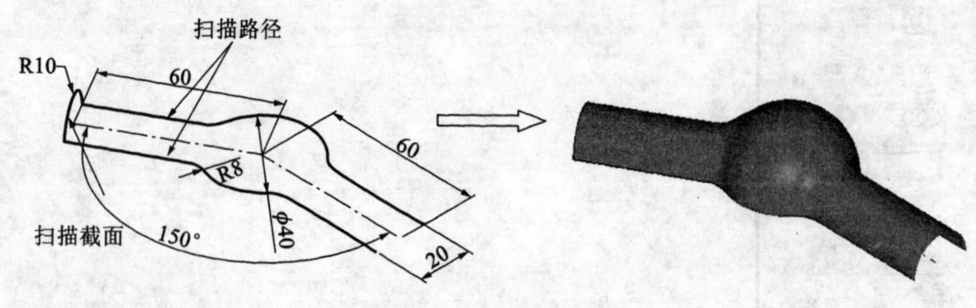


图 3-52 单截面双路径

③两个或多个扫描截面与一个扫描路径，如图 3-53 所示。

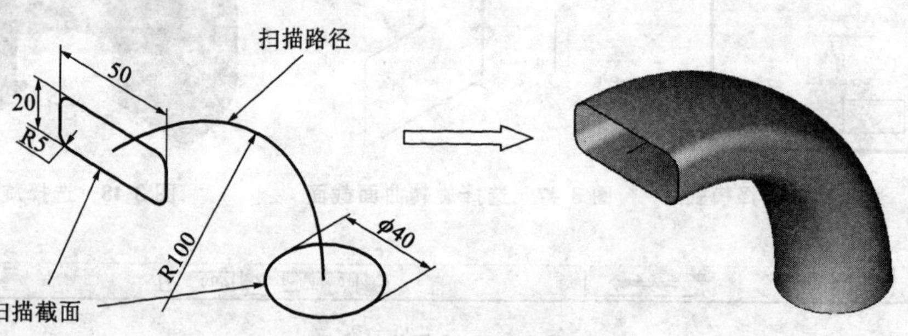


图 3-53 双截面单路径

操作步骤：

①准备好如图 3-54(a)所示的线架模型，产生如图 3-54(b)所示的扫描曲面模型。

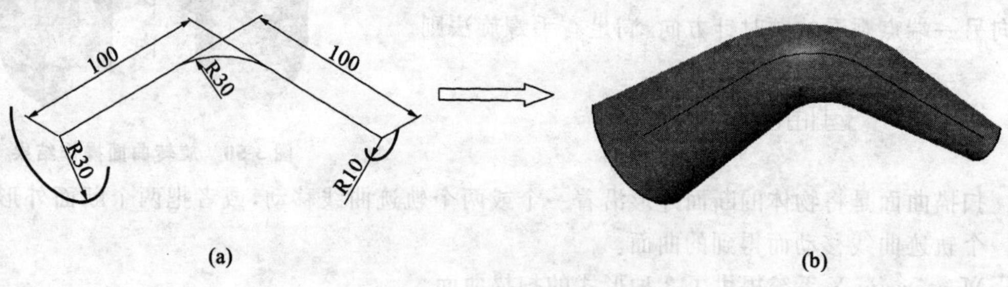


图 3-54 构建扫描曲面

②在如图 3-35 所示状态栏中的 图层 按钮上单击鼠标左键，启动图层管理命令。

③系统弹出“图层管理器”对话框，在“编号”栏内输入图层名“2”，按回车键确认，单击确定按钮 ✔ ，使当前图层为第 2 层。

④选择菜单栏中的“绘图”/“画曲面”/“扫描曲面”命令，系统弹出如图 3-37 所示的“串连选项”对话框，单击单体选择按钮 。

⑤选择如图 3-55 所示圆弧 C1、C2 处，使串连方向及起点保持一致(注意：选择位置会影响产生的曲面，串连方向及起点不一致时会产生扭曲扫描曲面)，单击“串连选项”对话框中的确定按钮 ✔ ，结束扫描截面选择。

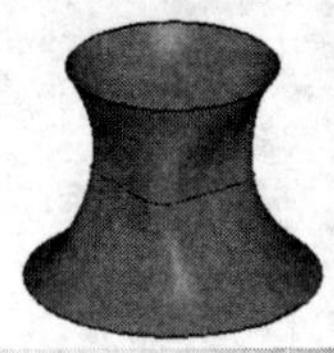



⑥系统提示选择扫描路径，在如图 3-46 所示“串连选项”对话框，单击串连选择按钮，选择如图 3-55 所示串连几何图形 C3 为扫描路径，结果如图 3-56 所示。

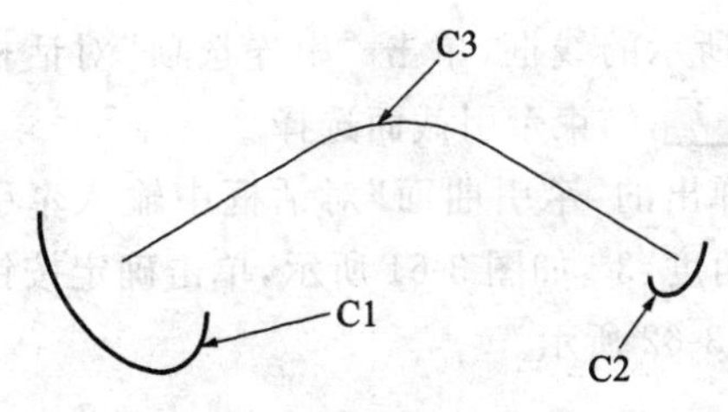


**图 3-55　扫描截面和扫描路径**

**图 3-56　扫描曲面操作结果**

⑦单击如图 3-57 所示扫描截面操作栏中的确定按钮，接受产生的扫描截面。

**图 3-57　扫描截面操作栏**



## 3.3.4　牵引曲面

牵引曲面是将物体的截面外形或基本曲线笔直地沿着一特定的方向拉伸而形成的曲面。牵引曲面受牵引方向、牵引长度和牵引角度的影响，如图 3-58 所示。

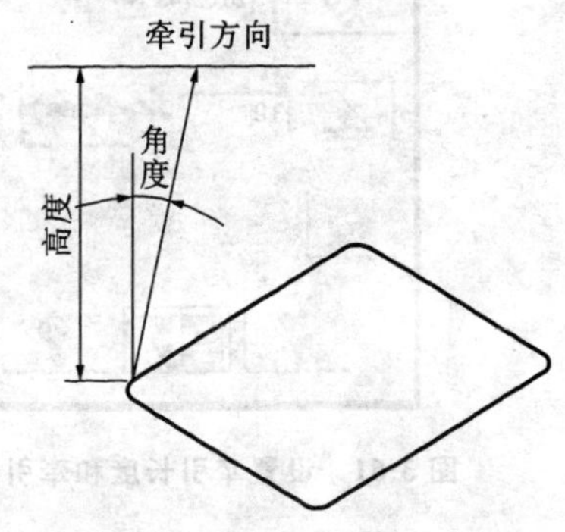


**图 3-58　牵引曲面受牵引方向、牵引长度和牵引角度的影响**

操作步骤：

①准备好如图 3-59(a)所示的线架模型，产生如图 3-59(b)所示的牵引曲面模型。

②在如图 3-35 所示状态栏中的图层按钮上单击鼠标左键，启动图层管理命令。

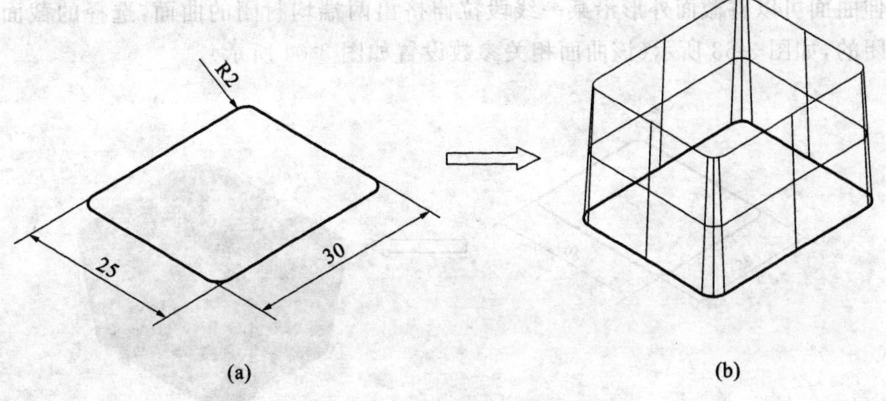


**图 3-59　构建牵引曲面**

③系统弹出“图层管理器”对话框，在“编号”栏内输入图层名“2”，按回车键确认，单击确定按钮，使当前图层为第 2 层。

图 3-60　选择牵引截面

④设置绘图面为“俯视图”，选择菜单栏中的“绘图”/“画曲面”/“牵引曲面”命令，系统弹出如图 3-46 所示的“串连选项”对话框，单击串连选择按钮，选择如图 3-60 所示的线框，单击“串连选项”对话框中的确定按钮，结束牵引截面选择。

⑤在系统弹出的“牵引曲面”对话框中输入牵引长度：20，牵引角度：3°，如图 3-61 所示，单击确定按钮，结果如图 3-62 所示。

图 3-61　设置牵引长度和牵引角度

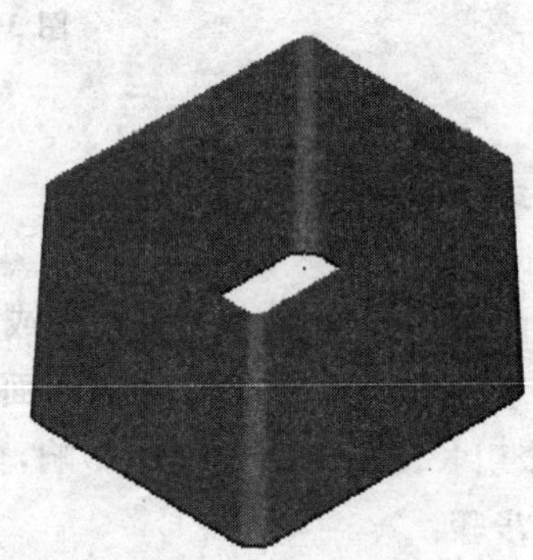

图 3-62　牵引曲面操作结果

## 3.3.5　拉伸曲面

拉伸曲面可以将截面外形沿某一线段拉伸挤出两端均封闭的曲面，选择的截面外形必须是封闭的，如图 3-63 所示（该曲面相关参数设置如图 3-64 所示）。

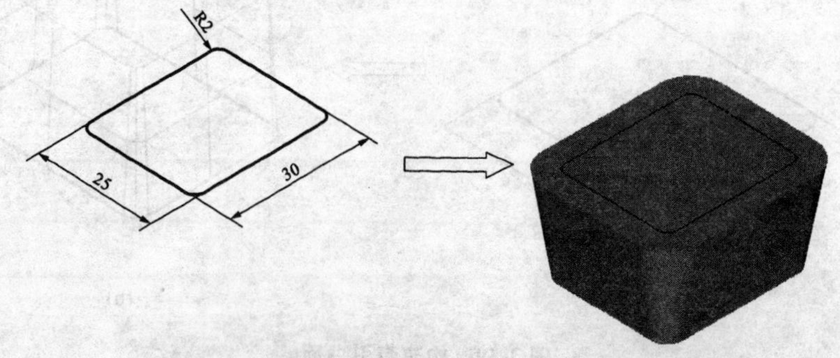


图 3-63　拉伸曲面

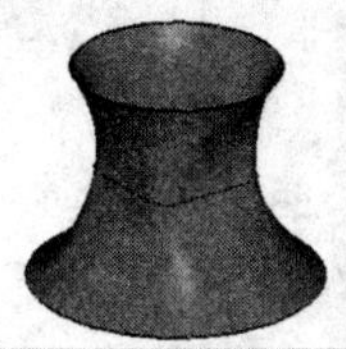

启动拉伸曲面命令并结束拉伸截面选择后，系统弹出"拉伸曲面"对话框，各选项功能如图 3-64 所示。

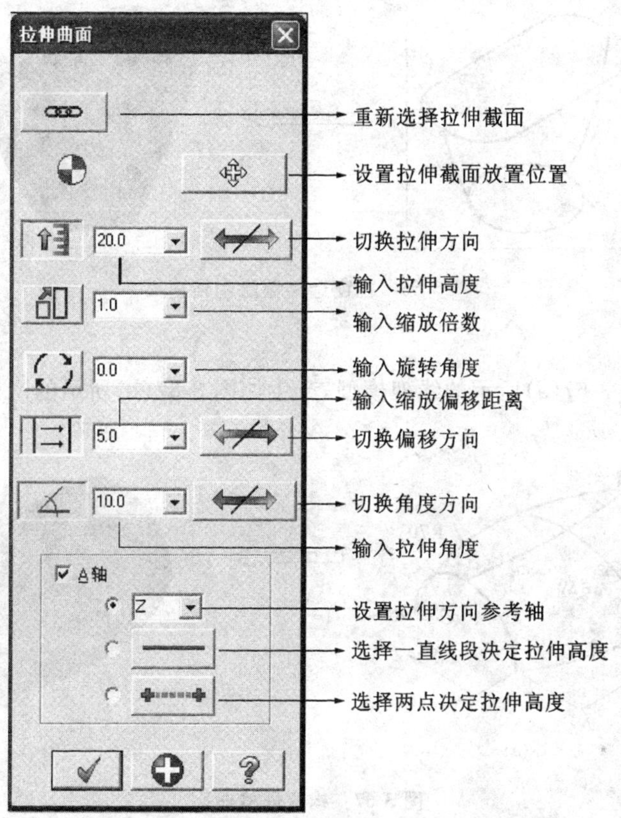


**图 3-64　"拉伸曲面"对话框**



## 3.3.6　网格曲面

网格曲面是由四条边界曲线定义的，由很多缀面组成的就像一张渔网一样的网格状的曲面。网格曲面分为两个方向：横向和纵向。操作的时候，先选择横向的曲线，然后再选择纵向的曲线，就可以创建出网格曲线，如图 3-65 所示。

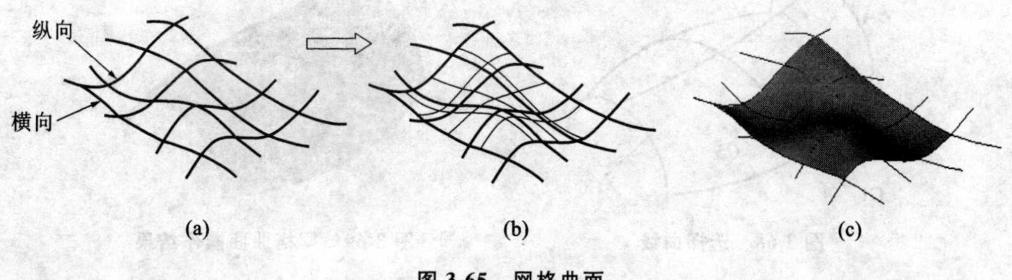


**图 3-65　网格曲面**

也可以视窗选择对象来创建网格曲面，省却了横向和纵向曲线的选择，如图 3-66 所示。

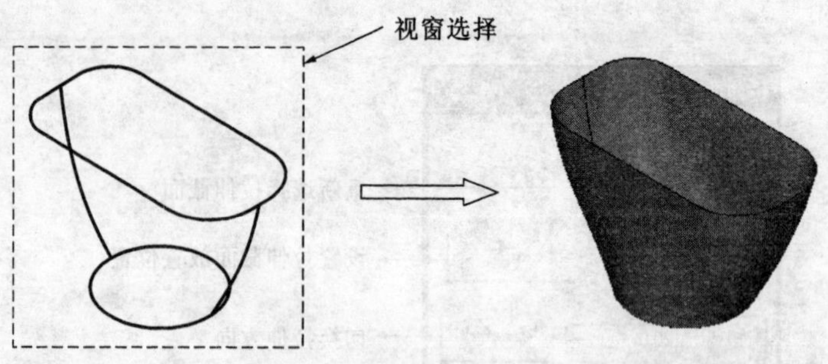


图 3-66 视窗选择创建网格曲面

操作步骤：

①准备好如图 3-67(a)所示的线架模型，产生如图 3-67(b)所示的网格曲面模型。

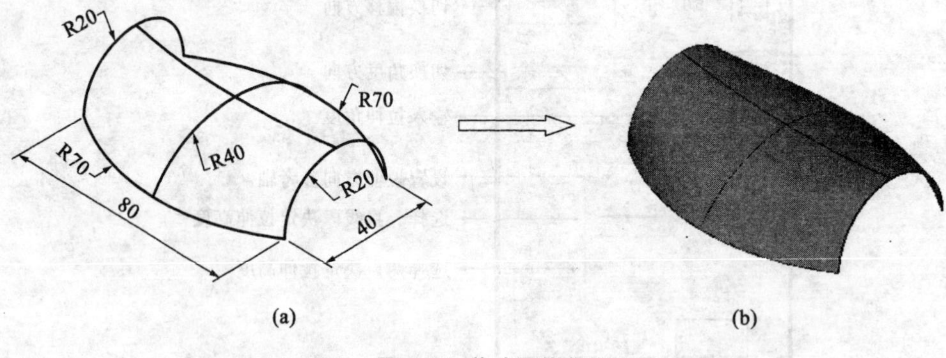


图 3-67 构建网格曲面

②在如图 3-35 所示状态栏中的 图层 按钮上单击鼠标左键，启动图层管理命令。

③系统弹出 "图层管理器"对话框，在"编号"栏内输入图层名"2"，按回车键确认，单击确定按钮 ✓ ，使当前图层为第 2 层。

④选择菜单栏中的"绘图"/"画曲面"/"网格曲面"命令，系统弹出如图 3-37 所示的"串连选项"对话框，单击单体选择按钮 ，选择如图 3-68 所示圆弧 C1～C6，单击 "串连选项"对话框中的确定按钮 ✓ ，结果如图 3-69 所示。

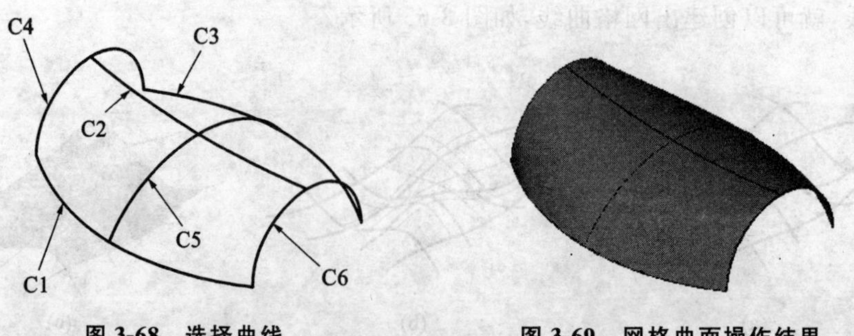


图 3-68 选择曲线　　　　图 3-69 网格曲面操作结果

⑤单击如图 3-70 所示网格曲面操作栏中的确定按钮 ✓ ，接受产生的网格曲面。

启动网格曲面命令后，系统给出操作选项设置栏的含义如图 3-71 所示。

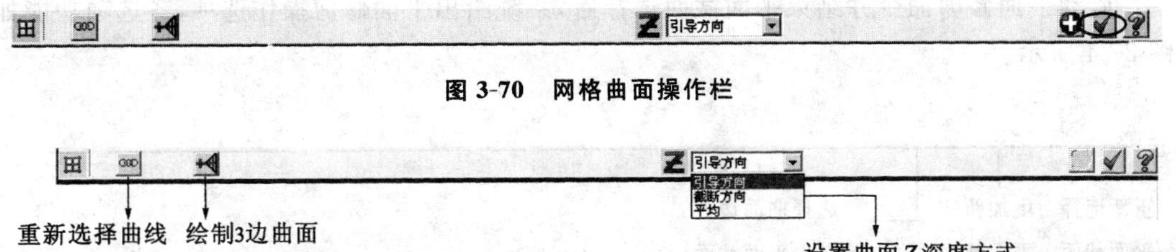


图 3-70　网格曲面操作栏



图 3-71　网格曲面操作选项设置栏

当构成网格曲面的线架不是标准的 4 边界线架，而是 3 边界线架时，需要利用此选项的绘制 3 边曲面按钮，选择一个点来顶替缺少的那条边，如图 3-72 所示。

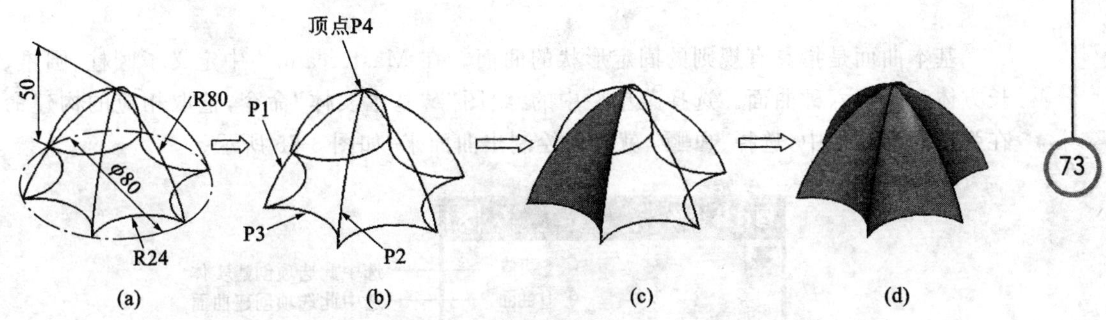


图 3-72　3 边网格曲面构建过程

(a)线架模型；(b)选择顺序；(c)产生网格曲面；(d)旋转阵列结果

## 3.3.7　平面修剪

平面修剪是指通过指定的边界构建一个平的曲面，如图 3-73 所示。

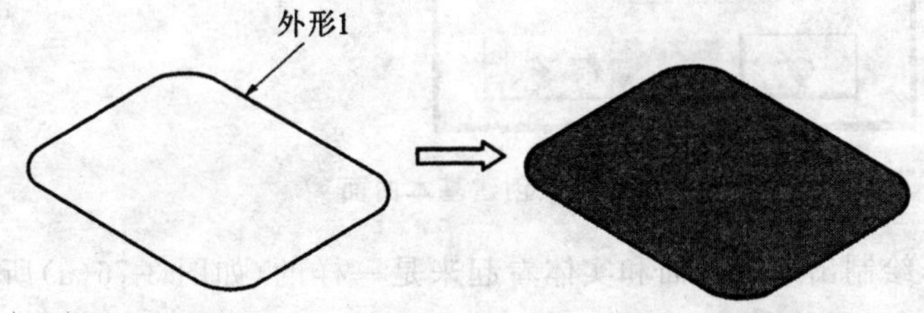


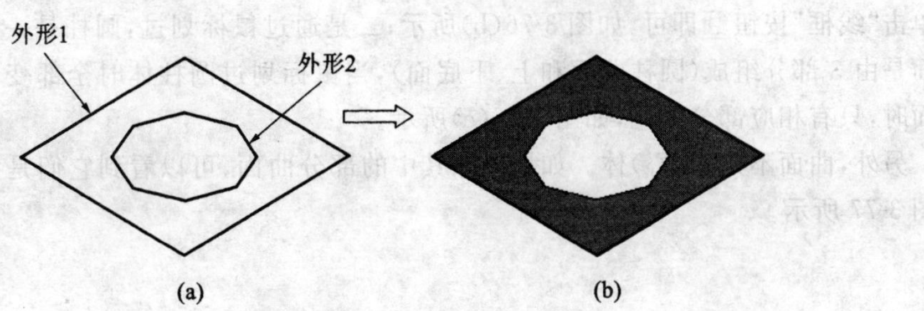


图 3-73　平面修剪

(a)平面修剪的外形边界；(b)平面修剪后的结果

启动平面修剪命令并结束平面截面选择后，系统给出平面修剪操作选项，各选项功能如图 3-74 所示。

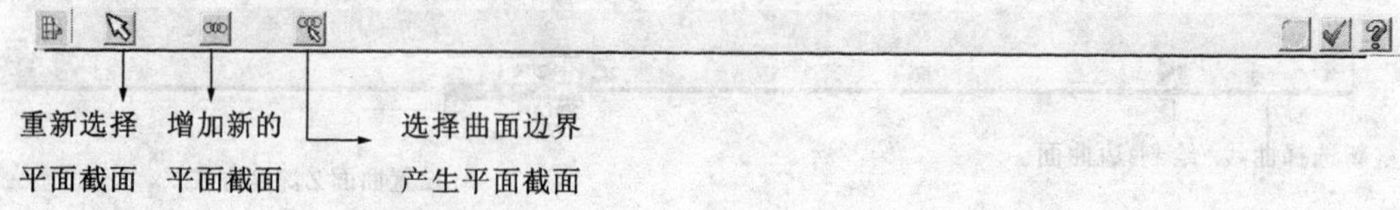


**图 3-74　平面修剪操作选项**

## 3.3.8　基本曲面

基本曲面是指具有规则的固定形状的曲面。在 Mastercam X 中定义了圆柱、圆锥、圆、长方体和圆环六种曲面。选择菜单栏中的“绘图”/“基本实体”命令，选取相应的构建命令，在弹出的对话框中，选择 U曲面，就可以绘制出曲面来，如图 3-75 所示。



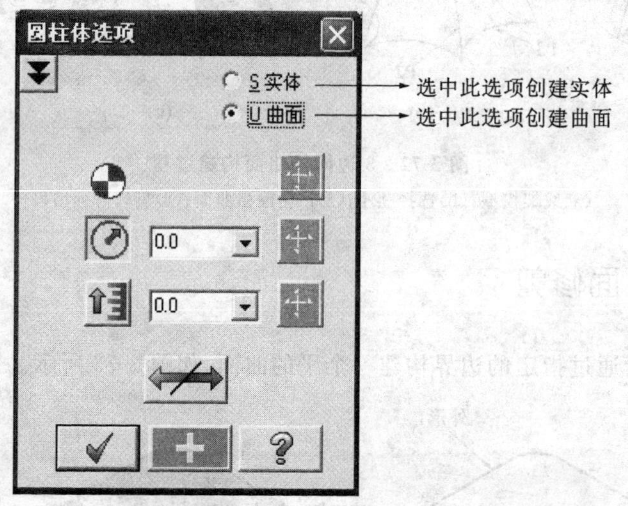


**图 3-75　创建基本曲面**

在着色模式下，绘制出来的曲面和实体看起来是一样的，如图 3-76(a)所示的圆柱体和圆柱曲面。我们可以用两种方法来区分：一是将着色模式改为线框模式，在“Shading”工具栏单击“线框”按钮即可，如图 3-76(b)所示；二是通过鼠标划过，圆柱是一个整体，而圆柱曲面是由 3 部分组成(圆柱曲面和上、下底面)，当鼠标划过圆柱体时全部变色，而划过圆柱曲面时，只有相应部分变色，如图 3-76(c)所示。

另外，曲面不是实(心)体。如果删除其中的部分曲面，可以看到它们是空心的“筒子”，如图 3-77 所示。

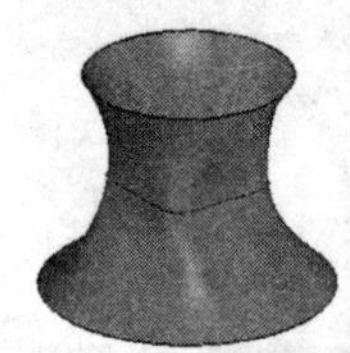



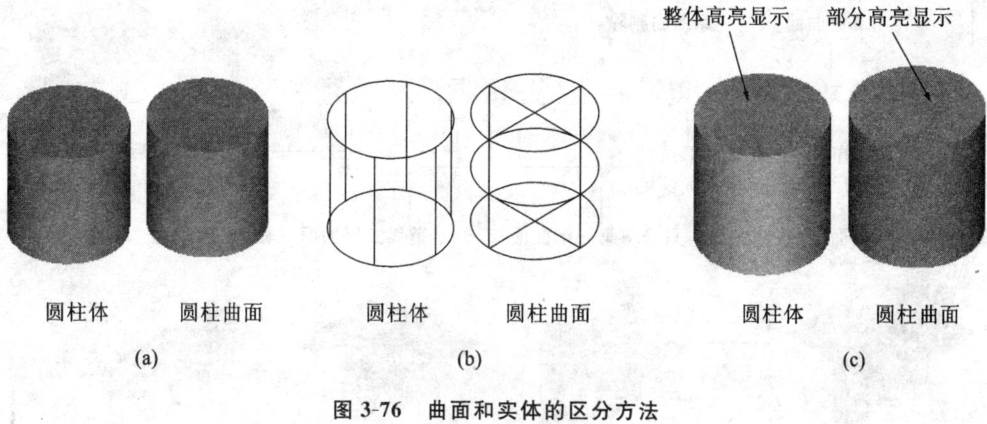


**图 3-76　曲面和实体的区分方法**

(a)着色效果；(b)线框显示；(c)鼠标划过

**图 3-77　空心曲面**

## 3.4　曲面的编辑

使用曲面的构建命令可以创建各种类型的曲面，但是这样创建的曲面不一定正好满足使用者的设计要求，还需要对曲面进行编辑操作。常用的曲面编辑命令主要有曲面修剪、曲面圆角和曲面熔接等。

### 3.4.1　曲面修剪

曲面修剪可以把已有的曲面修剪为修整后的曲面。要使用修剪功能必须有一个已存在的曲面和至少一个作为修剪的边界，可以使用曲面、曲线、平面作为边界来进行操作。如图 3-78 所示。

1. 修剪至曲面

修剪至曲面命令用于曲面与曲面进行修剪。启动“至曲面”命令并结束两组曲面选择后，系统给出曲面与曲面修剪操作选项，各选项功能如图 3-79 所示。

**图 3-78　曲面修剪方式**

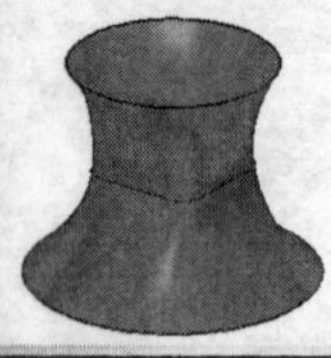

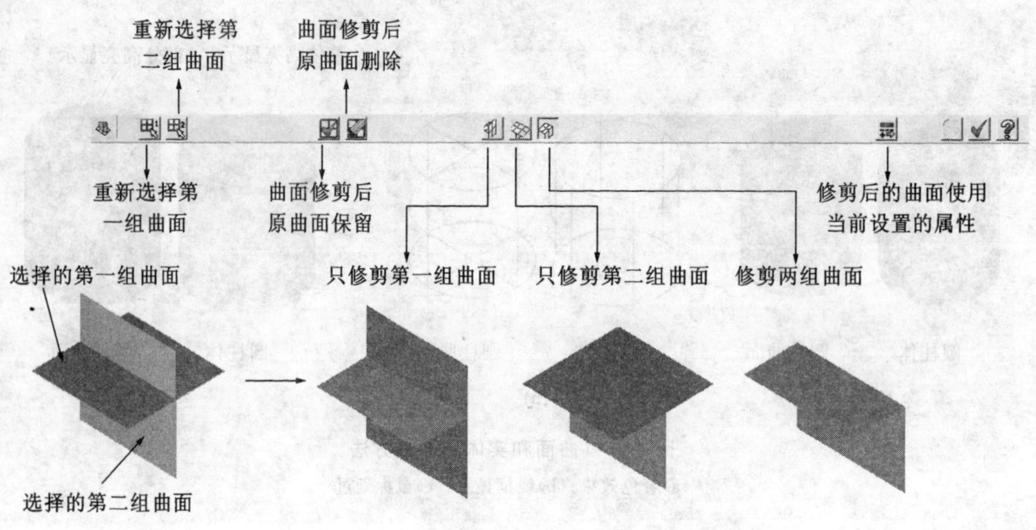


图 3-79　曲面与曲面修剪操作选项



操作步骤：

①利用前面做过的直纹曲面，产生如图 3-80(b)所示修剪曲面。

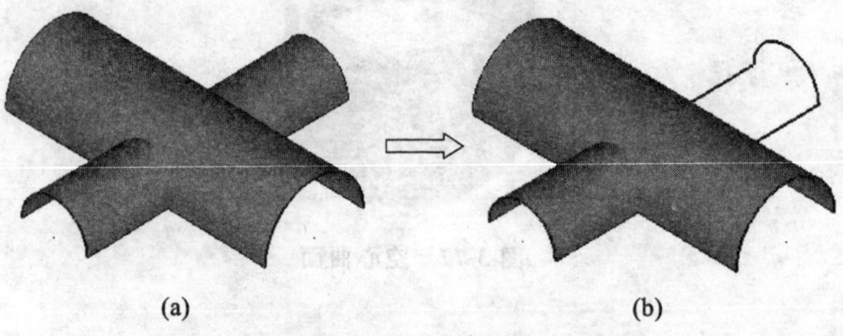


图 3-80　曲面与曲面修剪

(a)原直纹曲面；(b)修剪后的效果

②选择菜单栏中的“绘图”/“画曲面”/“修剪曲面”/“至曲面”命令，系统提示选择第一组曲面，选择如图 3-81 所示曲面 P1，按回车键确认；系统提示选择第二组曲面，选择如图 3-81 所示曲面 P2，按回车键确认。

③系统提示选择第一组曲面保留区域，选择前面操作所选择的第一组曲面，出现一动态移动箭头，移动到如图 3-82 所示曲面 P1 处，单击鼠标左键确认；系统继续提示选择第二组曲面保留区域，选择前面操作所选择的第二组曲面，出现一动态移动箭头，移动到如图 3-83 所示曲面 P2 处，单击鼠标左键确认，结果如图 3-84 所示。

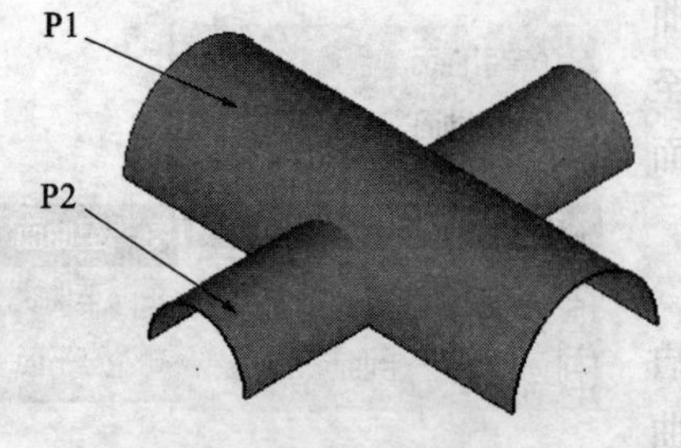


图 3-81　选择修剪曲面

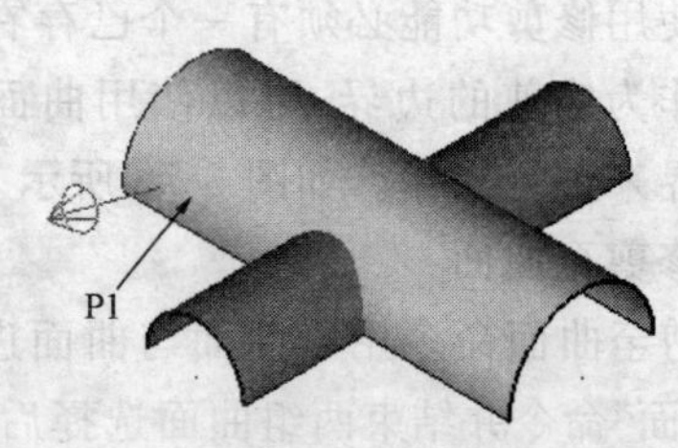


图 3-82　选择第一组曲面保留区域

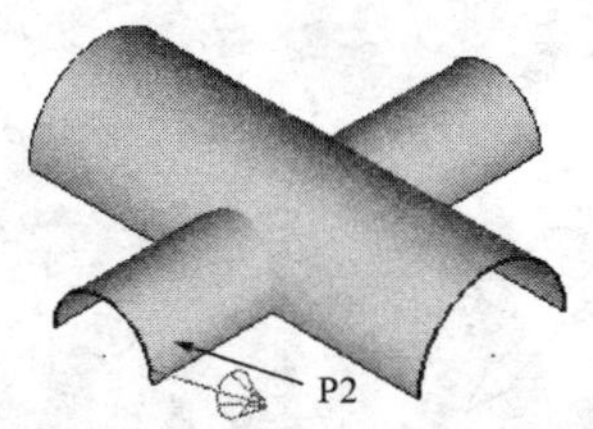


图 3-83　选择第二组曲面保留区域

图 3-84　曲面修剪结果

④单击如图 3-85 所示操作栏中的确定按钮，结束曲面修剪操作。

图 3-85　结束曲面修剪

2. 修剪至曲线

修剪至曲线命令用于曲面与曲线修剪，如图 3-86 所示。

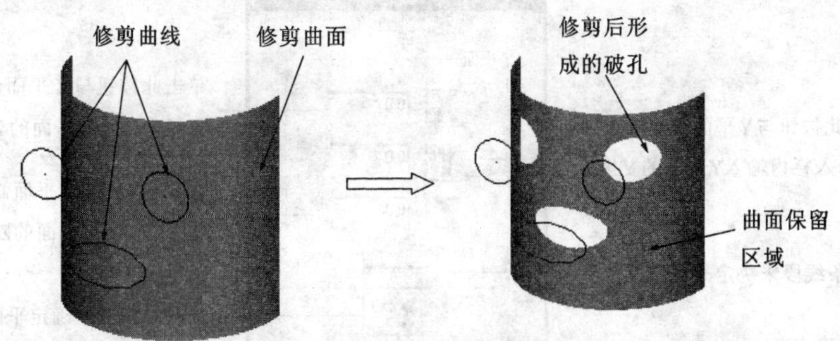


图 3-86　曲面与曲线修剪

启动“至曲线”命令并结束曲面和曲线的选择后，系统给出曲面与曲线修剪操作选项，各选项功能如图 3-87 所示。

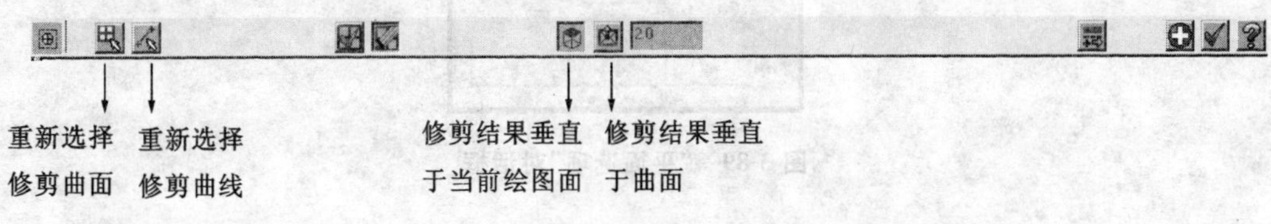


图 3-87　曲面与曲线修剪

3. 修剪至平面

修剪至平面用于曲面和平面进行修剪，如图 3-88 所示。

结束曲面选择后，系统弹出“平面选项”对话框，各选项功能如图 3-89 所示。

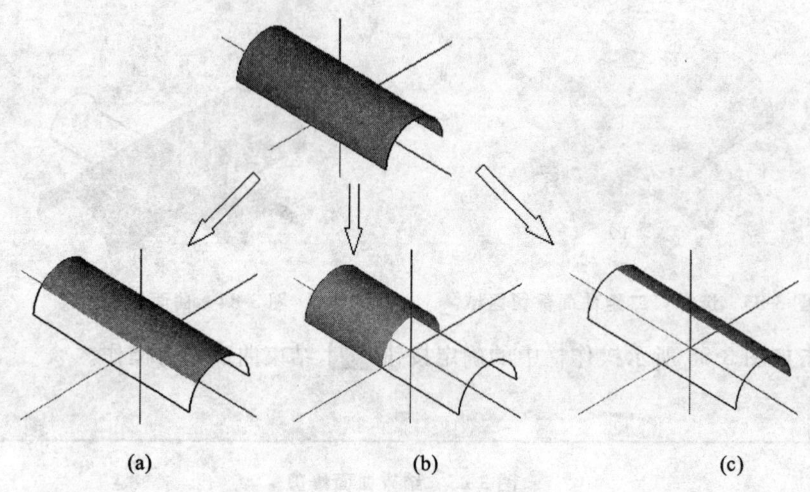


图 3-88　曲面与平面修剪

(a)曲面与 Z 平面修剪;(b)曲面与 X 平面修剪;(c)曲面与 Y 平面修剪

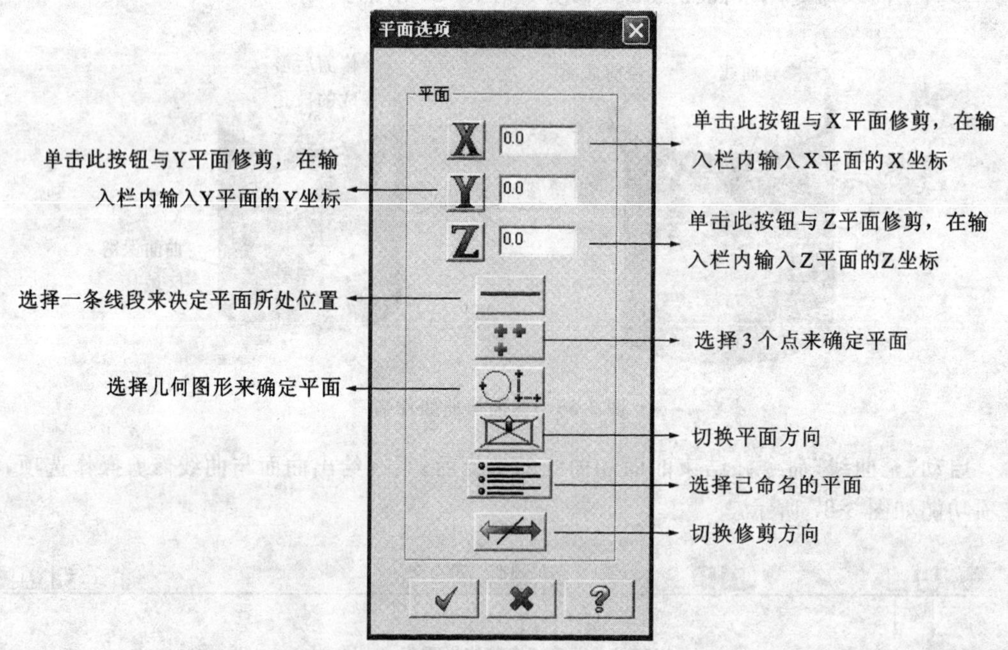


图 3-89　“平面选项”对话框

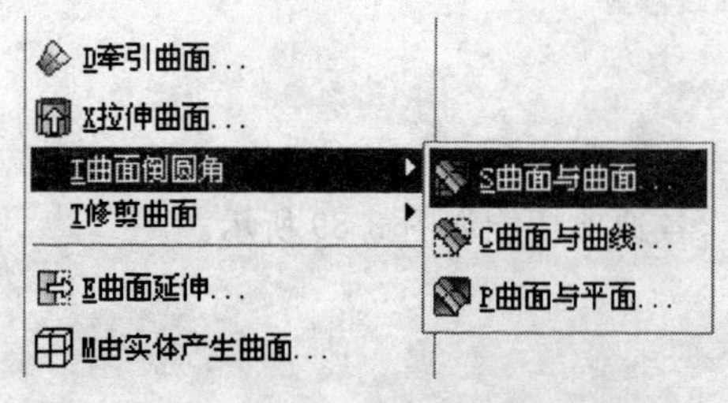


图 3.90　曲面倒圆角方式

## 3.4.2　曲面倒圆角

曲面倒圆角可以把所选取的两组曲面通过圆角进行过渡,其主要用于将两组相交曲面平滑过渡及把物体的端部倒圆角处理的情况。

曲面倒圆角有曲面与曲面圆角、曲面与曲线圆角、曲面与平面圆角等三种方式,如图 3-90 所

示。其中曲面与曲面圆角是使用最多的一种。

1. 曲面与曲面圆角

曲面与曲面圆角命令用于曲面与曲面相交处产生圆角，所选择的曲面其法线方向必须相交，且都要指向倒圆角曲面的圆心方向，如图 3-91 所示。曲面法线方向可通过选择菜单栏中的“编辑”/“转换法线”来进行修改。

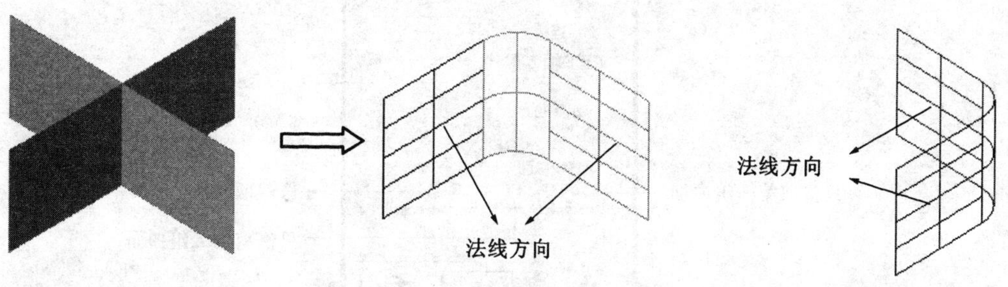


**图 3.91　曲面法线方向对倒圆角的影响**



启动曲面与曲面圆角命令并结束两组曲面的选择后，系统弹出“两曲面倒圆角”对话框，各选项功能如图 3-92 所示。曲面圆角结果设置由该对话框中的▤按钮控制，“曲面倒圆角选项”对话框如图 3-93 所示。

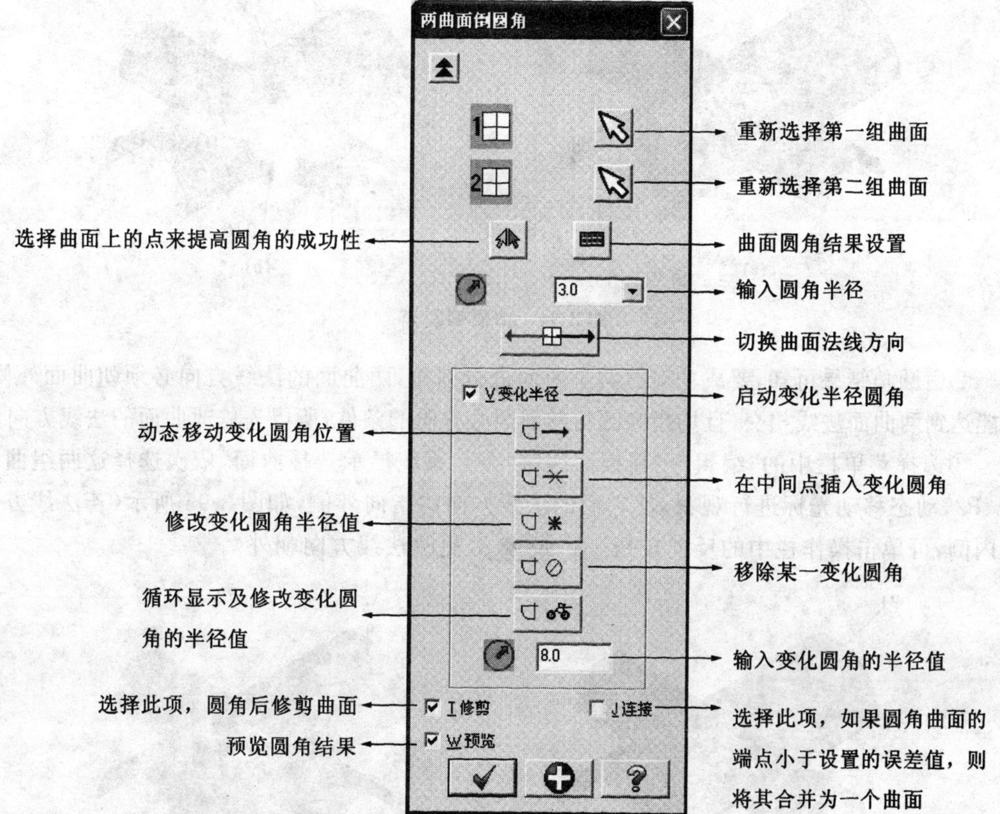


**图 3.92　“两曲面倒圆角”对话框**

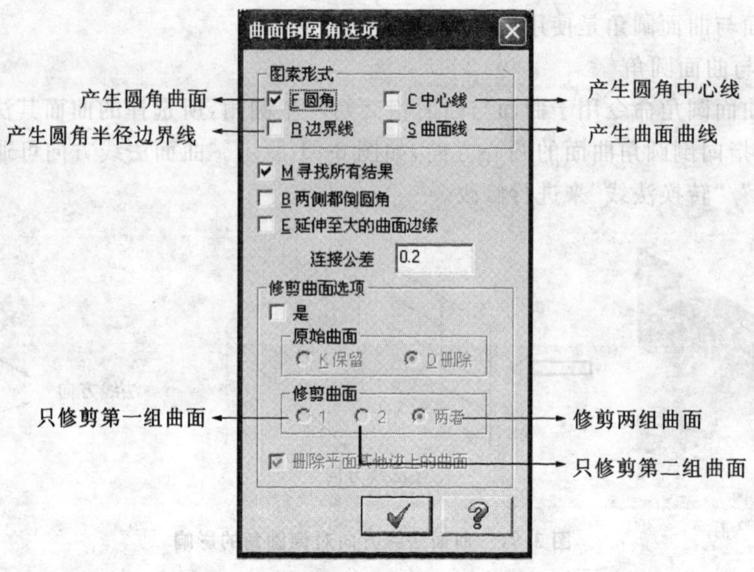


图 3.93 “曲面倒圆角选项”对话框



操作步骤：

①利用前面做过的直纹曲面，产生如图 3-94(b)所示的圆角曲面。

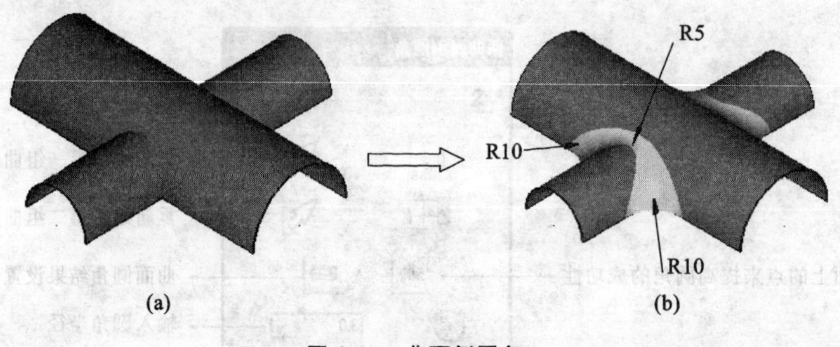


图 3-94 曲面倒圆角

②由圆角结果可知，要成功对这两个曲面进行圆角，两曲面的法线方向必须朝曲面外侧，才能达到两曲面法线相交，且均指向圆角曲面圆心方向的条件，所以先修改曲面的法线方向。

③选择菜单栏中的“编辑”/“转换法线”命令。系统提示选择曲面，依次选择这两组曲面 P1、P2，动态移动光标进行观察，使它们的法线方向均指向外侧，如图 3-95 所示(若法线方向朝内侧，可单击操作栏中的反向按钮 ，更改法线方向朝外)。

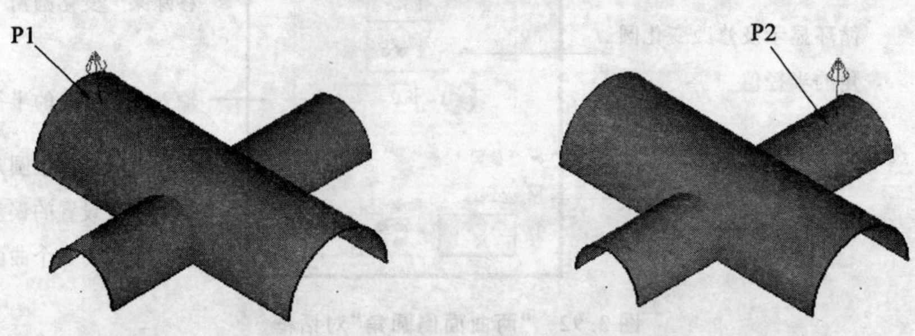


图 3-95 修改两组曲面法线方向朝外侧

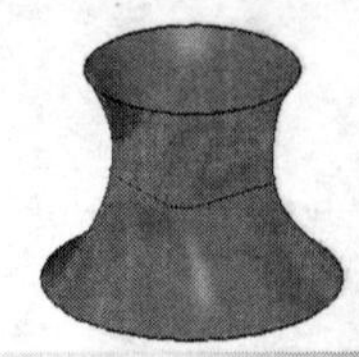

④选择菜单栏中的"绘图"/"画曲面"/"曲面倒圆角"/"曲面与曲面"命令，系统提示选择第一组曲面，选择如图 3-96 所示曲面 P1，按回车键确认；系统提示选择第二组曲面，选择曲面 P2，按回车键确认。

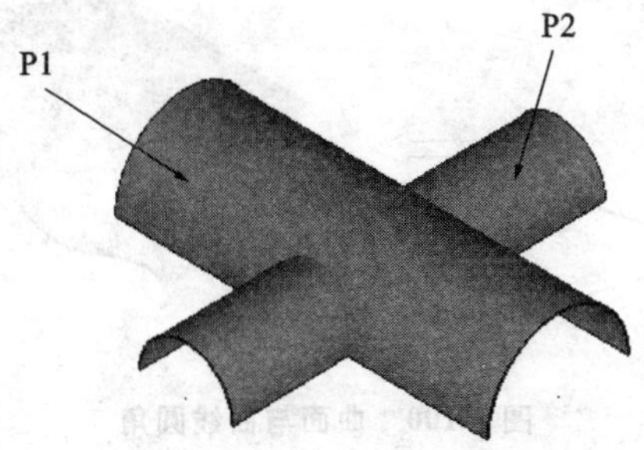


**图 3-96　选择圆角曲面**

⑤在如图 3-97 所示"两曲面倒圆角"对话框中输入圆角半径"10"，按回车键确认；选择"变化半径"复选框，输入变化圆角半径"5"，按回车键确认；单击在中间点插入变化圆角按钮 ，系统提示选择两个圆角顶点，选择如图 3-98 所示圆角顶点 P1、P2，将在 P1、P2 中间产生半径为 5 的圆角，结果如图 3-99 所示，产生变化圆角。单击确定按钮 ，接受产生的变化圆角。



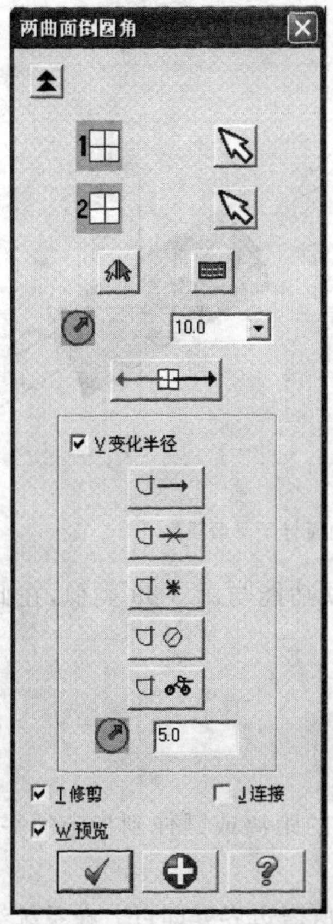


**图 3-97　修改两组曲面法线方向朝外侧**

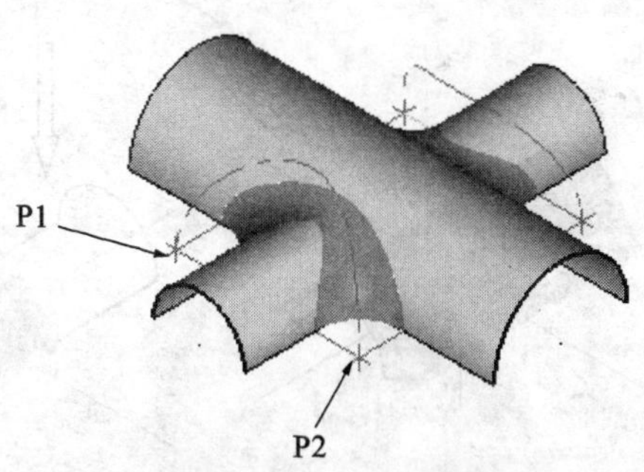


**图 3-98　选择两个圆角顶点**

**图 3-99　变化圆角操作结果**

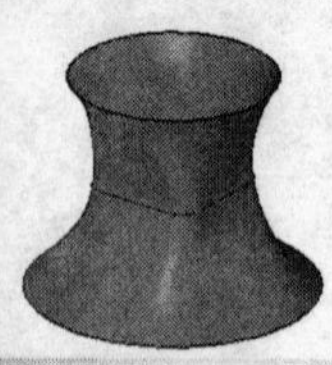



2. 曲面与曲线圆角

曲面与曲线圆角命令用于曲面与曲线相交处产生圆角，如图 3-100 所示。

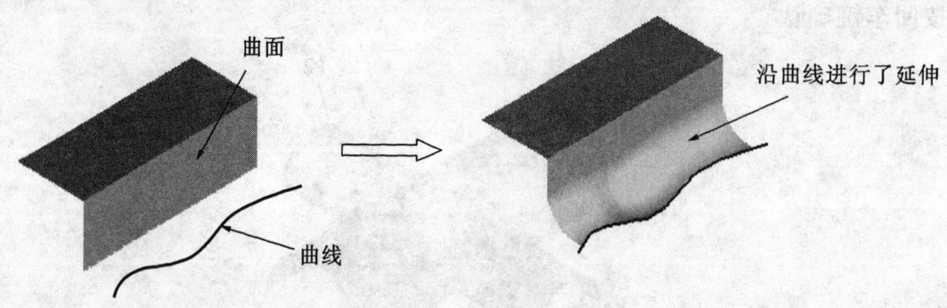


图 3-100　曲面与曲线圆角

该操作与曲面与曲面圆角的操作方法类似，首先选择曲面，然后选择曲线，输入合适的半径即可完成曲面与曲线圆角。



3. 曲面与平面圆角

曲面与平面圆角命令用于在曲面和平面相交处产生圆角，如图 3-101 所示。

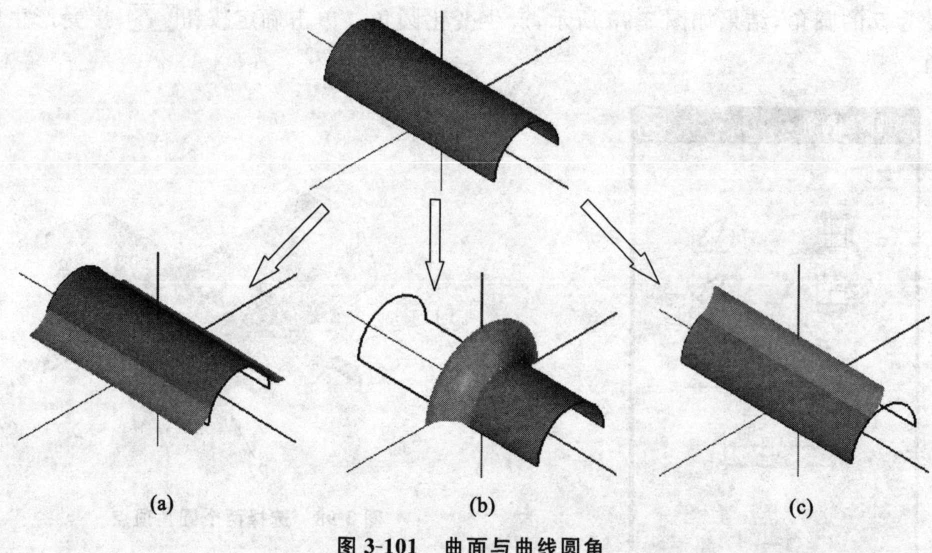


图 3-101　曲面与曲线圆角

(a)曲面与 Z 平面圆角；(b)曲面与 X 平面圆角；(c)曲面与 Y 平面圆角

结束曲面选择后，系统弹出“平面选项”对话框，各选项功能与图 3-89 类似，在此不再说明。

## 3.4.3　曲面延伸

曲面延伸命令可以将一个曲面沿其某一边界延伸指定的距离或延伸到指定的平面，如图 3-102 所示。

启动曲面延伸命令后，选择要延伸的曲面，移动箭头到所需边界处即可。在系统给出的曲面延伸操作选项中可选择不同的延伸方式，各选项功能如图 3-103 所示。

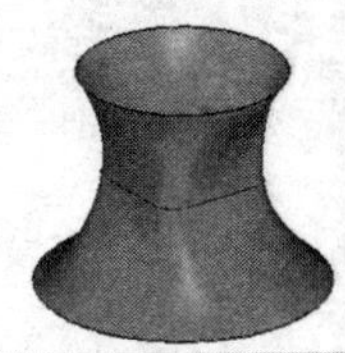



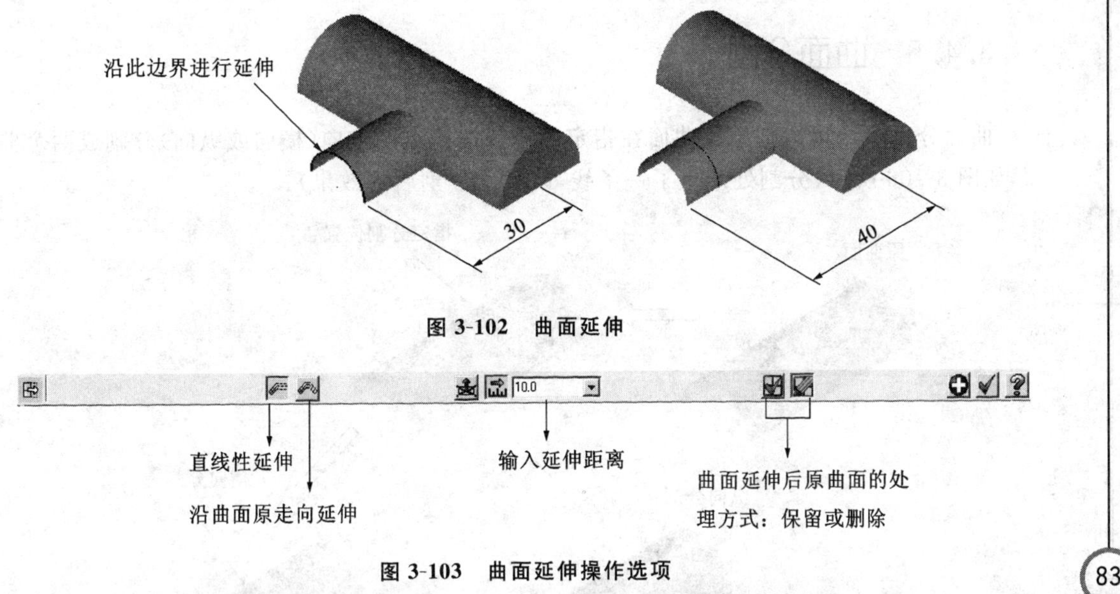


图 3-102　曲面延伸



图 3-103　曲面延伸操作选项



## 3.4.4　由实体产生曲面

由实体产生曲面命令可以将整个实体或实体的某个面复制为曲面，如图 3-104 所示。

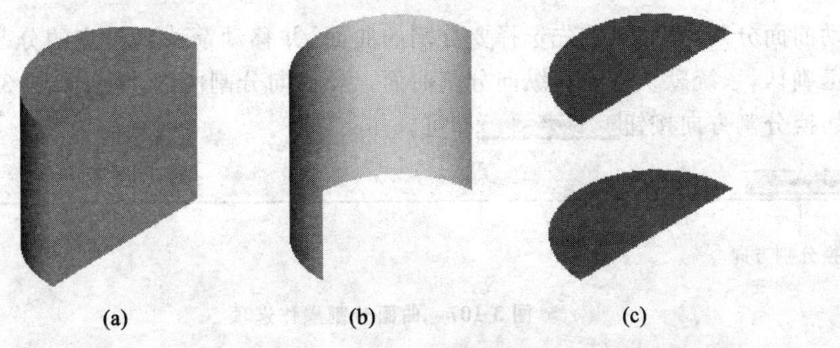

(a)　(b)　(c)

图 3-104　由实体产生曲面

(a)实体模型；(b)复制的外圆柱面；(c)复制的半圆柱上、下底面

启动由实体产生曲面命令，然后选择所需的实体面即可产生曲面。系统给出实体选择操作选项，各选项功能如图 3-105 所示，

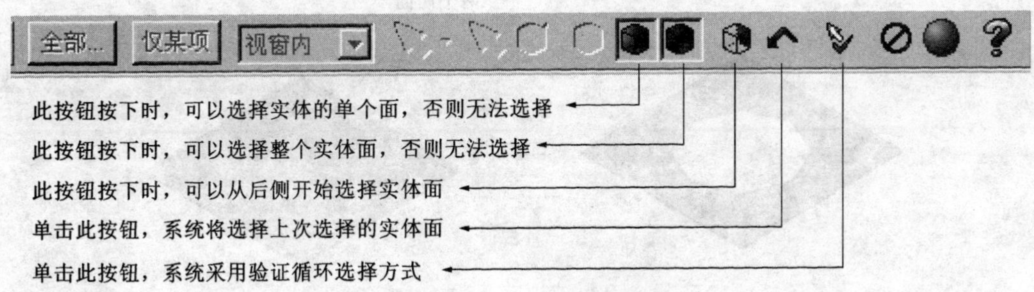


图 3-105　实体选择操作选项

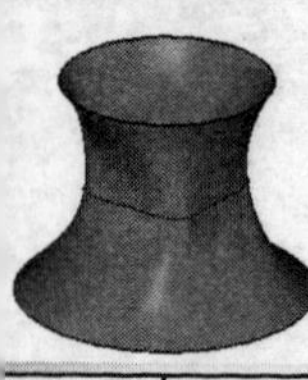





### 3.4.5 曲面分割

曲面分割命令可以把原始曲面在指定的位置按指定的方向(横向或纵向)分割成两个曲面,如图 3-106 所示(分割处产生了一条线,以显示分割后的效果)。

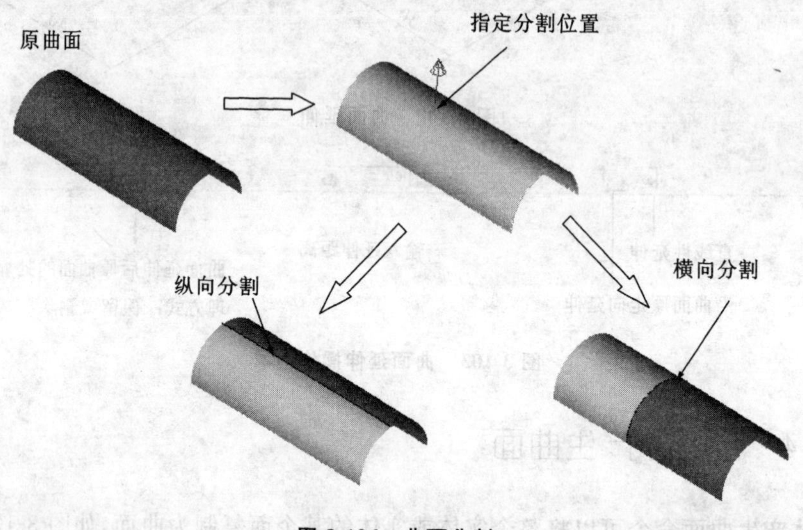


图 3-106 曲面分割

启动曲面分割命令后,首先选择要分割的曲面,并移动箭头到指定的分割位置后,点击鼠标左键确认,系统默认首先从纵向分割曲面。要横向分割曲面,单击如图 3-107 所示操作栏中的切换分割方向按钮即可。

图 3-107 曲面分割操作选项

### 3.4.6 填补内孔

填补内孔命令可以将曲面或实体中的破孔进行填补,如图 3-108 所示。

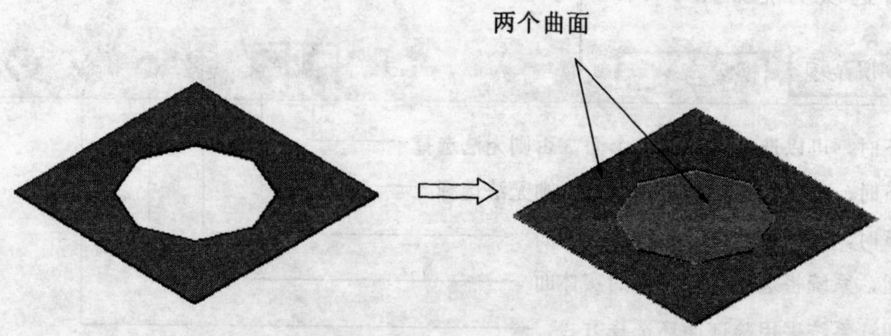


图 3-108 填补内孔

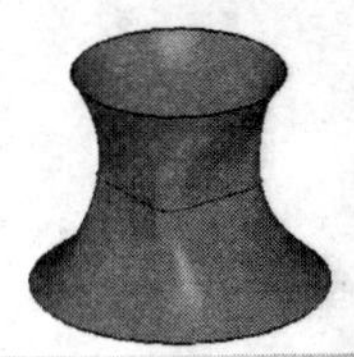



启动填补内孔命令后，选择所需曲面或实体面并移动箭头到所需边界，就可以对边界处的破孔进行填补了。如果曲面存在多个破孔，系统会弹出如图 3-109 所示提示对话框，单击 是(Y) 按钮将填充曲面的所有破孔，单击 否(N) 按钮则只填充箭头移动到边界处的破孔。

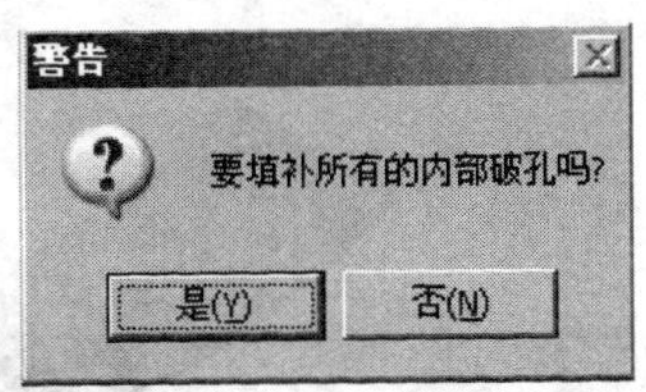


图 3-109　填补内孔提示

## 3.4.7　恢复边界

恢复边界命令用于移除修剪的曲面边界，其操作结果与填补曲面内孔非常相似，不同之处在于，填补内孔曲面与原曲面各自独立，并非为一个整体曲面，而恢复边界曲面与原曲面为一个整体曲面，如图 3-110 所示。

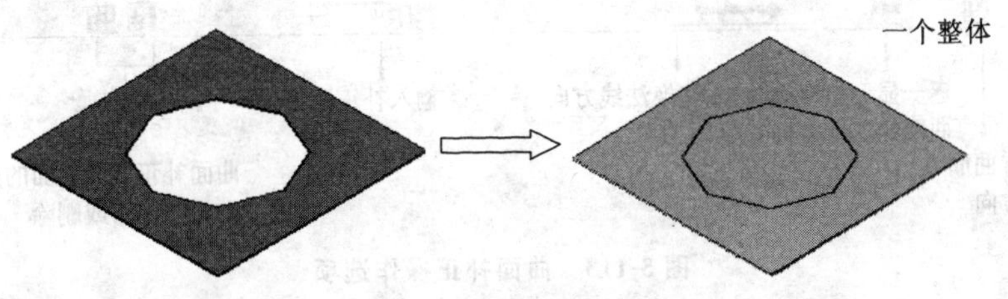


图 3-110　恢复边界



恢复边界和填补内孔的操作方法相似，启动命令后选择所需曲面并移动箭头到所需曲面边界即可。

## 3.4.8　恢复修剪曲面

恢复修剪曲面命令能够将修剪或分割后的曲面恢复至原形，如图 3-111 所示。

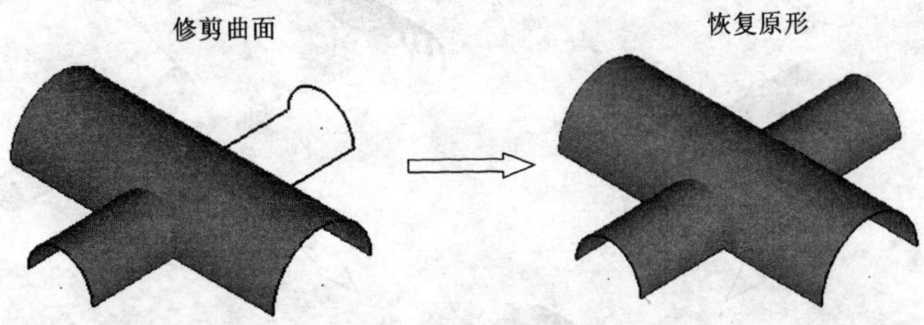


图 3-111　恢复修剪曲面

启动恢复修剪曲面命令，选择要恢复的曲面即可。

## 3.4.9　曲面补正

曲面补正命令可以将已经存在的曲面沿曲面法线方向偏移，产生一指定距离的新曲面，若曲面存在圆角，则向圆角内侧偏移曲面时，偏移距离应小于曲面的最小圆角半径，如图 3-112 所示，补正方向为曲面法线方向。

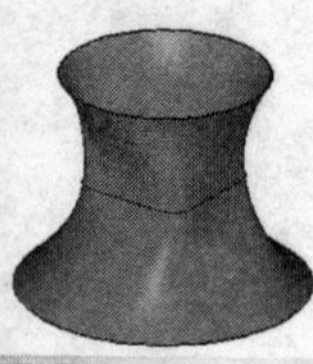



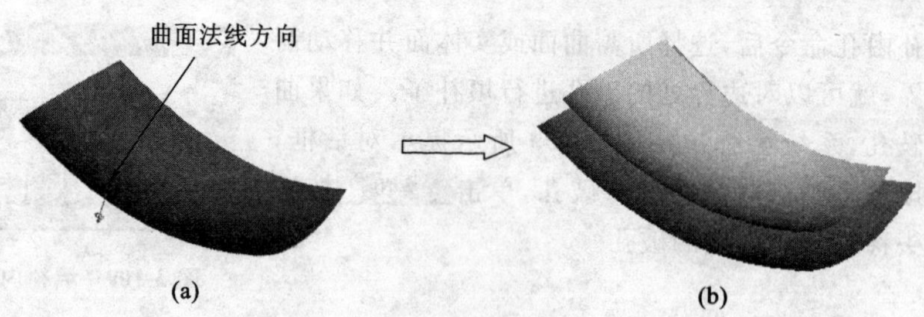


**图 3-112　曲面补正**

(a)原曲面;(b)补正曲面

启动曲面补正命令并选择好要偏移的曲面后,系统给出偏移曲面操作选项,各选项功能如图 3-113 所示。

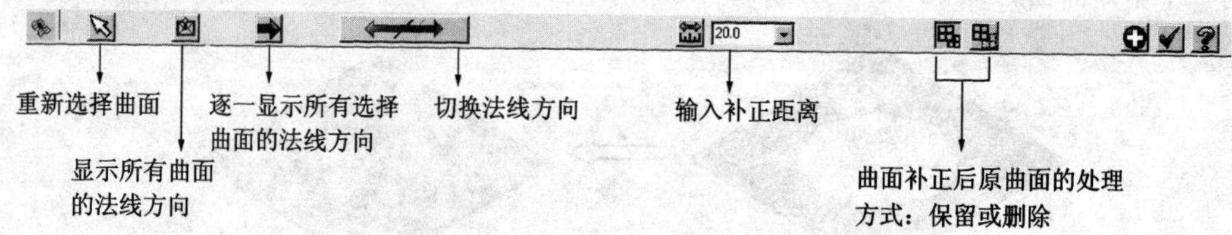




**图 3-113　曲面补正操作选项**

## 3.4.10　两曲面熔接

两曲面熔接命令可以把两个已存在的曲面通过光滑曲面连接起来,如图 3-114 所示。

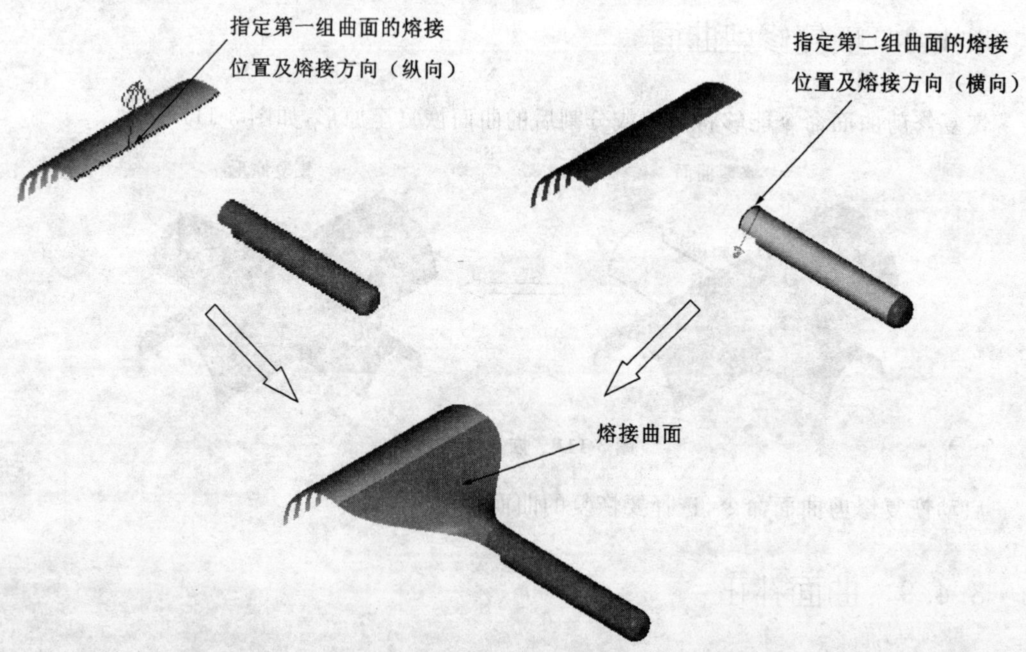


**图 3-114　两曲面熔接**

启动两曲面熔接命令,系统弹出“两曲面熔接”对话框,各选项功能如图 3-115 所示,再依次指定两曲面的熔接位置和熔接方向(横向或纵向),即可得到熔接曲面。

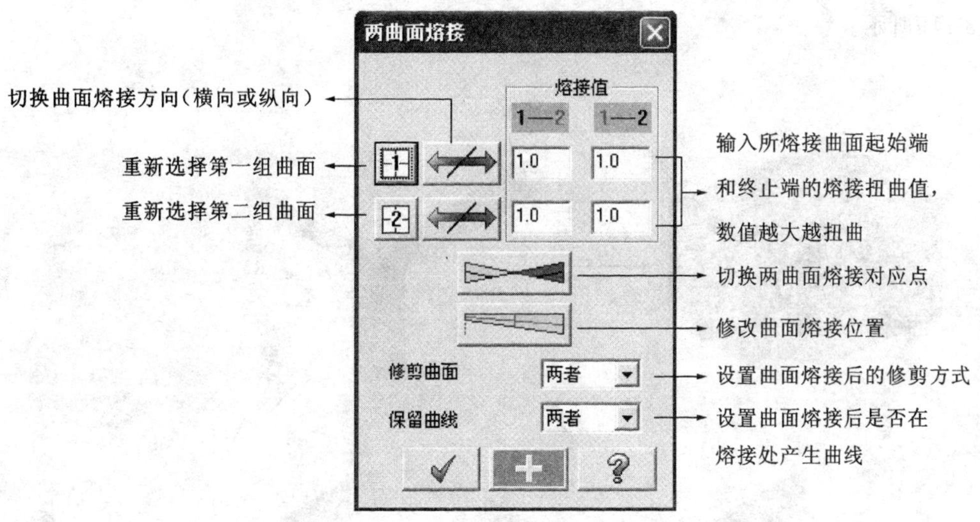


图 3-115　“两曲面熔接”对话框



## 3.4.11　三曲面熔接

三曲面熔接命令能够将三个曲面通过光滑曲面连接起来,如图 3-116 所示。

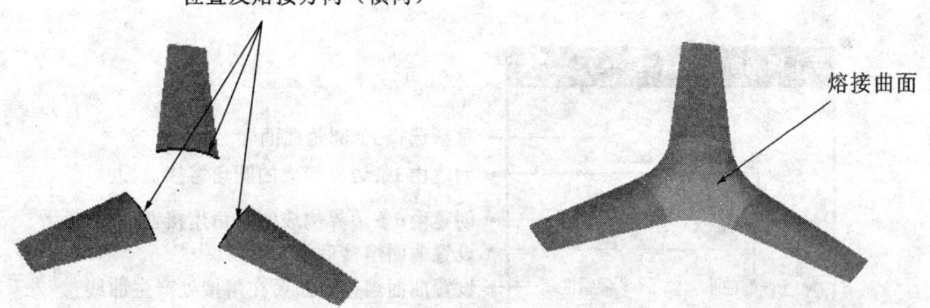


图 3-116　三曲面熔接

启动三曲面熔接命令,系统弹出“三曲面熔接”对话框,如图 3-117所示(各选项功能与两曲面熔接类似)。再依次指定三曲面的熔接位置和熔接方向(横向或纵向),即可得到熔接曲面。

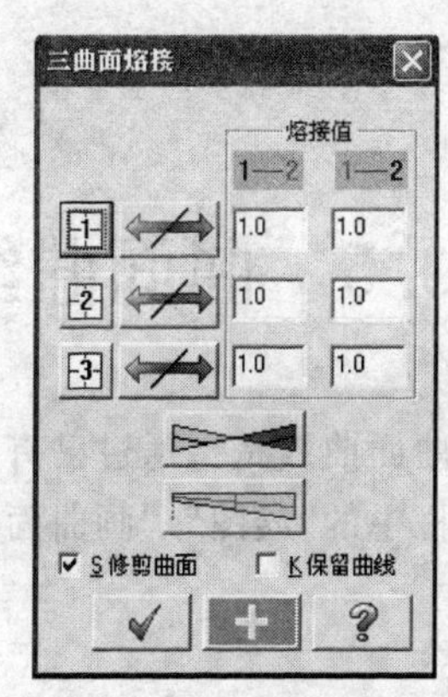


图 3-117　“三曲面熔接”对话框

## 3.4.12　三圆角熔接

三圆角熔接命令能够将三个圆角通过光滑曲面连接起来,如图 3-118 所示。

启动三圆角熔接命令并结束三个圆角曲面的选择后,系统弹出“三个圆角曲面熔接”对话框,各选项功能如

图 3-119所示。

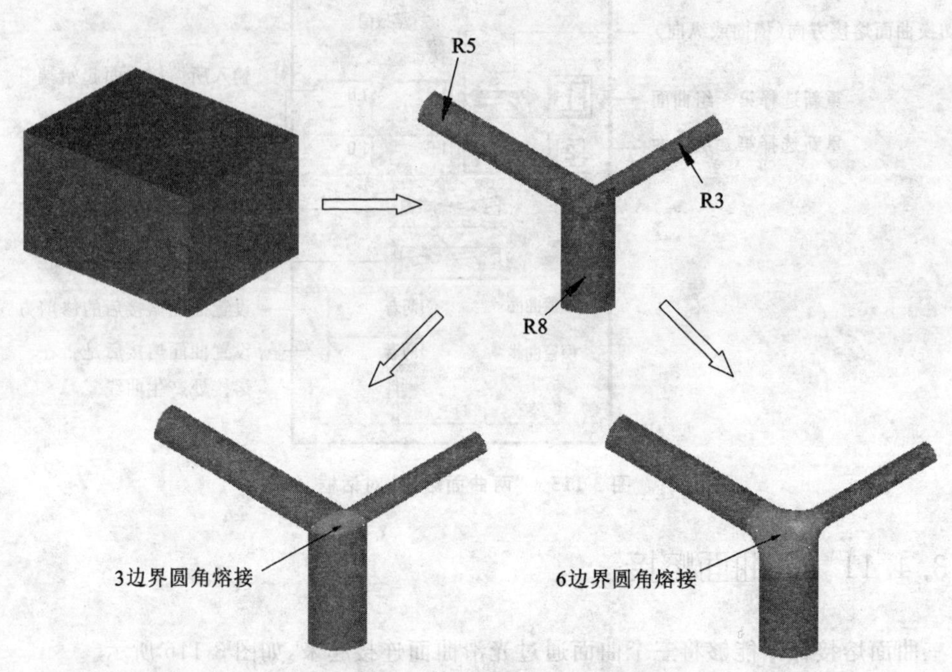


图 3-118　三圆角曲面熔接

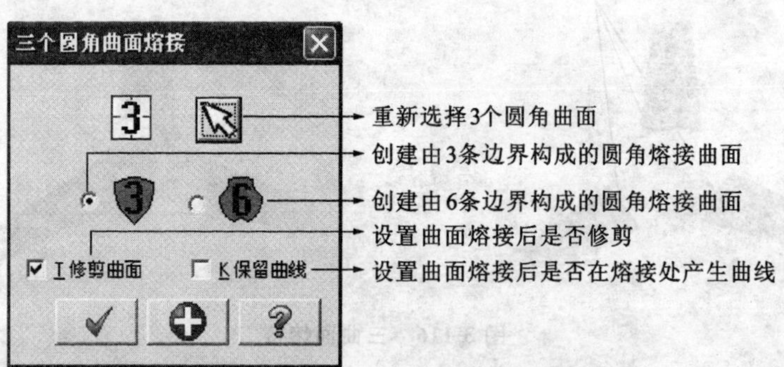


图 3-119　"三个圆角曲面熔接"对话框

# 3.5　曲面曲线

曲面曲线是指通过已有的曲面或平面来绘制曲线。要启动曲面曲线设计功能，可选择菜单栏中的"绘图"/"画曲面线"命令，如图 3-120 所示。

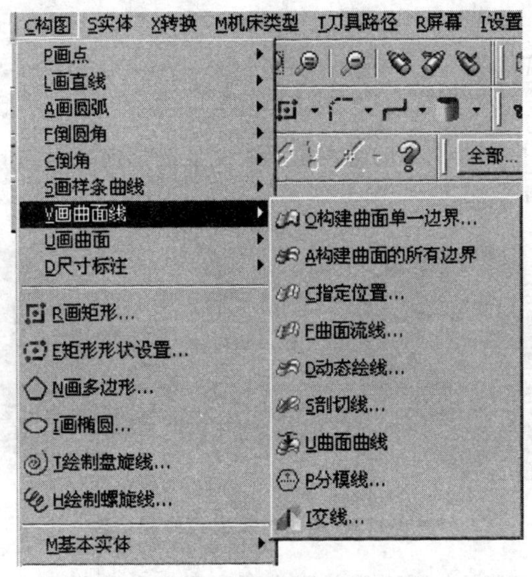


**图 3-120　曲面曲线设计**

## 3.5.1　曲面单一边界

曲面单一边界命令用于在曲面指定的单一边界处产生曲线，如图 3-121 所示。选择曲面后移动箭头到所需要的曲面边界，即可产生其曲面边界线。

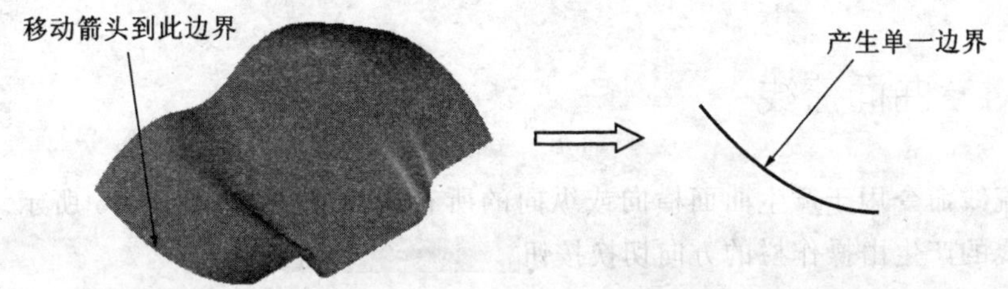


**图 3-121　曲面单一边界构建示例**

## 3.5.2　曲面所有边界

曲面所有边界命令用于在曲面的所有边界处产生曲线，如图 3-122 所示，选择曲面后，按回车键确认，即可产生所有边界。

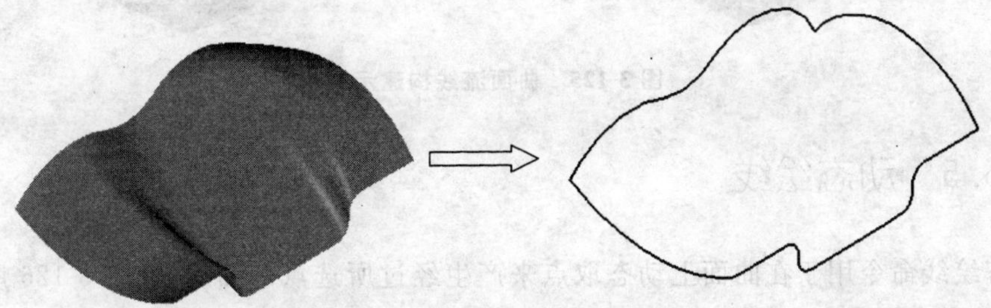

**图 3-122　曲面所有边界构建示例**

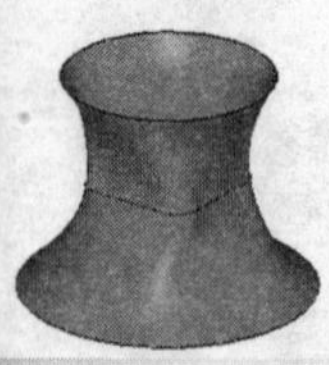



### 3.5.3　指定位置

指定位置命令用于指定曲面上的某点来产生此处的横向或纵向的曲线，如图 3-123 所示。

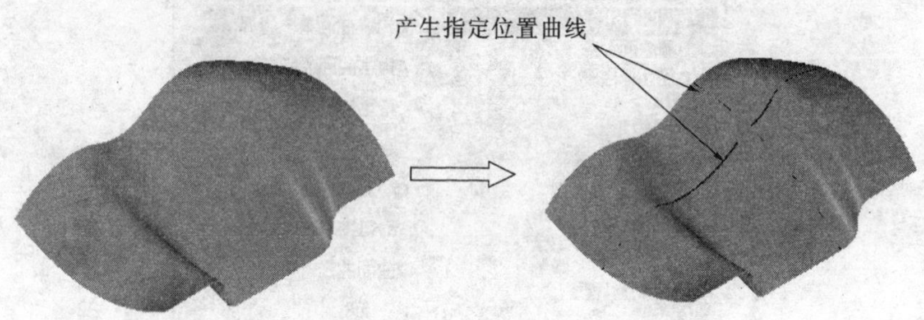


**图 3-123　指定位置曲线构建示例**



启动指定位置命令，选择曲面后移动箭头到所需点位置即可产生该点的横向或纵向曲线。横向或纵向曲线的产生是由如图 3-124 所示操作栏的方向切换按钮来控制的。

**图 3-124　指定位置曲线操作栏**

### 3.5.4　曲面流线

曲面流线命令用于产生曲面横向或纵向的所有曲面流线，如图 3-125 所示。横向或纵向曲面流线的产生由操作栏的方向切换按钮来控制。

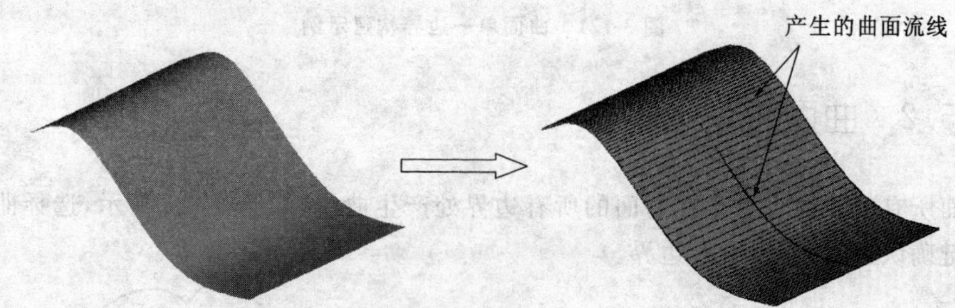


**图 3-125　曲面流线构建示例**

### 3.5.5　动态绘线

动态绘线命令用于在曲面上动态取点来产生经过所选点的曲线，如图 3-126 所示选择 P1～P5 共 5 个点来产生动态曲面曲线。

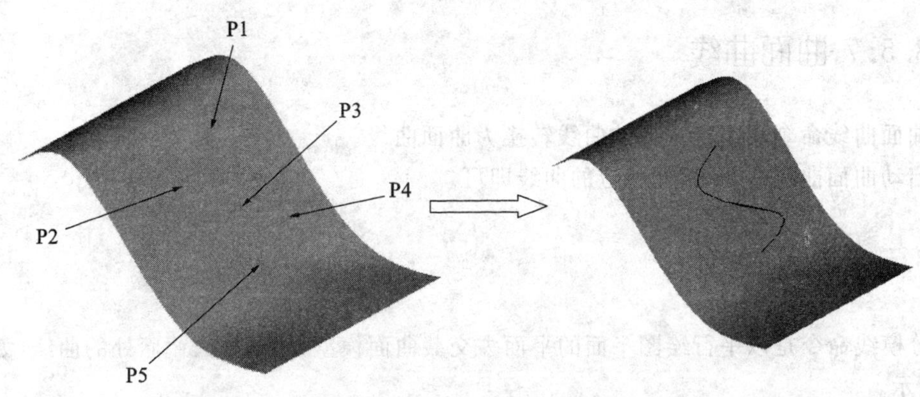


图 3-126　动态绘线构建示例

## 3.5.6　剖切线

剖切线命令是指用平行且等距的平面对曲面进行剖切而得到的多条曲线，如图 3-127 所示。

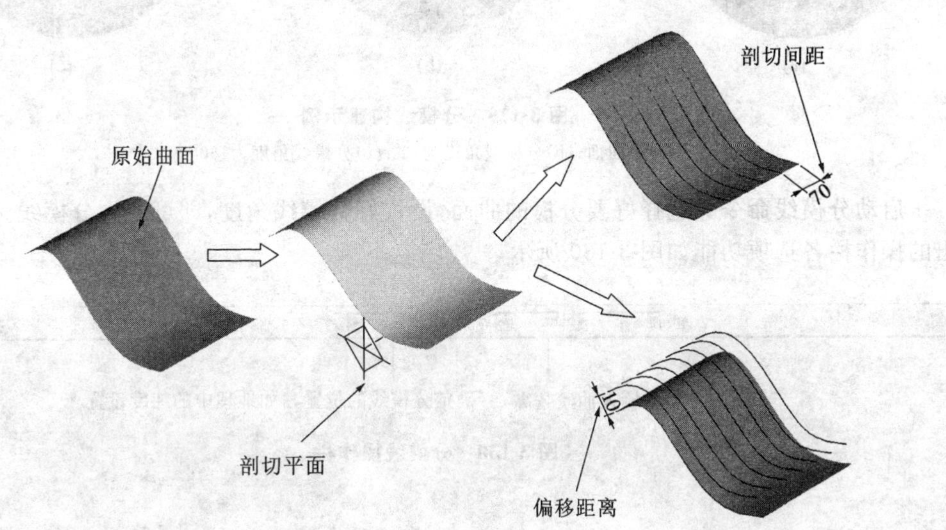


图 3-127　剖切线构建示例

启动剖切线命令后，指定剖切平面位置，并输入平面间距和偏移距离，就可以生成剖切线。系统给出的操作栏各选项功能如图 3-128 所示。

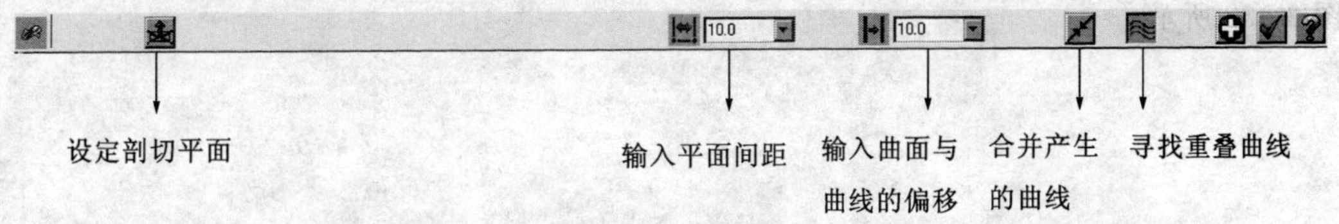


图 3-128　剖切线操作栏

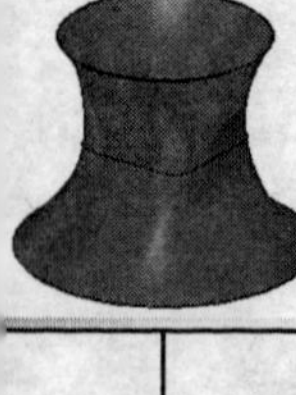



## 3.5.7 曲面曲线

曲面曲线命令用于将选择的曲线转换为曲面曲线。

启动曲面曲线命令,选择相应的曲线即可。

## 3.5.8　分模线

分模线命令是以平行绘图平面的平面去交截曲面模型,得到最大截面处的曲线,如图 3-129 所示。



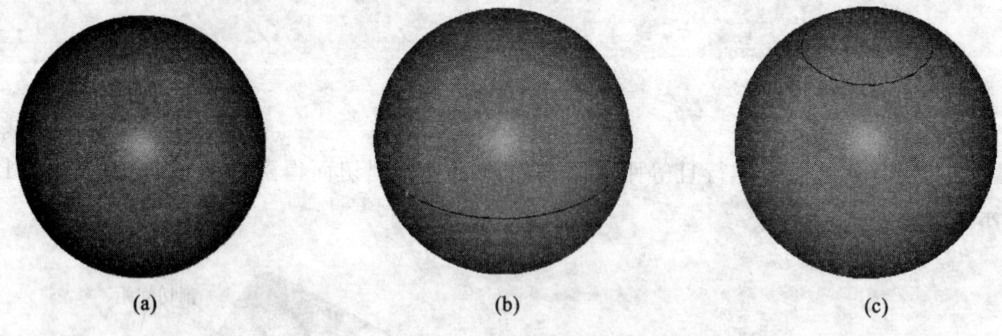


**图 3-129　分模线构建示例**

(a)原曲面;(b)分模线角度为:0°;(c)分模线角度为:60°

启动分模线命令并选择好要分模的曲面,设置好分模线角度,即可产生分模线。系统给出的操作栏各选项功能如图 3-130 所示。

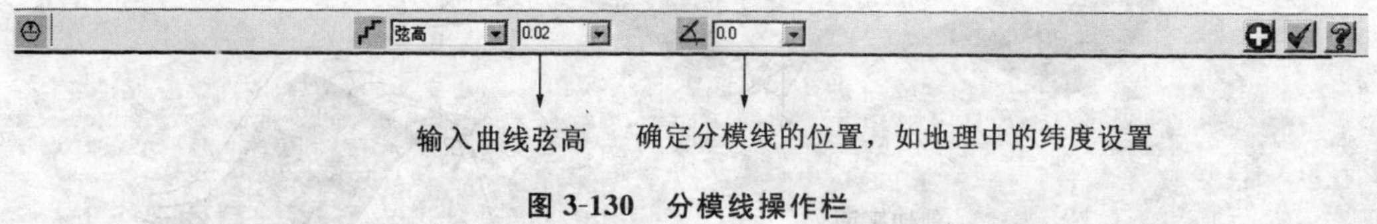


**图 3-130　分模线操作栏**

## 3.5.9　交线

交线命令用于在相交曲面间构建曲面的交线,如图 3-131 所示。

启动交线命令并选择两组曲面后,即可产生其交线。系统给出的操作栏各选项功能如图 3-132 所示。

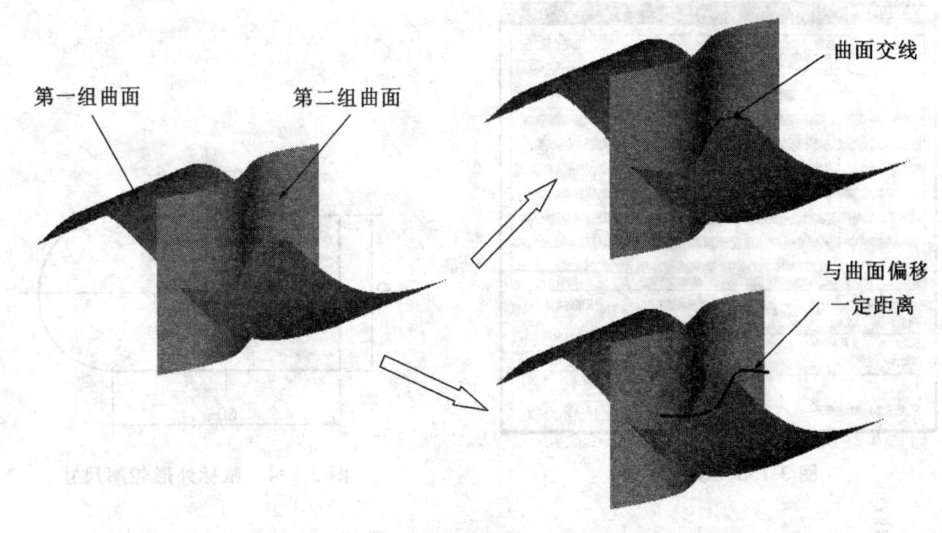


图 3-131　两曲面求交线示例

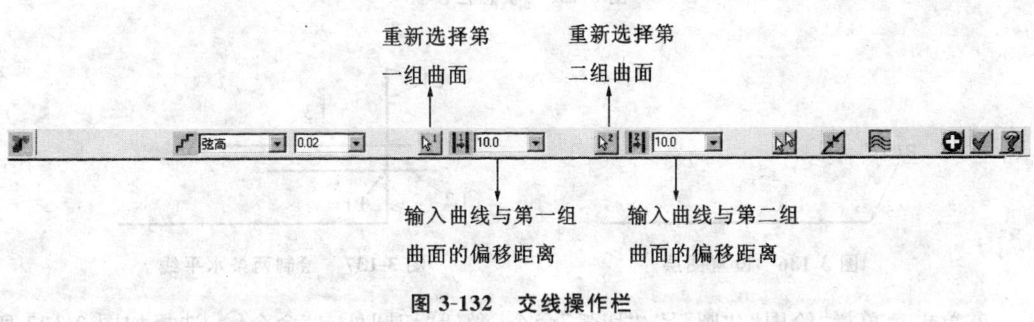


图 3-132　交线操作栏

## 3.6　任务实施

任务：构建一个鼠标上壳模型。

具体操作步骤：

①绘制线框模型，设置绘图面为俯视图，图层为 1，图层名为基本线框，如图 3-133 所示。

②绘制如图 3-134 所示二维图形。

③设置绘图面为前视图，视图为前视图，Z 深度：30，状态栏绘图模式改为 2D 模式，如图 3-135 所示。

④单击菜单栏"绘图"/"直线"/"两点画线"，激活操作栏中的"垂直线"命令，选取如图 3-136 所示 P1 点及 P1 点以上任何一点，绘制出垂直线 L1，单击应用按钮图符。

⑤继续激活操作栏中的"水平线"命令，在坐标输入栏中输入 Y 轴坐标 Y 17.0，任意选取两点，绘制出水平线 L2，单击应用按钮；同样地操作，在坐标输入栏输入 Y 轴坐标 Y 25.0，绘制出水平线 L3，单击确定按钮，结束两点画线命令。结果如图 3-137 所示。

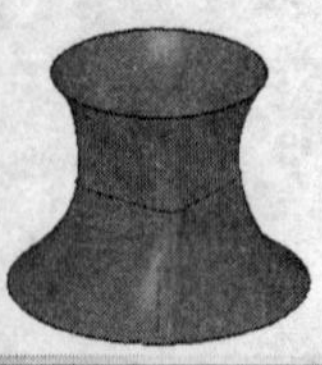



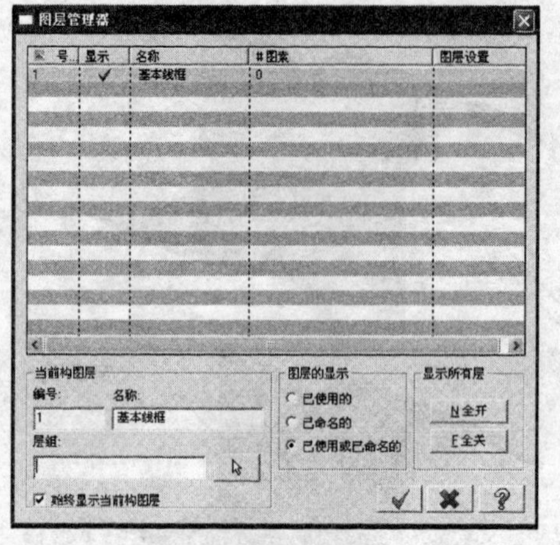


图 3-133　设置图层

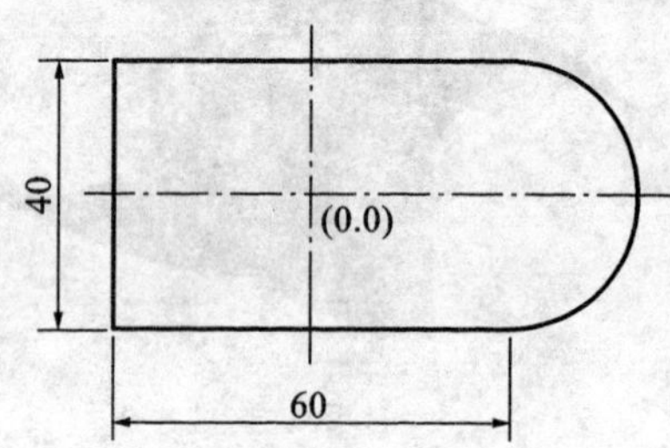


图 3-134　鼠标外形轮廓尺寸



2D　屏幕视角　平面　Z 30.0　10

图 3-135　状态栏设置

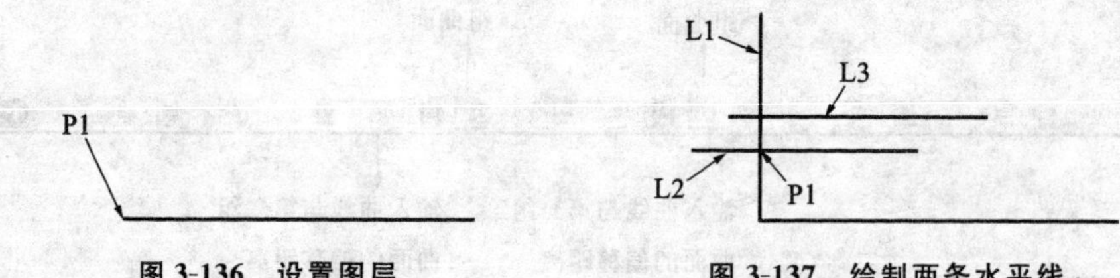


图 3-136　设置图层　　图 3-137　绘制两条水平线

⑥单击菜单栏“绘图”/“圆弧”/“切弧”命令，激活“切圆外点”命令，选择如图 3-137 所示直线 L3 为圆弧所切的物体，捕捉 P1 点为圆弧所经过的点，选择要保留的圆弧，输入圆弧半径值 90.0，绘制圆弧 C1，结果如图 3-138 所示。

⑦单击菜单栏“编辑”/“修剪/打断”/“修剪/打断”命令，激活操作栏中的延伸命令 10.0，选取圆弧的两端，适当延伸圆弧，结果如图 3-139 所示。

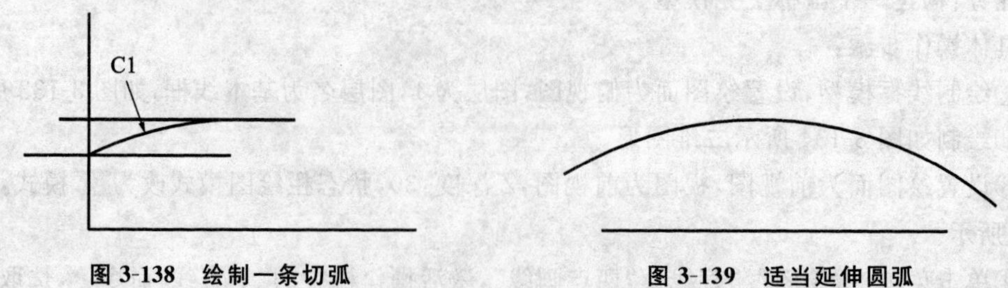


图 3-138　绘制一条切弧　　图 3-139　适当延伸圆弧

⑧绘制修剪线框，设置绘图面为俯视图，视图为俯视图，Z 深度：50，图层为 2，图层名为修剪线框。

⑨在状态栏中，选择“平面”命令，然后在绘图面菜单中，选择“原点”方式，如图 3-140 所示。

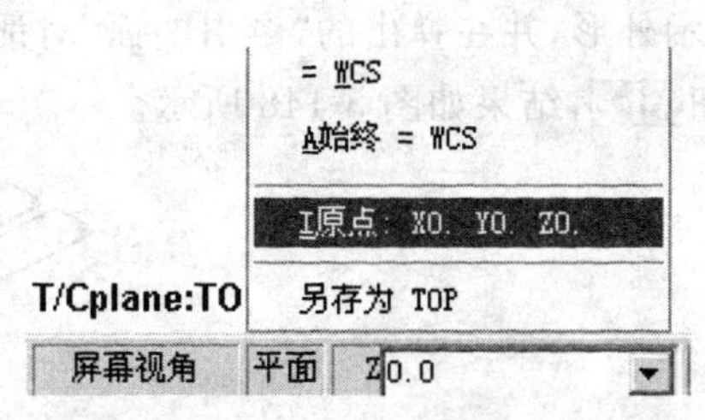


图 3-140　选择原点方式

⑩选取如图 3-141 所示 P1 点作为临时坐标原点，系统弹出一个对话框，选择更新原点设置，此时绘图面显示为**T/Cplane *:TOP**，按 F9 键打开系统坐标系，设置结果如图 3-142 所示。

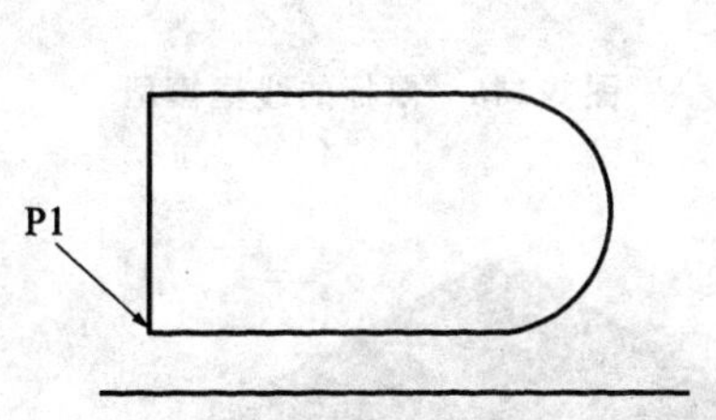


图 3-141　选取 P1 点为临时坐标原点

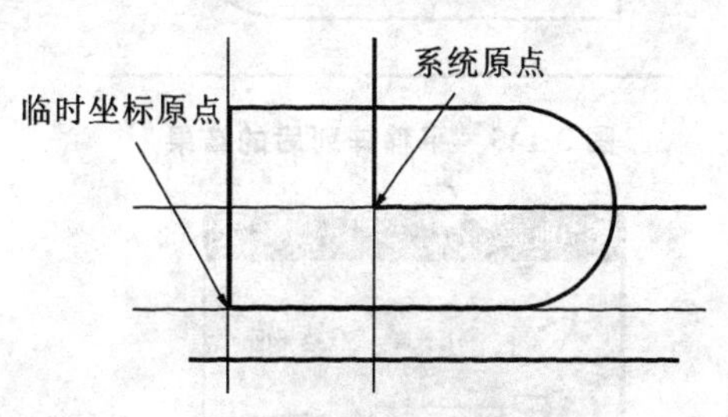


图 3-142　设置结果

⑪单击菜单栏“绘图”/“矩形形状设置”命令，绘制一个圆角为 1，宽度为 20，高度为 8，左下角点为(6,6)的矩形，结果如图 3-143 所示。

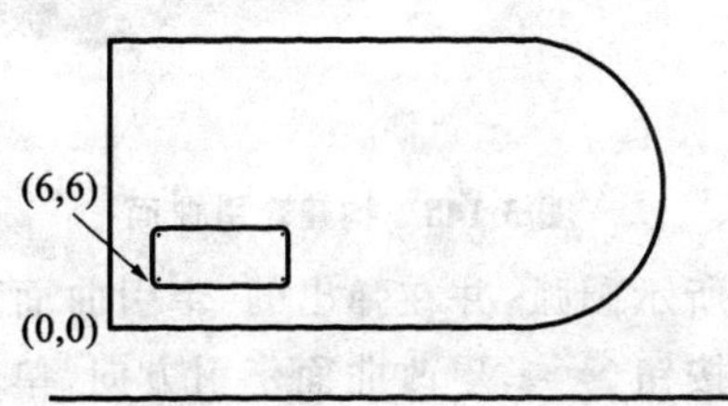


图 3-143　绘制一个矩形

⑫单击菜单栏“转换”/“平移”命令，串连如图 3-143 中所示的矩形，按回车键确认，并在弹出的“平移选项”对话框中，使用复制方式，平移次数：2，Y 方向平移距离：10，如图 3-144 所示，结果如图 3-145 所示。

⑬在状态栏中，选择“平面”命令，然后在绘图面菜单中，选择“原点”方式，点取原点(0,0)，此时坐标原点返回系统坐标原点，可通过按 F9 键进行观察。

⑭在等角视图观察，此时线框模型如图 3-146 所示。

⑮构建基本曲面，设置绘图面为俯视图，图层为 3，图层名为基本曲面。

⑯关闭图层 2，单击菜单栏“绘图”/“曲面”/“牵引曲

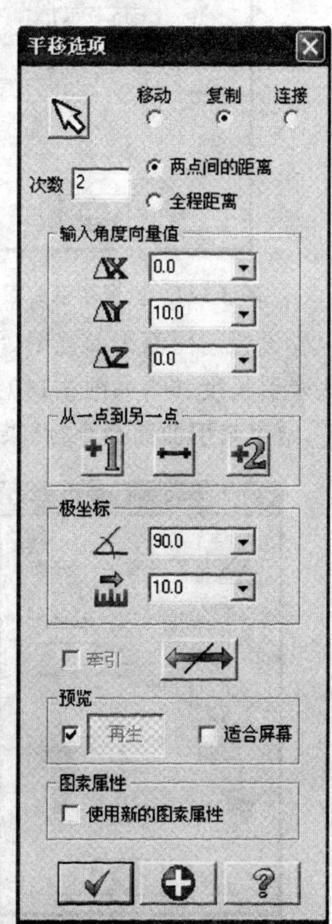


图 3-144　设置平移参数

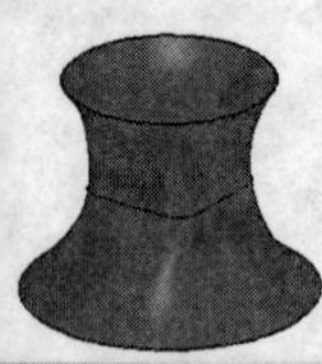



面”命令，串连如图 3-146 所示外形，并在弹出的“牵引曲面”对话框中，输入牵引长度：30，如图 3-147 所示，单击应用按钮，结果如图 3-148 所示。

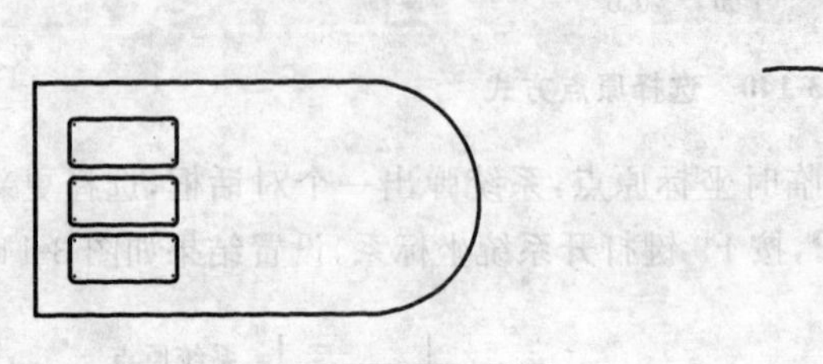

图 3-145 平移阵列后的结果

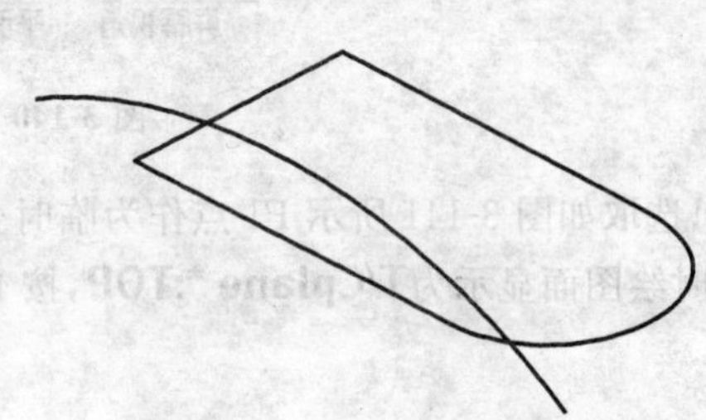

图 3-146 鼠标的线框模型

图 3-147 设置牵引曲面参数

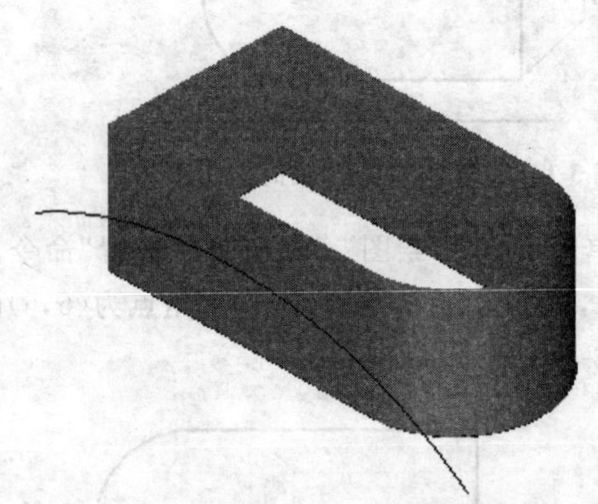

图 3-148 构建牵引曲面

⑰设置绘图面为前视图，串连如图 3-146 所示圆弧，并在弹出的“牵引曲面”对话框中，输入牵引长度：60，如图 3-149 所示，单击换向按钮，更改曲面牵引方向，单击确定按钮，结束牵引曲面命令，结果如图 3-150 所示。

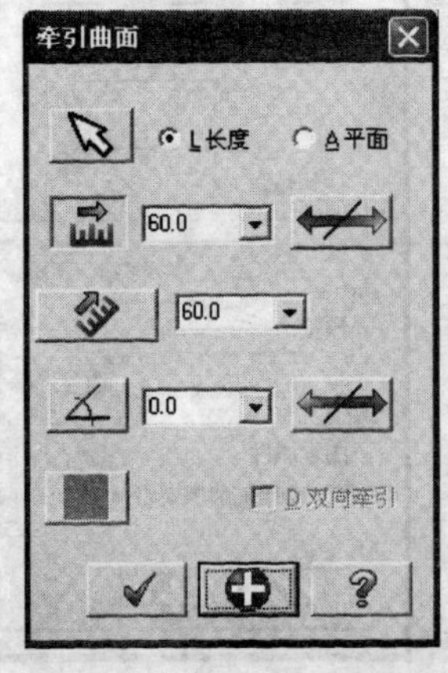


图 3-149 设置牵引曲面参数

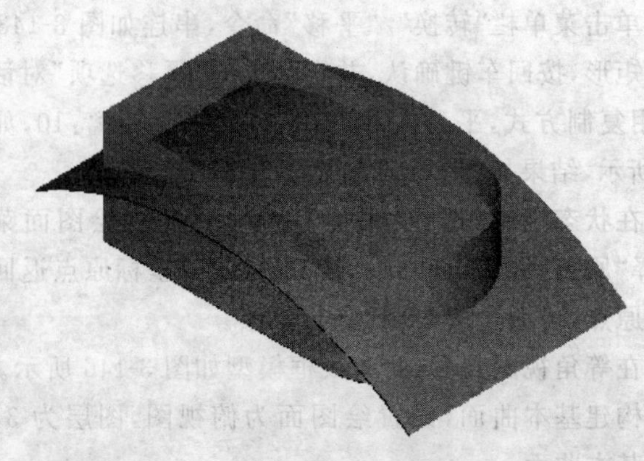

图 3-150 牵引曲面

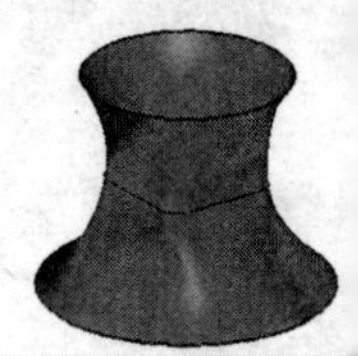

⑱对曲面进行修剪，关闭图层 1，单击菜单栏"绘图"/"画曲面"/"修剪曲面"/"至曲面"命令。选择圆弧曲面作为第一组曲面，按回车键确认，再选择其他曲面作为第二组曲面，按回车键确认，分别指出两组曲面修剪后要保留的区域，结果如图 3-151 所示。

⑲对曲面进行倒圆角，新建图层 4，图层名为变化半径倒圆角曲面。

⑳单击菜单栏"编辑"/"转换法线"命令，使用换向按钮使圆弧曲面法线方向朝下，如图 3-152 所示。

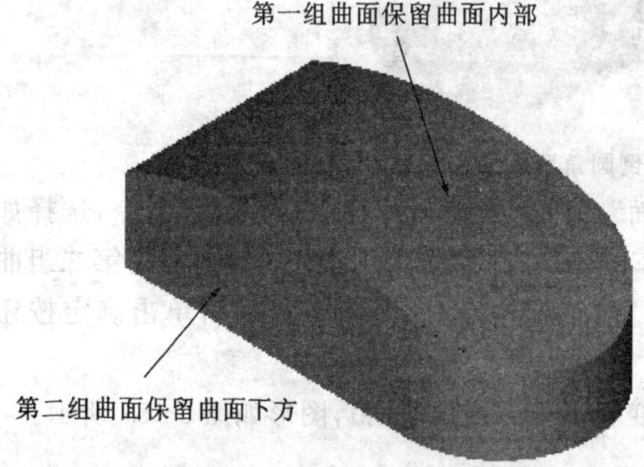


图 3-151　曲面修剪后的结果

图 3-152　修改圆弧曲面法向方向朝下



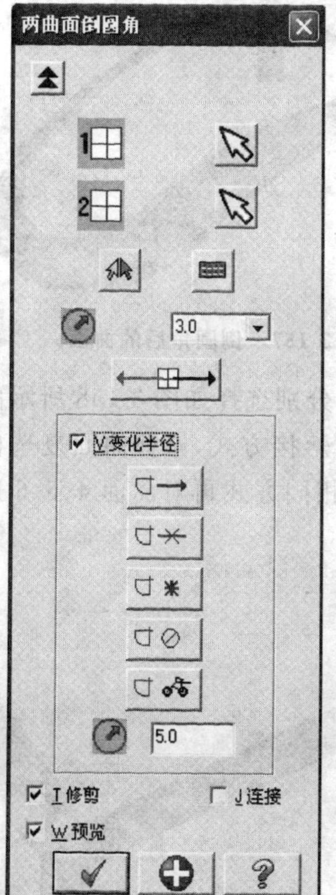


图 3-153　设置曲面倒圆角参数

㉑单击菜单栏"绘图"/"曲面"/"曲面倒圆角"/"曲面与曲面"命令，选择修剪后的圆弧曲面作为第一组曲面，按回车键确认，选择其他 4 个曲面作为第二组曲面，按回车键确认，在如图 3-153 所示的"两曲面倒圆角"对话框中，输入圆角半径"3"，选择"变化半径"复选框，单击循环按钮，在弹出的输入半径对话框中，循环设置各个控制点的变化圆角的半径值，如图 3-154 所示，单击确定按钮，完成变化半径倒圆角操作。此时，倒圆角后结果如图 3-155 所示。

㉒新建图层 5，图层名为侧面倒圆角曲面。

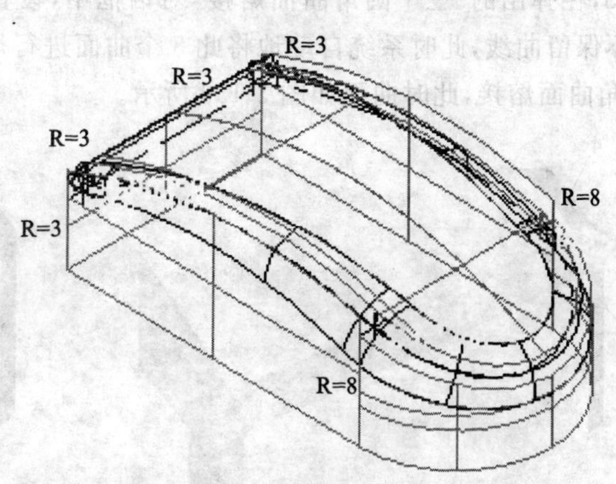


图 3-154　设置各点倒圆角半径值

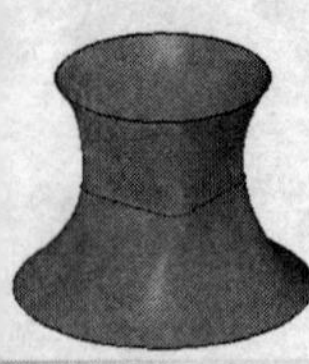

图 3-155　倒圆角后结果

㉓关闭图层 4,单击菜单栏“绘图”/“曲面”/“曲面倒圆角”/“曲面与曲面”命令,选择如图 3-156 所示左侧曲面为第一组曲面,按回车键确认,选择前侧曲面和后侧曲面为第二组曲面,按回车键确认,在弹出的“两曲面倒圆角”对话框中,输入圆角半径“3”,单击确定按钮 ✓ ,此时两个侧面圆角曲面生成了。



㉔关闭图层 3(基本曲面),打开图层 4(变化半径倒圆角曲面),图形如图 3-157 所示。

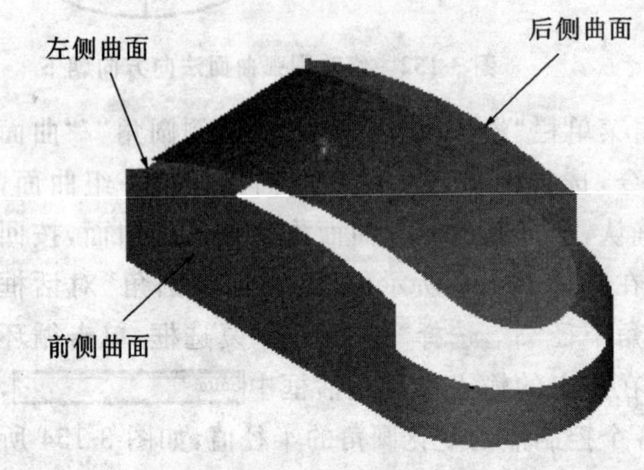


图 3-156　对侧面进行倒圆角

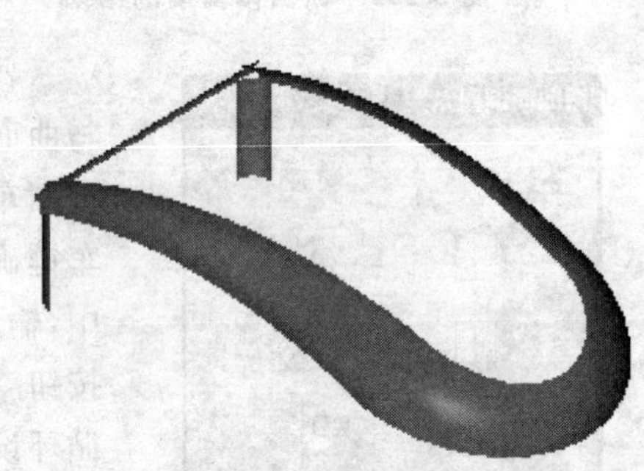

图 3-157　倒圆角后的曲面

㉕曲面熔接,单击菜单栏“绘图”/“曲面”/“三圆角熔接”,分别选择如图 3-158 所示曲面 1、2、3,在弹出的“三个圆角曲面熔接”对话框中,设置 3 边界熔接方式,修剪曲面复选框选中,不保留曲线,此时系统自动地将此 3 个曲面进行熔接;以相同方式再对曲面 4、5、6 进行 3 圆角曲面熔接,此时曲面如图 3-159 所示。

图 3-158　没有熔接前的倒圆角曲面

图 3-159　熔接后的倒圆角曲面

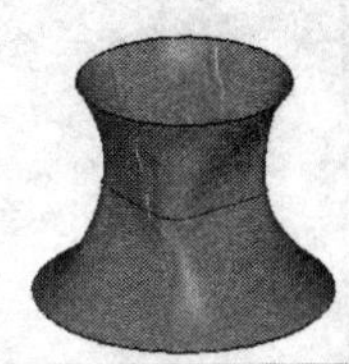



㉖绘制边界曲线，新建图层 6，图层名为边界曲线。

㉗在状态栏中设置线宽为粗线 属性 * ，系统颜色为黑色，目的是为了便于边界曲线的观察和选取。

㉘单击菜单栏"绘图"/"画曲面曲线"/"构建曲面单一边界"，如图 3-160 所示，选取曲面，构建好边界曲线。关闭图层 4、5（即只打开图层 6）后，所绘制的边界曲线如图 3-161 所示。

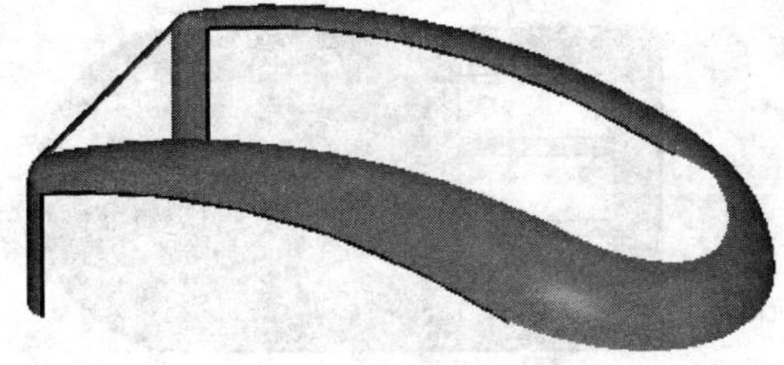

图 3-160　构建边界曲线

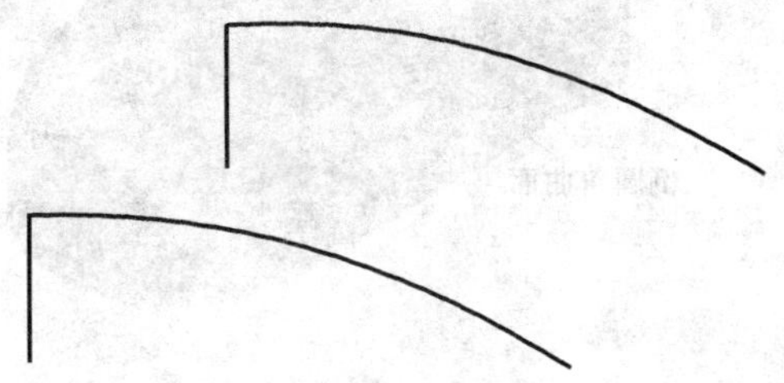

图 3-161　绘建好边界曲线



㉙对曲面进行修剪，打开图层 3，设置绘图面为前视图，单击菜单栏"绘图"/"画曲面"/"修剪曲面"/"至曲线"命令，选择如图 3-162 所示前侧曲面作为要修剪的曲面，按回车键确认，串连方式选择曲线 1、2 作为修剪曲线，单击确定按钮 ，移动光标至要保留的区域，此时曲面修剪结果如图 3-163 所示。

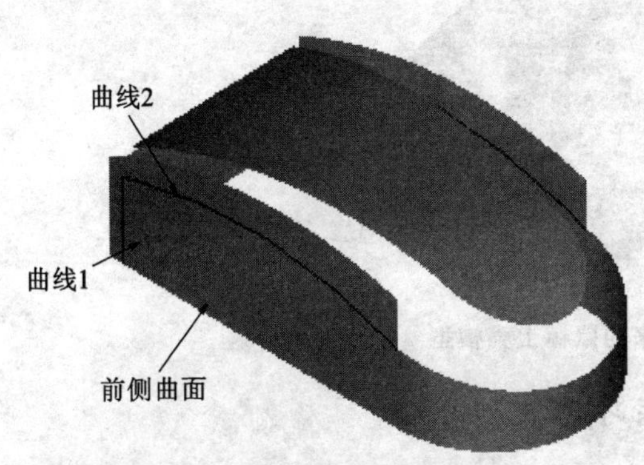


图 3-162　曲线对曲面进行修剪

图 3-163　前侧面曲面修剪后的结果

㉚用相同方法对后侧面曲面进行修剪。曲面修剪后，打开图层 3、4、5，关闭图层 6，此时曲面模型如图 3-164 所示。

图 3-164　曲面修剪后的结果

㉛对顶部曲面进行修剪，打开图层 2，设置绘图面为前视图，单击菜单栏"绘图"/"曲面"/"修剪曲面"/"至曲线"命令，选择如图 3-165 所示顶部圆弧曲面和两个圆角曲面作为要修剪的曲面，按回车键确认，串连方式选择外形 1、2、3 作为修剪曲线，单击确定按钮 ，移动光标至要保留的区域，此时曲面修剪结果如图 3-166 所示。

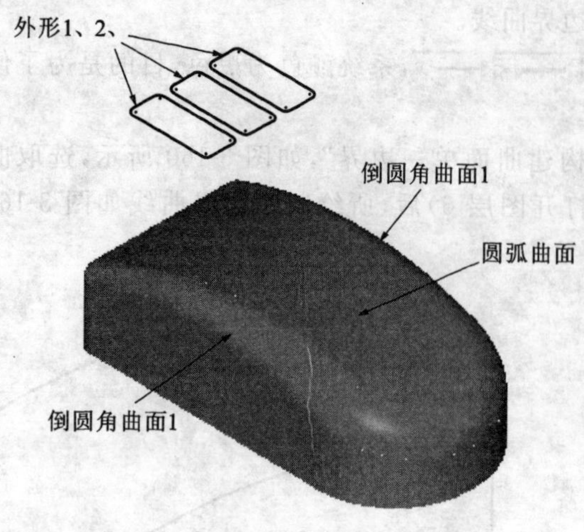


图 3-165　对顶部曲面进行修剪

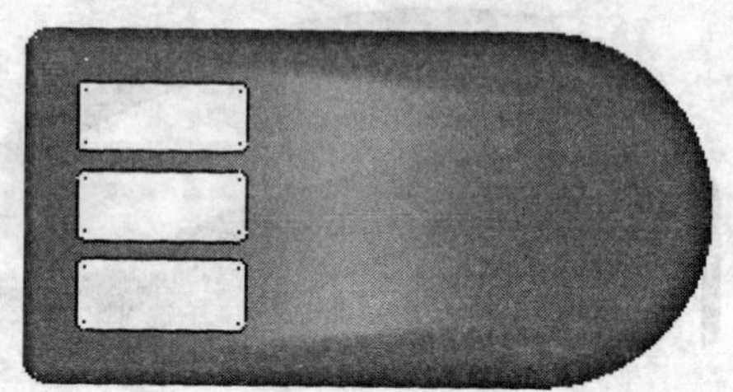

图 3-166　顶部曲面修剪后的结果



㉜最终构建出鼠标上壳模型，效果如图 3-167 所示。

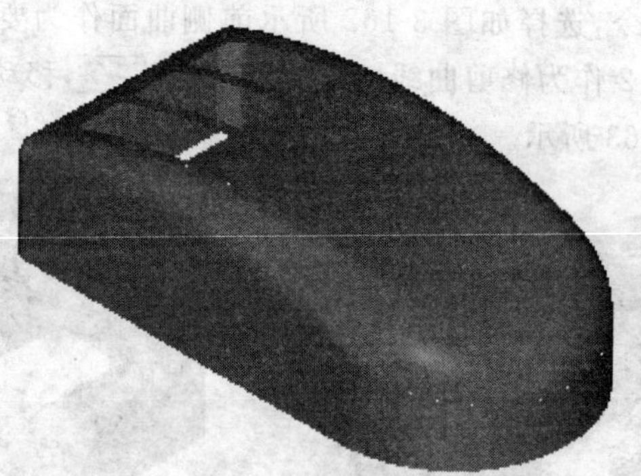

图 3-167　构建出来的鼠标上壳模型

## 上机练习题

1. 创建直纹曲面，如图 3-168 所示。

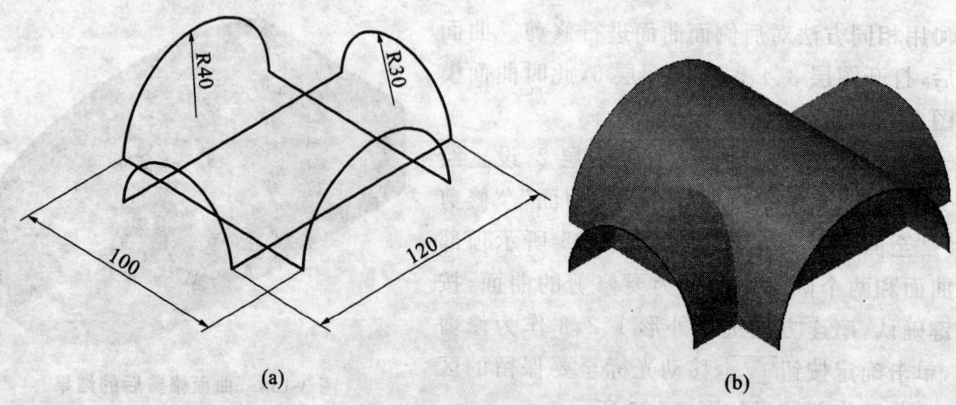


图 3-168

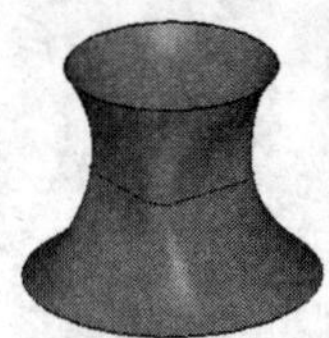





2. 创建举升曲面，如图 3-169 所示。

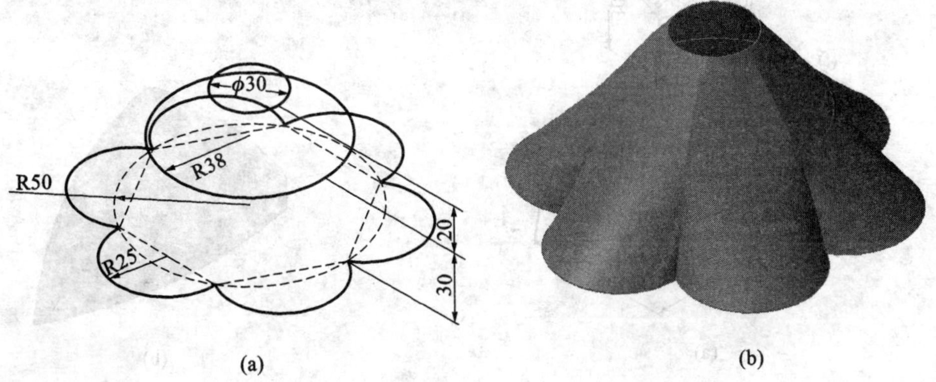


图 3-169

3. 创建举升曲面，如图 3-170 所示。

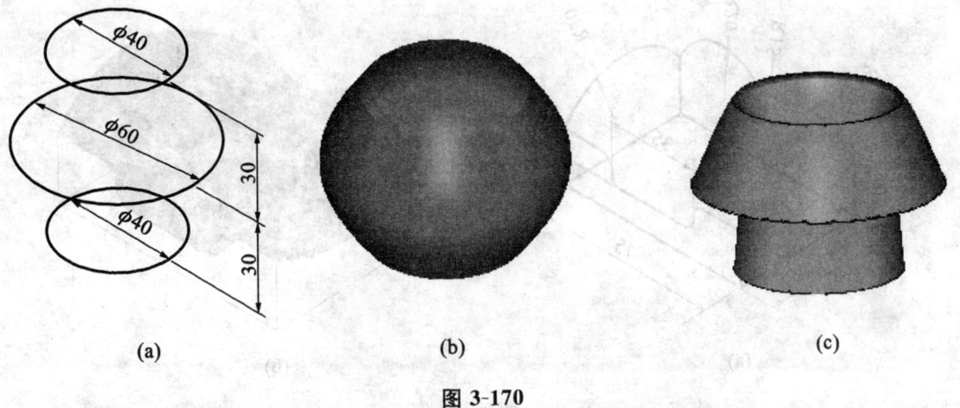


图 3-170

4. 创建扫描曲面，如图 3-171 所示。

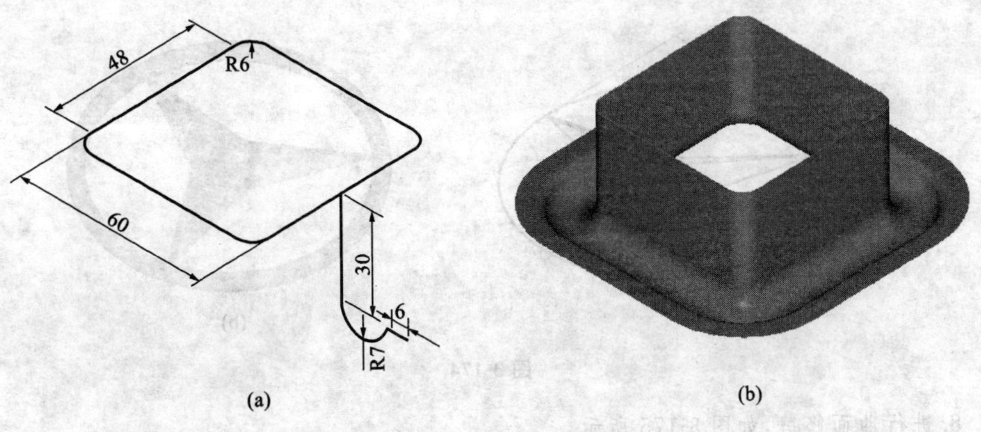


图 3-171

5. 创建扫描曲面，如图 3-172 所示。

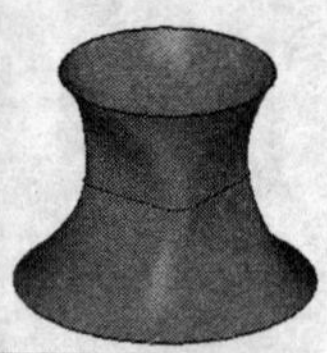



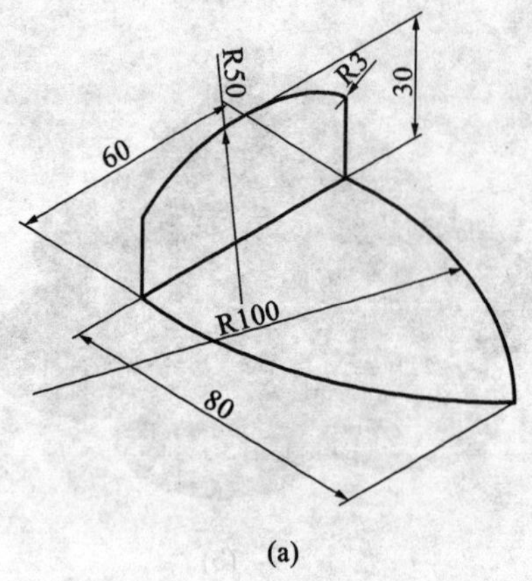


(a)

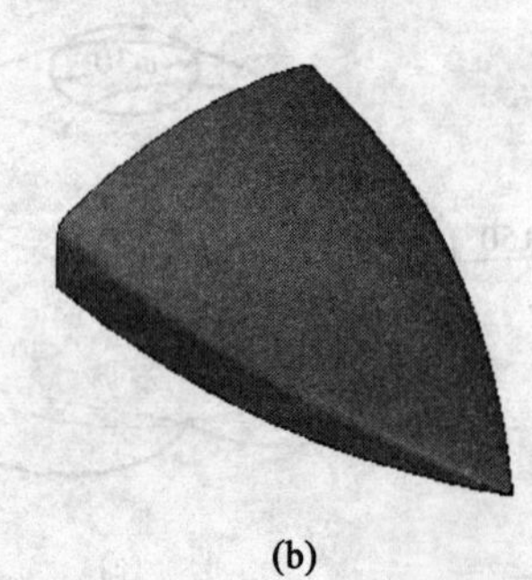

(b)

图 3-172

6. 创建网格曲面，如图 3-173 所示。



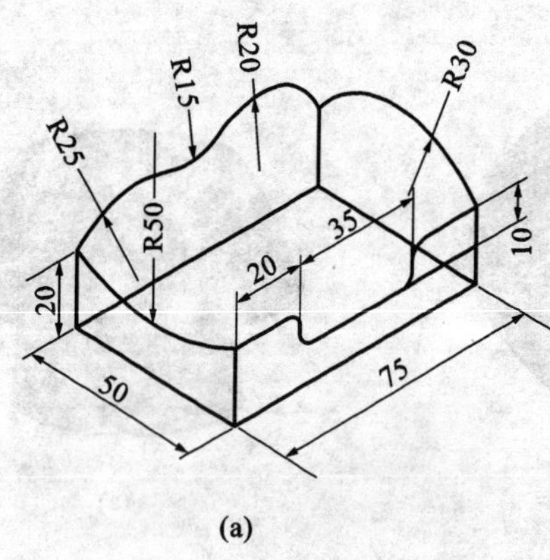


(a)

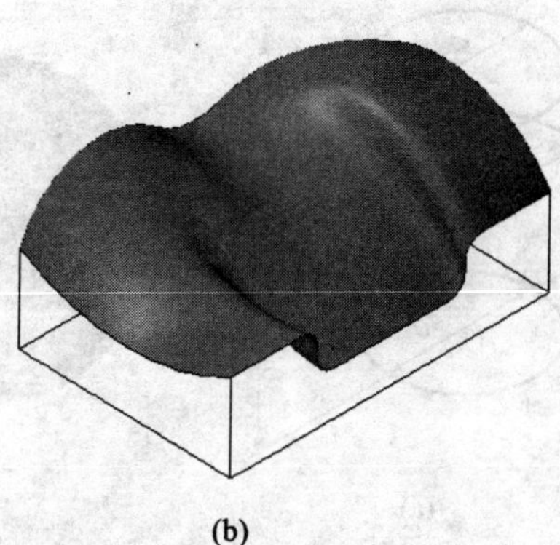

(b)

图 3-173

7. 创建网格曲面，如图 3-174 所示。

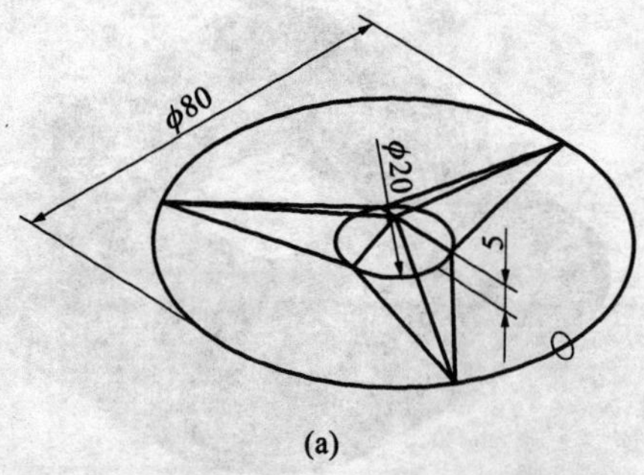


(a)

(b)

图 3-174

8. 进行曲面修剪，如图 3-175 所示。

9. 创建保温桶盖，如图 3-176 所示。

10. 创建旋转开关外壳(SR＝30)，如图 3-177 所示。

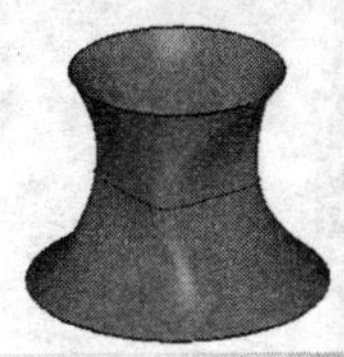

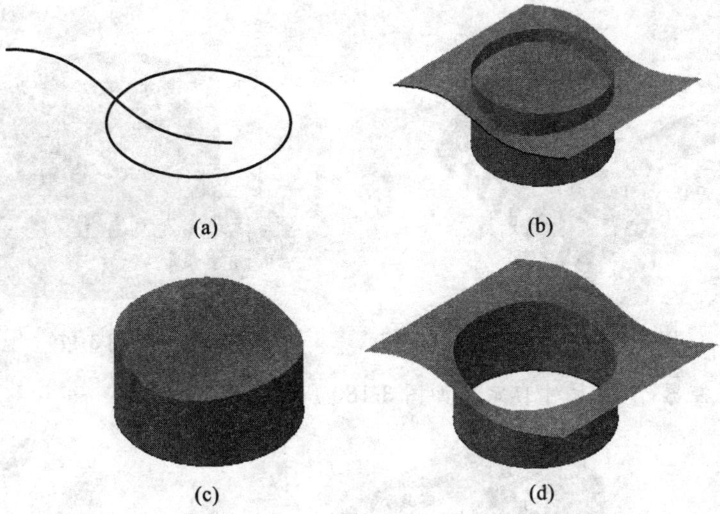

(a)　(b)

(c)　(d)

图 3-175

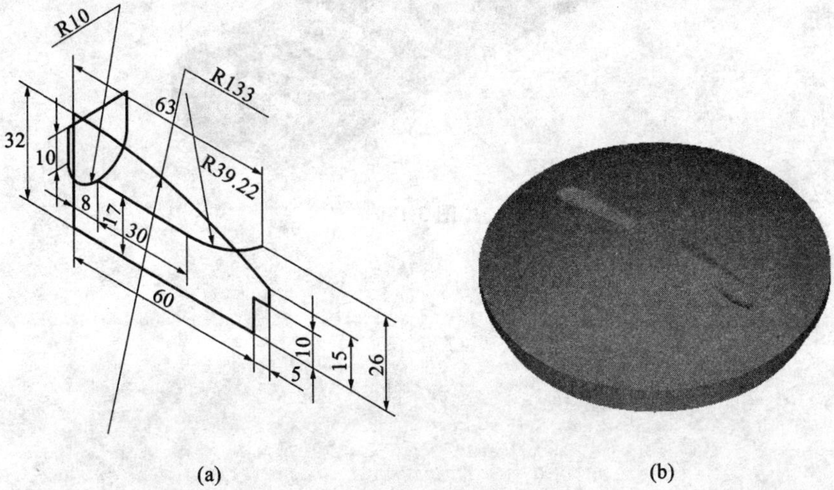

(a)　(b)

图 3-176

(a)　(b)　(c)

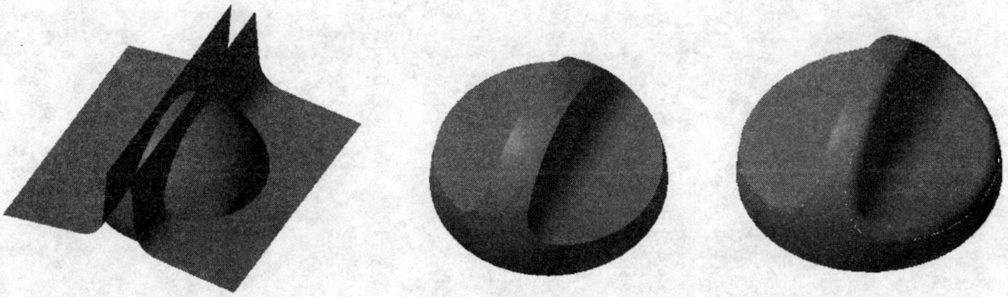

图 3-177

11. 创建耙子(尺寸自定)，如图 3-178 所示。

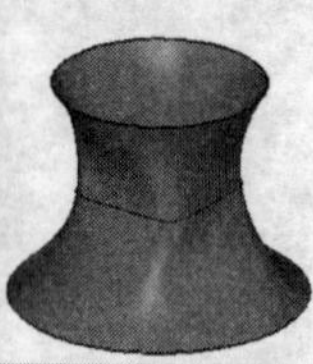



12. 创建草帽(尺寸自定),如图 3-179 所示。

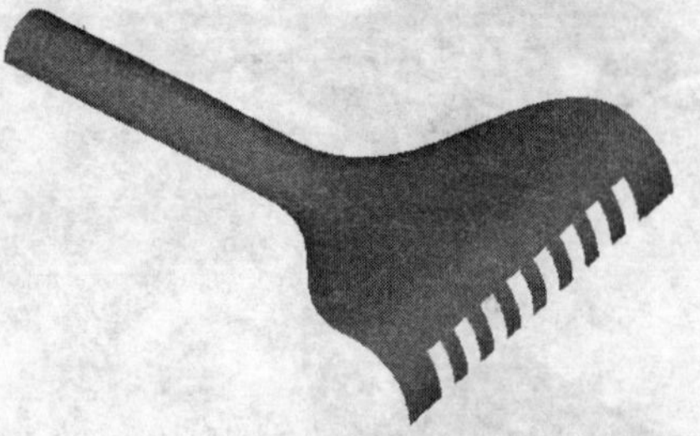

图 3-178

图 3-179

13. 创建遥控器外壳(尺寸自定),如图 3-180 所示。

图 3-180

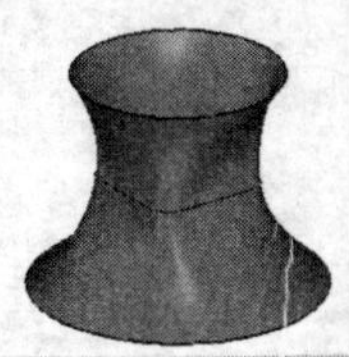



# 任务四　烟灰缸实体设计

**学习目标**

1. 掌握基本实体、挤出实体、旋转实体、扫描实体、举升实体等绘制。
2. 掌握倒角、倒圆角、薄壳、布尔运算等实体的编辑。
3. 能够熟练灵活地运用实体设计的方法设计零件。

实体设计是 Mastercam X 系统设计部分的核心内容之一，Mastercam X 系统提供了更加强大的实体设计功能，与曲面设计相比，实体设计更容易获得设计件的物理参数，如质量、质心和惯性矩等。在 Mastercam X 中，除了可以直接使用系统提供的命令创建长方体、球体以及圆锥体等基本实体外，还可以通过对二维图形进行拉伸、旋转，进行布尔运算、倒圆角以及抽壳等操作来创建各种各样的复杂实体。



## 4.1　基本实体

Mastercam X 系统提供了一些方便快捷的基本实体设计功能，如设计圆柱体、圆锥体、立方体、球体及圆环体等。要启动基本实体设计功能，可选择菜单栏中的“绘图”/”基本实体”命令，如图 4-1 所示。

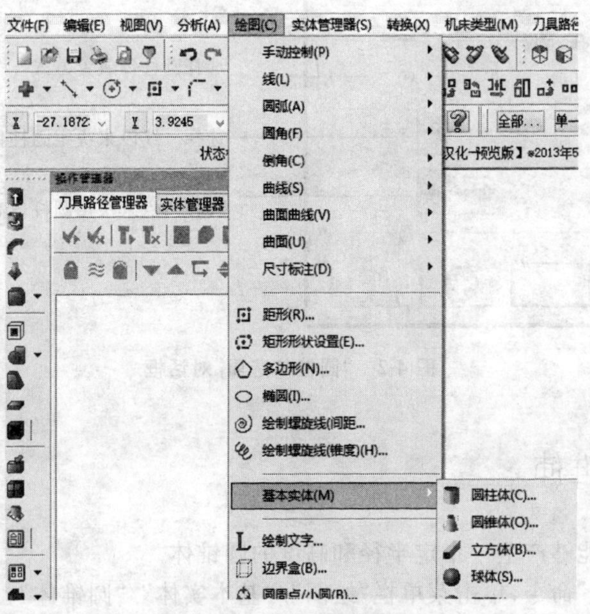


图 4-1　基本实体设计

### 4.1.1 圆柱体

画圆柱体命令能够产生一指定半径和高度的圆柱体。

单击菜单栏“绘图”/“基本实体”/“圆柱体”命令，启动“画圆柱体”命令后，系统弹出“圆柱体选项”对话框，各选项功能如图 4-2 所示。在这里应该选择“实体”选项创建实体模型（选择“曲面”，将创建三维曲面），接着在“半径”文本框中输入圆柱体圆的半径，在“高度”文本框中输入圆柱体的高度，然后在屏幕上单击一点作为基点，即可显示出一个圆柱实体模型。在单击对话框中的应用按钮 、确定按钮 或者在屏幕上重新单击其他点作为其他圆柱曲面的基点之前，还可以对圆柱体的所有参数进行修改。

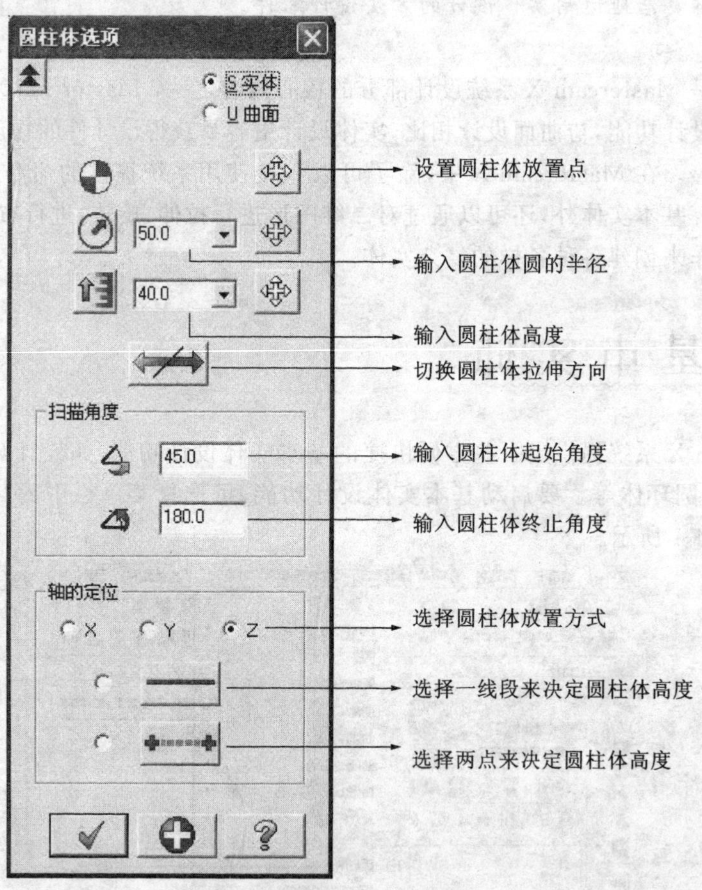


图 4-2 “圆柱体选项”对话框

### 4.1.2 圆锥体

画圆锥体命令能够产生一指定半径和高度的圆锥体。

激活“画圆锥体”命令，单击菜单栏“绘图”/“基本实体”/“圆锥体”，启用“画圆锥体”命令后，系统弹出“圆锥体选项”对话框，各选项功能如图 4-3 所示。

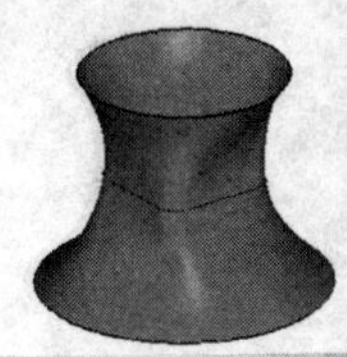





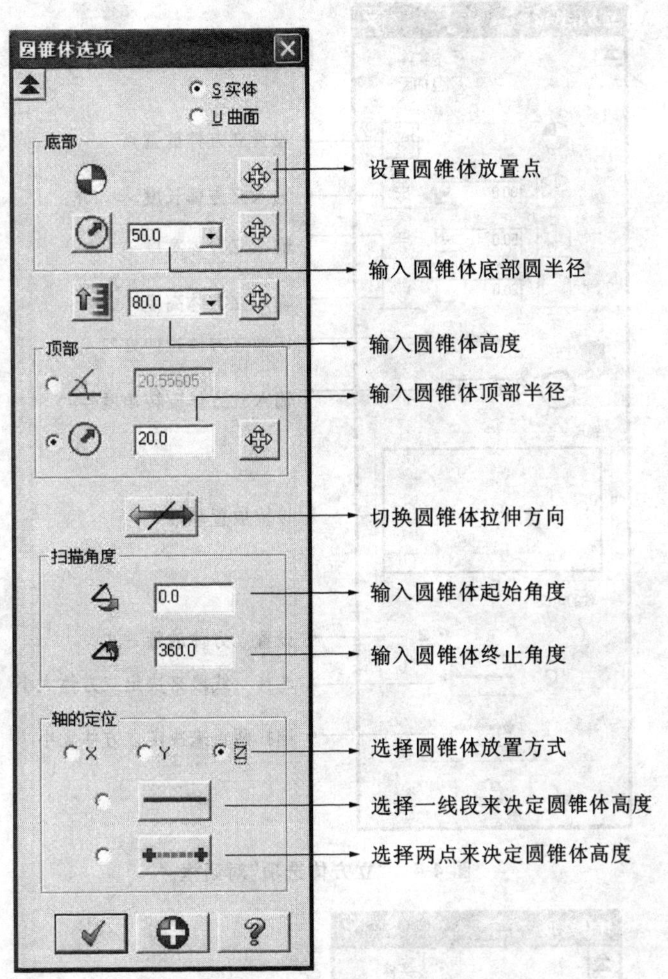


图 4-3 “圆锥体选项”对话框

## 4.1.3 立方体

画立方体命令能够产生一指定长度、宽度和高度的立方体。

激活“画立方体”命令，单击菜单栏“绘图”/“基本实体”/“立方体”，启动“画立方体”命令后，系统弹出“立方体选项”对话框，各选项功能如图 4-4 所示。

## 4.1.4 球体

画球体命令能够产生一指定半径的球体。

激活“画球体”命令，单击菜单栏“绘图”/“基本实体”/“球体”，启动“画球体”命令后，系统弹出“球体选项”对话框，各选项功能如图 4-5 所示。

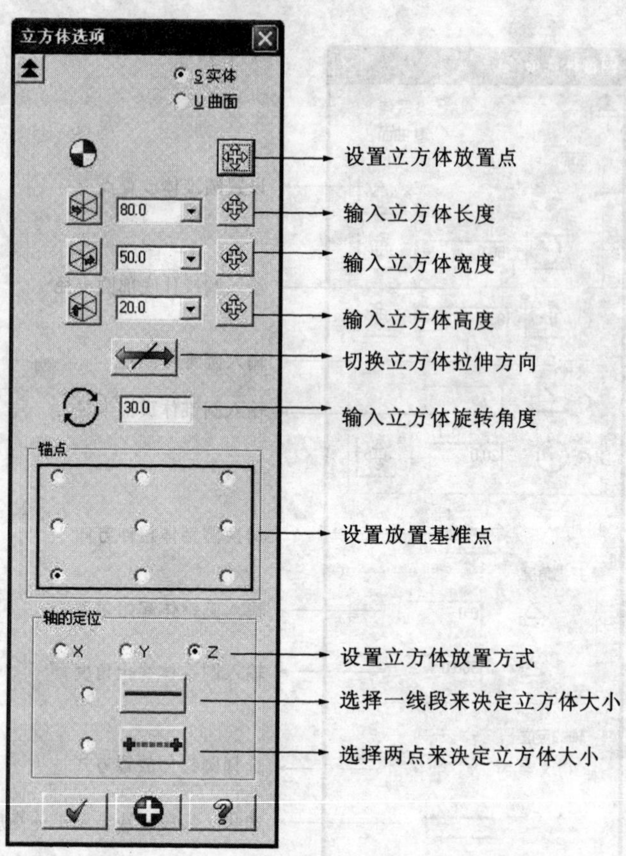


图 4-4 “立方体选项”对话框

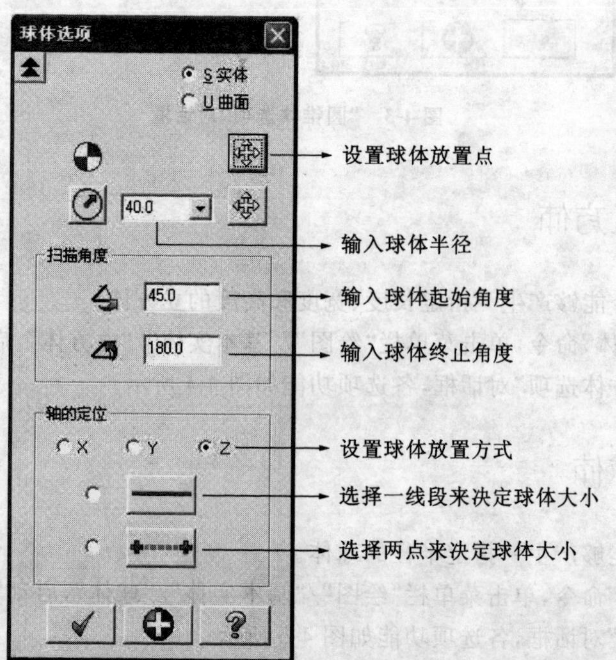


图 4-5 “球体选项”对话框

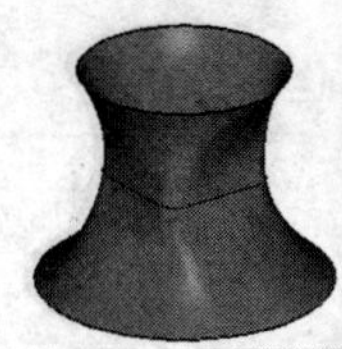





### 4.1.5　圆环体

画圆环体命令能够产生一指定轴心圆半径和截面圆半径的圆环体。

激活"画圆环体"命令，单击菜单栏"绘图"/"基本实体"/"圆环体"，启动"画圆环体"命令后，系统弹出"圆环体选项"对话框，各选项功能如图 4-6 所示。

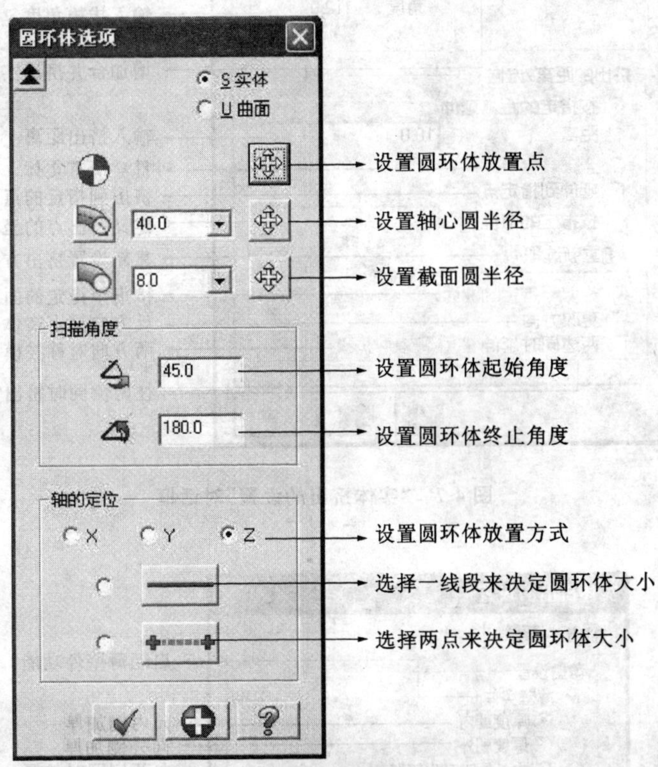


图 4-6　"圆环体选项"对话框

## 4.2　挤出实体

挤出命令能够将选择的拉伸截面拉伸一定高度产生拉伸实体或薄壁件，既可进行实体材料的增加，也可进行实体材料的切除。

激活挤出实体命令，单击菜单栏中的"实体"/"挤出"命令。

启动"挤出"命令并选择拉伸实体截面后，系统弹出"实体挤出的设置"对话框，各选项功能如图 4-7 及图 4-8 所示。

1. 薄壁

在"实体挤出的设置"对话框中点击薄壁选项，并设置如图 4-8 所示参数，将生成薄壁实体，如图 4-9 所示。

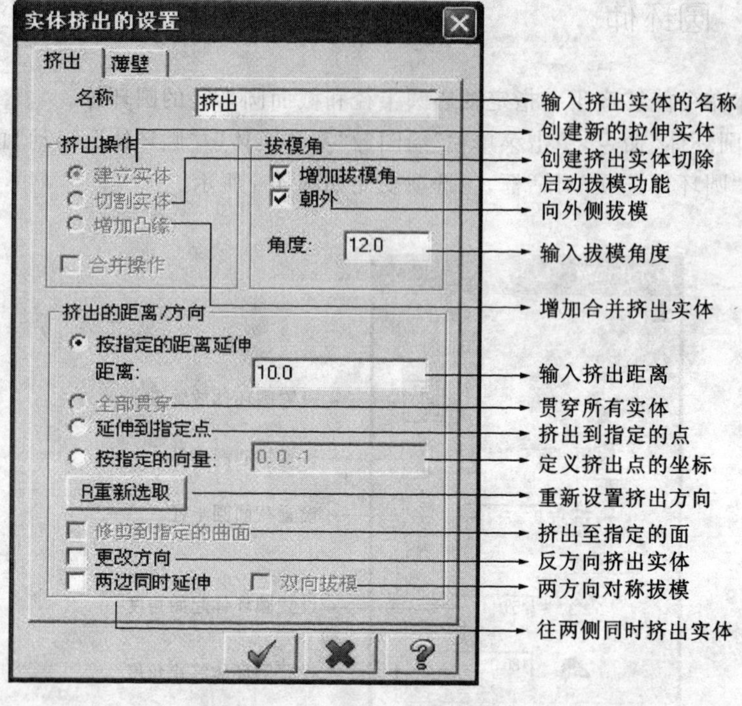


图 4-7 “实体挤出的设置”对话框

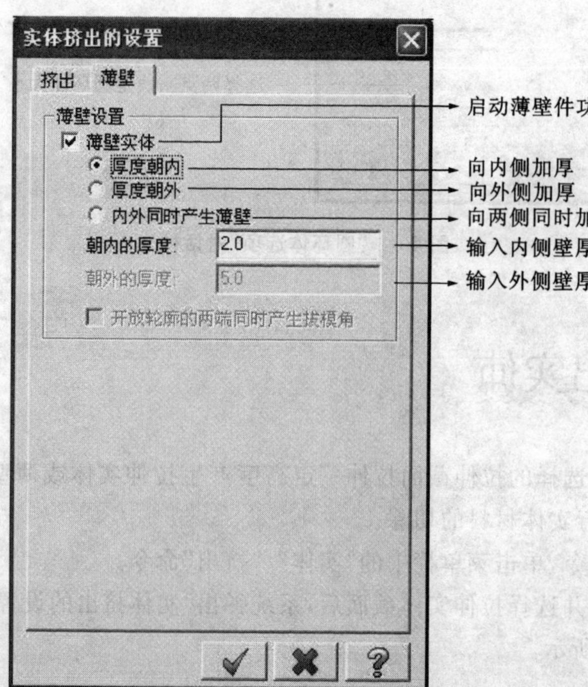


图 4-8 挤出薄壁件选项

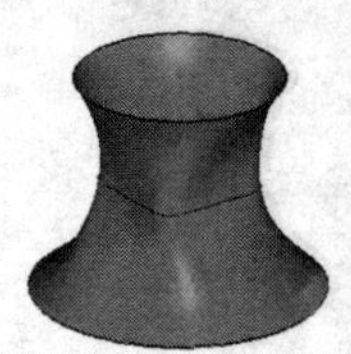



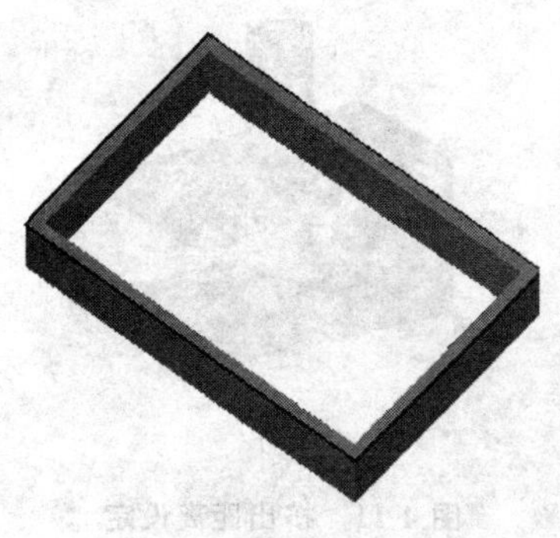

图 4-9　薄壁件实体

2. 挤出操作

在挤出实体操作前，如果已有基本实体，还可进行“增加凸缘”或“切割实体”操作，如图 4-10 所示。

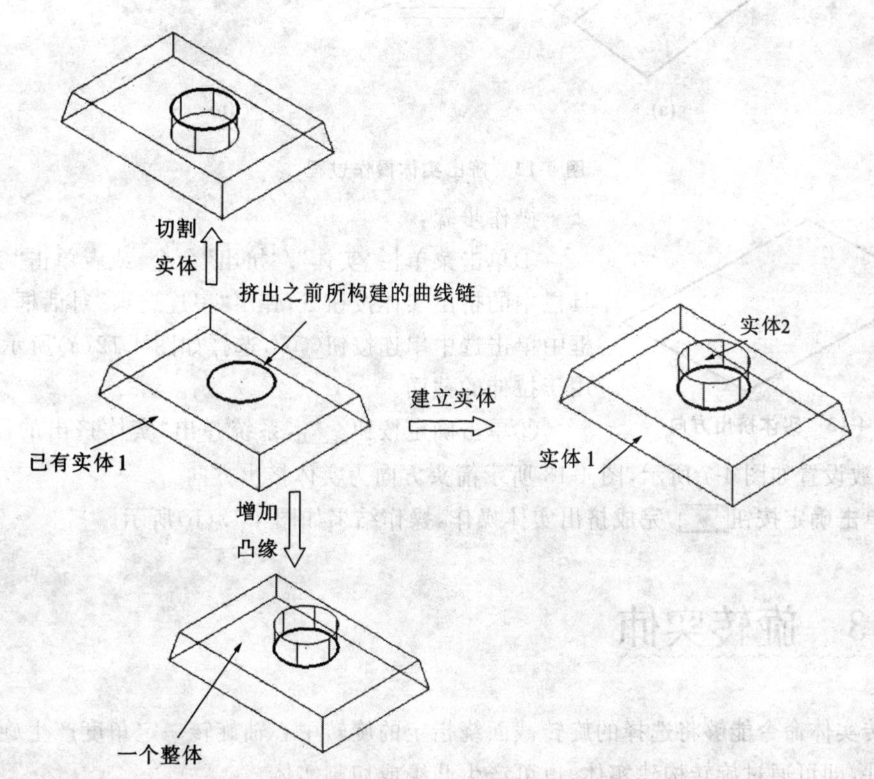


图 4-10　挤出实体的构建模式

3. 挤出距离

如图 4-11 所示为按指定距离挤出实体。

注意：在创建挤出实体模型之前，首先要创建二维截面图形，如果要创建实心的实体模型，则截面必须是封闭的二维图形，即闭式二维串连；如果挤出的是薄壁实体，则可以是不封闭的开式串连。

操作举例：挤出实体操作过程如图 4-12 所示。

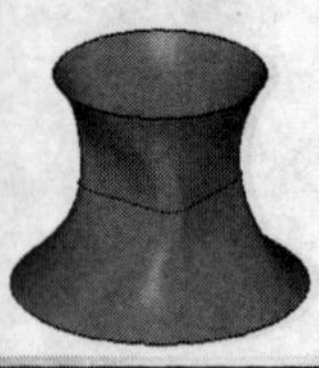



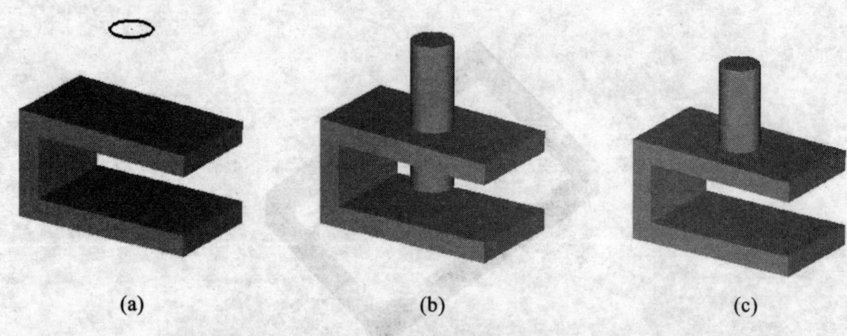

图 4-11　挤出距离设定

(a)已有实体及曲线链；(b)按指定距离挤出；(c)增加凸缘并修剪至实体的上表面



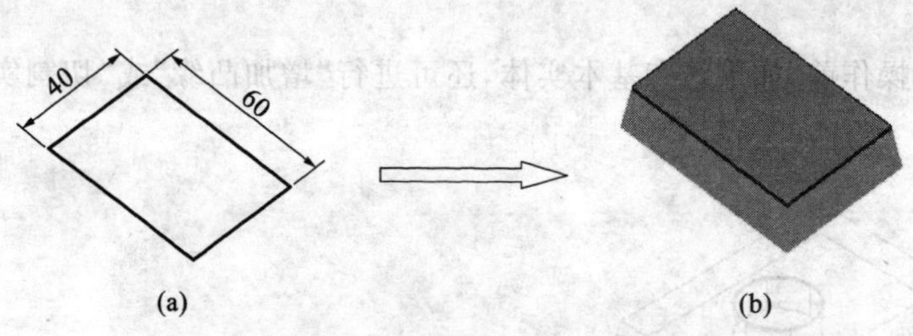


图 4-12　挤出实体操作过程

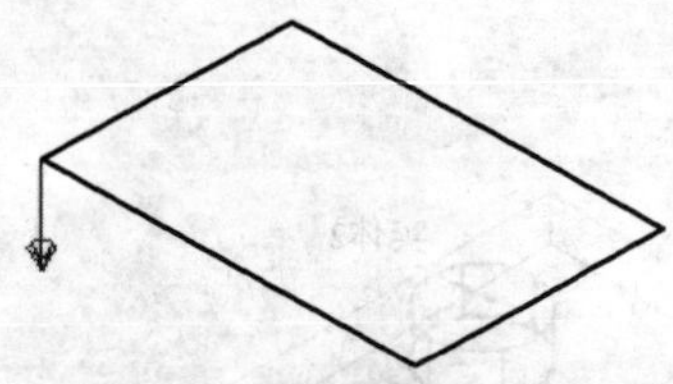

图 4-13　实体挤出方向

操作步骤：

①单击菜单栏"实体"/"挤出"命令，或者单击"实体"工具栏中的挤出实体按钮，弹出"串连选项"对话框，在对话框中单击选中串连按钮，选择如图 4-12(a)所示矩形为用于拉伸的截面。

②单击确定按钮，系统弹出"实体挤出的设置"对话框，参数设置如图 4-7 所示，图 4-13 所示箭头方向为实体挤出方向。

③单击确定按钮，完成挤出实体操作，操作结果如图 4-12(b)所示。

## 4.3　旋转实体

旋转实体命令能够将选择的旋转截面绕指定的旋转中心轴旋转一定角度产生旋转实体或薄壁件，即可通过旋转构建实体，也可产生凸缘或切割实体。

激活旋转实体命令，单击菜单栏中的"实体"/"旋转"命令，启动"旋转"命令并选择旋转实体截面和旋转中心轴后，系统弹出"旋转实体的设置"对话框，各选项功能如图 4-14 所示。

操作举例：进行旋转实体操作。

操作步骤：

①单击菜单栏"实体"/"旋转"命令，或者单击"实体"工具栏中的旋转实体按钮，打开"串连选项"对话框，在对话框中单击选中串连按钮，选择用于旋转的截面，如图 4-15(b)所示。

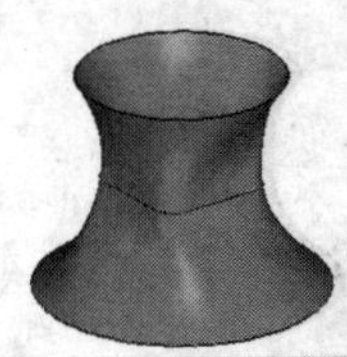



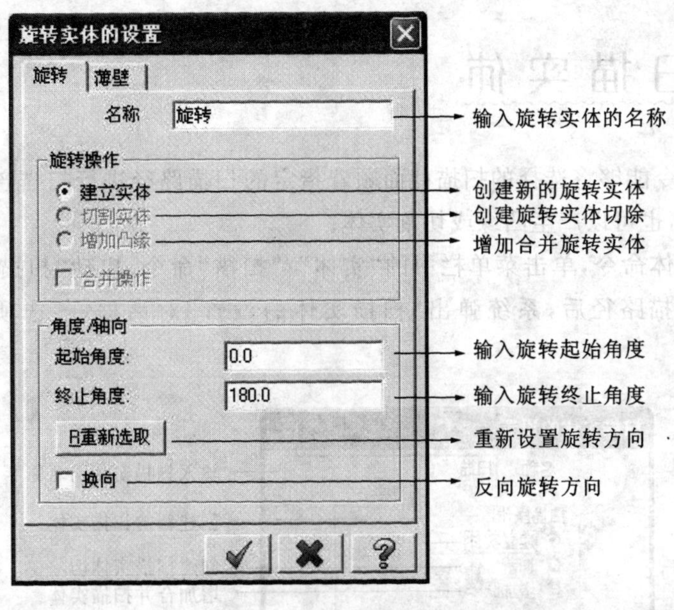


图 4-14　“旋转实体的设置”对话框

②单击确定按钮，并选择中心线作为旋转轴，系统同时弹出选择旋转轴对话框，如图 4-16 所示。可以在此重新选择旋转轴和定义旋转方向。

③单击确定按钮，系统弹出“旋转实体的设置”对话框，参数设置如图 4-14 所示。

④单击确定按钮，完成旋转实体操作，操作结果如图 4-15(d)所示。

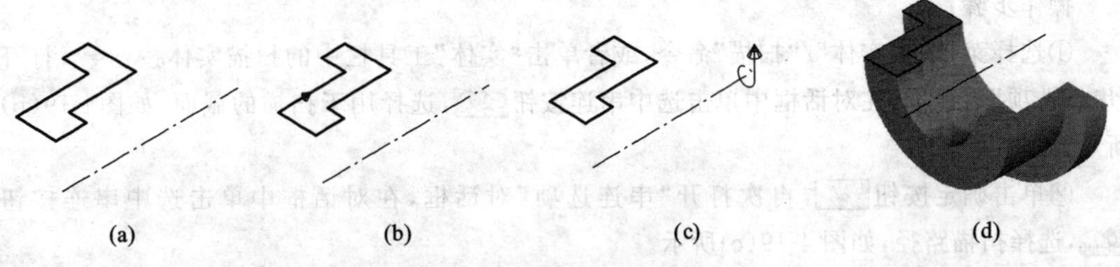


图 4-15　旋转实体操作过程

在“旋转实体的设置”对话框中点击“薄壁”选项，并设置参数，将生成薄壁实体，如图 4-17 所示。

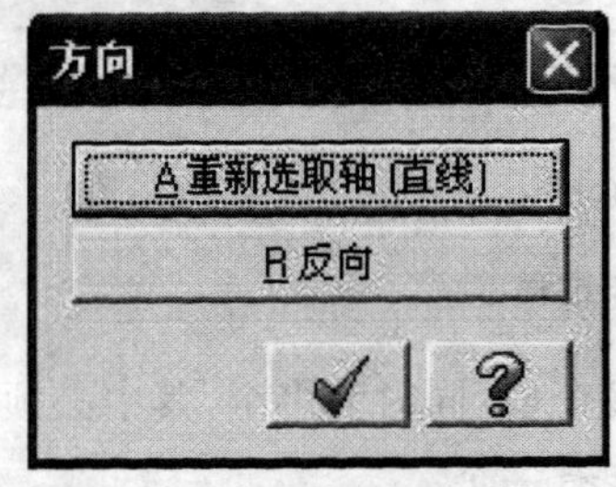


图 4-16　选择旋转轴对话框

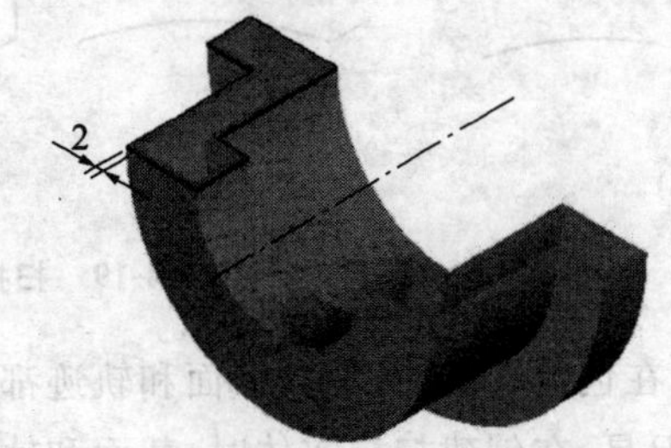


图 4-17　旋转薄壁件实体

## 4.4 扫描实体

扫描实体命令能够将选择的扫描截面顺着指定的扫描路径进行扫描产生扫描实体，扫描可以构建实体，也可以产生凸缘或切割实体。

激活扫描实体命令，单击菜单栏中的“实体”/“扫描”命令，启动“扫描”命令并选择扫描实体截面和扫描路径后，系统弹出“扫描实体的设置”对话框，各选项功能如图 4-18 所示。



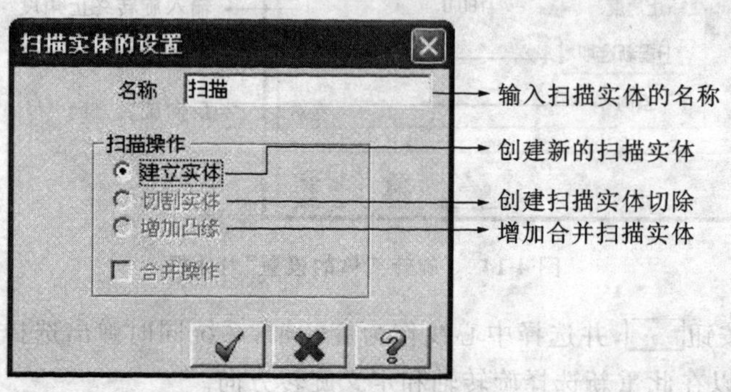


**图 4-18 “扫描实体的设置”对话框**

操作举例：进行扫描实体操作。

操作步骤：

①选择菜单栏“实体”/“扫描”命令，或者单击“实体”工具栏中的扫描实体按钮，打开“串连选项”对话框，在对话框中单击选中串连按钮，选择用于扫描的截面，如图4-19(b)所示。

②单击确定按钮，再次打开“串连选项”对话框，在对话框中单击选中串连按钮，选择扫描路径，如图 4-19(c)所示。

③单击确定按钮，系统弹出“扫描实体的设置”对话框，参数设置如图 4-18 所示。

④单击确定按钮，完成扫描实体操作，操作结果如图 4-19(d)所示。

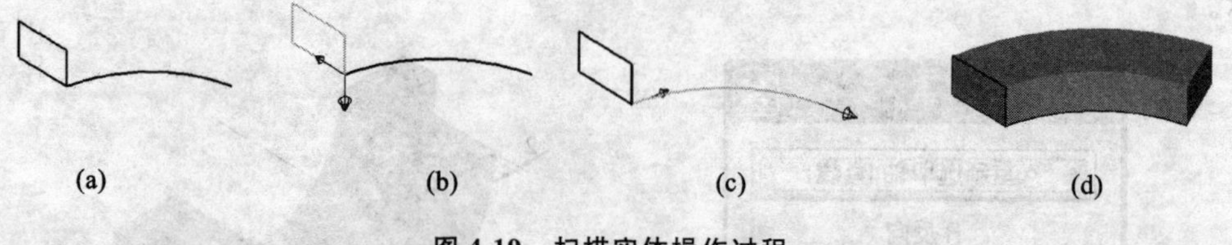


**图 4-19 扫描实体操作过程**

注意：在创建扫描曲面时，截面和轨迹都可以为多个(不同时为多个，其中必须有一项只有一个)，但是，在创建扫描实体时，截面和轨迹都只能有一个。

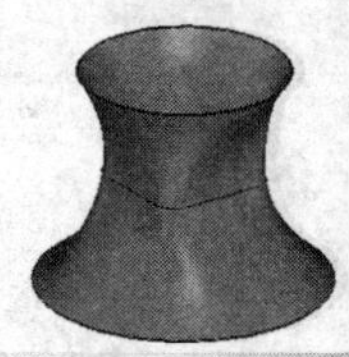



# 4.5 举升实体

举升实体命令能够将选择的多个举升截面通过直线或曲线过渡的方式产生举升实体，各个举升截面的起点要求保持一致。举升既可构建实体，也可产生凸缘或切割实体。

激活举升实体命令，单击菜单栏中的“实体”/“举升”命令，启动“举升”命令并选择多个举升截面后，系统弹出“举升实体的设置”对话框，各选项功能如图 4-20 所示。

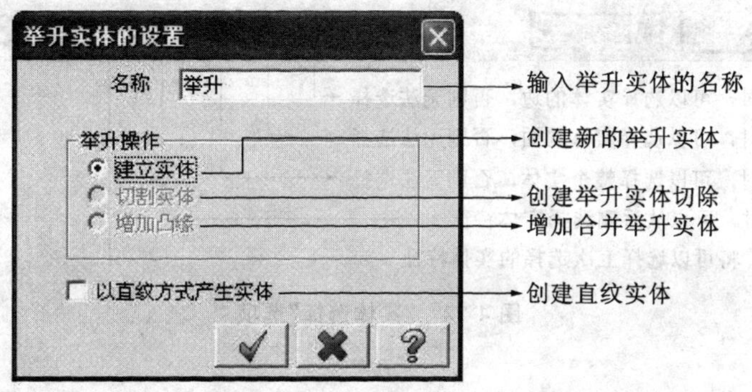


**图 4-20　“举升实体的设置”对话框**

操作举例：进行举升实体操作。

操作步骤：

①选择菜单栏“实体”/“举升”命令，或者单击“实体”工具栏中的举升实体按钮，打开“串连选项”对话框，在对话框中单击选中串连按钮，选择用于举升的截面，如图 4-21(b)所示(注意：3 条串连图素要求在相对应的点处打断，以保证各个截面“同起点，同方向”，即各串连图素起点要对应，串连方向要相同)。

②单击确定按钮，系统弹出“举升实体的设置”对话框，参数设置如图 4-20 所示。

③单击确定按钮，完成举升实体操作，操作结果如图 4-21(c)所示。

④在“举升实体的设置”对话框中，如果选择“以直纹方式产生实体”，则生成如图 4-21(d)所示以直线连接的实体，否则以抛物线连接。

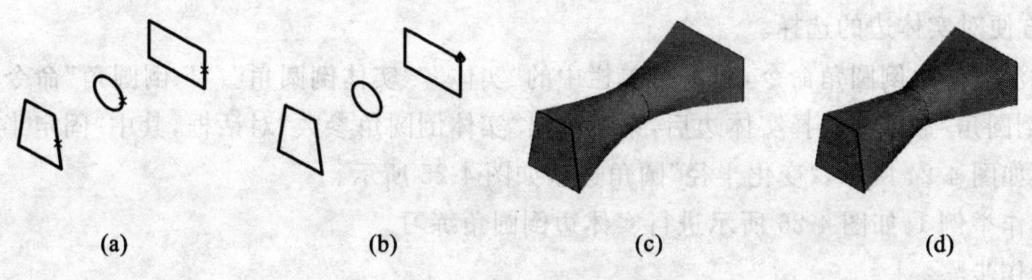

(a)　(b)　(c)　(d)

**图 4-21　举升实体操作过程**

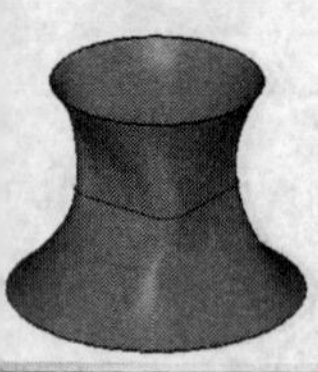



## 4.6 实体圆角

实体倒圆角是指在实体指定边界线上产生圆角过渡。实体倒圆角命令能够将选择的实体边、实体面或整个实体进行圆角，有“实体边倒圆角”、“实体面与面圆角”两种操作方式。

启动实体倒圆角命令后，系统激活如图 4-22 所示“实体选择”选项，各选项得出的圆角结果如图 4-23 所示。



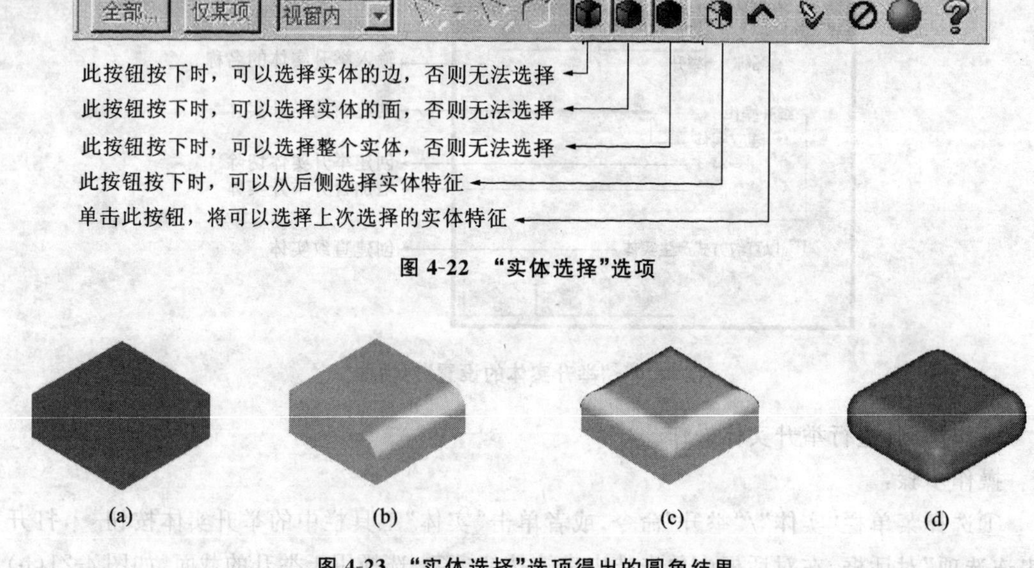


**图 4-22 “实体选择”选项**

**图 4-23 “实体选择”选项得出的圆角结果**

(a)原始实体；(b)选择边进行圆角；(c)选择上表面进行圆角；(d)选择整个实体进行圆角

### 4.6.1 实体边倒圆角

实体边倒圆角命令能够对实体边进行“固定半径”或“变化半径”圆角，采用此方式进行圆角时建议关闭图 4-22 所示“实体选择”选项中的实体面选择按钮和整个实体选择按钮，以方便对实体边的选择。

激活实体边倒圆角命令，单击菜单栏中的“实体”/“实体倒圆角”/“F 倒圆角”命令，启动“实体倒圆角”命令并选择实体边后，系统弹出“实体倒圆角参数”对话框，其中“固定半径”圆角选项如图 4-24 所示，“变化半径”圆角选项如图 4-25 所示。

操作举例 1：如图 4-26 所示进行实体边倒圆角练习。

操作步骤：

①选择“实体”/“倒圆角”命令，或者单击“实体”工具栏中的“倒圆角”按钮（注意：边界选择按钮打开，实体面和实体选择按钮关闭），选择要倒圆角的边 L1、L2、L3，如图 4-26(a)所示。

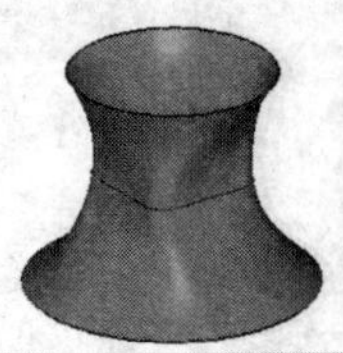



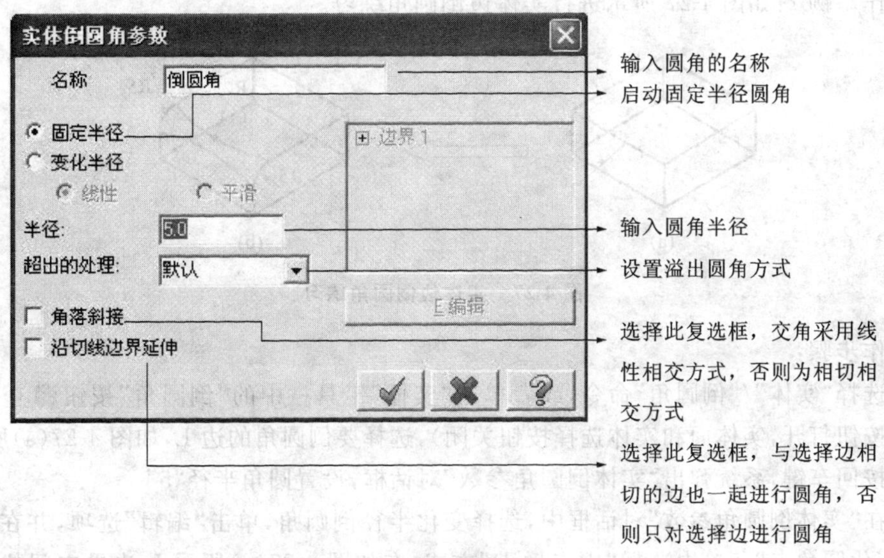


图 4-24　“固定半径”圆角选项

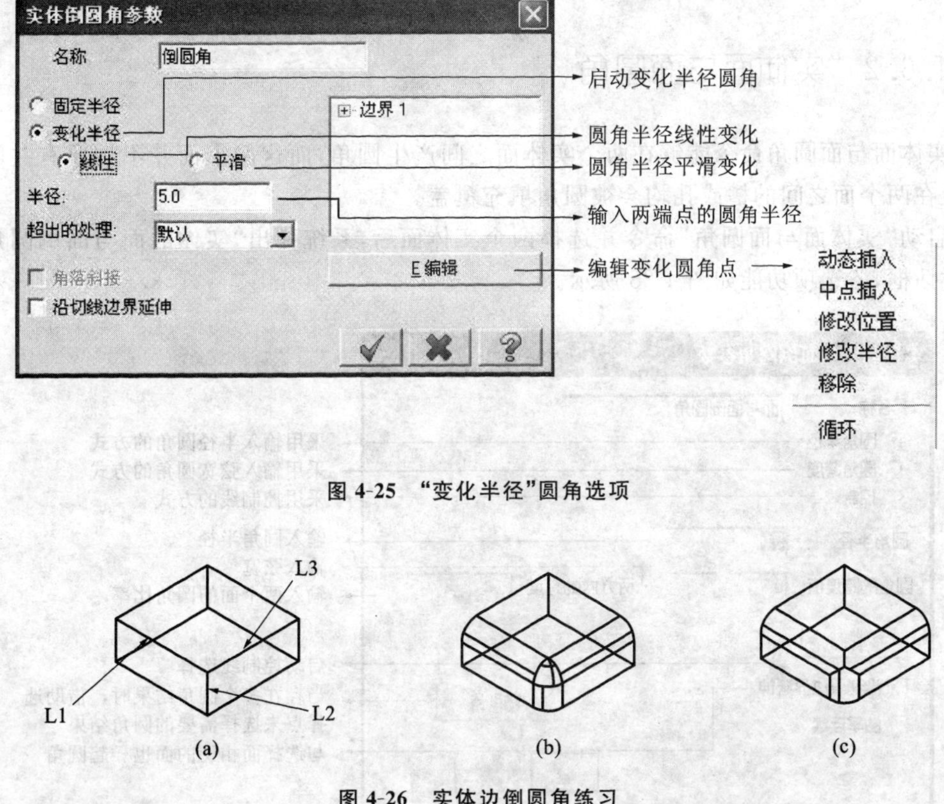


图 4-25　“变化半径”圆角选项

图 4-26　实体边倒圆角练习

②按回车键，系统弹出“实体倒圆角参数”对话框，参数设置如图 4-24 所示。

③单击确定按钮 ✓ ，完成实体边倒圆角操作，操作结果如图 4-26(b)所示。

④在“实体倒圆角参数”对话框中，如果选择“角落斜接”，则生成如图 4-26(c)所示圆角。

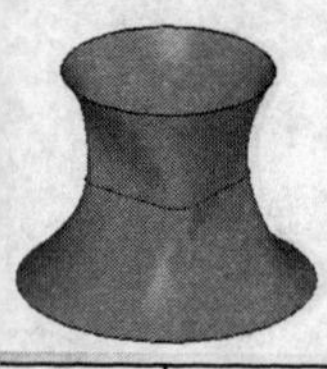



操作举例 2：如图 4-27 所示进行实体边倒圆角练习。

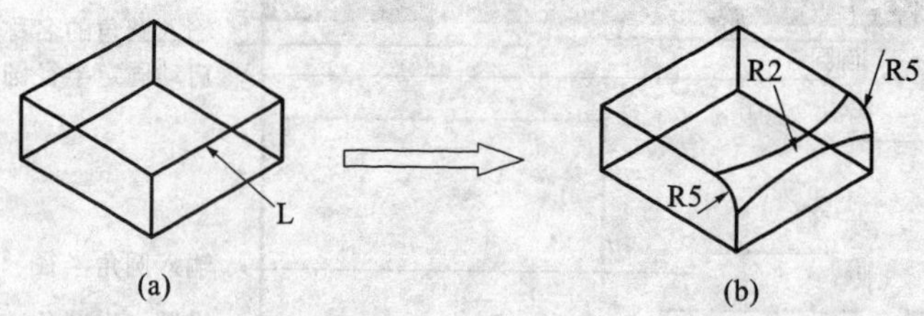


图 4-27 实体边倒圆角练习

操作步骤：

①选择"实体"/"倒圆角"命令，或者单击"实体"工具栏中的"倒圆角"按钮（注意：边界选择按钮打开，实体面和实体选择按钮关闭），选择要倒圆角的边 L，如图 4-27(a)所示。

②按回车键，系统弹出"实体倒圆角参数"对话框，设置圆角半径"5"。

③在"实体倒圆角参数"对话框中，选择变化半径倒圆角，单击"编辑"选项，并在弹出的"编辑变化圆角点"菜单中选择"中点插入"方式，在如图 4-27(a)所示 L 边界中间位置单击鼠标左键，系统弹出变化圆角半径输入框，输入半径"2"，将得到如图 4-27(b)所示变化半径圆角。



## 4.6.2 实体面与面圆角

实体面与面圆角命令能够在两个实体面之间产生圆角，而这两个面并不需要有共同的边，且在两个面之间的槽或孔均会被圆角填充覆盖。

启动"实体面与面圆角"命令并选择两个实体面后，系统弹出"实体的面与面倒圆角参数"对话框，各选项功能如图 4-28 所示。

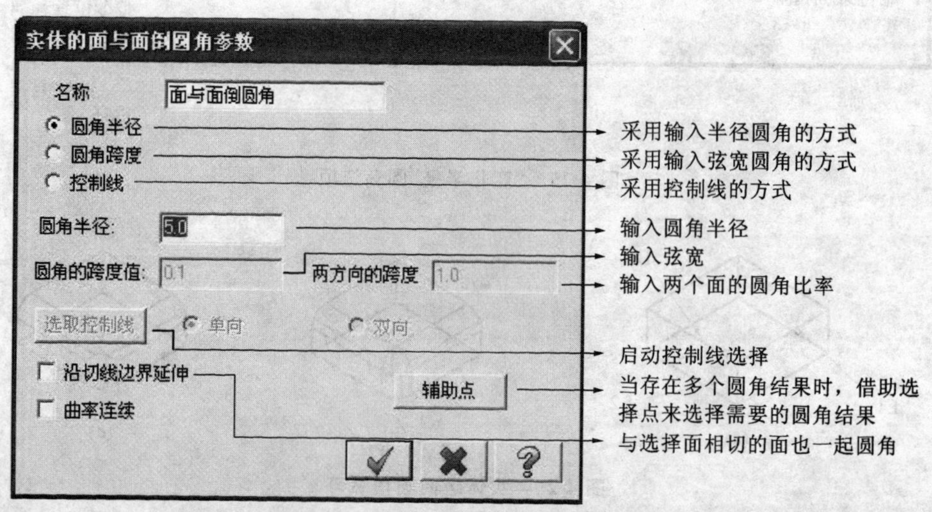


图 4-28 "实体的面与面倒圆角"对话框

操作举例：如图 4-29 所示进行实体面与面倒圆角操作。

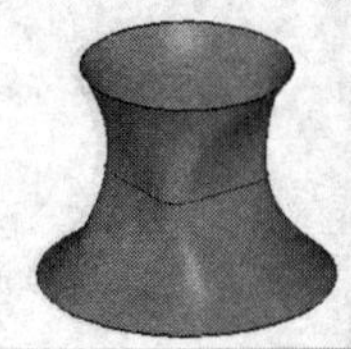



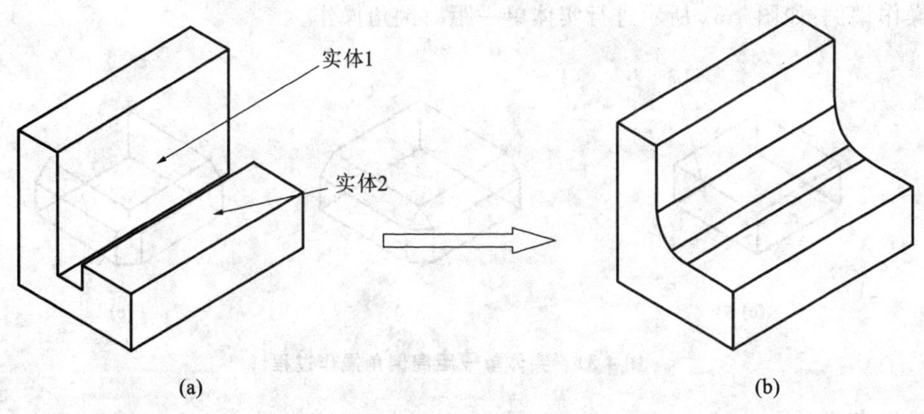


图 4-29　实体面与面倒圆角操作过程

操作步骤：

①选择“实体”/“倒圆角”/“面与面”命令，或者单击“实体”工具栏中的“面与面倒圆角”按钮，选择要倒圆角的面“实体面 1”，并按“Enter”键回车，如图 4-29(a)所示。



②选择要倒圆角的面“实体面 2”，按“Enter”键回车，系统弹出“实体的面与面倒圆角参数”对话框，参数设置如图 4-28 所示。

③单击“确定”按钮，完成实体面与面倒圆角操作，操作结果如图 4-29(b)所示。

## 4.7　实体倒角

实体倒角命令能够将选择的实体边、实体面或整个实体进行倒角，有“单一距离倒角”、“不同距离倒角”、“倒角距离与角度”等 3 种操作方式。

### 4.7.1　单一距离倒角

单一距离倒角命令能够对实体边进行相同距离的倒角。

激活单一距离倒角命令，单击菜单栏中的“实体”/“倒角”/“单一距离倒角”命令，启动“单一距离倒角”命令并选择实体边后，系统弹出“实体倒角参数”对话框，各选项功能如图 4-30 所示。

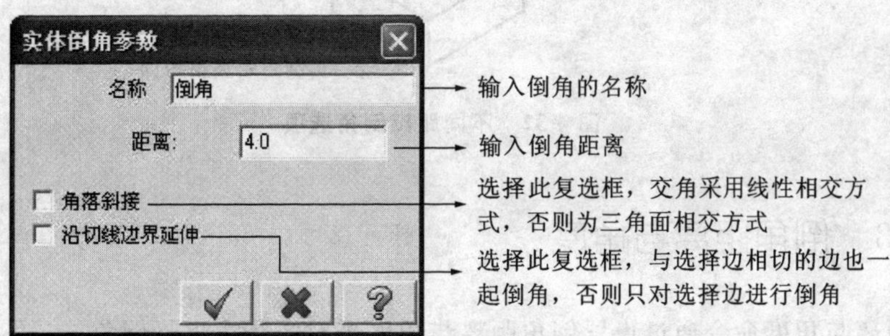


图 4-30　单一距离倒角选项

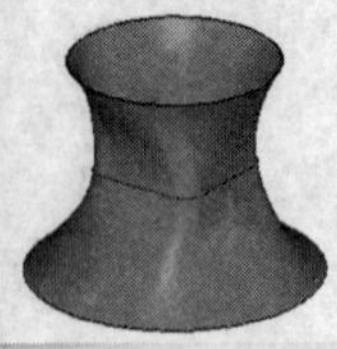



操作举例:如图 4-31 所示进行实体单一距离倒角操作。

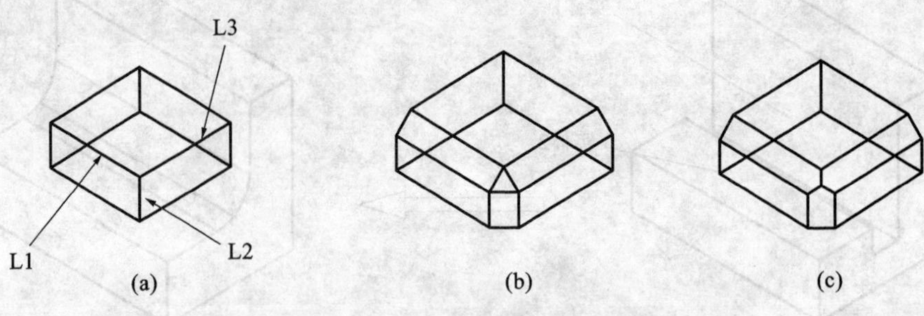


图 4-31　实体单一距离倒角操作过程

操作步骤:

①选择“实体”/“倒角”/“单一距离”命令,或者单击“实体”工具栏中的“倒角”按钮,选择要倒圆角的边,如图 4-31(a)所示。

②按回车键,系统弹出“实体倒角参数”对话框,参数设置如图 4-30 所示。



③单击确定按钮,完成实体单一距离倒角操作,操作结果如图 4-31(b)所示。

④在“实体倒角参数”对话框中,如果选择“角落斜接”,则生成如图 4-31(c)所示倒角。

## 4.7.2　不同距离倒角

不同距离倒角命令能够对实体边进行不同距离的倒角。

激活不同距离倒角命令,单击菜单栏中的“实体”/“倒角”/“不同距离倒角”,启动“不同距离倒角”命令并选择实体边和参考面后,系统弹出“实体倒角的参数”对话框,各选项功能如图 4-32 所示。

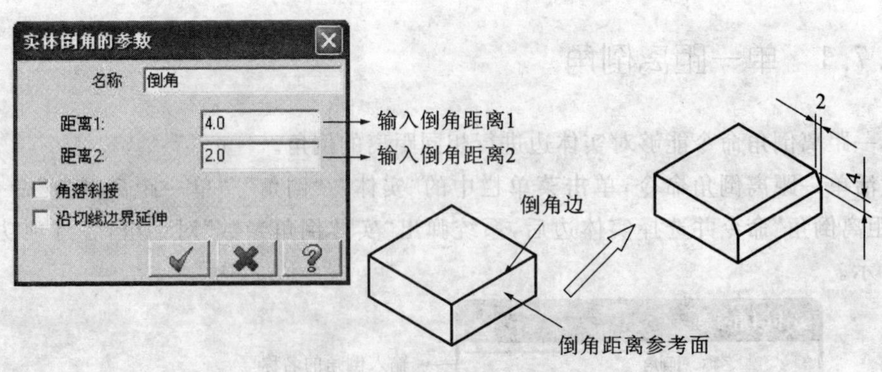


图 4-32　不同距离倒角选项

## 4.7.3　倒角距离与角度

倒角距离与角度命令通过设置倒角距离与角度来对实体边进行倒角。

激活倒角距离与角度命令,单击菜单栏中的“实体”/“倒角”/“倒角距离与角度”,启动

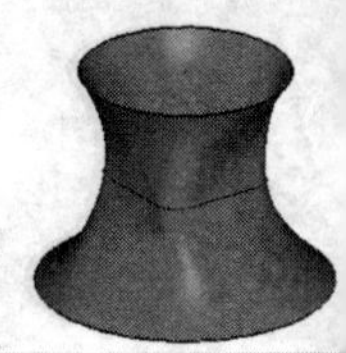

"倒角距离与角度"命令并选择实体边和参考面后，系统弹出"实体倒角的参数"对话框，各选项功能如图 4-33 所示。

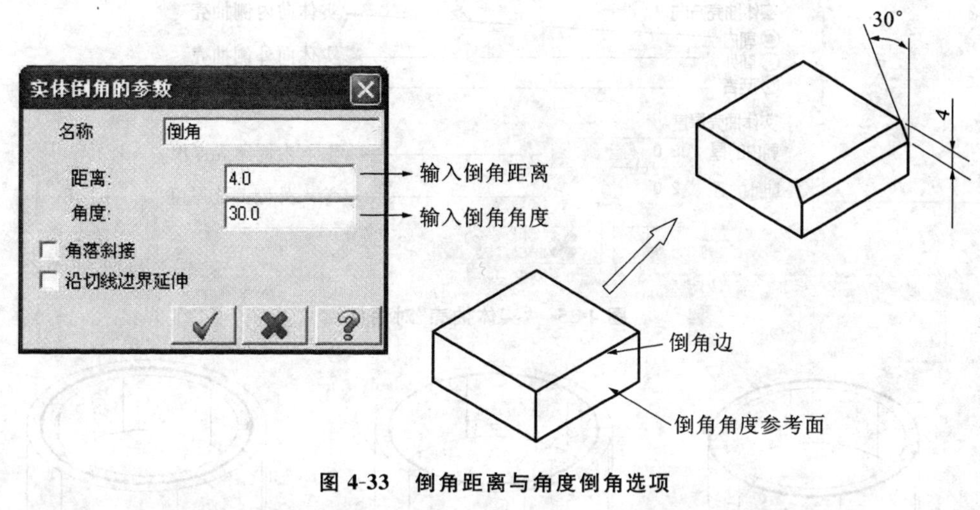


**图 4-33　倒角距离与角度倒角选项**



## 4.8　抽　　壳

抽壳是指将实体的内部掏空，成为空心壳体。"抽壳"命令能够将选择的实体面或整个实体进行抽壳。

激活抽壳命令，单击菜单栏中的"实体"/"抽壳"，启动抽壳命令后系统激活如图 4-34 所示实体选择选项。

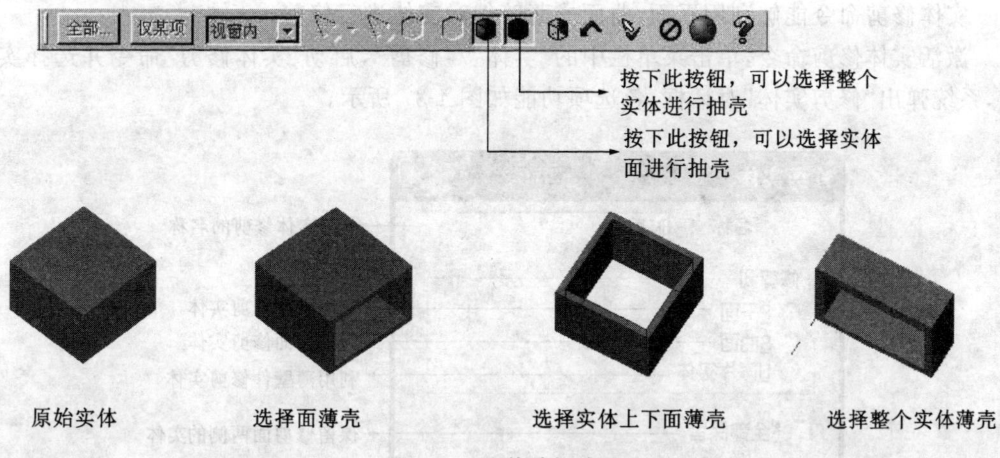


**图 4-34　实体选择选项**

启动"抽壳"命令并选择实体面或整个实体后，系统弹出"实体抽壳"对话框，各选项功能如图 4-35 所示，操作结果如图 4-36 所示。

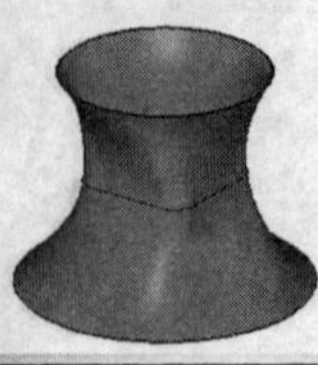



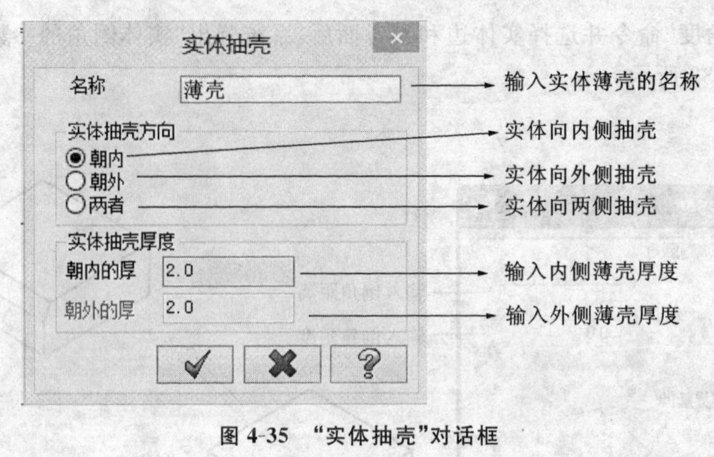


图 4-35 “实体抽壳”对话框

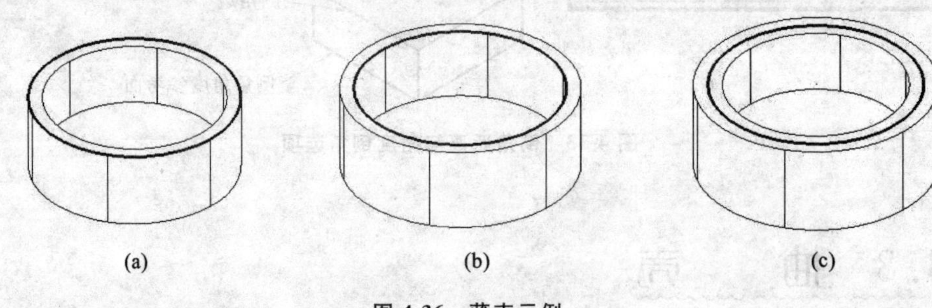


图 4-36 薄壳示例

(a)向内薄壳；(b)向外薄壳；(c)双向薄壳



## 4.9 实体修剪

实体修剪命令能够利用平面、曲面或薄壁件对实体进行修剪。

激活实体修剪命令，单击菜单栏中的“实体”/“修剪”，启动“实体修剪”命令并选择实体后，系统弹出“修剪实体”对话框，各选项功能如图 4-37 所示。

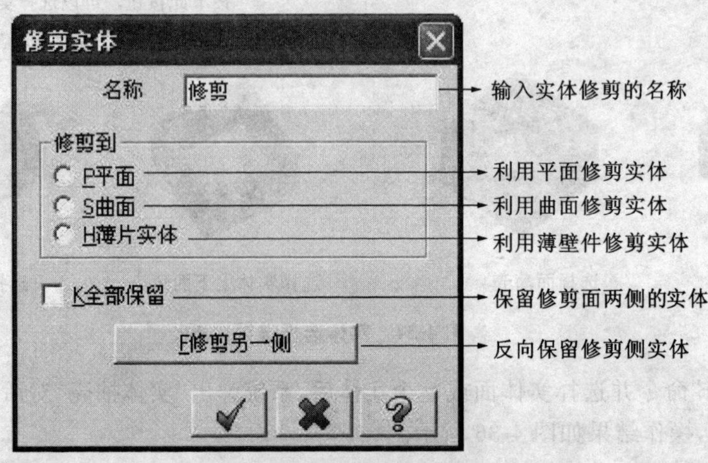


图 4-37 “修剪实体”对话框

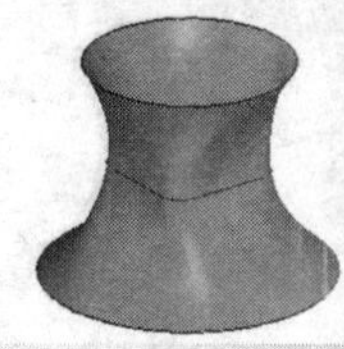





操作举例 1：如图 4-38 所示进行实体修剪到平面操作。

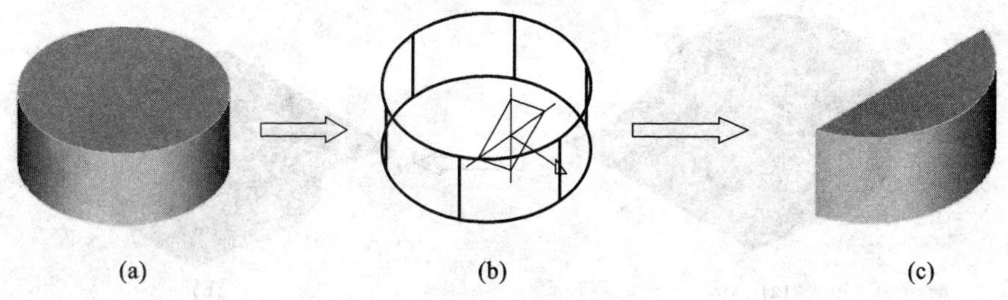


图 4-38　实体修剪到平面

操作步骤：

①绘制如图 4-38(a)所示圆柱体。

②选择菜单栏"实体"/"修剪"，或者单击"实体"工具栏中的"修剪"按钮，系统弹出"修剪实体"对话框，如图 4-37 所示。

③选择修剪方式为到"平面"，系统弹出"平面选项"对话框，如图 4-39 所示，单击选择沿 X 轴方向进行修剪按钮，并输入距离"5"，则修剪平面垂直于 X 轴，并且到系统原点的距离为 5，如图 4-38(b)所示箭头方向为修剪后实体所保留方向(可单击"反向"按钮，切换实体保留方向)。

④单击确定按钮，返回到如图 4-37 所示"修剪实体"对话框。

⑤再次单击确定按钮，完成实体修剪操作，操作结果如图 4-38(c)所示。

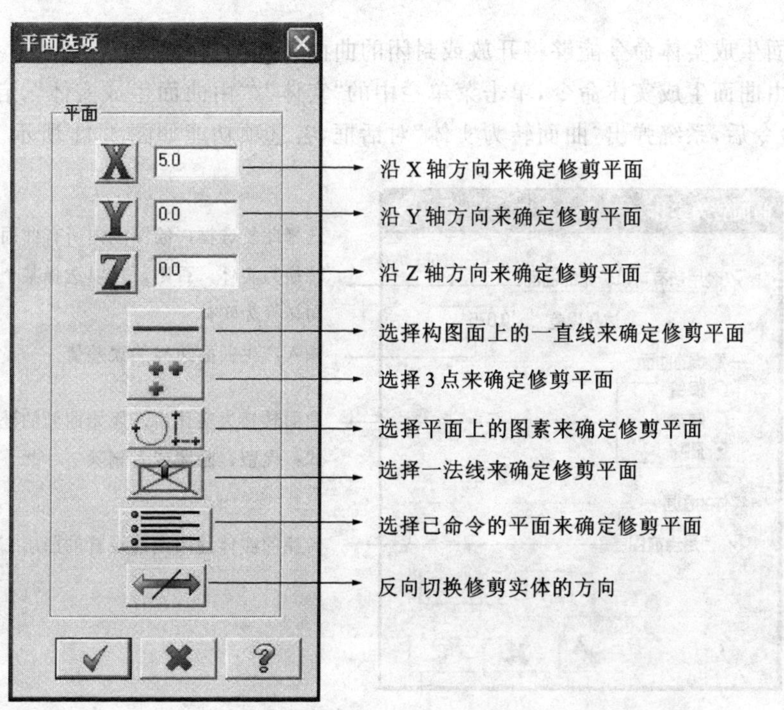


图 4-39　"平面选项"对话框

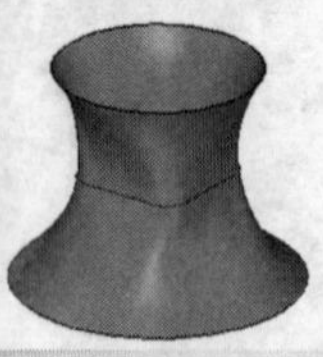





操作举例 2:如图 4-40 所示进行实体修剪到曲面操作。

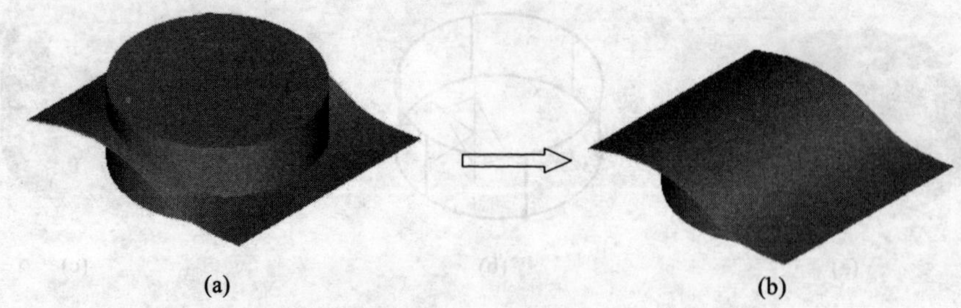

图 4-40 实体修剪到曲面

操作步骤:

①绘制如图 4-40(a)所示圆柱体和曲面。

②选择菜单栏"实体"/"修剪",或者单击"实体"工具栏中的"修剪"按钮，系统弹出"修剪实体"对话框,如图 4-37 所示。

③选择修剪方式为到"曲面",然后选择如图 4-40(a)所示曲面,返回到如图 4-37 所示"修剪实体"对话框。

④单击确定按钮，完成实体修剪操作,操作结果如图 4-40(b)所示。

## 4.10 由曲面生成实体

由曲面生成实体命令能够将开放或封闭的曲面转换为实体。

激活由曲面生成实体命令,单击菜单栏中的"实体"/"由曲面生成实体",启动"由曲面生成实体"命令后,系统弹出"曲面转为实体"对话框,各选项功能如图 4-41 所示。

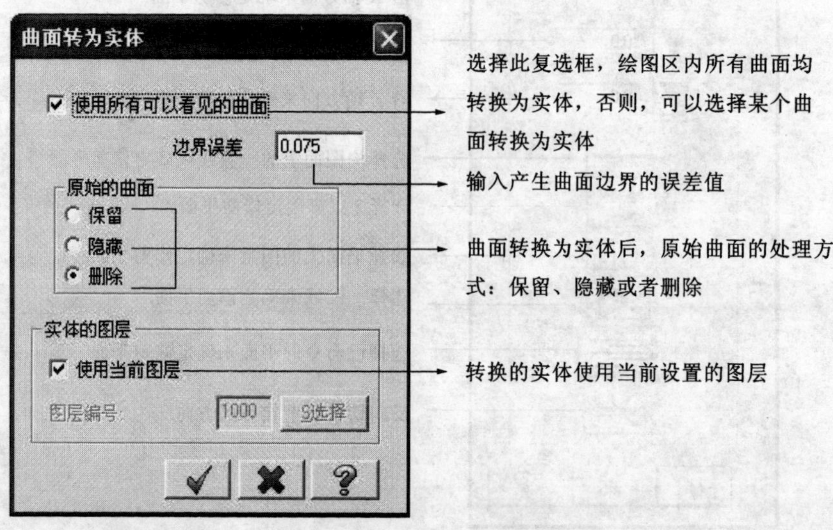


图 4-41 "曲面转为实体"对话框

操作举例:如图 4-42 所示进行曲面生成实体操作。

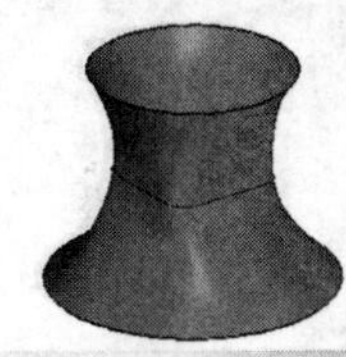



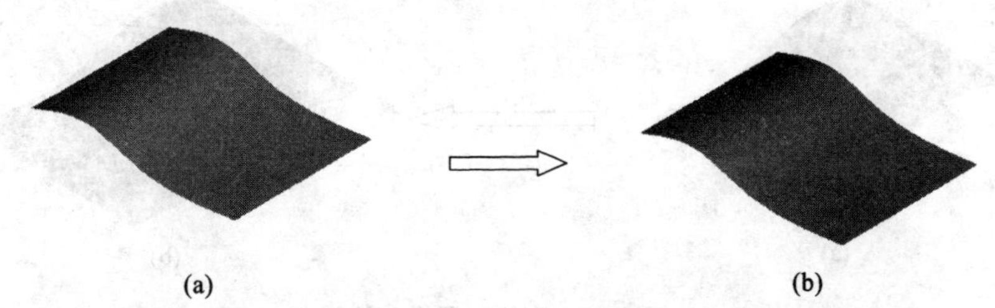


图 4-42　曲面生成实体操作过程

(a)原曲面；(b)转换为实体

操作步骤：

①准备如图 4-42(a)所示曲面。

②选择菜单栏“实体”/“由曲面生成实体”，或者单击“实体”工具栏中的“由曲面生成实体”按钮，系统弹出“曲面转为实体”对话框，如图 4-41 所示。

③单击确定按钮，系统弹出如图 4-43 所示对话框。

图 4-43　是否创建曲面曲线



④选择“是”，将在原曲面边界生成边界曲线，并且会弹出“颜色设置”对话框，从而设置生成的边界曲线的颜色，如图 4-42(b)为不绘制边界曲线的操作结果(外观无明显变化，但已经是实体属性)。

# 4.11　薄片实体

薄片实体命令能够将由曲面转换而来的实体进行加厚。

激活薄片实体命令，单击菜单栏中的“实体”/“薄片实体”，启动“薄片实体”命令并选择由曲面转换而来的实体后，系统弹出“增加薄片实体的厚度”对话框，各选项功能如图 4-44 所示。

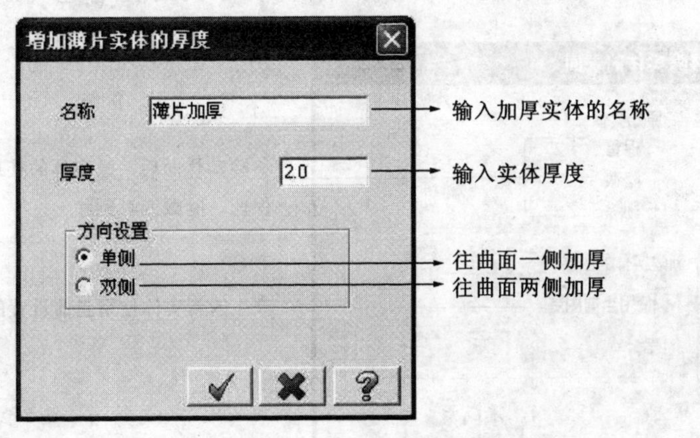


图 4-44　“增加薄片实体的厚度”对话框

操作举例：如图 4-45 所示进行实体加厚操作。

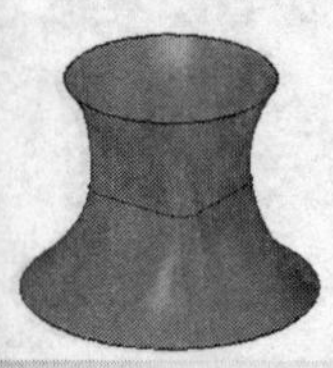



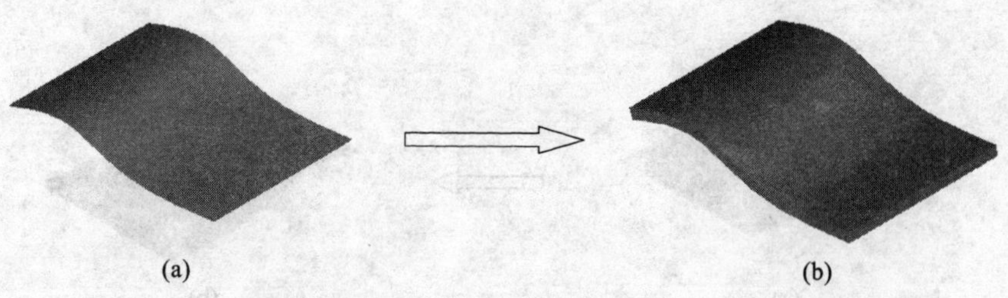

(a) (b)

图 4-45 实体加厚操作练习

操作步骤：

①选择菜单栏“实体”/“薄片实体”，或者单击“实体”工具栏中的“薄片实体”按钮，选择如图 4-45(a)所示薄片实体，系统弹出“增加薄片实体的厚度”对话框，参数设置如图 4-44 所示。

②单击确定按钮，系统弹出如图 4-46 所示对话框。

③单击“换向”按钮，将改变实体生成的方向，如图 4-47 所示，实体向上生成。

④单击确定按钮，完成实体加厚操作，操作结果如图 4-45(b)所示。

图 4-46 厚度方向

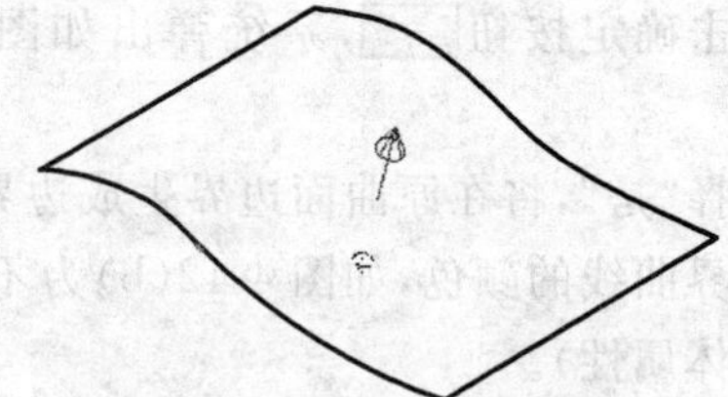

图 4-47 实体生成的方向

## 4.12 移除实体面

移除实体面命令能够将选择的实体面进行移除。

激活移除实体面命令，单击菜单栏中的“实体”/“移除实体面”命令，启动“移除实体面”命令并选择要移除的实体面后，系统弹出“移除实体的表面”对话框，各选项功能如图 4-48 所示。

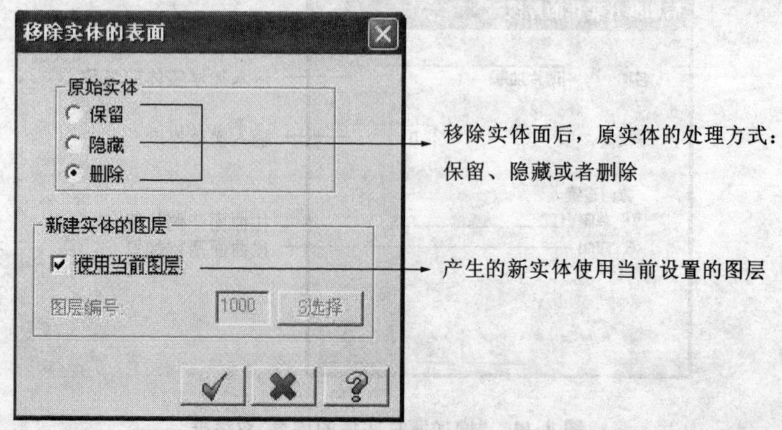


图 4-48 “移除实体的表面”对话框

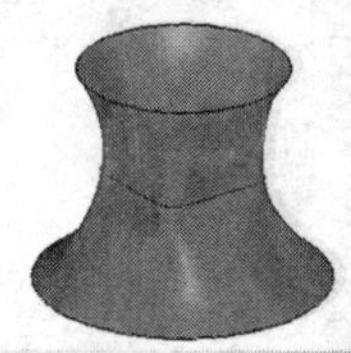





操作举例：如图 4-49 所示进行移除实体面练习。

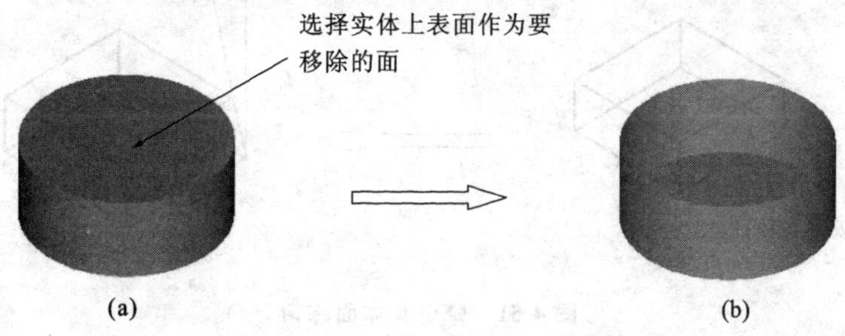


**图 4-49　移除实体面练习**

操作步骤：

①选择菜单栏“实体”/“移除实体面”，或者单击“实体”工具栏中的“移除实体面”按钮■，选择要移除的实体表面，如图 4-49(a)所示。

②按回车键，系统弹出“移除实体的表面”对话框，如图 4-48 所示。

③单击确定按钮✓，弹出如图 4-43 所示对话框，可以在移除的实体面边界创建边界曲线，单击“否”，结果如图 4-49(b)所示。

## 4.13　牵　引　面

牵引面是指对实体表面进行拔模，“牵引面”命令能够将选择的实体面进行一定角度的倾斜，以方便脱模。

激活牵引面命令，单击菜单栏中的“实体”/“牵引面”，启动“牵引面”命令并选择要拔模的实体面后，系统弹出“实体牵引面的参数”对话框，各选项功能如图 4-50 所示。

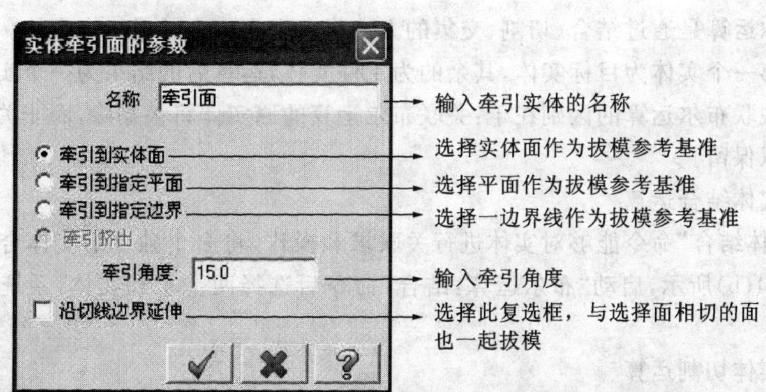


**图 4-50　“实体牵引面的参数”对话框**

操作举例：如图 4-51 所示进行牵引实体面练习。

操作步骤：

①选择菜单栏“实体”/“牵引面”，或者单击“实体”工具栏中的“牵引面”按钮■，选择实体中要做拔模的实体表面，如图 4-51(a)所示。

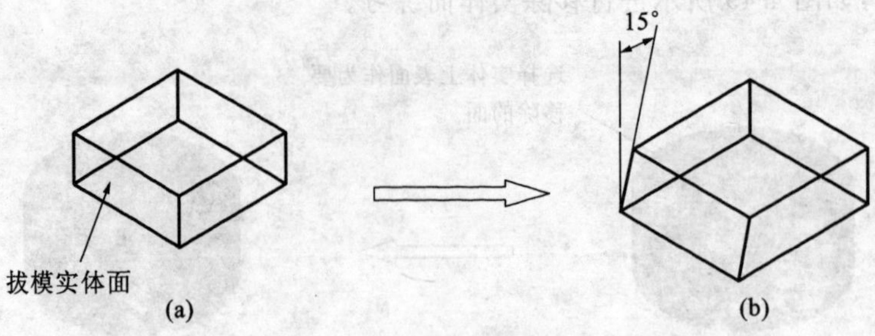


图 4-51　牵引实体面练习

②按回车键，系统弹出"实体牵引面的参数"对话框，参数设置如图 4-50 所示。

③单击确定按钮 ✔，选择上表面为拔模参考方向，系统弹出如图 4-52 所示对话框，单击"换向"按钮，可切换拔模方向，如图 4-53 所示。

④单击确定按钮 ✔，操作结果如图 4-51(b)所示。

图 4-52　切换拔模方向

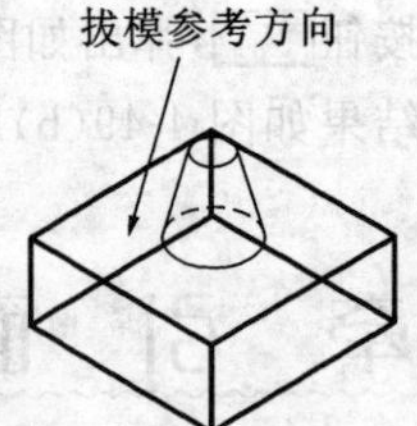


图 4-53　拔模方向

## 4.14　实体布尔运算

实体布尔运算是通过结合、切割、交集的方法将多个实体合并成一个实体。在布尔运算中所选择的第一个实体为目标实体，其余的为工件实体，运算后的结果为一个实体。关联布尔运算和非关联布尔运算的区别在于：关联布尔运算的原实体将被删除，而非关联布尔运算的原实体可以保留。

1. 关联实体结合运算

"关联实体结合"命令能够对实体进行关联求和操作，将多个独立的实体合并为一个整体。如图 4-54(b)所示，启动"布尔运算：结合"命令后选择两个求和实体，系统将其合并为一个整体。

2. 关联实体切割运算

"关联实体切割"命令能够利用工件实体对目标实体进行切割操作。如图 4-54(c)所示，启动"布尔运算：切割"命令后首先选择目标实体，再选择工件实体，系统将利用工件实体对目标实体进行切割。

3. 关联实体交集运算

"关联实体交集"命令能够将目标实体和工件实体进行求交集操作，产生两实体的相交部分。如图 4-54(d)所示，启动"布尔运算：交集"命令后首先选择目标实体，再选择工件实

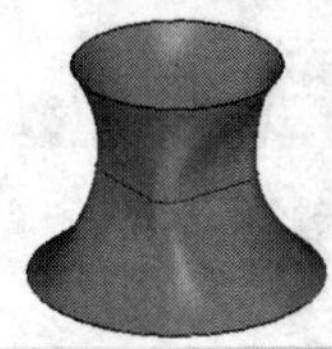

体，系统将产生两实体的相交部分。

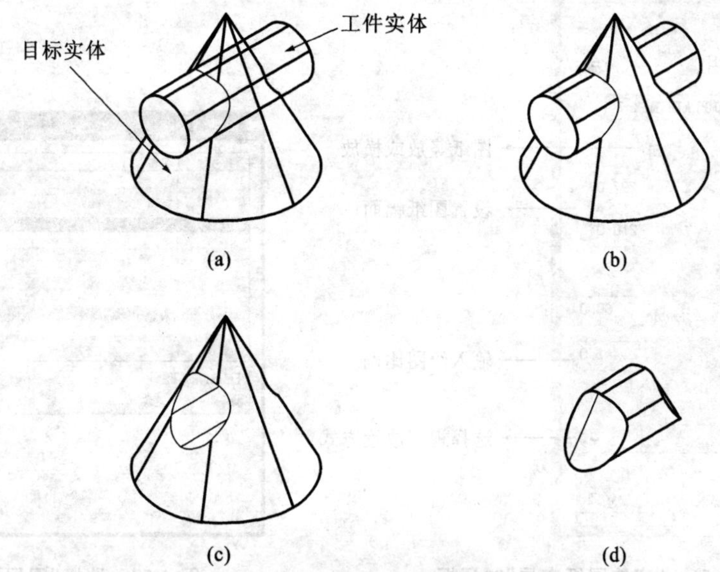


**图 4-54　实体布尔运算操作结果**

(a)目标实体和工件实体；(b)结合运算后结果；(c)切割运算后结果；(d)交集运算后结果

## 4.15　绘制工程图

绘制工程图命令能够自动产生实体的标准三视图和轴测图，如图 4-55 所示。

激活绘制工程图命令，单击菜单栏中的“实体”/“绘制工程图”，启动“绘制工程图”命令后，系统弹出“实体图纸布局”对话框，各选项功能如图 4-56 所示。在对话框中进行必要的设置后单击确定按钮✓，打开“图层”对话框，设置布局视图(实体的二维投影图形)上的图形所在的图层，如图 4-57 所示。确定之后，系统将在绘图区绘制实体的出图布局，并打开如图 4-58 所示的“绘制实体的设计图纸”对话框，设置相应的参数后即可得到实体所对应的工程图。

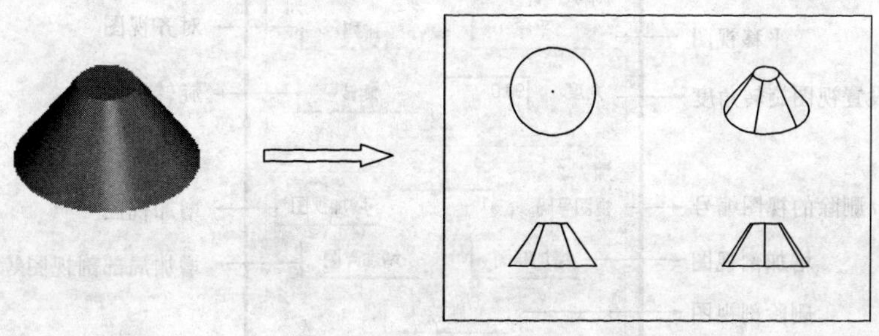

**图 4-55　绘制工程图布局示例**

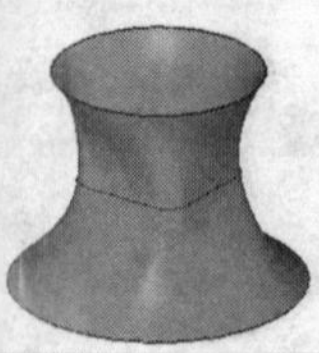



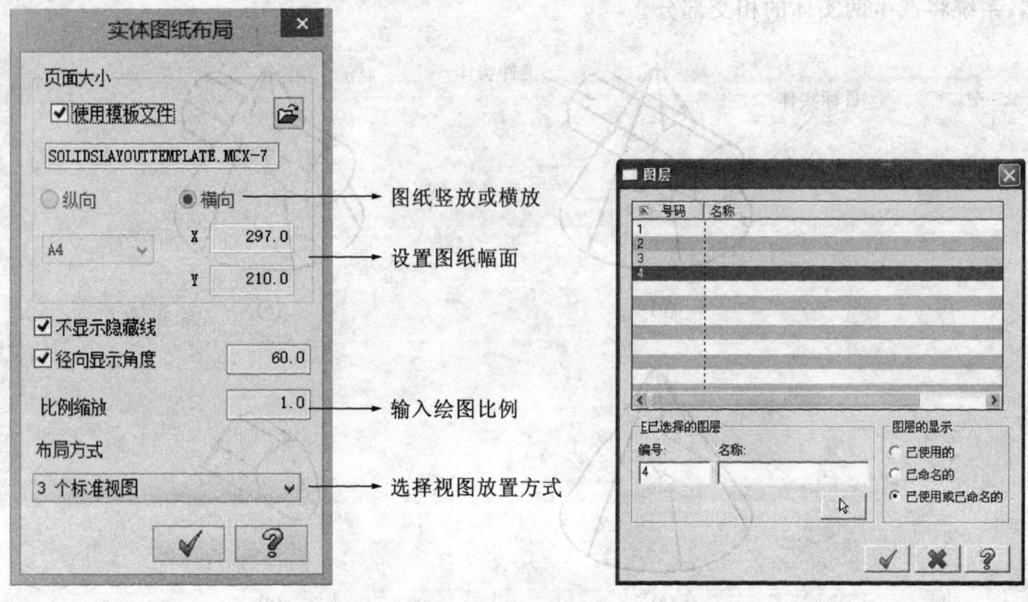


图 4-56 “实体图纸布局”对话框

图 4-57 选择“图层”对话框

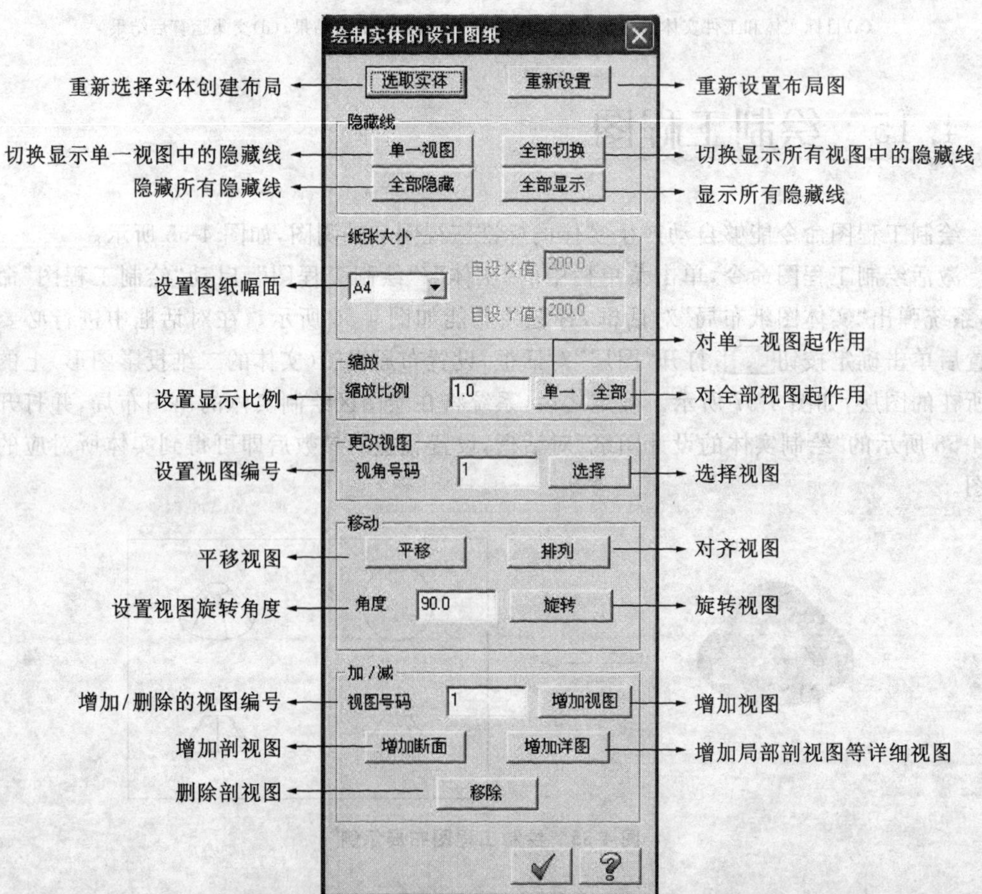


图 4-58 “绘制实体的设计图纸”对话框

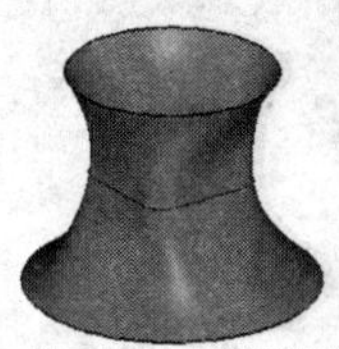



# 4.16　实体管理器

实体管理器处于绘图区的左侧，它保存并显示了产品的实体建构的历史记录，如图4-59所示，便于用户查看实体构建的过程和编辑实体特征参数、删除某一实体特征、调整实体特征建构顺序、改变串连图素及隐藏实体特征等操作。

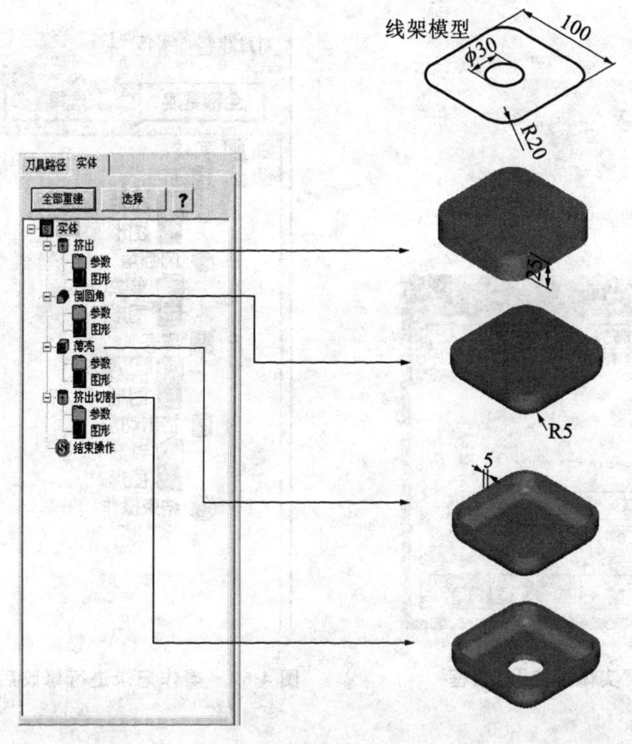


图 4-59　实体管理器

## 4.16.1　修改实体尺寸

实体管理器的一个基本功能就是可以在任何时候修改设计件中实体特征尺寸，如图 4-60所示。

图 4-60　修改实体特征尺寸

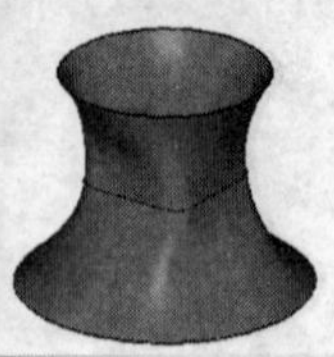





操作步骤：

①在如图 4-59 所示的实体管理器中，用鼠标左键双击薄壳特征下的“参数”选项，弹出如图 4-61 所示“实体抽壳”对话框，在“实体抽壳”对话框输入新的抽壳厚度“10”，回车确认，单击对话框中的确定按钮 ✓ 。

②如图 4-62 所示对操作记录进行修改以后，相关的记录符号上就会被打上“✗”符号，表明该记录已发生变化。这时，再单击实体管理器中的数据重生按钮 全部重建 ，即可将该符号清除，同时该设计件的壁厚自动增加，结果如图 4-60(b)所示。

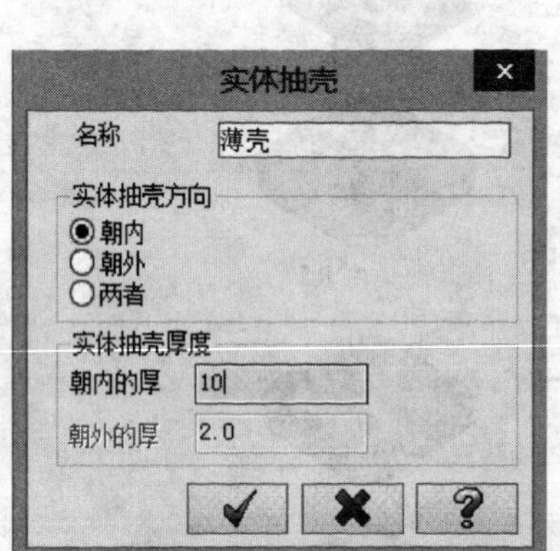

图 4-61 “实体抽壳”对话框

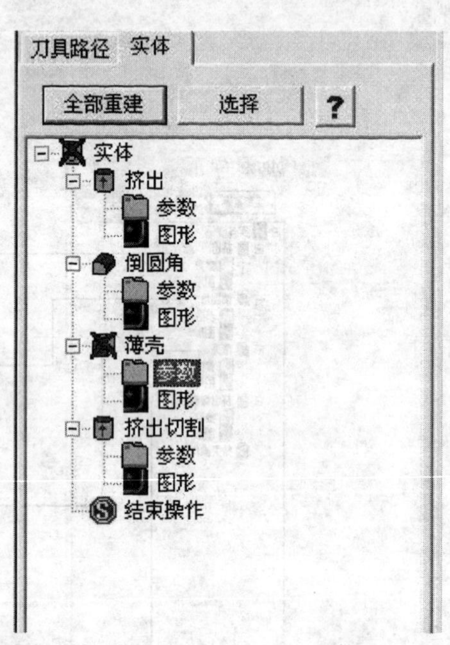


图 4-62 操作记录进行修改后的实体管理器

## 4.16.2 调整实体建构顺序

实体管理器的另外一个重要功能就是设置者可以在任何时候，在不违反几何建构原理的情况下调整实体的建构顺序，则所得实体不同，如图 4-63 所示。

(a) (b)

图 4-63 调整建构顺序后不同实体

操作步骤：

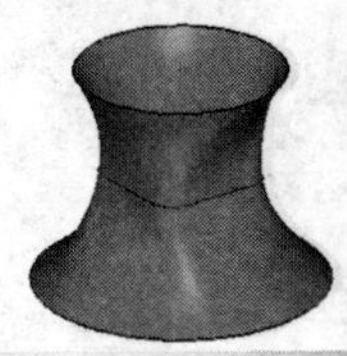





①在如图 4-64(a)所示的实体管理器中，用鼠标左键拾取“薄壳”特征图标按住不放，将其移到“挤出切割”特征图标后，结果如图 4-64(b)所示。

②调序前产生实体如图 4-63(a)所示，调序后产生新的实体如图 4-63(b)所示。

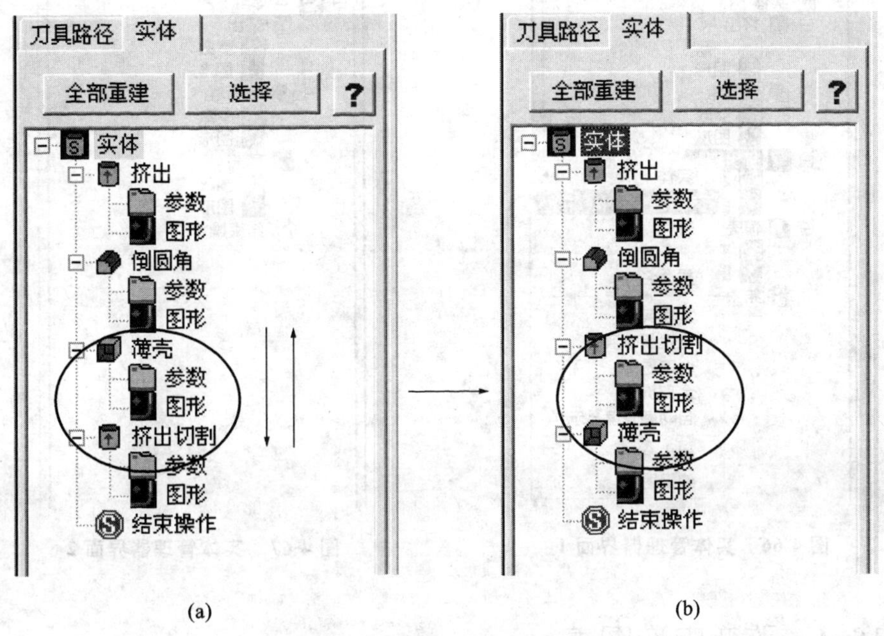


**图 4-64　调整实体构建顺序**

(a)调序前；(b)调序后

## 4.16.3　删除实体特征

实体管理器的另外一个基本功能就是设置者可以在任何时候删除不合适的实体特征，如图 4-65 所示。

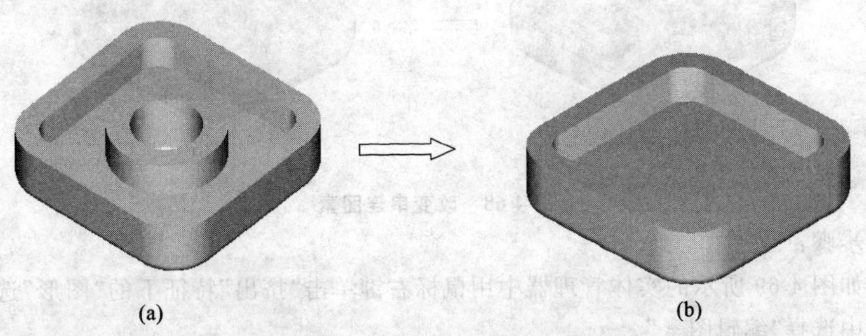


**图 4-65　删除实体特征**

操作步骤：

①在实体管理器中，用鼠标左键拾取“挤出切割”，然后单击鼠标右键弹出立即菜单，如图 4-66 所示。

②在弹出的菜单中选择“删除”命令，再单击如图 4-67 所示的实体管理器中的数据重生按钮 全部重建，结果实体由如图 4-65(a)所示变为如图 4-65(b)所示。

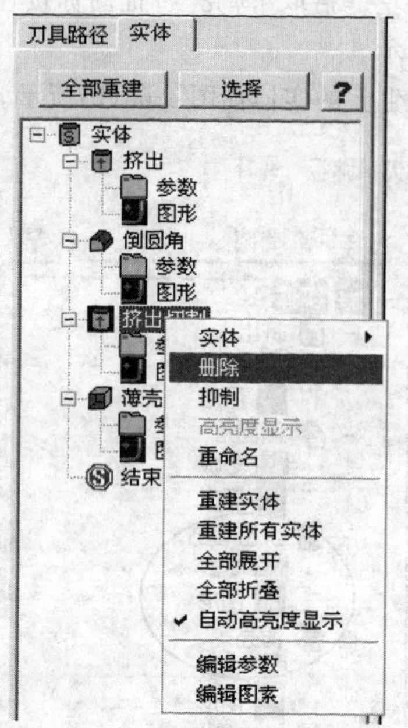


图 4-66 实体管理器界面 1

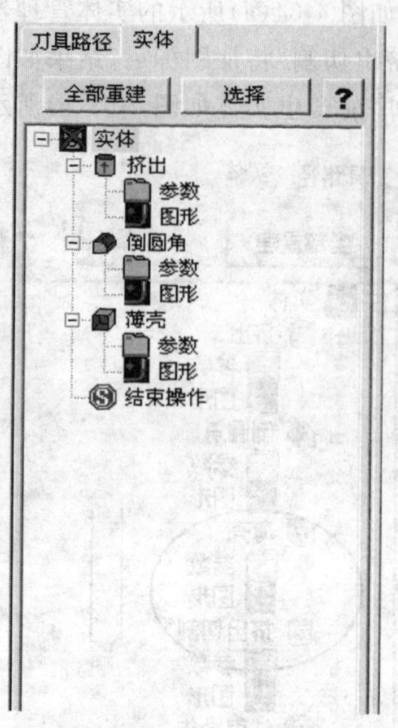


图 4-67 实体管理器界面 2



## 4.16.4 改变串连图素

有些实体是在二维图形的基础上生成的，如挤出实体、旋转实体、举升实体、扫描实体等。实体管理器可以在这些二维图形的基础上，增加串连图素或者重新选择串连图素等。

改变串连图素如图 4-68 所示。

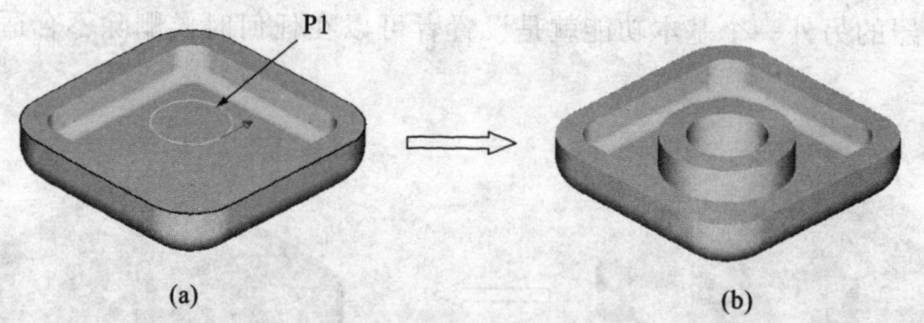


图 4-68 改变串连图素

操作步骤：

①在如图 4-69 所示的实体管理器中用鼠标右键单击"挤出"特征下的"图形"选项，在弹出的菜单中选择"编辑图素"。

②系统弹出"实体串连管理器"对话框，如图 4-70 所示，在"基本串连"选项上，单击鼠标右键，选择"增加串连"图素。

③单击如图 4-68(a)所示圆 P1，单击"实体串连管理器"对话框中的确定按钮 ✓ 。

④再单击实体管理器中的数据重建按钮 全部重建 ，将生成新的几何模型，如图 4-68(b)所示。

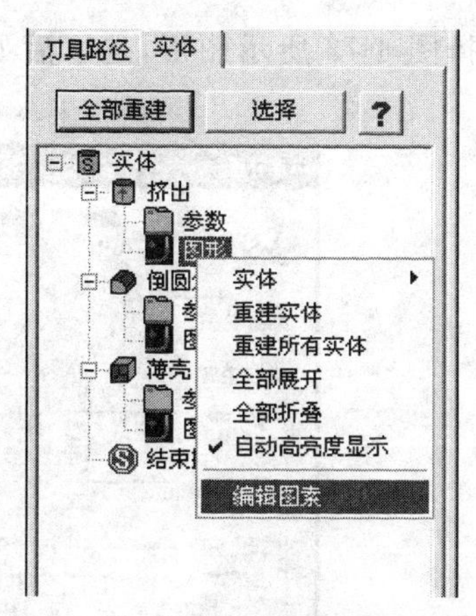


图 4-69　实体管理器界面 3

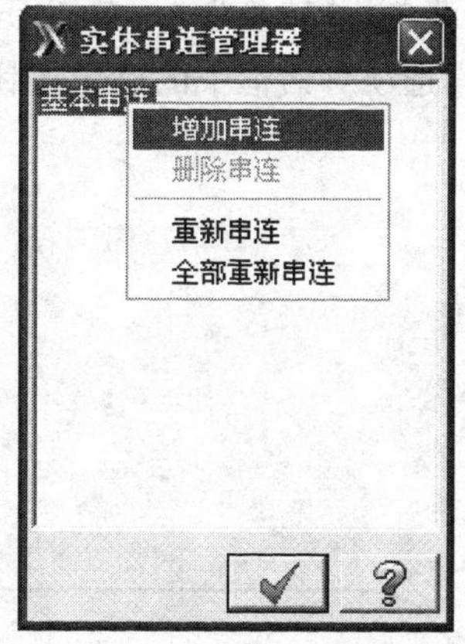


图4-70　“实体串连管理器”对话框

# 4.17 任 务 实 施



任务:构建一个烟灰缸实体模型。

具体操作步骤:

①设置构图面为 T 俯视图,图层为 1,图层名为基本线框。

②单击“构图”/“矩形形状设置”。

③弹出矩形形状设置对话框,参照图 4-71 所示设置相关参数,在绘图区拾取坐标原点(0,0);单击该对话框中确定按钮 ✓ ,结果如图 4-72 所示。

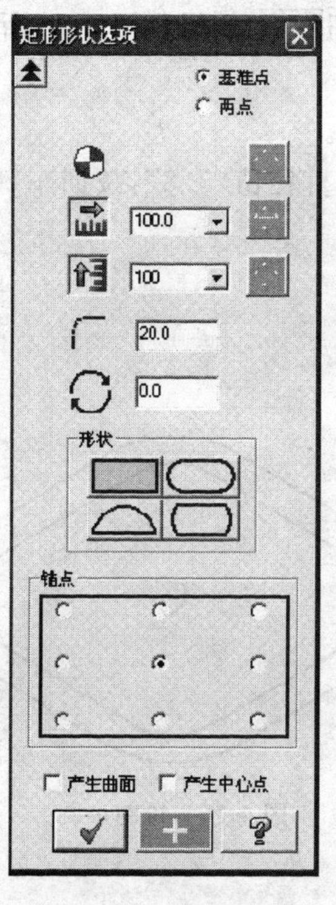


图 4-71　设置矩形参数

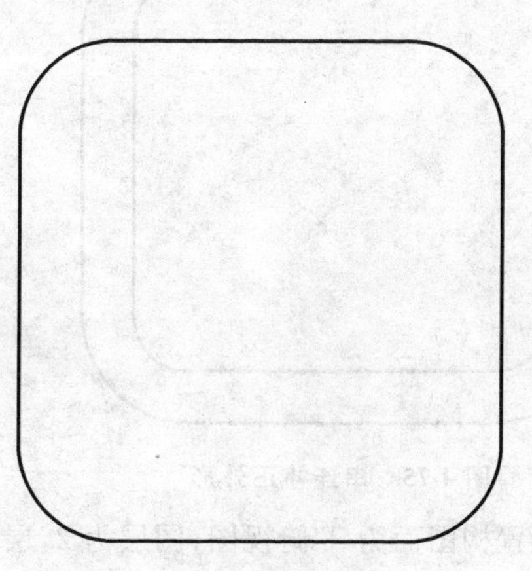

图 4-72　绘制的矩形

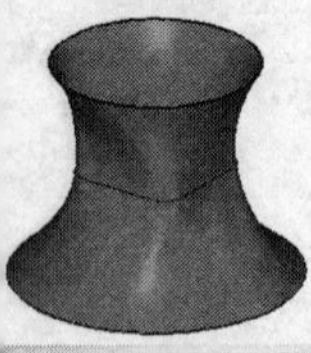



④单击菜单栏“转换”/“串连补正”。串连选择图 4-72 所示图形，选取后如图 4-73 所示，单击串连选项对话框中的确定按钮 ✓。

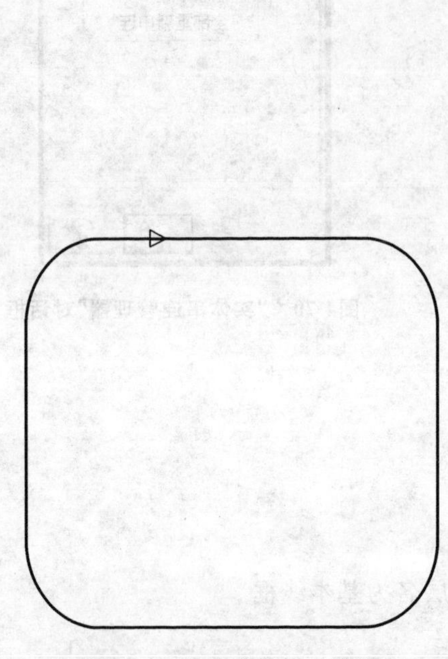

图 4-73　串连选择补正外形

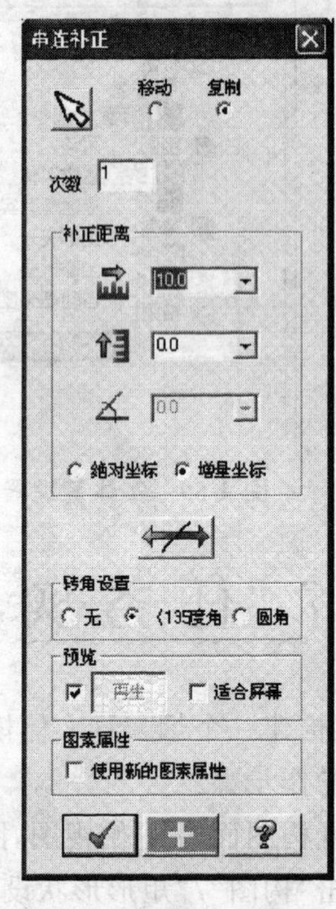


图 4-74　“串连补正”对话框



⑤在如图 4-74 所示“串连补正”对话框中，输入补正距离“10”，按回车键确认(注意：若补正方向反了，单击改变方向按钮)，再单击确定按钮 ✓，结果如图 4-75 所示。

⑥设置构图面为 F 前视图。

⑦单击菜单栏“构图”/“画圆弧”/“圆心点画圆”命令。

⑧拾取原点(0,0)为圆的圆心点；在操作栏输入圆的直径值“7.8”，按回车键确认，单击操作栏中的确定按钮 ✓，结果如图 4-76 所示。

图 4-75　串连补正外形

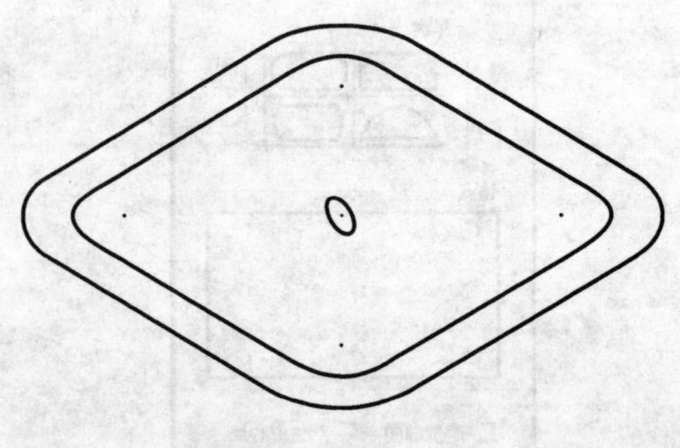

图 4-76　绘制小圆

⑨设置构图面为 T 俯视图，图层为 2，层名：实体。

⑩单击菜单栏“实体”/“挤出实体”。

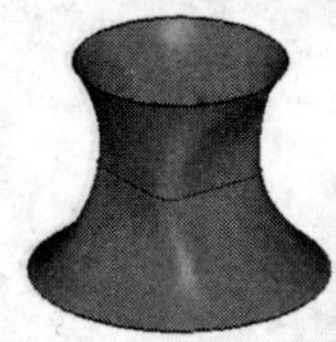



⑪串连选择图 4-77 所示外形 P1，单击串连对话框中的确定按钮，结果如图 4-78 所示，同时弹出“实体挤出的设置”对话框。

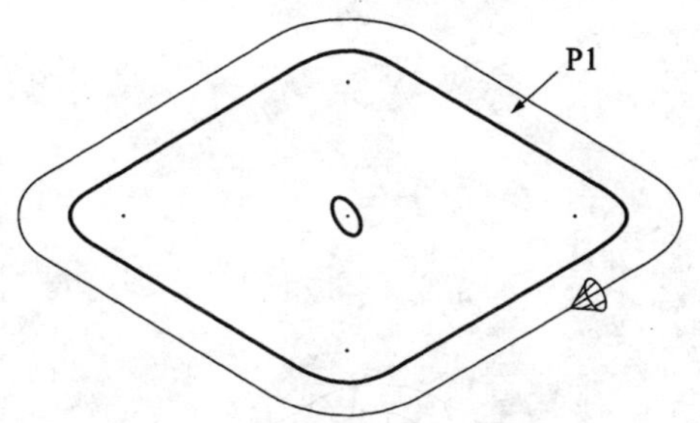


图 4-77　挤出实体外形

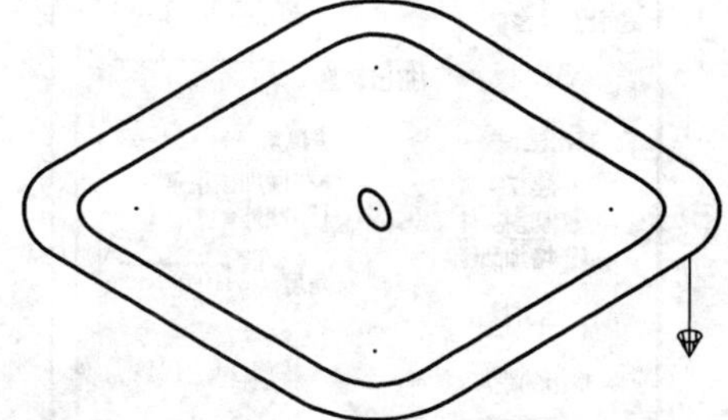

图 4-78　设置挤出实体方向

⑫参照图 4-79，设置挤出实体参数，单击确定按钮，结果如图 4-80。

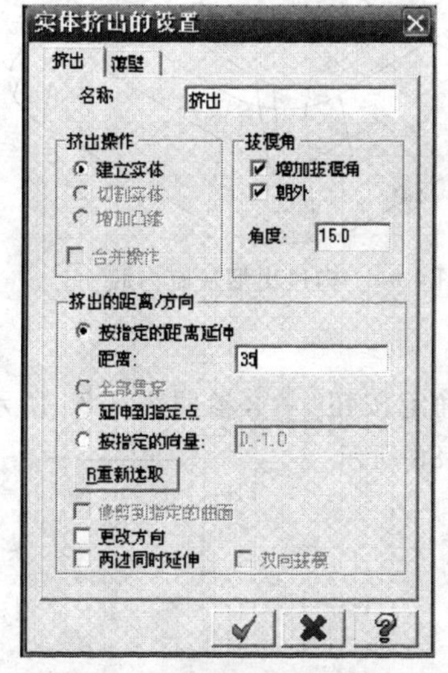


图 4-79　设置挤出实体参数

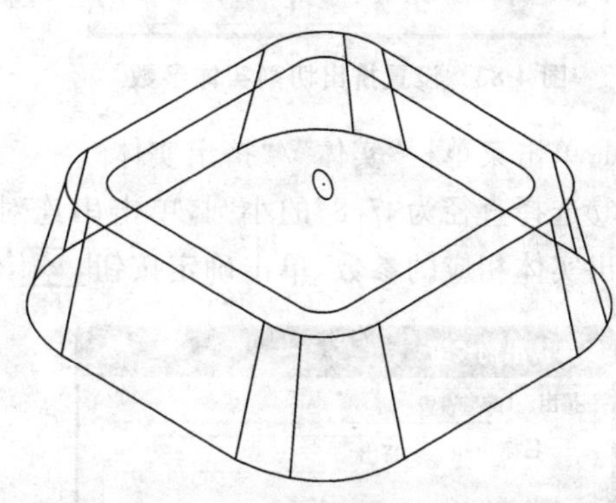

图 4-80　构建出烟灰缸主实体

⑬单击菜单栏“实体”/“挤出实体”。

⑭串连选择如图 4-81 所示 P2，单击串连对话框中的确定按钮，结果如图 4-82 所示，同时弹出“实体挤出的设置”对话框。

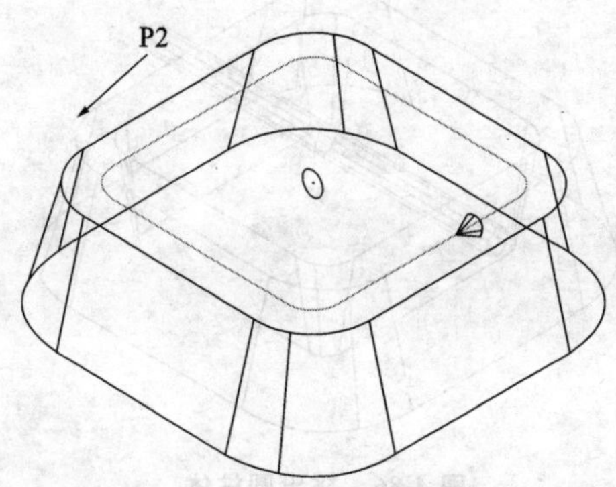


图 4-81　挤出切割实体外形

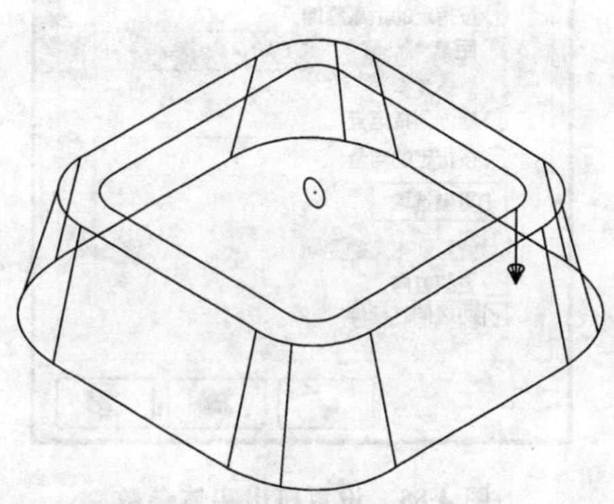

图 4-82　设置挤出切割实体方向

⑮参照图 4-83，设置挤出切割实体参数，单击确定按钮✓，结果如图 4-84 所示。

实体挤出的设置
挤出 薄壁
名称 挤出切割
挤出操作
建立实体
切割实体
增加凸缘
合并操作
拔模角
增加拔模角
朝外
角度: 10.0
挤出的距离/方向
按指定的距离延伸
距离: 30.0
全部贯穿
延伸到指定点
按指定的向量: 0,-1,0
R重新选取
修剪到指定的曲面
更改方向
两边同时延伸
双向拔模

图 4-83 设置挤出切割实体参数

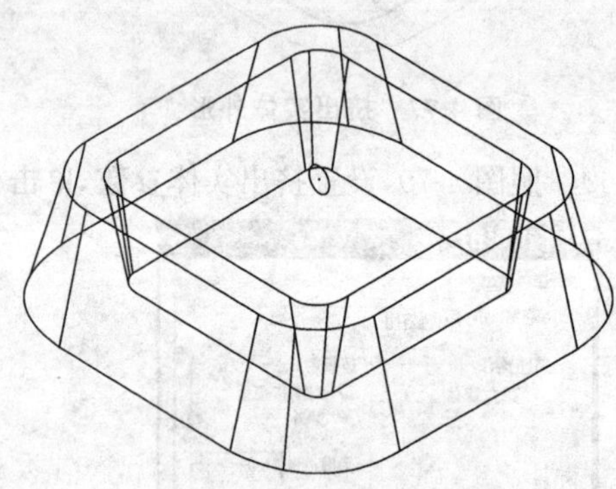

图 4-84 构建出烟灰缸内腔

⑯单击菜单栏“实体”/“挤出实体”。

⑰选择直径为“7.8”的小圆，单击串连对话框中的确定按钮✓，参照图 4-85 所示，设置挤出实体相应的参数，单击确定按钮✓，结果如图 4-86 所示。

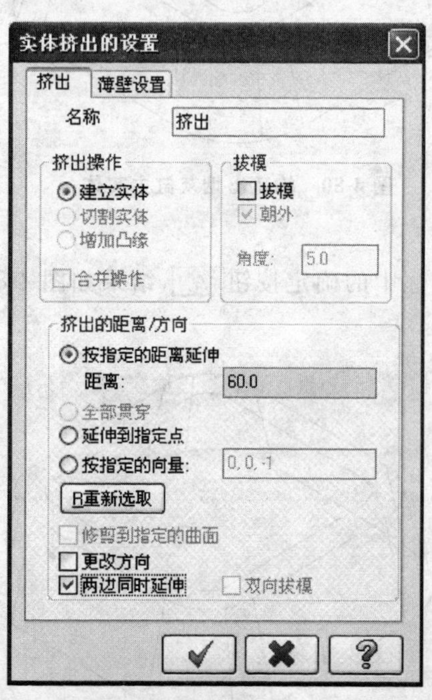


图 4-85 设置挤出实体参数

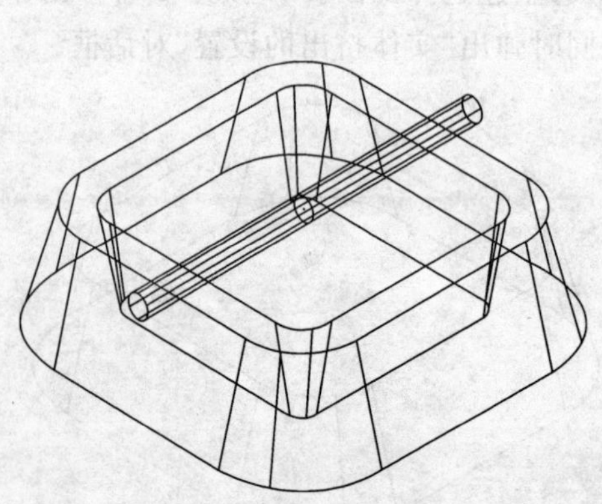

图 4-86 挤出圆柱体

⑱设置构图面为 T 俯视图。

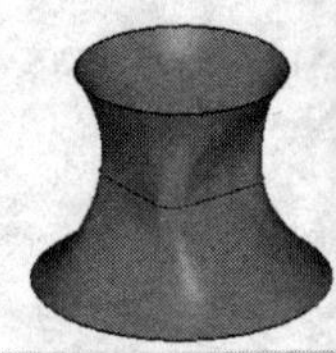



⑲单击菜单栏“转换”/“旋转”。

⑳选择圆柱体,按回车键确定,弹出“旋转选项”对话框,参照图 4-87 所示设置相关参数,单击选择旋转中心按钮,拾取原点(0,0),单击确定按钮,结果如图 4-88 所示。

㉑单击菜单栏“实体”/“布尔运算” / “切割”。

㉒依次选择烟灰缸主体,两个圆柱体,按回车键确定,结果如图 4-89。

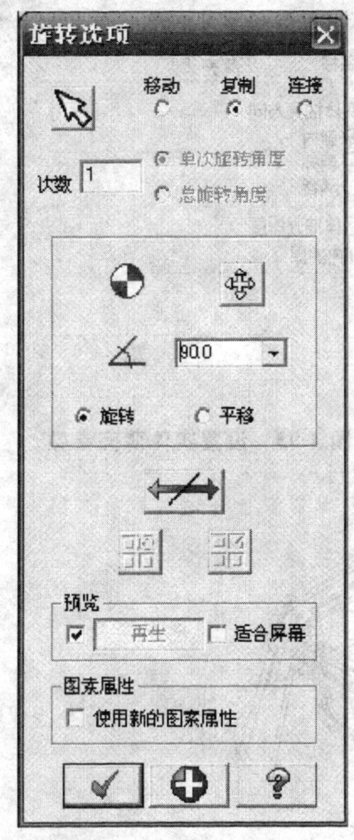


图 4-87　设置旋转参数

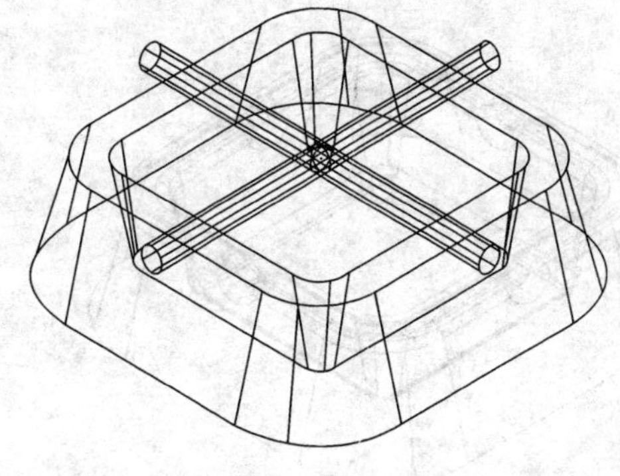

图 4-88　复制出圆柱体

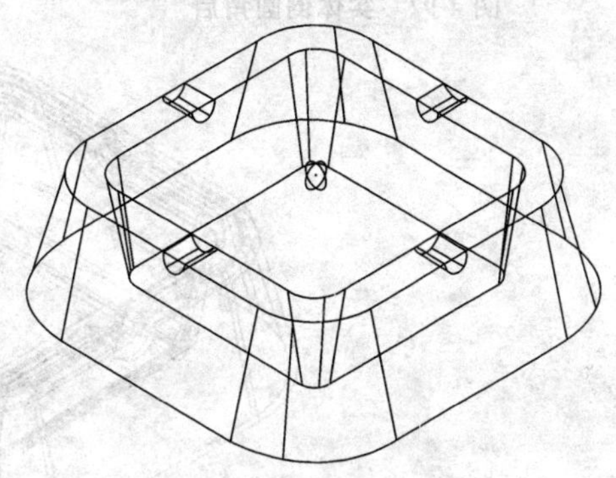

图 4-89　布尔运算后的实体



㉓单击菜单栏“实体”/“倒圆角”。

㉔在实体选择工具栏中(设置实体边界关闭,实体主体关闭,实体面选择打开),分别选取图 4-90 所示 9 个实体面 P1～P9,按回车键确定,弹出如图 4-91 所示“实体倒圆角参数”

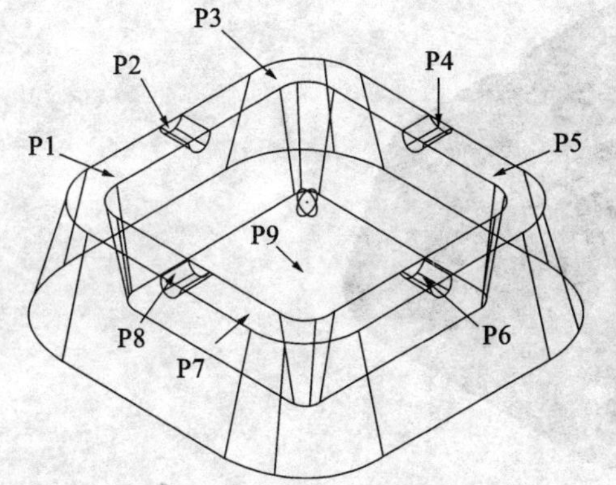


图 4-90　选取实体面倒圆角

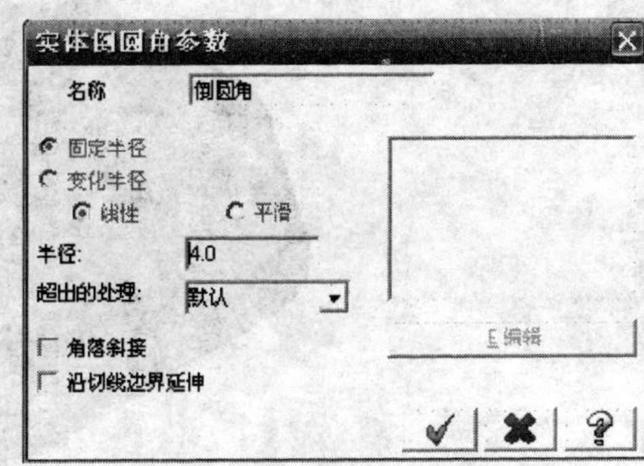


图 4-91　设置倒圆角参数

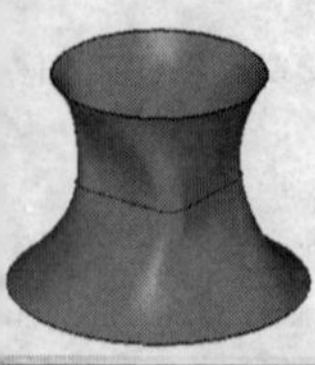



对话框，设置倒圆角半径“4”，按回车键确认，单击确定按钮 ✓，结果如图 4-92 所示。

㉕单击菜单栏“实体”/“薄壳”，

㉖单击实体选择工具栏中从背面拾取按钮（实体边界关闭，实体主体关闭，实体面选择打开），选择烟灰缸下表面，按回车键确认，弹出“实体抽壳”对话框，如图 4-93 所示，设置抽壳厚度，设置朝内的厚度“2”，单击确定按钮 ✓，结果如图 4-94 所示。

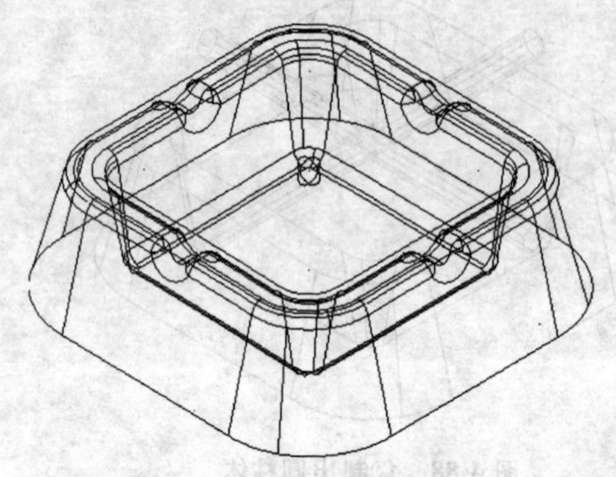

图 4-92 实体倒圆角后

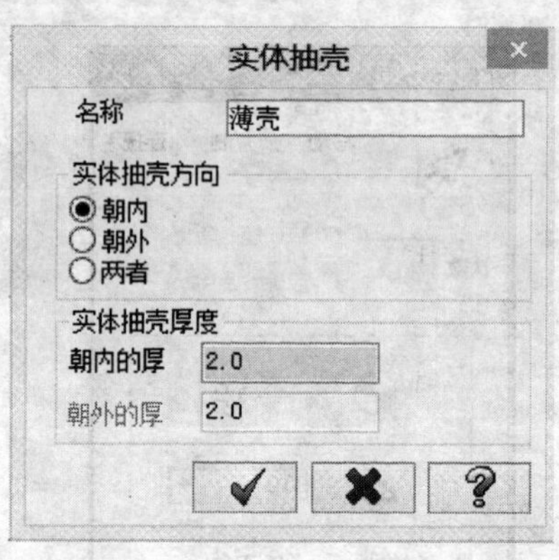


图 4-93 设置实体薄壳参数



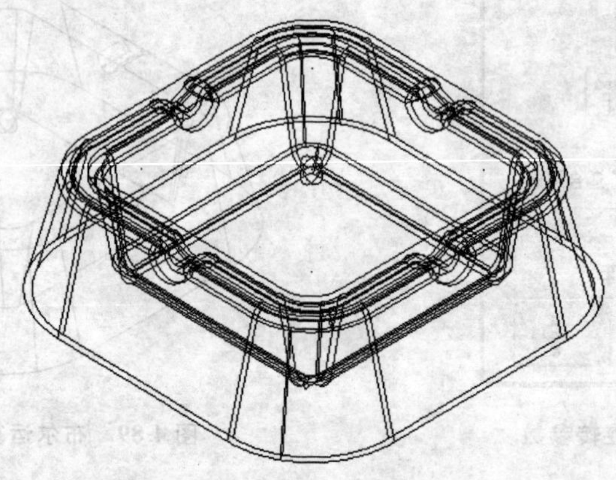

图 4-94 烟灰缸薄壳后的效果

㉗单击菜单栏实体着色按钮，结果如图 4-95 所示。

图 4-95 烟灰缸着色后的效果

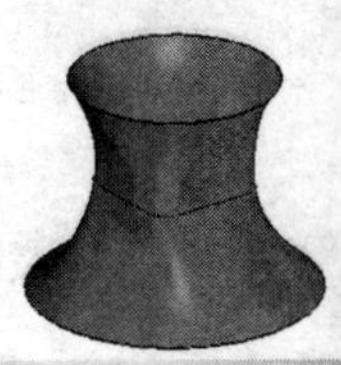





## 上机练习题

1. 进行挤出实体操作，如图 4-96 所示。

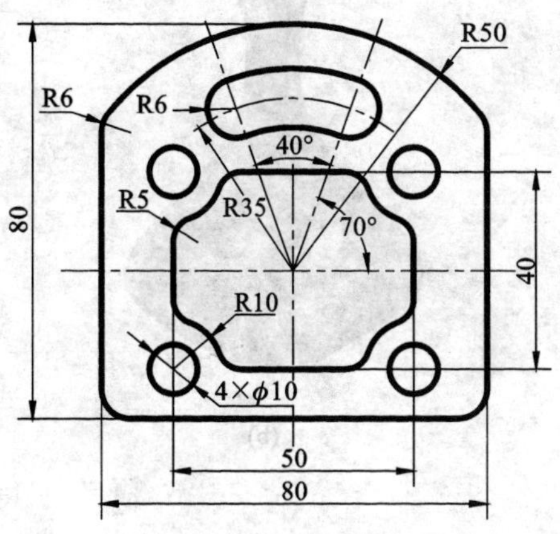

图 4-96

2. 进行扫描实体操作，如图 4-97 所示。

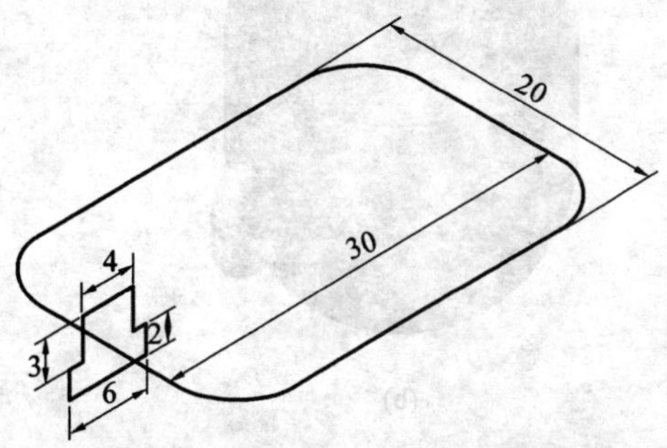

图 4-97

3. 进行旋转实体操作(尺寸自定)，如图 4-98 所示。

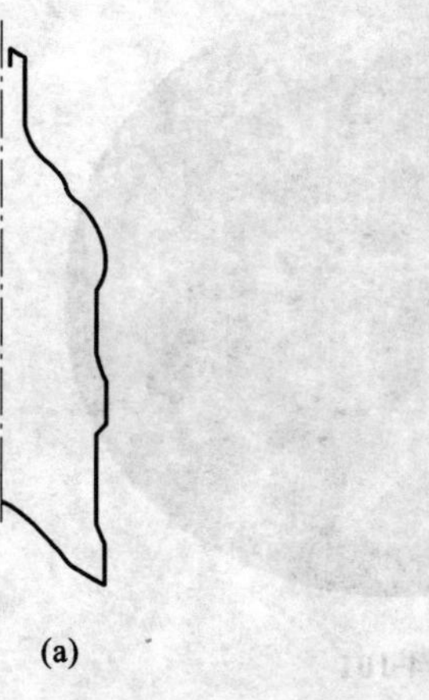

(a)　　　(b)

图 4-98

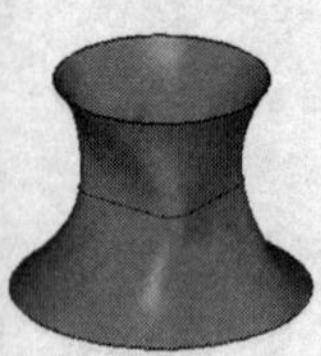



4. 进行举升实体操作，如图 4-99 所示。

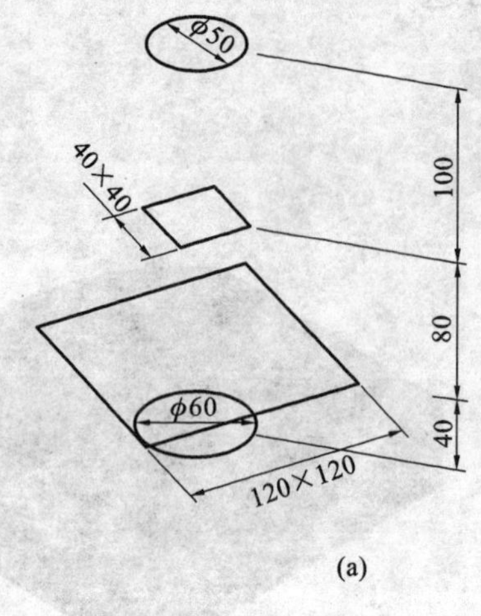


(a)

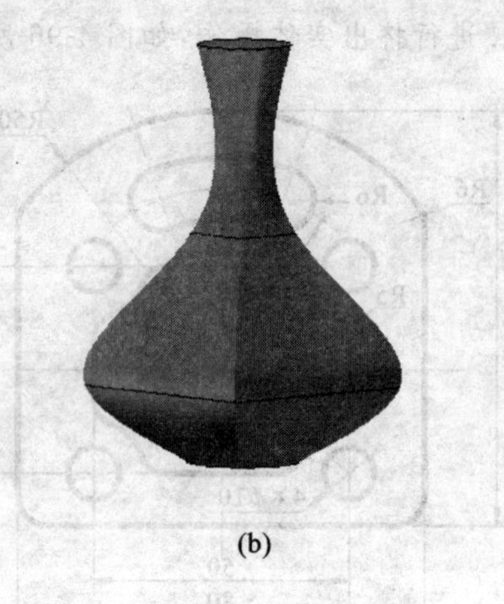

(b)

图 4-99



5. 创建一个杯子模型，如图 4-100 所示。

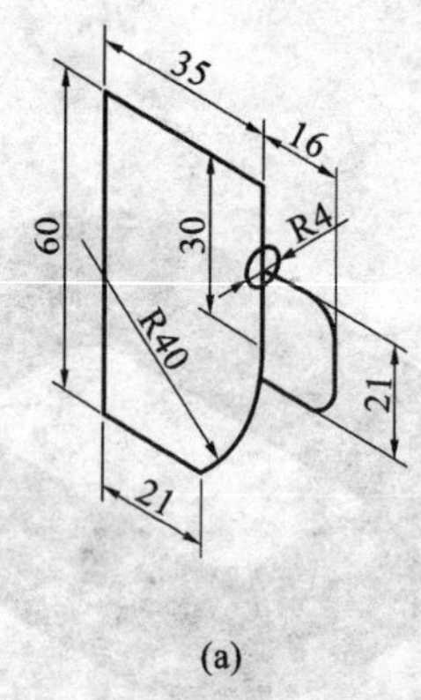


(a)

(b)

图 4-100

6. 创建一个旋转开关模型，如图 4-101 所示。

图 4-101

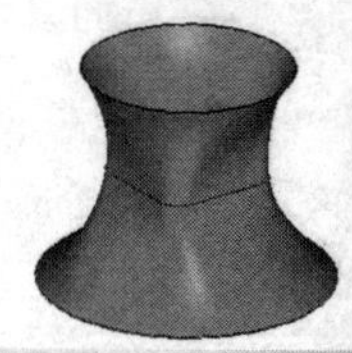





# 任务五　端盖零件的加工

**学习目标**

1. 熟悉数控加工编程的一般流程。

2. 掌握刀具设置、刀具参数表设置、素材设置、操作管理、外形加工、挖槽加工参数设置、钻孔加工参数设置、面铣削加工参数设置。

## 5.1　CAM 加工基础

在一般的 CAD/CAM 系统中,CAD 最终主要是生成工件的几何外形,CAM 则主要是根据工件的几何外形设置相关的切削加工数据并生成刀具路径,刀具路径实际上就是工艺数据文件 (NCI),它包含了一系列刀具运动轨迹以及加工信息,如进刀量、主轴转速、冷却液控制指令等。再由后处理器将 NCI 文件转换为 CNC 控制器可以解读的 NC 码,通过介质传送到加工机械就可以加工出所需的零件。

### 5.1.1　刀具设置

在数控加工中,刀具的选择直接关系到加工精度的高低、加工表面的优劣和加工效率的高低。选择合适的刀具并使用合理的切削参数可以使数控加工以最低的加工成本、最短的加工时间达到最佳的加工质量。

1. 刀具库取刀

操作步骤:

①单击下拉菜单“刀具路径”/“外形铣削”,弹出选择对象对话框。

②系统提示选择要加工的对象,在绘图区选取对象后,点击确定按钮 ✓ 。弹出刀具路径对话框,如图 5-1 所示。

③用鼠标点击刀具选项,弹出如图 5-2 所示对话框。

④在刀具区域,单击鼠标右键,弹出图 5-3 所示立即菜单。

⑤在立即菜单中,用鼠标左键拾取“选择刀库”,弹出图 5-4 所示刀具库对话框。从中选择所需要的刀具即可。

⑥在图 5-4 所示刀具库对话框中,选择直径为 12mm 的平底刀,然后单击确定按钮 ✓ 。结果如图 5-5 所示。

2. 编辑刀具

从刀具库选择的加工刀具,其刀具参数采用的是系统给的参数,用户也可以对相应参数

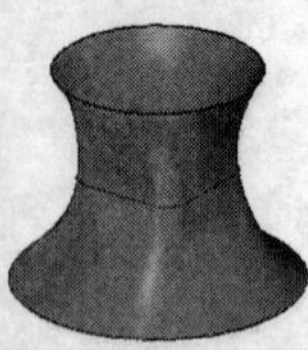





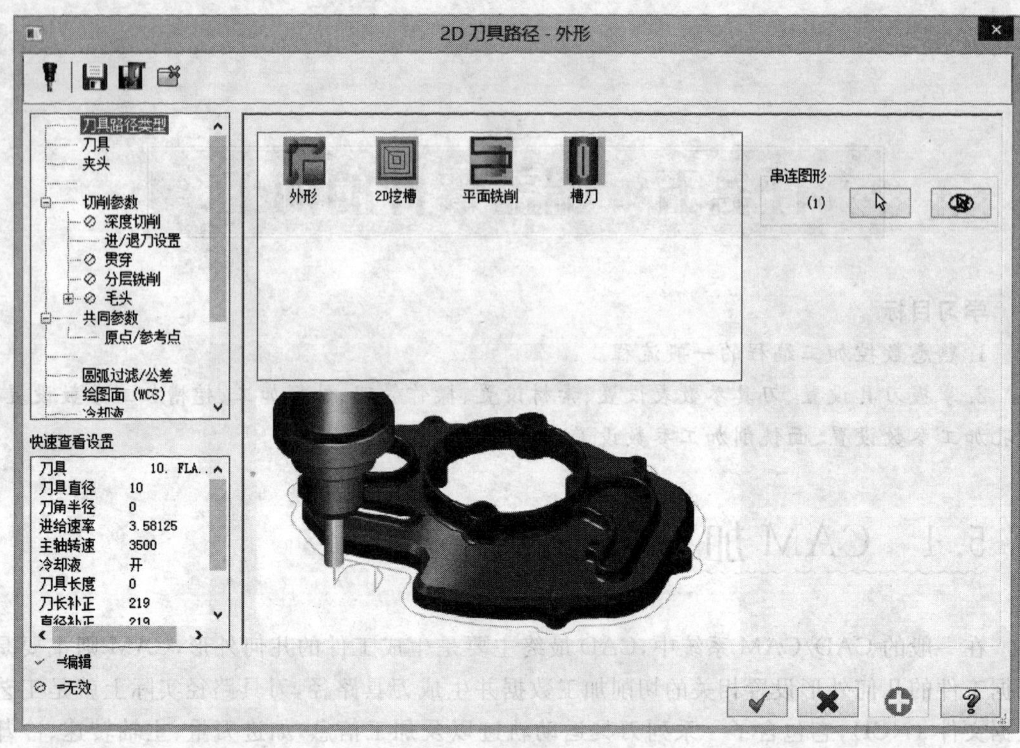


图 5-1 刀具路径对话框

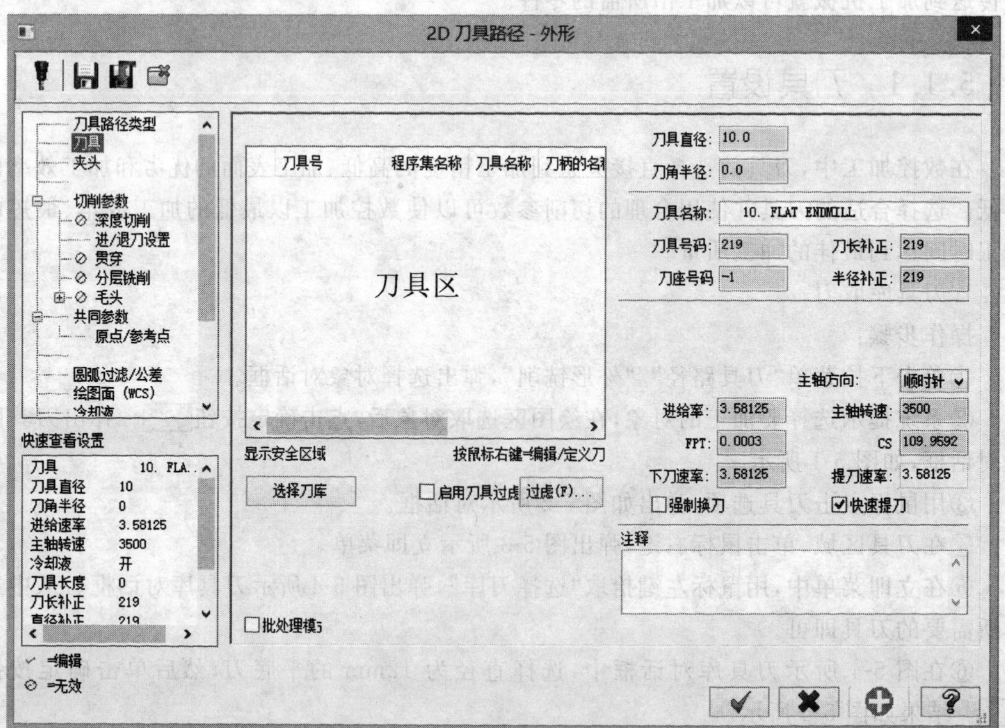


图 5-2 刀具选项对话框

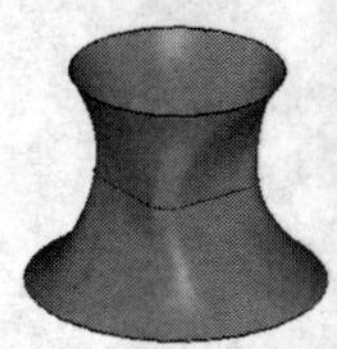



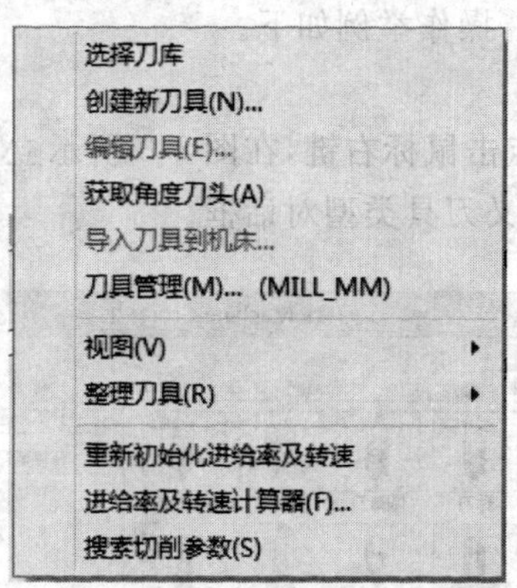


图 5-3　立即菜单

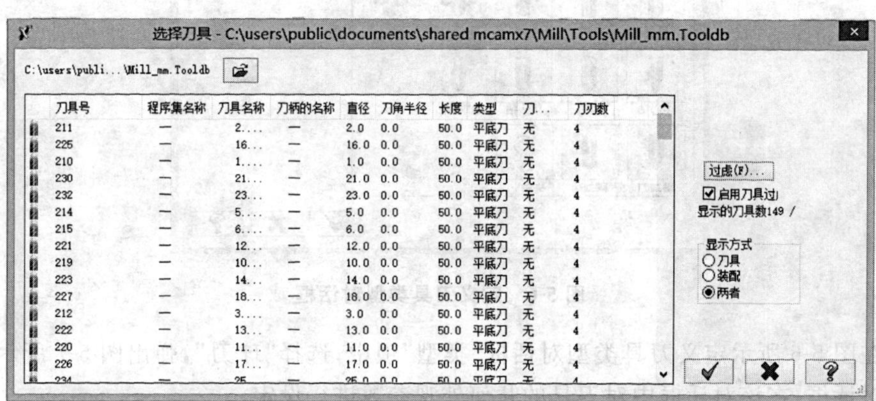


图 5-4　刀具库对话框

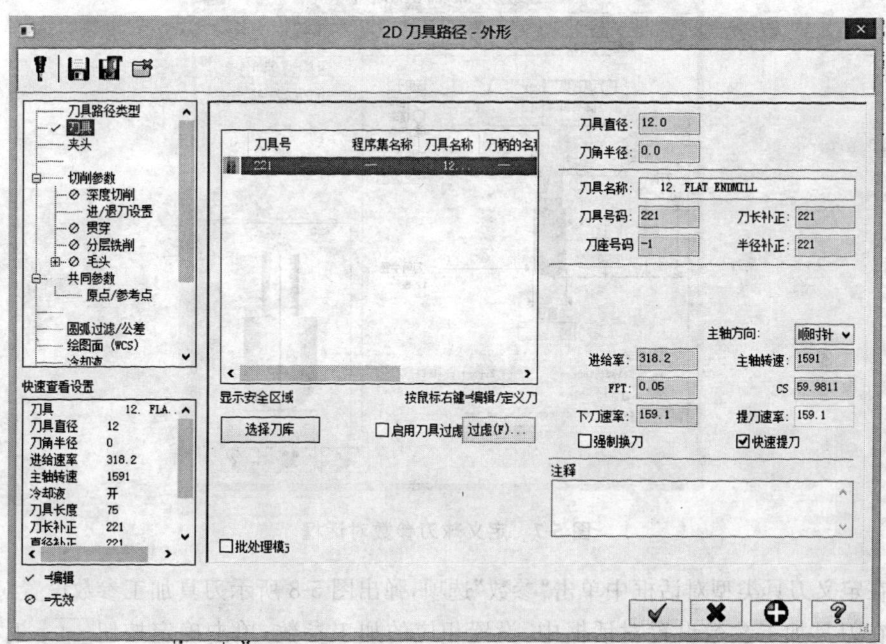


图 5-5　外形加工刀具选项对话框

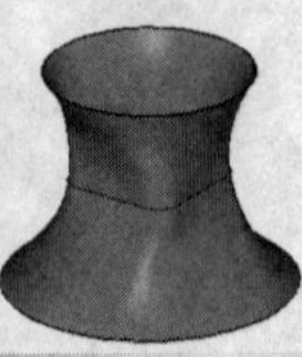



进行修改来得到所需要的刀具，操作举例如下。

操作步骤：

①选中图 5-5 中一把刀，点击鼠标右键，在图 5-3 所示立即菜单中，用鼠标左键拾取“编辑刀具”，弹出如图 5-6 所示定义刀具类型对话框。

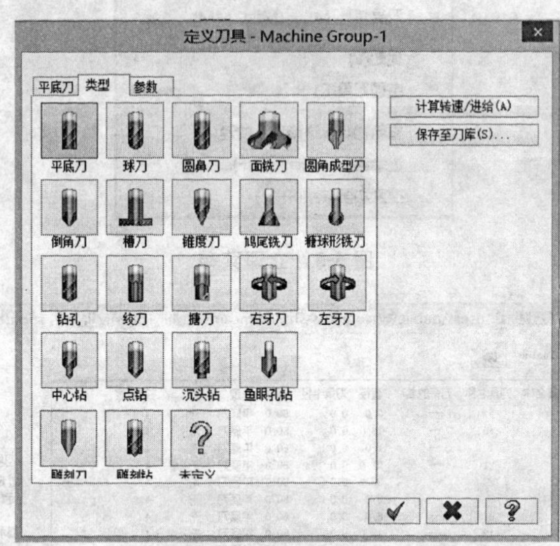


**图 5-6　定义刀具类型对话框**

②在图 5-6 所示定义刀具类型对话框“类型”项中，选择“球刀”，弹出图 5-7 所示定义球刀参数对话框，在该对话框中对刀具的几何外观参数进行设定。

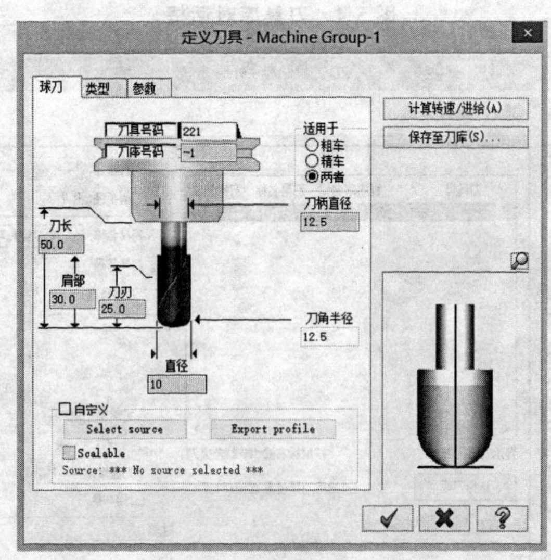


**图 5-7　定义球刀参数对话框**

③在定义刀具类型对话框中单击“参数”选项，弹出图 5-8 所示刀具加工参数设置对话框。

④在刀具加工参数设置对话框中，设置相应的加工参数，单击确定按钮 ✓，返回如图 5-2 所示刀具选项对话框，并且在刀具区显示直径 10mm 球刀。

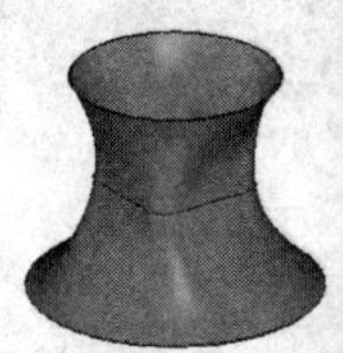





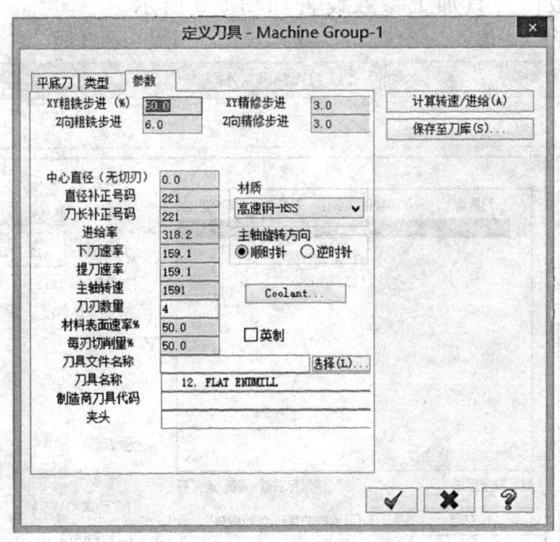


**图 5-8　刀具加工参数设置对话框**

图 5-8 所示刀具加工参数的含义如下：

XY 粗铣(精修)步进：粗铣(精修)切削加工时允许刀具切入材料的吃刀厚度，用直径百分比表示。

Z 向粗铣(精修)步进：粗铣(精修)切削加工时允许刀具沿 Z 方向切入材料的吃刀深度。

材质：用于设置刀具材料，点击“材质”下拉条有高速钢-HSS、硬质合金、镀钛、陶瓷、用户自定义等。

中心直径（无切刃）：刀具中心无切削刃部位的直径。

直径补正号码：指定刀具补正值的编号，暂存器号码形式一般是 DXX，该参数只有当系统设定刀具补正为左或右时才使用。

刀长补正号码：存储刀具长度补正值的暂存器编号，形式一般为 HXX。

进给率：共有两种进给率能控制切削速度，Z 轴进给率只用于 Z 轴垂直进刀方向，XY 进给率能适合其他方向的进给。单位是 mm/min。

提刀速率：Z 轴方向空行程时刀具移动速度。

材料表面速率：刀具切削线速度的百分比。

每刃切削量：刀具进刀量的百分比。

注意：实际加工时进刀量可以由刀具来决定，也可由材料来决定。当在工作设定中选择由刀具来决定时，以上参数有效。

参数设定完毕，按 保存至刀库(S)... 按钮，以便将来使用时调用该刀具资料。

## 5.1.2　刀具参数的设置

刀具参数是加工刀具路径的共同参数，也是数控加工的重要加工参数。无论采用何种方法生成刀具路径，在指定加工区域后都需要定义加工刀具的参数，这些参数中许多选项将直接影响后处理程序。刀具参数中主要包括刀具类型、刀具直径、刀角半径、主轴转速、下刀速率和提刀速率等参数。刀具加工参数设置如图 5-9 所示。

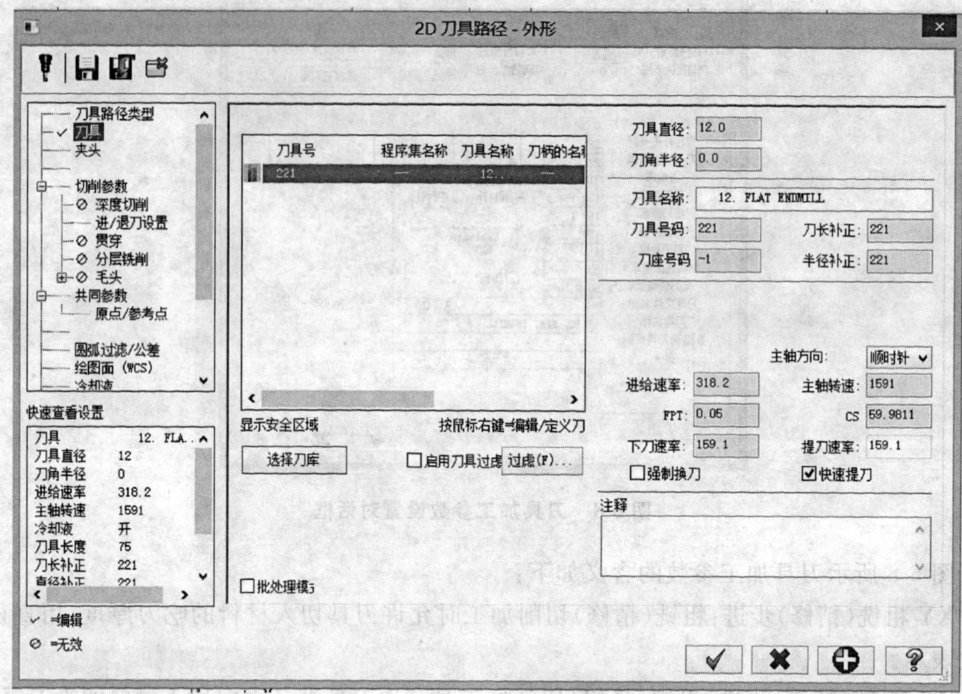


图 5-9 刀具加工参数设置

1. 主要参数

(1)刀具名称:显示所选择刀具名称。

(2)刀具号码:设置刀号,如输入“1”,在产生的 NC 程序中产生“T1”。

(3)刀座号码:设置刀座号。

(4)刀具直径:显示刀具直径。

(5)刀角半径:显示刀具的圆角半径。设置球刀或圆鼻刀的刀角半径时,要根据轮廓周边的过渡圆角进行设定,以避免过切现象发生。

(6)主轴转速:刀具转动的速度是根据刀具的直径大小、刀具的材料和工件材料等情况确定的。(提示:一般情况下是刀具直径越大,主轴转速越小;刀具材料越硬,刀具转速越大;切削材料塑性越大,主轴转速越大。)

(7)进给速率:是指刀具在 X、Y 轴方向上切削时的进给速度。

(8)下刀速率:是指主轴升降的进给速率,沿着加工面下刀时应选择较小的进给量,以免崩刀。刀具在工件外下刀时可取偏大值,但一般选择进给速率的 2/3(300~1000mm/min)。

(9)提刀速率:刀具向上提刀退离工件表面的进给速率,一般设定为 2000~5000mm/min。

(10)强制换刀:选择此复选框,在连续的加工操作中使用相同的加工刀具时,系统在 NCI 文件中以代码“1002”代替“1000”。

(11)快速提刀:选择此复选框,加工完毕后系统将以机床的最快速度回刀,未选择时,系统将以设置的提刀速率回刀。

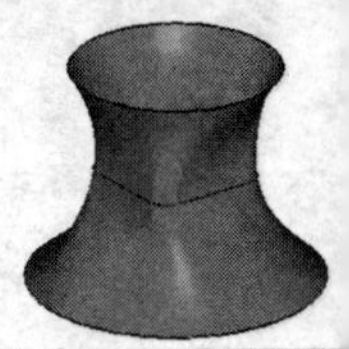





(12)批次模式:选择此复选框,系统将对 NC 文件进行批处理。

2. 机械原点

单击“外形铣削”对话框左侧的“原点/参考点”选项,即可弹出如图 5-10 所示对话框。用户可以直接输入机械原点的 X、Y、Z 坐标值,或单击选择按钮选择绘图区内的某一点来决定机械原点或单击从机床按钮,由加工机床决定机械原点。这个参数用来指定机床回参考点(机床原点)经过的中间位置。合理设置回参考点时经过的坐标值,可以避免机床回参考点时刀具碰到工作台上的工件或夹具等。机床原点坐标可以在文本框中输入,或单击按钮,在绘图区任意选择一点。

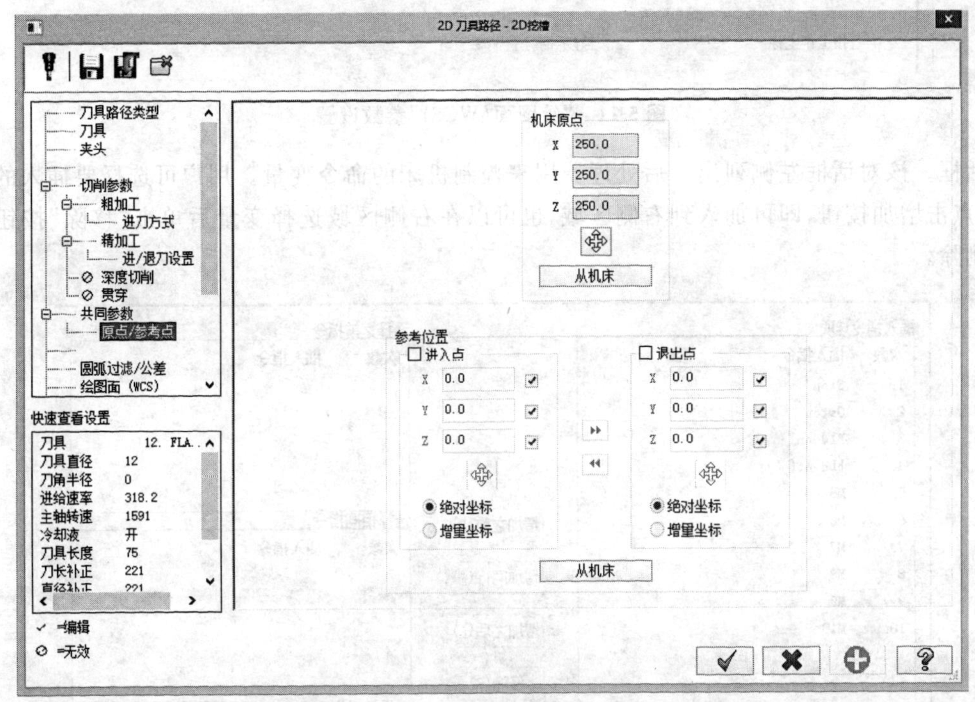


图 5-10　原点/参考点设置

3. 刀具参考点

单击“外形铣削”对话框左侧的“原点/参考点”选项,即可弹出如图 5-10 所示对话框。在此对话框中可以设置进刀点与退刀点的位置,此点位置应设在方便检查工件的位置。在机床加工过程中,刀具先从刀具原点移动到刀具参考点设定的进入点坐标位置后,再开始第一条刀具路径的加工。切削加工完后,刀具先移动到退出点坐标设定的位置后,再返回刀具原点。进入\退出点可以在文本框中输入,或单击按钮,在绘图区任意选择一点。

4. 绘图面(WCS)

单击“外形铣削”对话框左侧的“绘图面(WCS)”选项,即可弹出如图 5-11 所示对话框。系统默认的刀具面最常采用的是俯视图绘图面,它将在 NC 程序中产生加工指令代码 G17。原点坐标可以在文本框中输入,或单击按钮,在绘图区任意选择一点。

5. 插入指令

单击“外形铣削”对话框左侧的“插入指令”选项,即可弹出如图 5-12 所示的“插入指令”

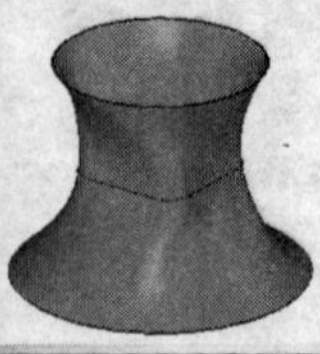



图 5-11 “绘图面(WCS)”参数设置

对话框。该对话框左侧列出了后处理器用来控制机床的命令变量。用户可选择要插入的变量,点击增加按钮,即可加入到右侧区域,也可以在右侧区域选择变量后单击“移除”按钮将其删除。



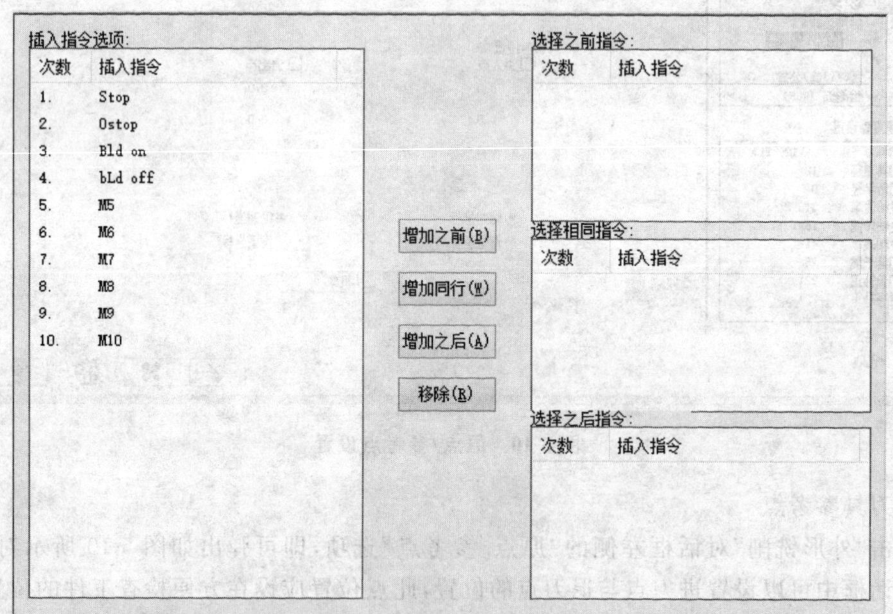


图 5-12 “插入指令”对话框

6. 杂项变数

单击“外形铣削”对话框左侧的“杂项变数”选项,即可弹出如图 5-13 所示的“杂项变数”对话框,可用于设置选定的后处理各杂项的值,包括 10 个整数值和 10 个实数值。

7. 旋转轴

旋转轴命令用来设置工件的旋转轴,一般在车床路径中使用。用户可选择 X 轴或 Y 轴作为替代的旋转轴,并可设置旋转方向、旋转直径等参数。在铣削模组中一般不使用。

| 整变数 | | 实变数 | |
|---|---|---|---|
| Work Coordinates [0-1=G92, 2=G54's] | 2 | 整变数 [1] | 0.0 |
| Absolute/Incremental, top level [0= | 0 | 杂项实变数 [2] | 0.0 |
| Reference Return [0=G28, 1=G30] | 0 | 杂项实变数 [3] | 0.0 |
| 杂项整变数 [4] | 0 | 杂项实变数 [4] | 0.0 |
| 杂项整变数 [5] | 0 | 杂项实变数 [5] | 0.0 |
| 杂项整变数 [6] | 0 | 杂项实变数 [6] | 0.0 |
| 杂项整变数 [7] | 0 | 杂项实变数 [7] | 0.0 |
| 杂项整变数 [8] | 0 | 杂项实变数 [8] | 0.0 |
| 杂项整变数 [9] | 0 | 杂项实变数 [9] | 0.0 |
| 杂项整变数 [10] | 0 | 杂项实变数 [10] | 0.0 |

☑当执行后处理时自动设为此值　　设为后处理文件值　　设为默认操作值

图 5-13　“杂项变数”对话框



## 5.1.3　素材设置

素材设置指的是设置当前的工件参数，包括工件类型的选择、工件尺寸的设置和工件原点的设置。设置好工件后，在验证刀具路径时可以看到所设置工件的三维图形效果。在“刀具路径管理器”（如图 5-14 所示）中，选择“属性”选项下的“素材设置”，系统弹出素材设置对话框，如图 5-15 所示。

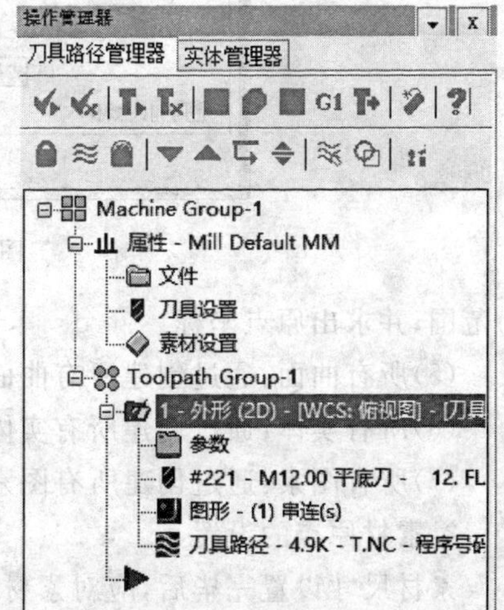


图 5-14　刀具路径管理器

1. 素材类型的选择

素材根据毛坯形状可选择立方体或圆柱体。

(1)在选择圆柱体时，可选 X 轴、Y 轴和 Z 轴来确定圆柱轴线的方向。

(2)选择实体则可以通过单击按钮在图上选择一部分实体作为毛坯形状。

(3)选择文件则可以通过单击按钮从一个 STL 文件输入毛坯形状。

选中显示方式，设置的工件就在屏幕上显示出来。

2. 素材尺寸的设置

素材尺寸的设置是依据所绘制的产品图来确定的。

素材尺寸的设置有以下方法：

(1)直接输入法：直接输入中心点及毛坯的 X、Y、Z 坐标值。

(2)选取对角：在绘图区用鼠标选取工件的对角点，确定范围，系统自动显示毛坯的原点。

(3)使用边界盒：选取边界盒设定的范围，系统自动改变 X、Y 坐标值和毛坯的原点。

(4)使用 NCI 位移：当 NCI 文件生成后，系统自动计算出刀具路径的最大和最小坐标作

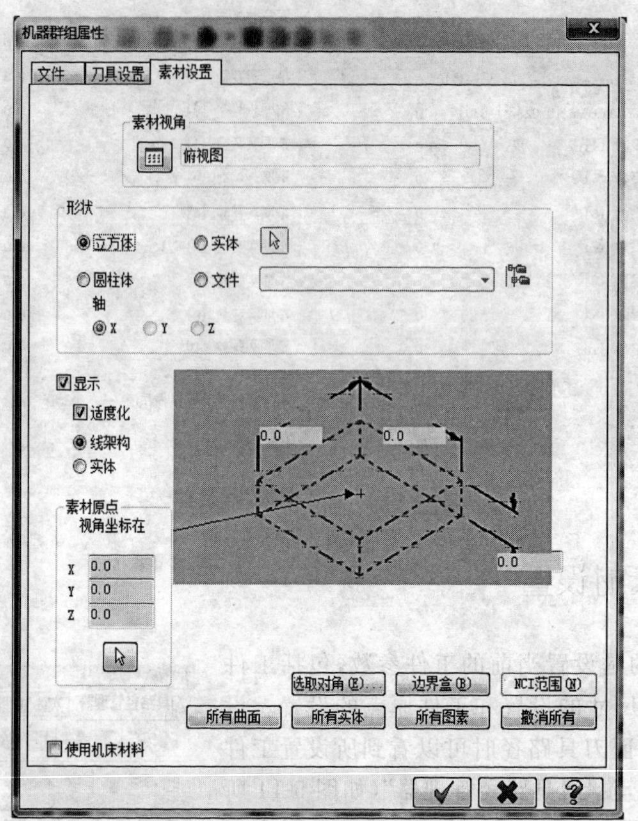


**图 5-15　素材设置对话框**

为范围，并求出原点坐标。

(5)所有曲面：通过创建所有曲面边界的形式来产生素材尺寸。

(6)所有实体：通过创建所有实体边界的形式来产生素材尺寸。

(7)所有图素：通过创建所有图素边界的形式来产生素材尺寸。

3. 素材原点的设置

素材尺寸设置完毕后，应对素材原点进行设置，以便对素材进行定位。素材原点可以定义在立方体工件的10个特征位置上，包括8个角点和上下面2个中心点。系统中的黑色小箭头就是用来指所选择原点在素材上位置的。将鼠标指针移到各特殊点位置上，单击即可将该点设置为素材原点。还可以通过以下方式来确定素材原点：

(1)在素材原点输入栏输入X、Y、Z坐标值以确定素材原点。

(2)单击按钮，返回到绘图区中选择一点作为素材原点，X、Y、Z坐标值将自动改变。

4. 材料的设置

在如图5-15所示素材设置对话框中单击“刀具设置”选项卡，系统弹出如图5-16所示设置素材材质对话框。在“材料”栏中单击“选择”按钮，打开如图5-17所示材料选择对话框。

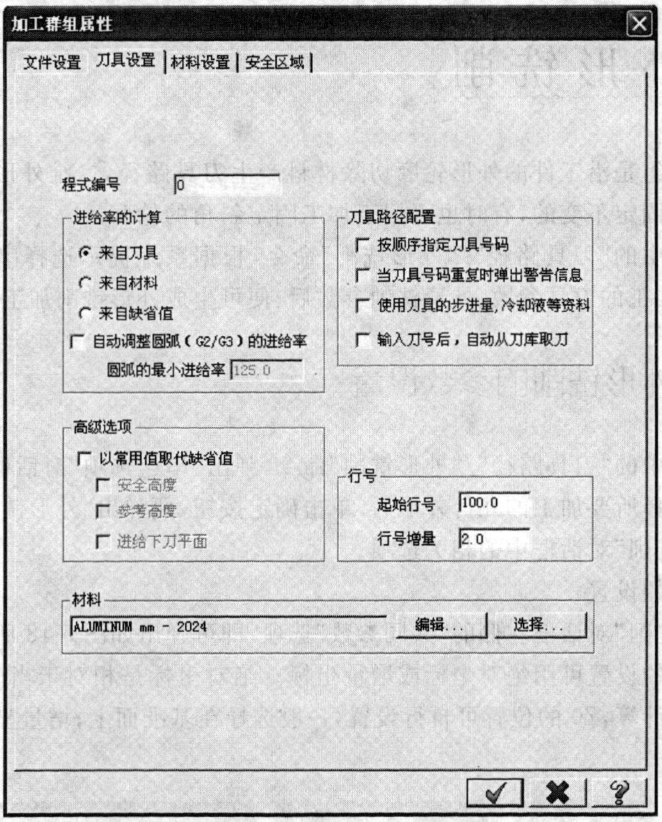

加工群组属性
文件设置
刀具设置
材料设置
安全区域
程式编号
0
进给率的计算
来自刀具
来自材料
来自缺省值
自动调整圆弧（G2/G3）的进给率
圆弧的最小进给率
125.0
刀具路径配置
按顺序指定刀具号码
当刀具号码重复时弹出警告信息
使用刀具的步进量,冷却液等资料
输入刀号后，自动从刀库取刀
高级选项
以常用值取代缺省值
安全高度
参考高度
进给下刀平面
行号
起始行号
100.0
行号增量
2.0
材料
ALUMINUM mm - 2024
编辑...
选择...

图 5-16　设置素材材质

材料列表
ALUMINUM mm - 2024
NONE
显示选项
显示全部
毫米
英制
公制
来源
Mill - current
压缩

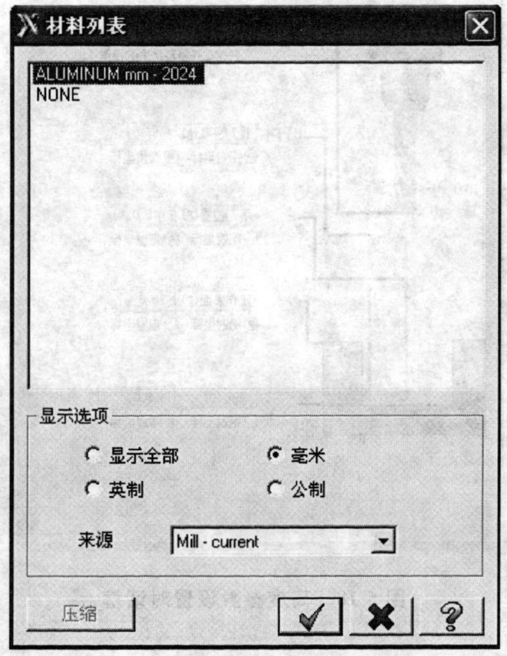

图 5-17　材料选择对话框

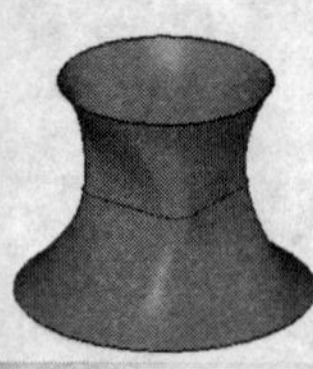



## 5.2 外形铣削

外形铣削模组是沿工件的外形轮廓切除材料产生刀具路径，二维外形铣削刀具路径的切削深度一般是固定不变的，有时也可用于加工固定斜角的轮廓。

单击菜单栏中的“刀具路径”/“外形铣削”命令，根据系统提示选择串连所需的工件外形，并设定外形加工的刀具参数、外形铣削参数后，便可生成外形铣削加工的刀具路径。

### 5.2.1 外形铣削的参数设置

单击菜单栏中的“刀具路径”/“外形铣削”命令，弹出“串连选项”对话框，按照系统提示，采用串连方式选择所要加工的几何外形后，单击确定按钮，便弹出“外形铣削”对话框。下面分别介绍“外形铣削”对话框中的相关选项。



1. 高度参数的设置

单击“外形铣削”对话框左侧的“共同参数”选项，即可弹出如图 5-18 所示的高度参数设置对话框。高度的设置可用绝对坐标或增量坐标。绝对坐标是相对于当前构图面 Z0 的位置进行刀具路径计算，Z0 的位置可自行设置，一般选择在基准面上；增量坐标是相对于毛坯顶面的。

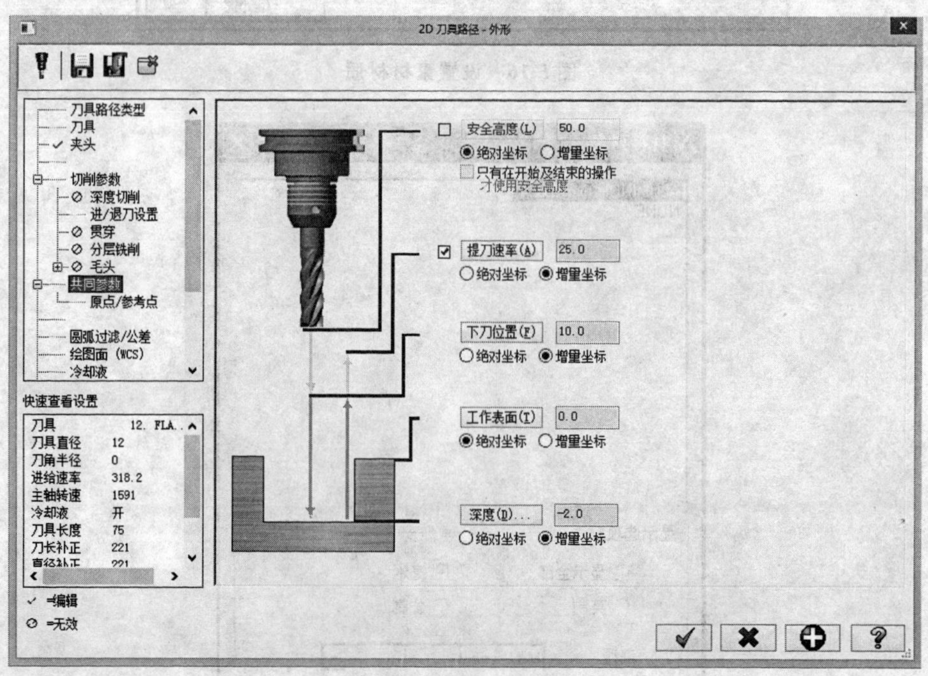


**图 5-18　高度参数设置对话框**

(1)安全高度

安全高度是从起始位置移动设计的高度，系统通常在默认状态下不选中该项。选中“安

全高度"按钮左边的复选框，则该按钮和其右文本框均变为可见，可在文本框中输入一个高度值，或在图形上选择一点，以该点高度值作为安全高度值。

(2)参考高度

参考高度是刀具下一次进刀前要回缩的高度，即刀具在Z向加工完一个路径后，进行下一次铣削前先提刀到该位置，然后再下刀加工下一个Z向路径。通常，参考高度低于安全高度，而高于进给下刀位置的高度。

(3)下刀位置

下刀位置也称为缓降高度，是设置刀具从快速进给变为插入速率进入工件中那一刻时的高度。刀具在下刀位置之上先快速下降，当下降到该位置后再以慢速接近工件。从安全高度到切削层的高度一般都有一段较长的距离，这段距离通常使用快速进给(G00)方式来移动。如果使用高速度直接进入到切削位置，那么对于刀具和工件都极不安全，极易产生撞刀事故。通过设定下刀位置来使刀具的运动更加安全。下刀位置参数值一般设为1～5mm即可。

(4)工作表面

工作表面即表征毛坯的高度。选用增量坐标时，是相对于所定义的外形的高度。

(5)深度

深度即外形铣削的最后深度。选用增量坐标时，是相对于所定义的外形的高度。

2. 切削参数设置

单击"外形铣削"对话框左侧的"切削参数"选项，即可弹出如图5-19所示的切削参数设置对话框。

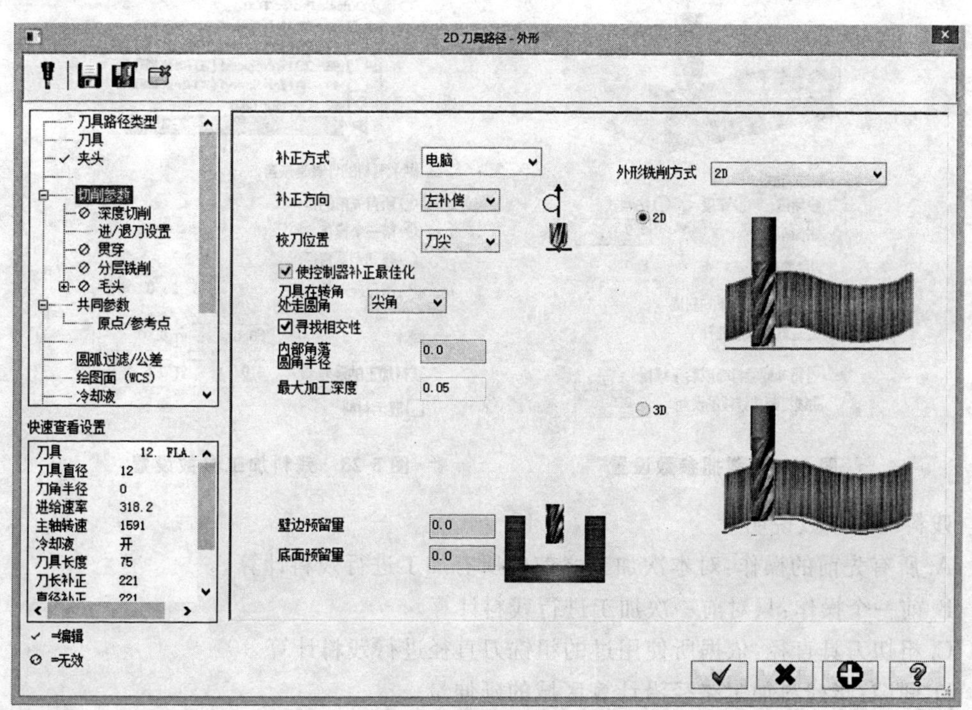


图5-19　切削参数设置对话框

(1)外形铣削方式

如图 5-20 所示，Mastercam X 提供以下外形铣削方式：2D、2D 倒角、斜插、残料加工。

①2D：用于常规铣削加工，系统内设值。

②2D 倒角：用于成型刀加工，如倒角等，参数设置如图 5-21 所示。主要按刀具形状设置其加工的宽度和深度。

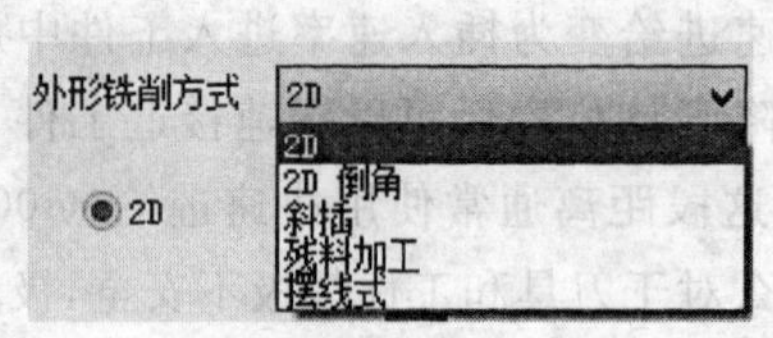


图 5-20　外形铣削方式

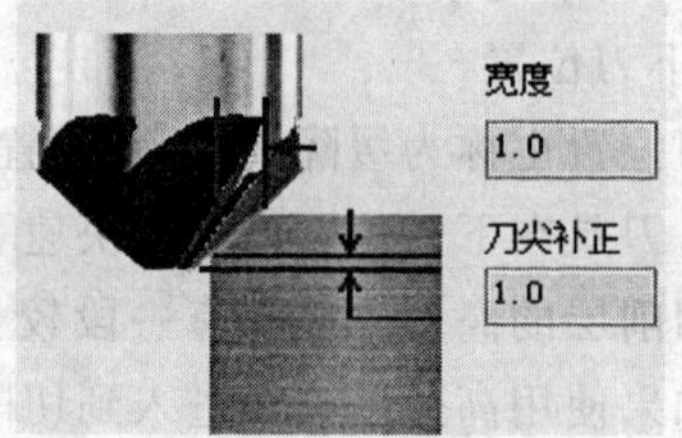


图 5-21　“2D 倒角”参数设置

③斜插(斜线渐降加工)：用于设定斜插进刀。有三种下刀方式：角度(指定每次斜插的角度)、深度(指定每次斜插的深度)和钻削式(不作斜插，直接以深度值垂直下刀)。参数设置如图 5-22 所示。



④残料加工：主要针对先前用较大直径刀具加工遗留下来的残料进行再加工，特别是工件狭窄的凹型面处。参数设置如图 5-23 所示。

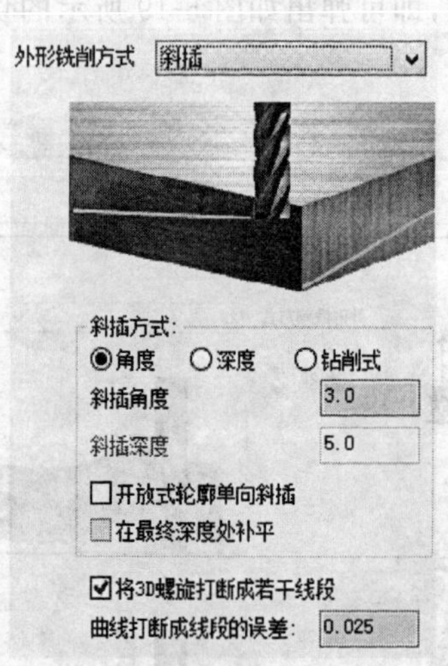


图 5-22　斜插参数设置

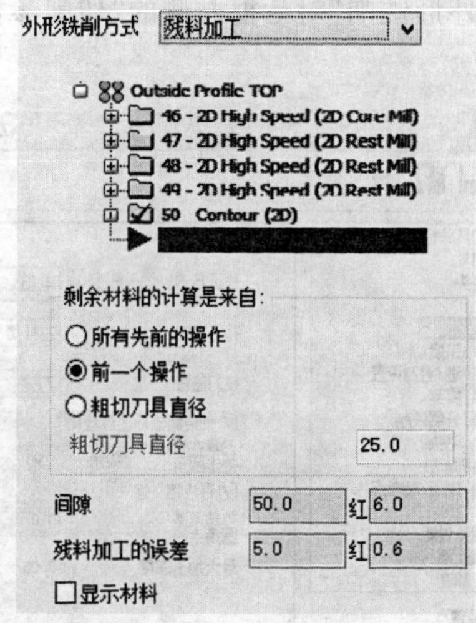


图 5-23　残料加工参数设置

残料加工参数说明：

A. 所有先前的操作：对本次加工之前的所有加工进行残料计算。

B. 前一个操作：只对前一次加工进行残料计算。

C. 粗切刀具直径：依据所使用过的粗铣刀直径进行残料计算。

D. 间隙：指残料加工路径沿计算区域的延伸量。

E. 残料加工的误差：计算残料加工的控制精度。

F. 显示材料：勾选该复选框，则在计算过程中显示工件已被加工过的区域。

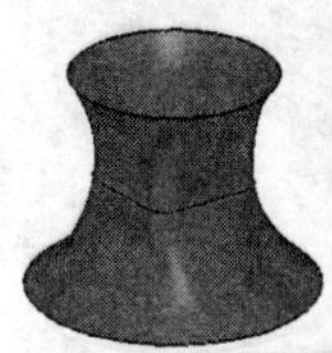



(2)刀具补正

数控机床中NC程序所控制的是刀具中心的轨迹，而零件提供的是零件加工后应达到的尺寸，因此在编制加工程序时就要将零件图样的尺寸换算成刀具中心尺寸。采用刀具半径补正功能可以直接用图样的尺寸编程，然后由数控机床的控制器或由Mastercam X软件将刀具的半径值补偿进去，即将刀具中心从程序路径向指定方向偏移刀具半径的距离。

①补正方式

常用的补正方式有控制器补正和电脑补正。

A. 控制器补正：选用控制器补正时，Mastercam X所生成的NC程序是以要加工零件图形的尺寸为依据来计算坐标，并会在程序的某些行中加入刀具补正命令(如左补正G41、右补正G42等)及补正号码(DXX)。机床执行该程序时由控制器根据这个补正指令计算刀具中心的轨迹。补正值存储在机床指定的暂存器内，补正值可以是实际刀具直径，或是指定刀具直径与实际刀具直径之差，加工之前应在机床上设定。使用控制器补正方式的后处理产生的程序中将有G41 D01(左补正)或G42 D01(右补正)指令。

B. 电脑补正：电脑补正由Mastercam X软件实现，在计算刀具路径时将刀具中心向指定方向移动与刀具半径相等的距离，产生的NC程序中已经是补正后的坐标值，并且程序中不再含有刀具补正指令(G41、G42)。补正选项可以根据加工要求设定为左补正、右补正和不补正。



②补正方向

刀具补正方向有左补正和右补正两种。注意补正方向的判断是这样的：按外形串连方向，根据刀具的中心偏向外形轮廓线的那一侧来判断，如图5-24所示外形串连方向更改了，左右位置也随着变化。

左补正

右补正

**图5-24　补正方向**

③刀长补正

设定刀具长度补正位置的有补正到圆心和补正到刀尖两种。

A. 圆心：补正到刀具端头中心，如图5-25(a)所示。

B. 刀尖：补正到刀具的刀尖，如图5-25(b)所示。

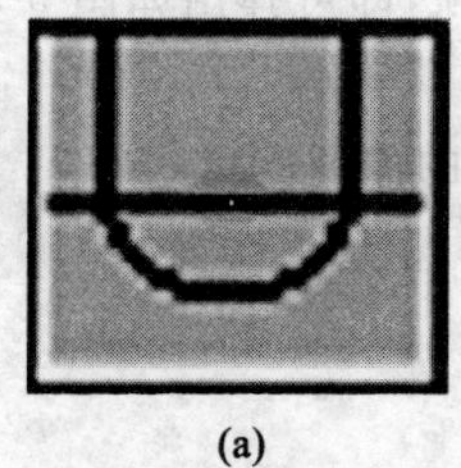

(a)

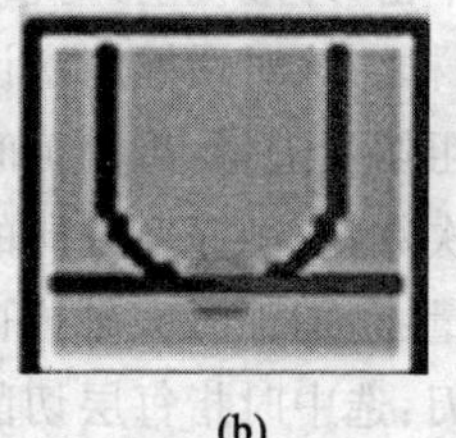

(b)

**图5-25　刀长补正**

(a)圆心补正；(b)刀尖补正

(3)转角设定

在转角部位,特别是在较小角度部位,机床的运动方向发生突变,会产生切削负荷的大幅度变化,对刀具极不利。Mastercam X 可以设定在外形有尖角处是否要加入刀具路径圆角过渡。转角设定有三种选项:无、尖角和全部,如图 5-26 所示。“无”选项表示不对任何尖角处进行转角过渡处理;“尖角”选项表示对工件材料侧的夹角小于 135°的进行转角过渡处理;“全部”选项表示对任何尖角处进行转角过渡处理。一般来说,应优先使用角落圆角,可以比较圆滑地过渡。

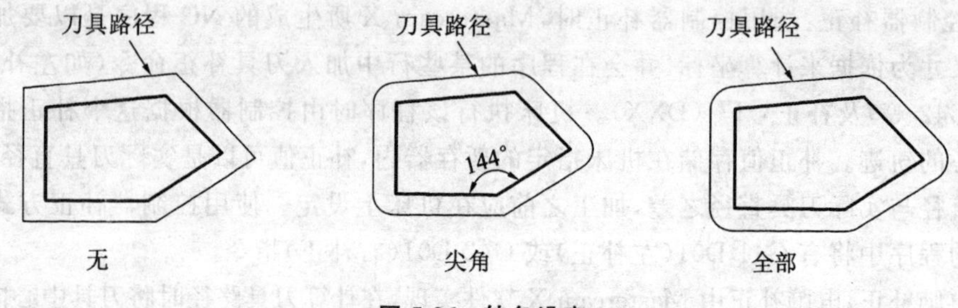


图 5-26　转角设定



(4)加工预留量

图 5-27 所示为“加工预留量”设置栏,外形加工时 XY 和 Z 轴方向的预留量需要设定,如果本次加工要加工到准确尺寸,则输入预留量为 0,否则要输入相应的预留值,以备后续加工。

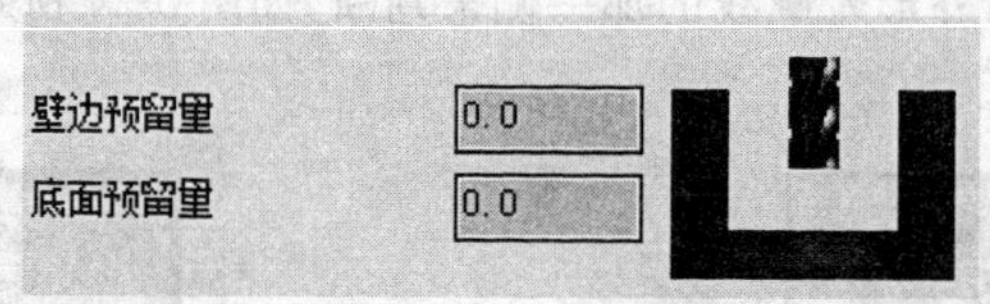


图 5-27　“加工预留量”设置栏

①壁边预留量(XY 方向的预留量):可输入外形轮廓偏移值,针对壁边做预留,默认值为 0,可以设为正值或负值。粗加工一般要留有一定量的加工余量,偏移值为正余量,铣削后所得的结果要远离实际轮廓所设计的要求;反之,偏移值为负余量,铣削后所得的结果要小于实际轮廓所设计的要求。

②底面预留量(Z 轴方向的预留量):即在设定的最后切削深度上方预留一定的加工量。

(5)深度切削

深度切削是指在 Z 方向(轴向)分层粗铣与精铣,用于材料较厚无法一次加工到最后深度的情形。单击“外形铣削”对话框左侧的“深度切削”选项,即可弹出如图 5-28 所示的“深度切削”对话框。该对话框用来设置深度切削的各参数。

①最大粗切步进量:粗加工时 Z 轴方向每层允许切削的深度。

②精修次数:切削深度方向的精加工次数。

③精修量:精加工时 Z 轴方向每层允许切削的深度。

④不提刀:选中时指每层切削完毕不提刀。

⑤副程序:选中时指分层切削时调用子程序,以减少 NC 程序的长度。在子程序中可选择使用绝对坐标或增量坐标。

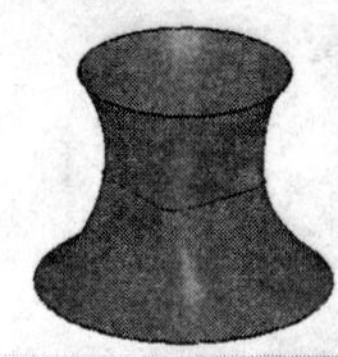



☑深度切削

最大粗切步进量: 2.0

精修次数: 0

精修量: 1.0

☐不提刀

☐副程序

○绝对坐标　◉增量坐标

深度分层铣削顺序

◉依照轮廓　○依照深度

☐锥度斜壁

锥度角: 0.0

图 5-28　“深度切削”对话框



⑥分层切削的顺序：

A. 依照轮廓：是指刀具先在一个外形边界铣削设定深度后，再进行下一个外形边界的铣削。这种方式的抬刀次数和转换次数较少，一般加工优先选用。然后进行下一个深度的铣削。

B. 依照深度：是指刀具先在一个深度上铣削所有的边界后，再进行下一个深度的铣削。

⑦锥度斜壁：选中该项，要求输入锥度角，分层铣削时将按此角度从工件表面至最后切削深度形成锥度。

(6)分层铣削

分层铣削是在 XY 方向分层粗铣和精铣，主要用于外形材料切除量较大，刀具无法一次加工到定义的外形尺寸的情形。单击“外形铣削”对话框左侧的“分层铣削”选项，即可弹出如图 5-29 所示的“分层铣削”对话框。该对话框用来设置 XY 平面分层铣削的各参数。

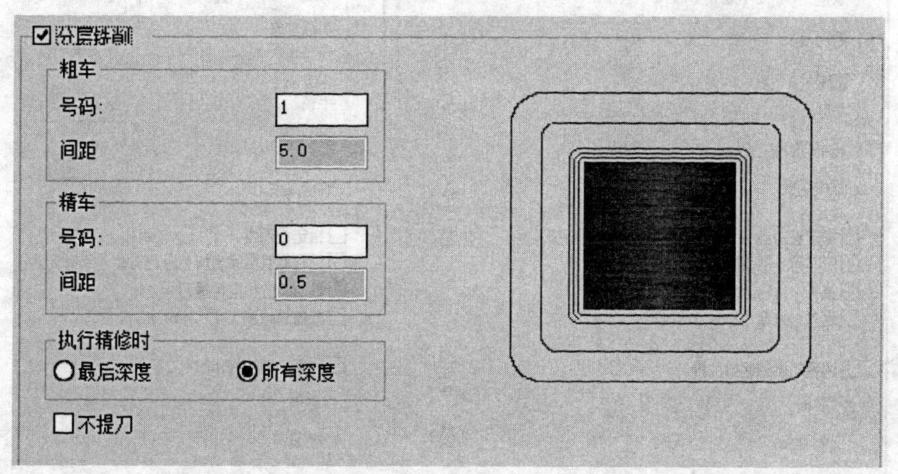


图 5-29　“分层铣削”对话框

(7)贯穿

Mastercam X 系统新增深度贯穿铣削功能，将刀具超出工件底面一定距离，能彻底清除

工件在深度方向的材料，避免了残料的存在。单击“外形铣削”对话框左侧的“贯穿”选项，即可弹出如图 5-30 所示的“贯穿参数”对话框。该对话框用来设置贯穿距离的参数。

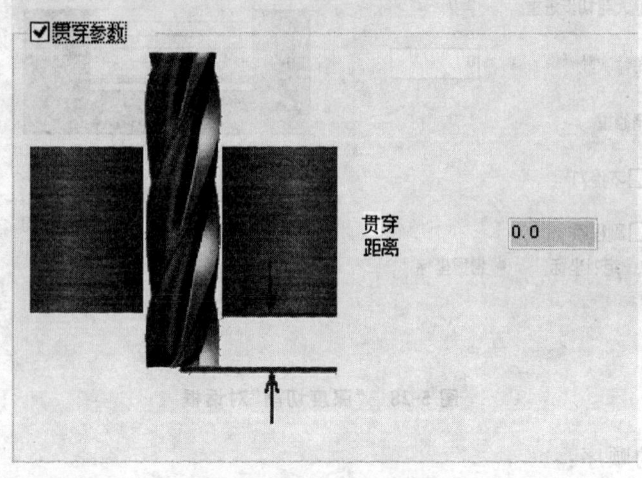


图 5-30 “贯穿参数”对话框

(8)进/退刀设置

为保证在加工时刀具在加工表面不留下刀痕，需设置进退刀引线或圆弧，使之与轮廓平滑连接，从而防止过切或产生毛边。

单击“外形铣削”对话框左侧的“进/退刀”选项，即可弹出如图 5-31 所示的“进/退刀设置”对话框。该对话框用来设置进/退刀向量的各参数。

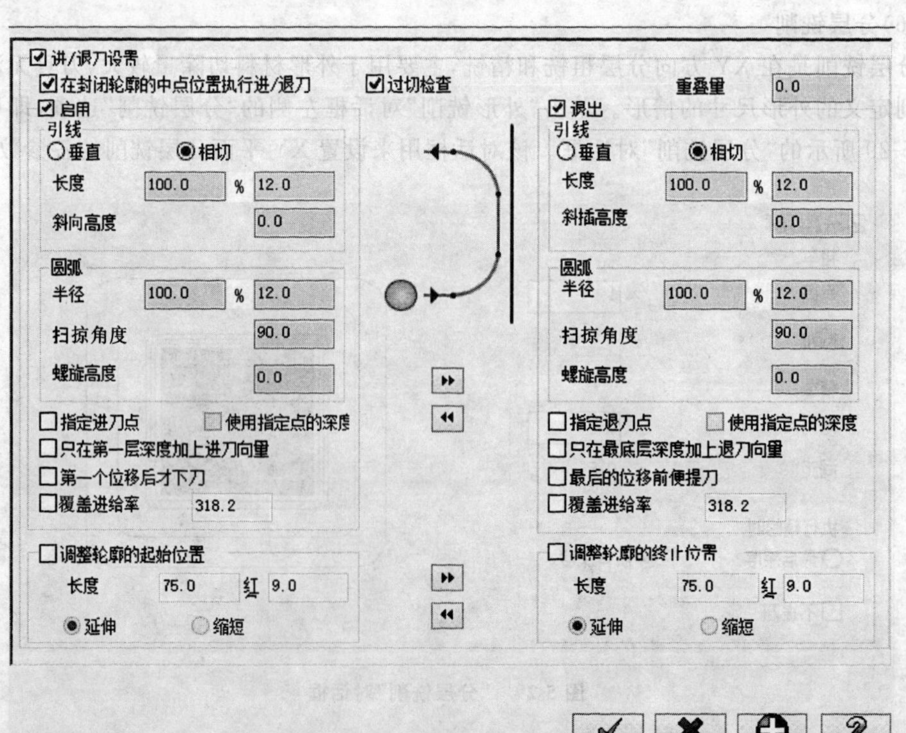


图 5-31 “进/退刀设置”对话框

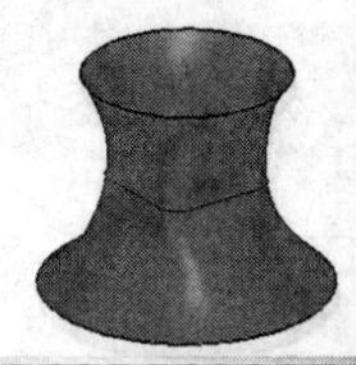



①在封闭轮廓的中点位置执行进/退刀:选择此复选框,将在选择几何图形的中点处产生进/退刀刀具路径,否则在选择几何图形的端点处产生进/退刀刀具路径。

②过切检查:选择此复选框,将启动进/退刀过切检查,确保进/退刀刀具路径不铣削外形轮廓的内部材料。

③重叠量:在退刀前刀具仍沿刀具路径的中点向前切削一段距离,此距离即为退刀的重叠量。

④进/退刀引线和进/退刀圆弧

Mastercam X 有多个参数来控制进退刀。如图 5-31 所示,左半部分为进刀设置,右半部分为退刀设置,每部分又包括引线长度、斜向高度以及圆弧的半径、扫掠角度、螺旋高度等参数设置。

进/退刀引线:进/退刀引线的方式有两种:垂直方式和相切方式,如图 5-32 所示。



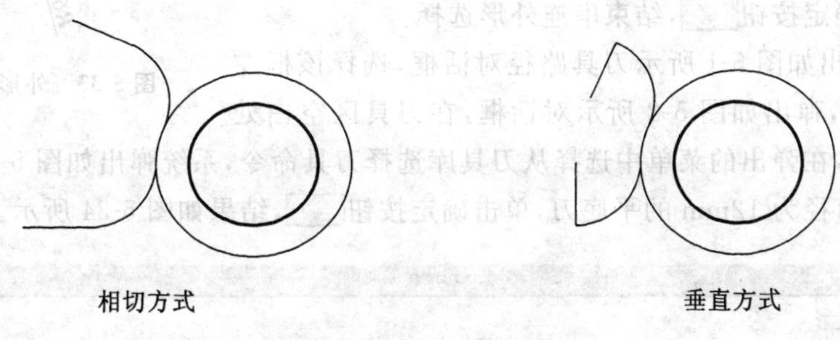


图 5-32 进/退刀引线的方式

垂直方式:是以一段直线引入线与轮廓线垂直的进/退刀方式。这种方式会在进刀处留下进刀痕,常用于粗加工。

相切方式:以一段直线引入线与轮廓线相切的进/退刀方式。这种方式常用于圆弧轮廓加工的进刀。

引线长度:进/退刀中直线部分的长度。设定了进/退刀引线长度。

斜向高度:进/退刀中直线部分起点和终点的高度差,一般为 0。

进/退刀圆弧:是以一段圆弧作为引入线与轮廓线相切的进/退刀方式。这种方式可以不断地切削进入到轮廓边缘,可以获得比较好的加工表面质量,通常在精加工中使用。

圆弧半径:进/退刀中圆弧部分半径值。

扫掠角度:进/退刀中圆弧部分包含的夹角,一般为 90°。

螺旋高度:进/退刀中圆弧部分起点和终点的高度差,一般为 0。

其他参数还包括:

指定进/退刀点:进/退刀的起始点可由操作者在图形中指定。

使用指定点的深度:自动使用指定点的深度作为下刀或退刀深度。

只在第一层深度加上进刀向量:分层铣削时为减少进刀时间可选此项。

只在最底层深度加上退刀向量:分层铣削时为减少退刀时间可选此项。

覆盖进给率:考虑到进刀时的受力情况,可以设置有别于正常切削的进给率。

(9)圆弧过滤/公差设置

圆弧过滤/公差设置用来设定刀具路径产生的容许误差值,用来删除不必要的刀具路

径，简化 NCI 文件的长度。

### 5.2.2 外形铣削实例

下面对如图 5-33 所示工件进行外形铣削加工。

操作步骤：

①绘制如图 5-33 所示外形铣削图形。

②在菜单栏中选择“机床类型”/“铣削”/“默认”命令，选择系统默认的机床类型。

③选择菜单栏中“刀具路径”/“外形铣削刀具路径”。

④系统提示选择串连外形，选择如图 5-33 所示二维图形外形，单击确定按钮 ✓，结束串连外形选择。

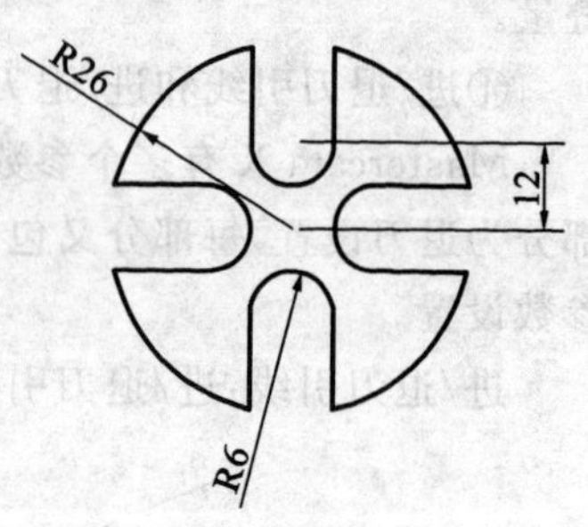


图 5-33 外形铣削图形

⑤系统弹出如图 5-1 所示刀具路径对话框，选择该框左侧“刀具”选项，弹出如图 5-2 所示对话框，在刀具区空白处单击鼠标右键，在弹出的菜单中选择从刀具库选择刀具命令，系统弹出如图 5-4 所示刀具库对话框，选择直径为 12mm 的平底刀，单击确定按钮 ✓，结果如图 5-34 所示。



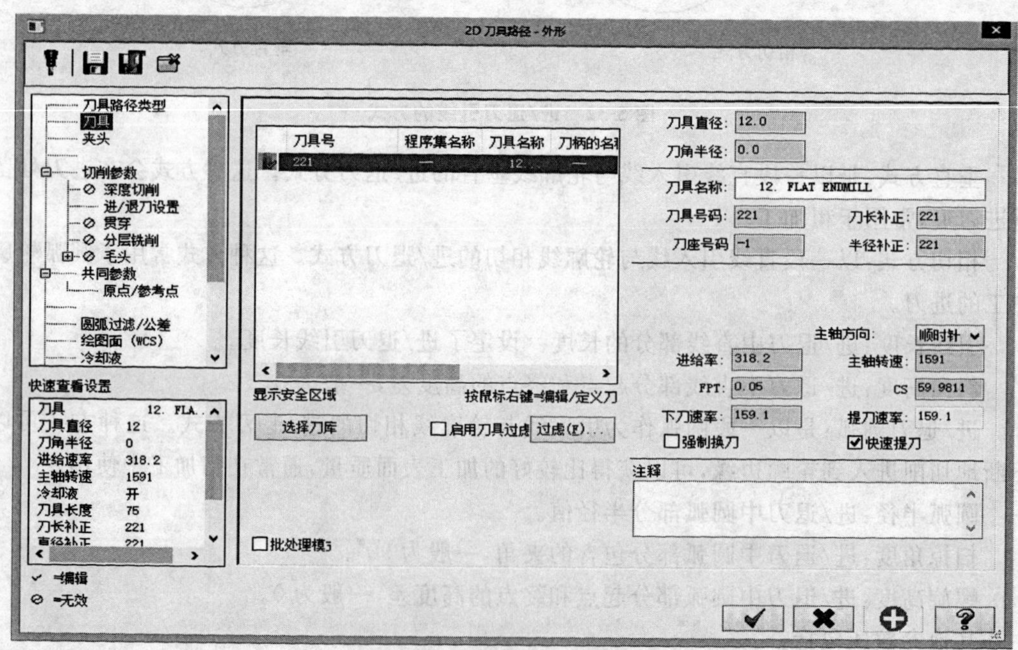


图 5-34 “刀具参数”对话框

⑥单击“外形铣削”对话框左侧的“共同参数”选项，如图 5-35 所示设置各项参数。

⑦单击“外形铣削”对话框左侧的“深度切削”选项，如图 5-36 所示设置各项参数。

⑧单击“外形铣削”对话框左侧的“分层铣削”选项，如图 5-37 所示设置各项参数。

⑨在刀具路径管理器栏中选择 “属性”选项下的“素材设置”，在“素材设置”对话框中设置 80×80×10 的工件，单击确定按钮 ✓。

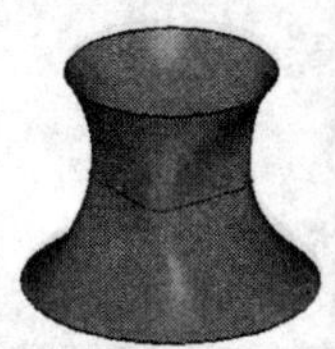

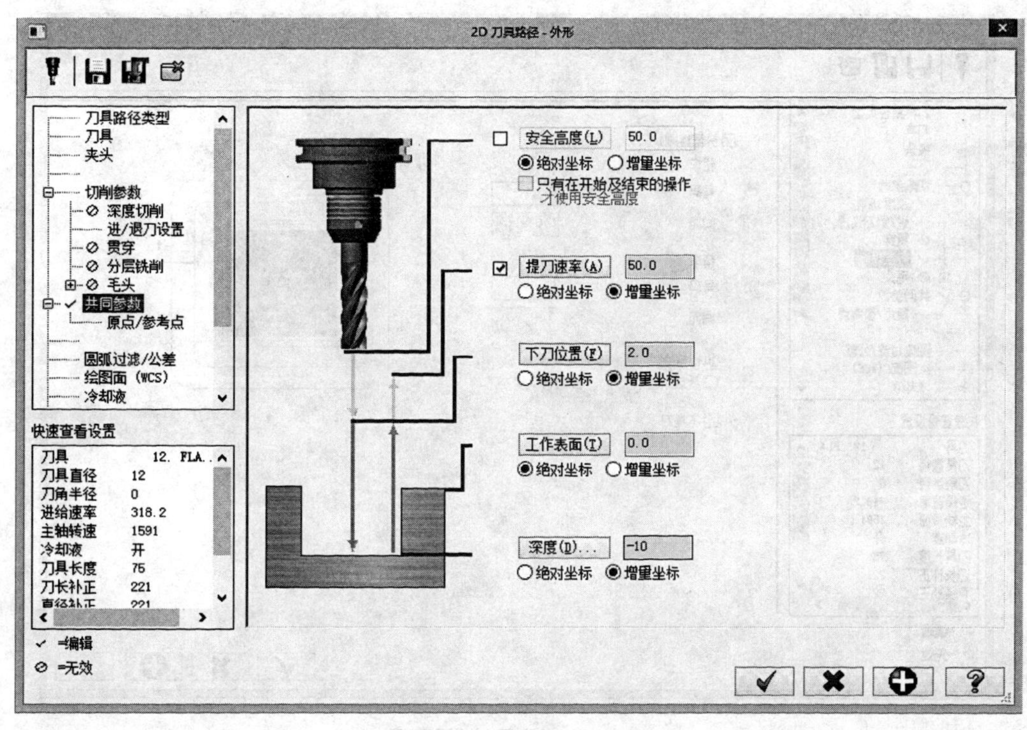


图 5-35　“共同参数”对话框

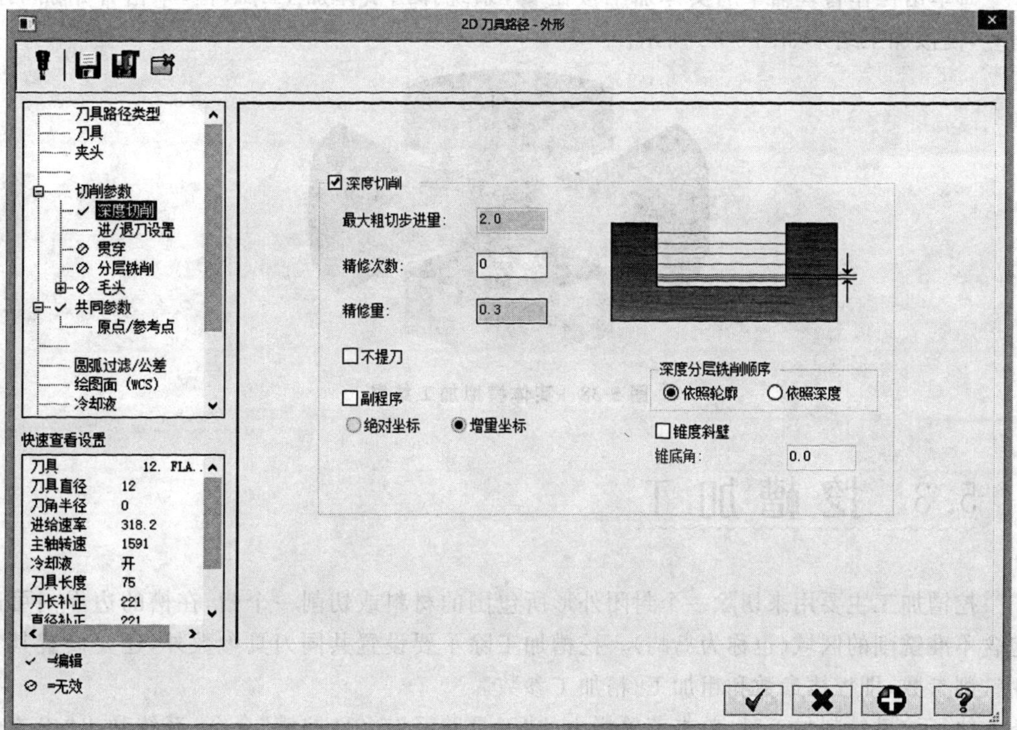


图 5-36　“深度切削”选项

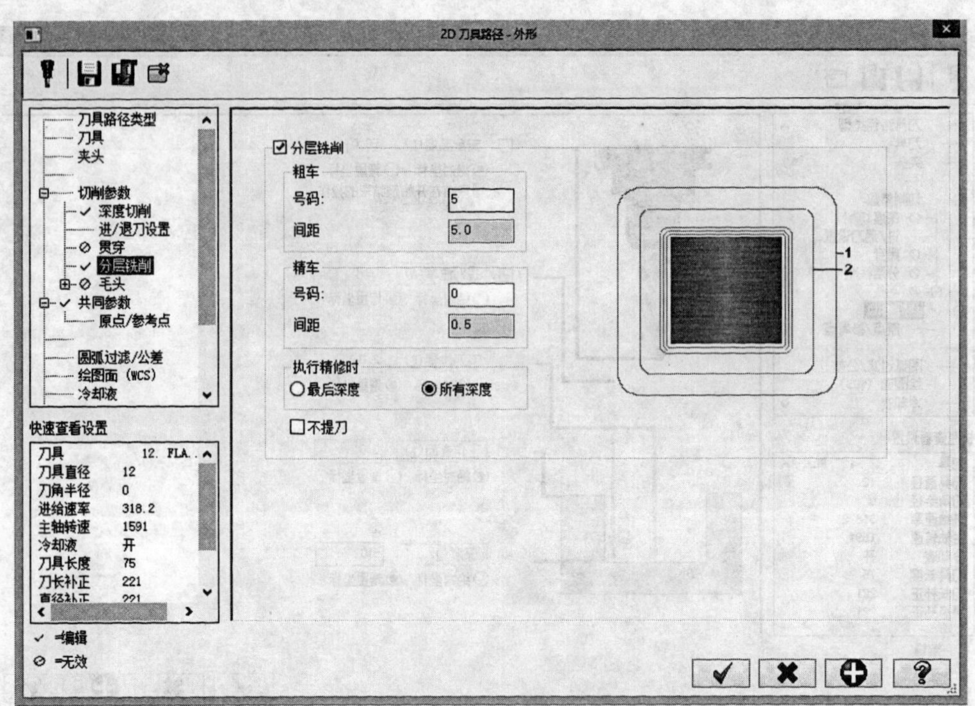


图 5-37 “分层铣削”选项

⑩单击操作管理器中的实体加工按钮，系统弹出实体加工对话框，单击开始加工按钮，模拟加工结果如图 5-38 所示。

图 5-38 实体模拟加工结果

## 5.3 挖槽加工

挖槽加工主要用来切除一个封闭外形所包围的材料或切削一个槽，在槽的边界内可以包含不准铣削的区域(也称为岛屿)。挖槽加工除了要设置共同刀具参数外，还要设置其专用铣削参数，即挖槽参数和粗加工/精加工参数。

执行挖槽铣削加工时，单击菜单栏中的“刀具路径”/“2D 挖槽”命令，系统弹出“串连选项”对话框，在绘图区按照系统的提示，采用串连方式选择所要加工对象，单击确定按钮，便可打开如图 5-39 所示的“2D 挖槽”对话框，可以在该对话框中设置相应的挖槽加工

参数。

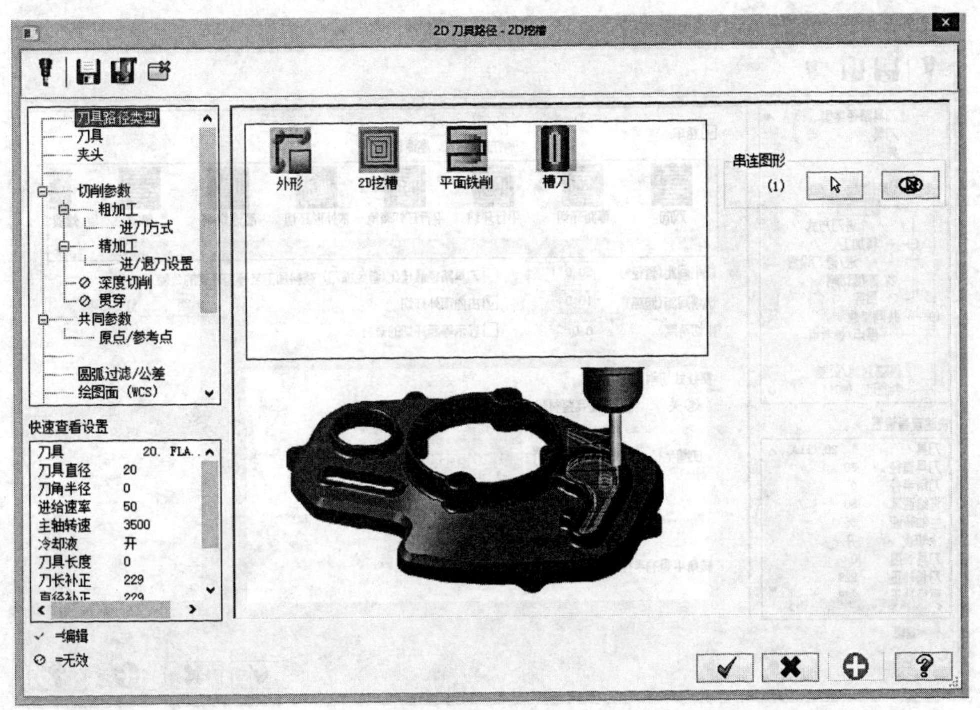


图 5-39　“2D 挖槽”对话框

## 5.3.1　挖槽加工参数设置

1. 挖槽加工类型选择

单击“2D 挖槽”对话框左侧的“切削参数”选项，在“切削参数”选项卡中单击右上角的“挖槽加工方式”下拉列表框，便可以打开如图 5-40 所示的“挖槽加工方式”下拉列表。

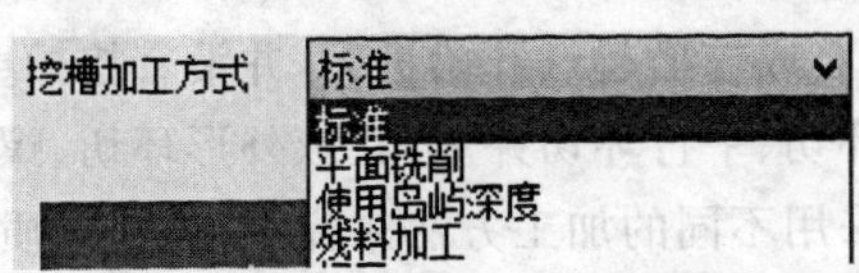


图 5-40　“挖槽加工方式”下拉列表

(1)标准：将定义凹槽内的材料铣削掉，而不会对边界外或岛屿进行铣削。

(2)平面铣削：将挖槽加工刀具路径向边界延伸指定的距离，用于标准挖槽后，清除边界处留下的毛刺。

(3)使用岛屿深度：用于岛屿深度与槽的深度不一样的情形。

(4)残料加工：与外形铣削加工中的残料清角相同，主要是用小刀去除上一次大刀加工留下的残料部分。

2. 粗加工参数设置

单击“2D 挖槽”对话框左侧的“粗加工”选项，在“粗加工”选项卡中来设置粗加工参数，

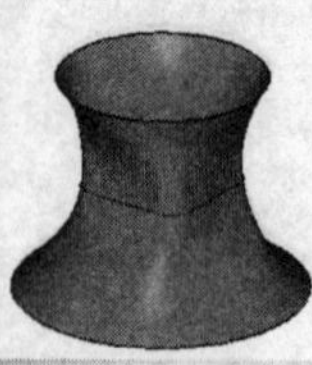





如图 5-41 所示。

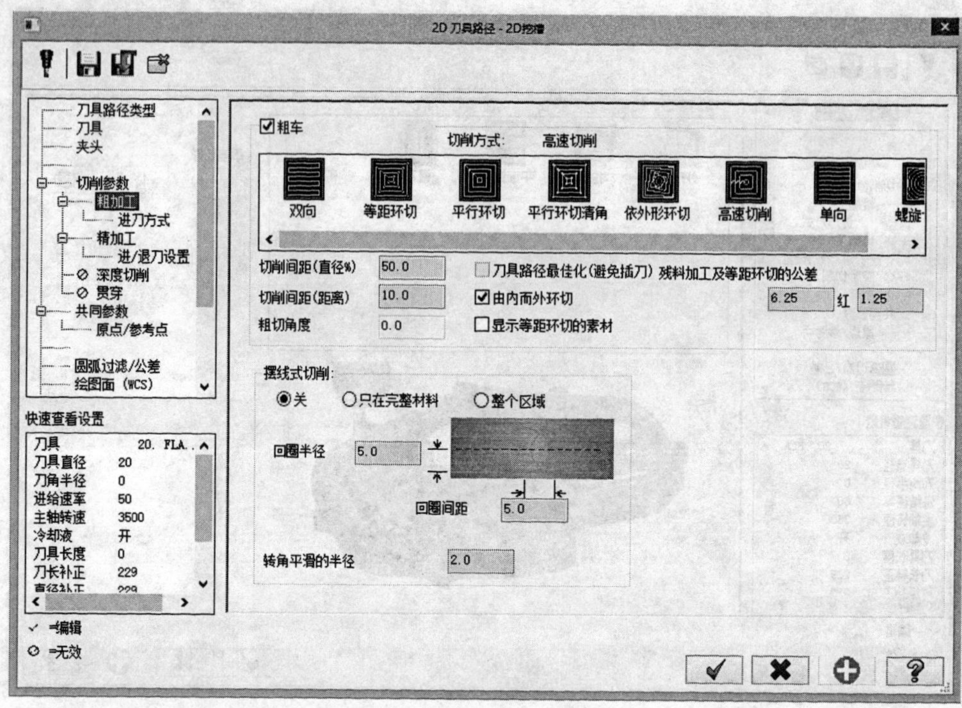


**图 5-41 "粗加工"选项卡**

(1)粗铣切削方式

Mastercam X 有八种粗铣切削方式:双向切削、等距环切、平行环切、平行环切并清角、依外形环切、高速切削、单向切削、螺旋切削。这八种切削方式又可分为两类:直线切削和螺旋切削。

①直线切削:包括单向和双向切削。单向切削与双向切削相似,差别是单向切削返回时要提刀到安全高度。

②螺旋切削:以挖槽中心或挖槽起点开始进刀,并沿着挖槽壁螺旋切削。螺旋类切削有以下五种:等距环切、平行环切、平行环切并清角、依外形环切、螺旋切削。

同一个挖槽轮廓可以采用不同的加工方法来完成,但加工质量与效率却相差较大,在实际的加工中要根据所要加工的轮廓来选择加工方式。一般情况下,由线性几何图素(如线段)构成的挖槽轮廓宜采用线性切削;由旋转几何图素(如圆、圆弧、曲线)构成的挖槽轮廓宜采用螺旋切削。

(2)切削间距

切削间距(刀具直径百分比):用于设置在 X、Y 轴方向上铣刀每次的进刀量,它是以刀具直径的百分率来计算的。

切削间距(距离):用于设置测量粗加工时 X、Y 轴方向之间的距离,该选项是在 X 轴和 Y 轴计算的一个距离,并等于铣削间距百分率乘以刀具直径。

(3)粗切角度

该项用于在粗加工的刀具移动路径中,设置一个角度。这项参数只能在双向走刀和单

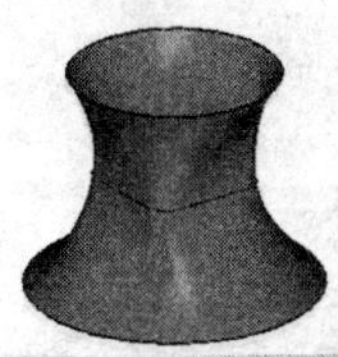



向走刀中设置。

(4)刀具路径最佳化

该选项用于优化切削刀具路径长度,使其最短化,只对双向走刀有效。

(5)由内而外环切

该选项应用于所有的螺旋挖槽加工中,该刀具路径是从槽的中心向外铣削。如果不选中该项,刀具是从外向里铣削。

(6)下刀方式

刀具在第一次进入材料粗切削时一般不能直接垂直进入材料进行切削,这样会导致猛烈的振动,容易造成刀具的破坏,所以常采用螺旋下刀或斜插下刀。

①螺旋下刀

单击“2D 挖槽”对话框左侧的“进刀方式”选项,选择“螺旋式下刀”复选框,弹出如图 5-42 所示对话框。



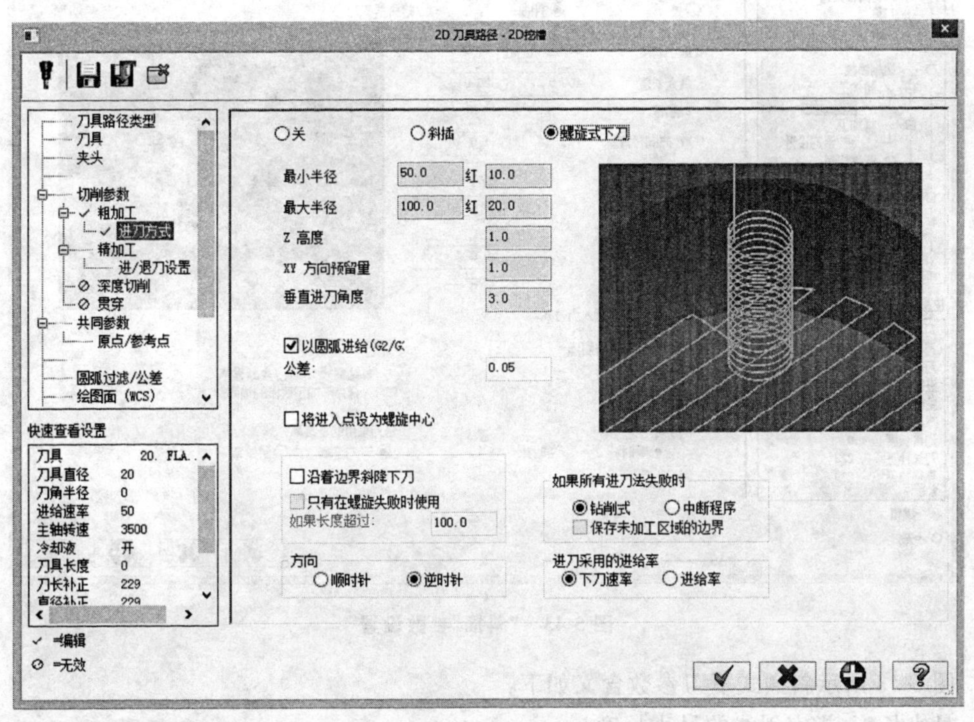


**图 5-42　“螺旋式下刀”参数设置**

图 5-42 所示螺旋式下刀参数含义如下:

最小半径:指定螺旋的最小半径。

最大半径:指定螺旋的最大半径。

Z 高度:指定开始螺旋下刀时距工件表面的高度。

XY 方向预留量:指定螺旋槽与凹槽在 X 轴方向和 Y 轴方向的预留量。

垂直进刀角度:指定螺旋下刀时螺旋线与 XY 平面的夹角。

方向:指定螺旋下刀的方向,可以设置为顺时针或逆时针。

将进入点设为螺旋中心:选中该复选框,系统将以串连的起点作为螺旋刀具路径的中心。

沿着边界斜降下刀：选中该选项而未选择“只有在螺旋失败时使用”时，设定刀具沿边界移动。

只有在螺旋失败时使用：当螺旋式下刀失败时，指定为直线下刀或程序中断。

如果所有进刀法失败时：当所有螺旋下刀方式都失败时，设定系统为“钻削式”或“中断程序”。

进刀采用的进给率：设置螺旋下刀的速率时可采用深度方向的下刀速率或平面方向的进给率。

②斜插式下刀

单击图 5-42 中“斜插”选项卡，弹出斜插式下刀对话框，如图 5-43 所示。

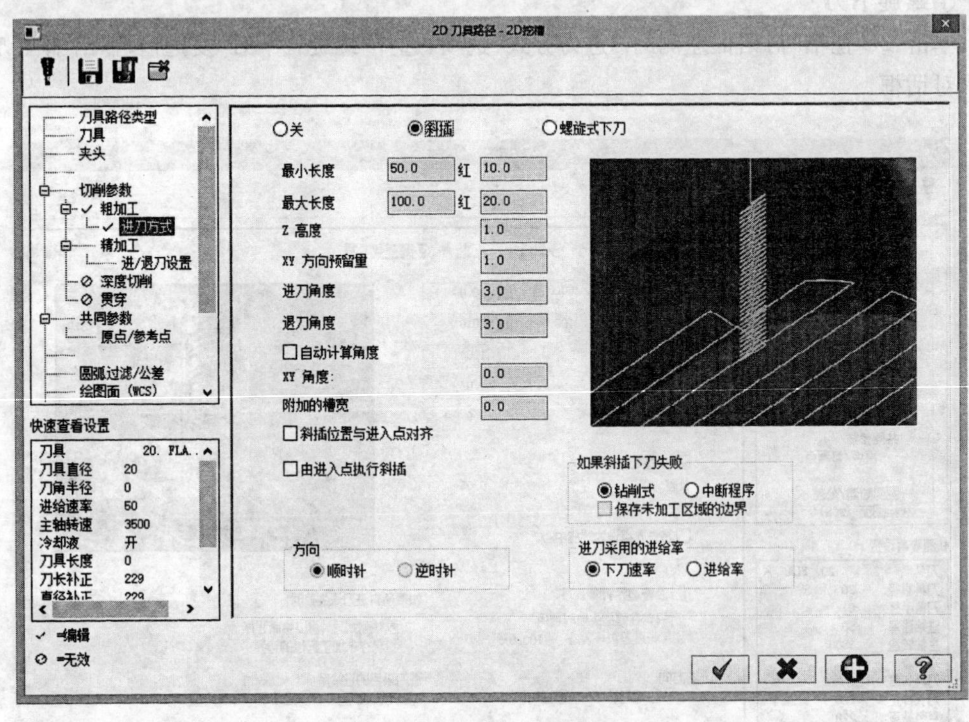


**图 5-43 “斜插”参数设置**

图 5-43 所示斜插式下刀参数含义如下：

最小长度：指定斜线的最小长度。

最大长度：指定斜线的最大长度。

Z 高度：指定开始斜插下刀时距工件表面的高度。

XY 方向预留量：指定螺旋槽与凹槽在 X 轴方向和 Y 轴方向的预留量。

进刀角度：指定刀具插入的角度。

退刀角度：指定刀具切出的角度。

自动计算角度：选择该项，斜插下刀平面与 X 轴的夹角由系统自动决定；未选择该项，斜插下刀平面与 X 轴的夹角由手动输入。

XY 角度：输入斜插下刀平面与 X 轴的夹角。

附加的槽宽：输入下刀的返回方向分开的距离。

斜插位置与进入点对齐：选择该项，指定进刀点直接沿斜线下刀到挖槽路径的起点。

由进入点执行斜插：选择该项，指定进刀点为斜插下刀路径的起点。

3. 精加工参数设置

粗加工后，如果要保证尺寸和表面粗糙度，需要进行精加工。单击“2D 挖槽”对话框左侧的“精加工”选项，在“精加工”选项卡中来设置精加工参数，如图 5-44 所示。

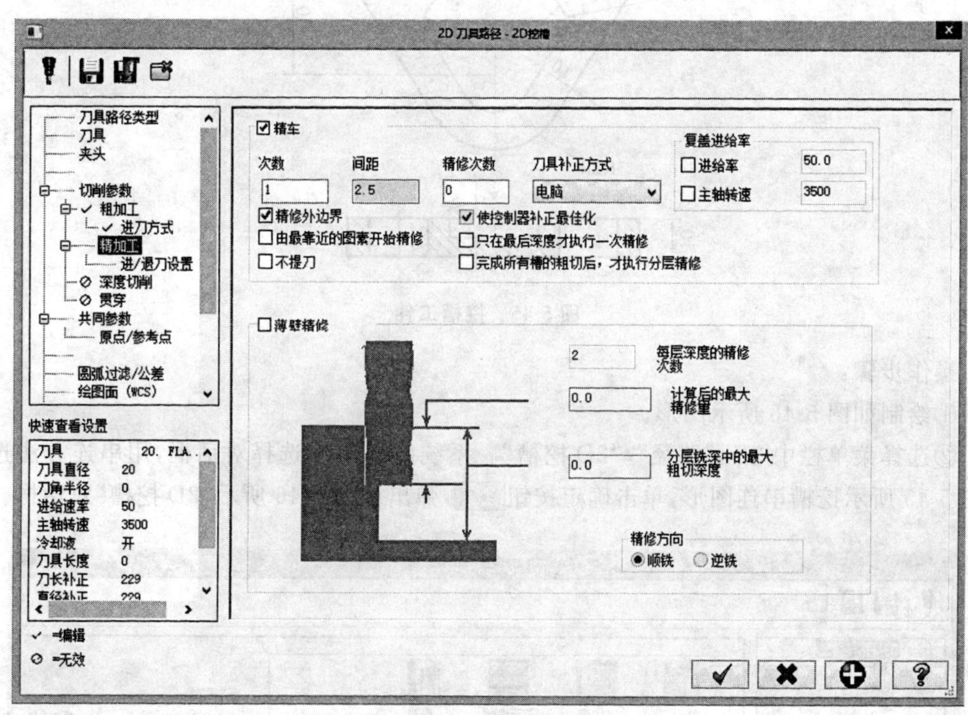


图 5-44　精加工参数

挖槽模组中各主要精加工切削参数含义如下：

精修外边界：选择该选项，对外边界进行精铣削，否则仅对岛屿边界进行精铣削。

由最靠近的图素开始精修：选择该选项，在最近粗铣削结束点位置处开始深度铣削，否则按所选择的边界顺序进行精铣削。

不提刀：选择该选项，指定刀具加工过程中不回缩到安全高度。

使控制器补正最佳化：如果精加工选择为机床控制器刀具补偿，该选项在刀具路径上消除小于或等于刀具半径的圆弧，并防止划伤表面，若不选择在控制器刀具补偿，此选项防止精加工刀具不进入粗加工所有的刀具加工区。

只在最后深度才执行一次精修：只在分层挖槽的最后深度进行精修。

完成所有槽的粗切后，才执行分层精修：完成所有粗铣后进行精修。

进/退刀设置：选择该选项，可在精切削刀具路径的起点和终点增加进/退刀刀具路径。

## 5.3.2　挖槽加工实例

下面进行挖槽加工，工件如图 5-45 所示。

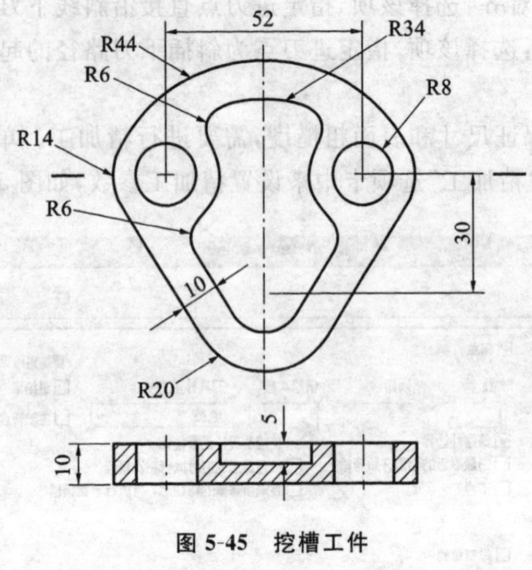


图 5-45 挖槽工件



操作步骤：

①绘制如图 5-45 所示图形。

②选择菜单栏中“刀具路径”/“2D 挖槽”。系统弹出串连选择对话框，用串连方法选择如图 5-45 所示挖槽串连图形，单击确定按钮，弹出如图 5-46 所示“2D 挖槽”对话框。

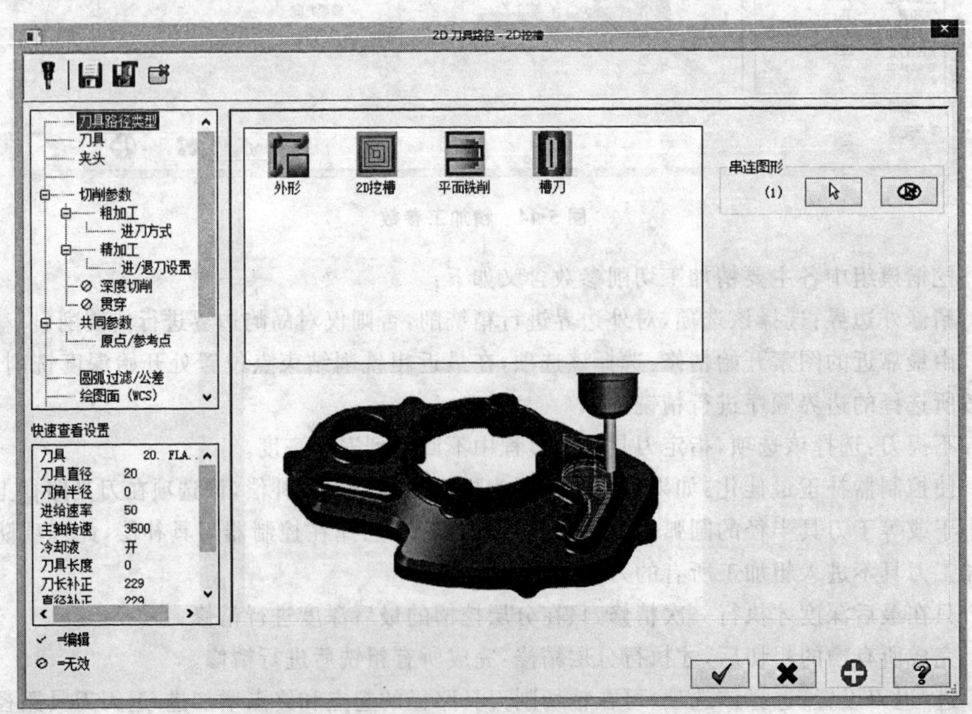


图 5-46 “2D 挖槽”对话框

③单击“2D 挖槽”对话框左侧的“刀具”选项，单击“从库中选择”按钮，系统弹出如图 5-47 所示的“选择刀具”对话框。

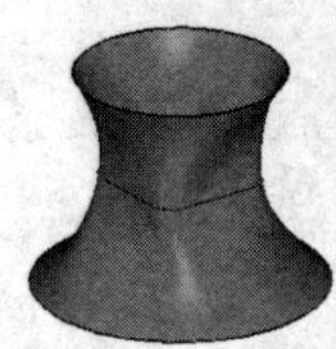

选择刀具 - C:\users\public\documents\shared mcamx7\Mill\Tools\Mill_mm.Tooldb

C:\users\publi...\Mill_mm.Tooldb

| 刀具号 | 程序集名称 | 刀具名称 | 刀柄的名称 | 直径 | 刀角半径 | 长度 | 刀刃数 | 刀... | 类型 |
|---|---|---|---|---|---|---|---|---|---|
| 271 | — | 75 ... | — | 75.0 | 0.0 | 10.0 | 4 | 无 | 面铣刀 |
| 272 | — | 150... | — | 1... | 0.0 | 10.0 | 4 | 无 | 面铣刀 |
| 270 | — | 50 ... | — | 50.0 | 0.0 | 10.0 | 4 | 无 | 面铣刀 |
| 221 | — | 12... | — | 12.0 | 0.0 | 50.0 | 4 | 无 | 平底刀 |
| 211 | — | 2.... | — | 2.0 | 0.0 | 50.0 | 4 | 无 | 平底刀 |
| 216 | — | 7.... | — | 7.0 | 0.0 | 50.0 | 4 | 无 | 平底刀 |
| 222 | — | 13... | — | 13.0 | 0.0 | 50.0 | 4 | 无 | 平底刀 |
| 224 | — | 15... | — | 15.0 | 0.0 | 50.0 | 4 | 无 | 平底刀 |
| 210 | — | 1.... | — | 1.0 | 0.0 | 50.0 | 4 | 无 | 平底刀 |
| 228 | — | 19... | — | 19.0 | 0.0 | 50.0 | 4 | 无 | 平底刀 |
| 229 | — | 20... | — | 20.0 | 0.0 | 50.0 | 4 | 无 | 平底刀 |
| 214 | — | 5... | — | 5.0 | 0.0 | 50.0 | 4 | 无 | 平底刀 |
| 233 | — | 24... | — | 24.0 | 0.0 | 50.0 | 4 | 无 | 平底刀 |
| 230 | — | 21... | — | 21.0 | 0.0 | 50.0 | 4 | 无 | 平底刀 |
| 225 | — | 16... | — | 16.0 | 0.0 | 50.0 | 4 | 无 | 平底刀 |
| 231 | — | 22... | — | 22.0 | 0.0 | 50.0 | 4 | 无 | 平底刀 |

过虑(F)...
☑启用刀具过虑
显示的刀具数152 /
显示方式
○刀具
○装配
◉两者

**图 5-47　“选择刀具”对话框**

④选择直径为 12mm 的平底刀，单击确定按钮[✔]，结果如图 5-48 所示。



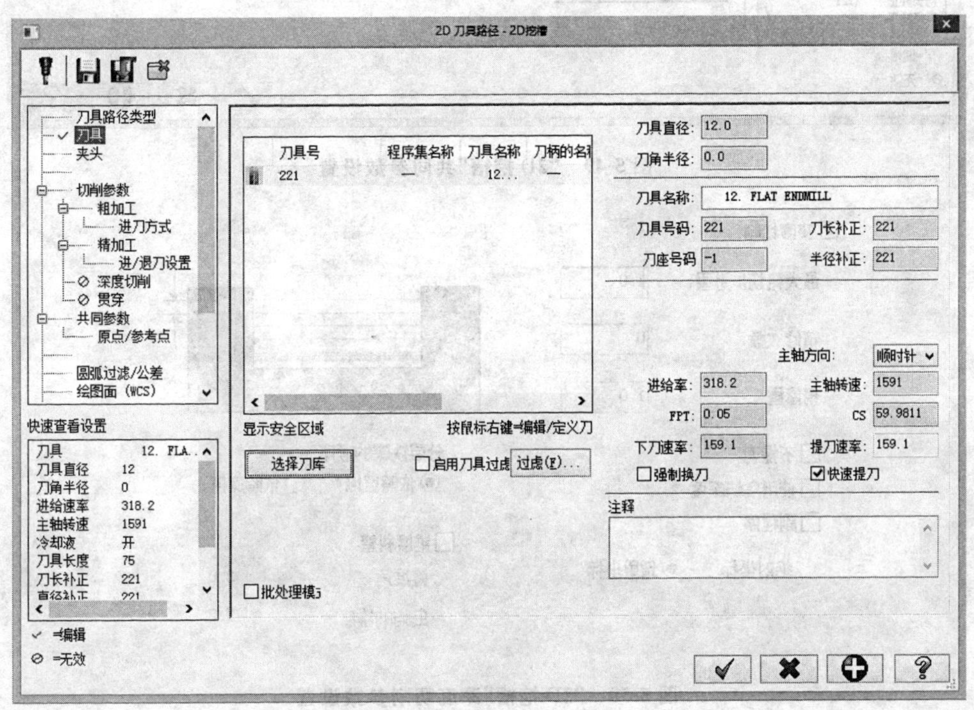


**图 5-48　“2D 挖槽”刀具设置**

⑤单击“2D 挖槽”对话框左侧的“共同参数”选项，输入如图 5-49 所示的参数，完成挖槽加工参数的设置。

⑥单击“2D 挖槽”对话框左侧的“深度切削”选项，输入如图 5-50 所示的参数，完成深度切削参数的设置。

⑦单击“2D 挖槽”对话框左侧的“粗加工”选项，输入如图 5-51 所示的参数。

⑧在刀具路径管理器栏中选择“属性”选项下的“素材设置”，系统弹出素材设置对话

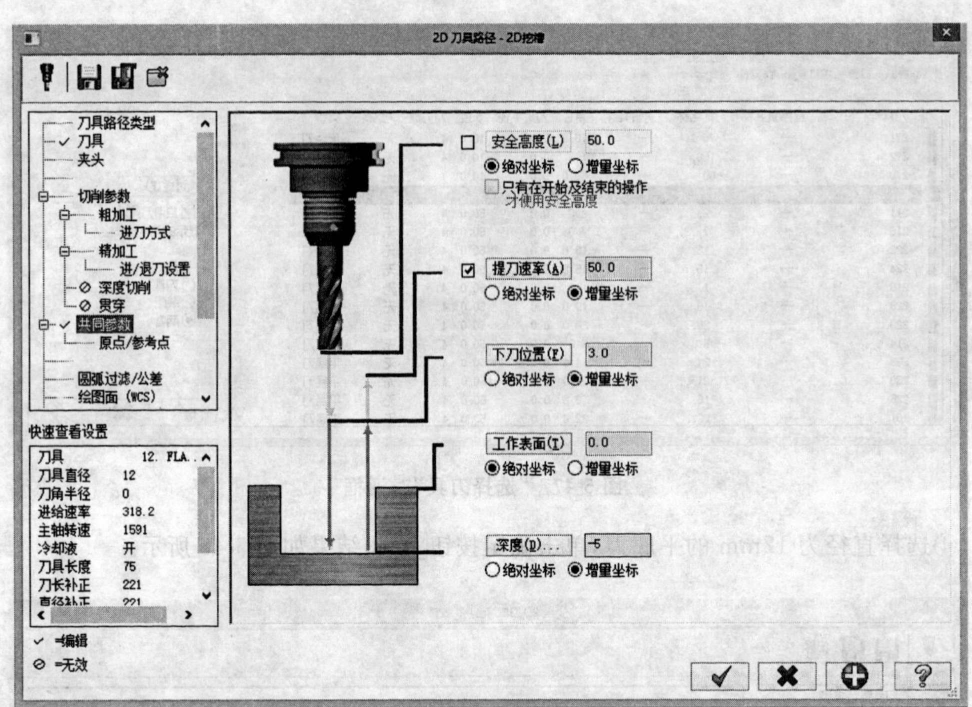


**图 5-49 “2D 挖槽”共同参数设置**

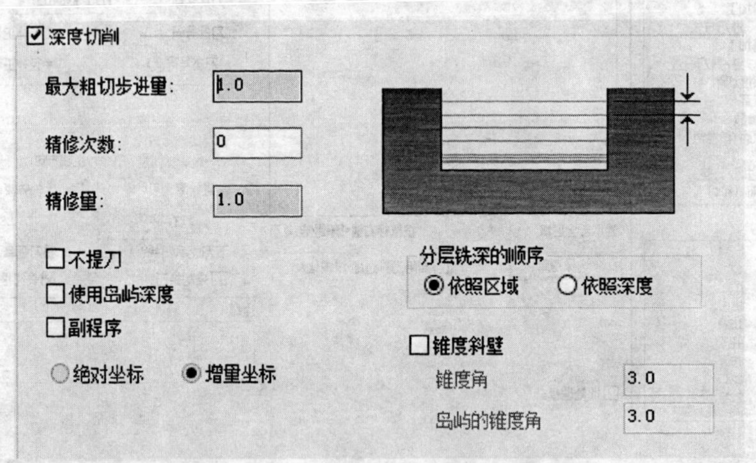


**图 5-50 “2D 挖槽”深度切削参数设置**

框，设置尺寸为 86mm×85mm×10mm 的素材，单击确定按钮 ✔。

⑨单击操作管理器中的实体加工按钮，系统弹出实体加工对话框，单击开始加工按钮 ▶，模拟加工结果如图 5-52 所示，单击实体加工模拟对话框中的确定按钮 ✔，结束模拟操作。

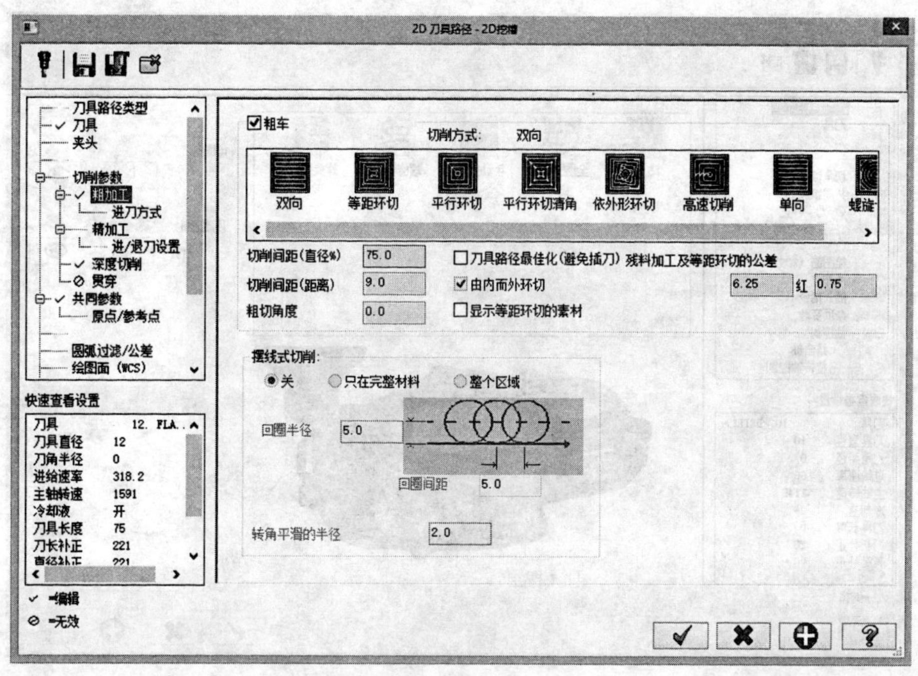


图 5-51　“2D 挖槽”粗加工参数设置

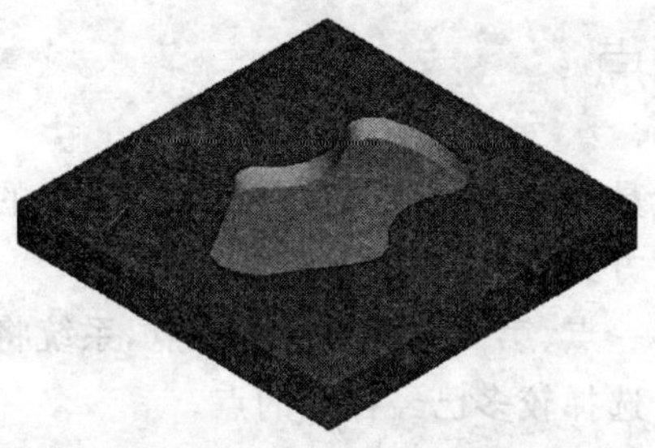

图 5-52　挖槽加工实体模拟结果

# 5.4　钻孔加工

钻孔加工是机械加工中使用较多的一个工序，包括钻孔、镗孔、攻丝、铰孔等加工。

执行钻孔加工时，单击菜单栏中的“刀具路径”/“钻孔”命令，系统弹出“选取钻孔的点”对话框，如图 5-53 所示。在绘图区按照系统的提示，选择所要钻孔的加工对象，单击确定按钮 ✔，便可打开如图 5-54 所示的钻孔加工对话框，可以在该对话框中设置相应的钻孔加工参数。

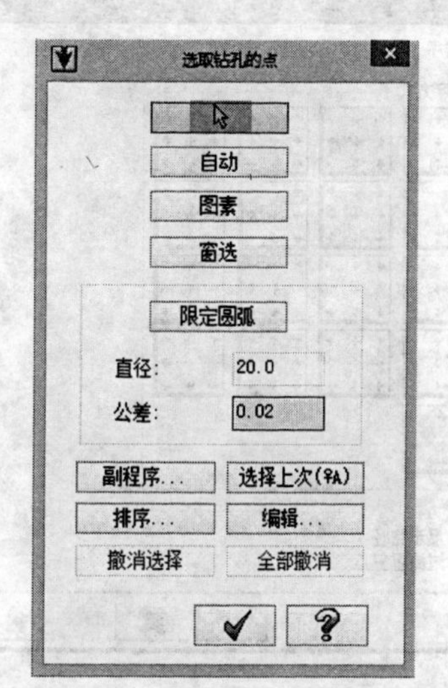


图 5-53　“选取钻孔的点”对话框

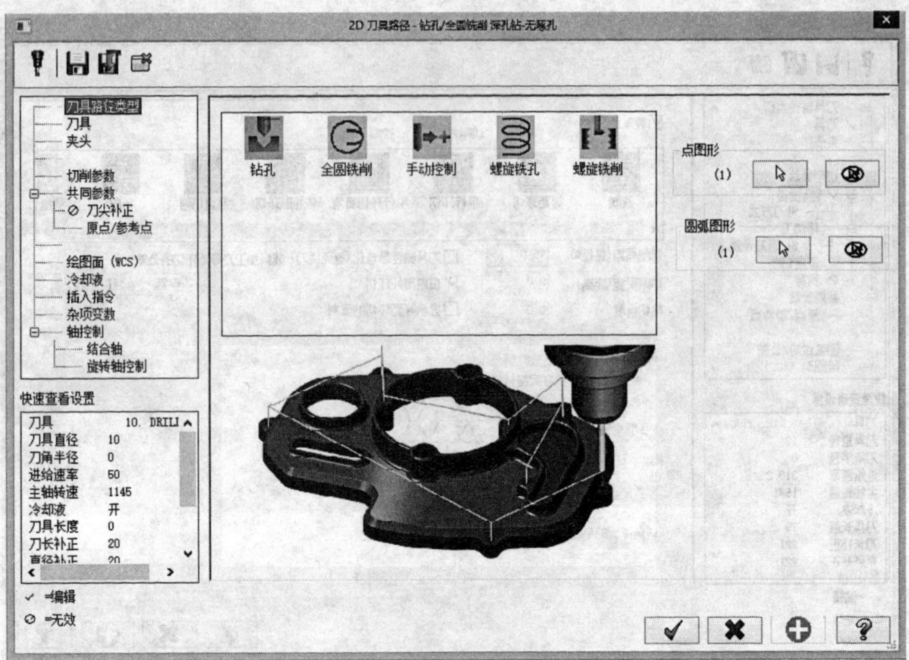


图 5-54 钻孔加工对话框

## 5.4.1 定义钻削点

钻削加工要确定的要素是所要加工孔的圆心点。定义点的方法有：

(1)手动输入:用“抓点”方式定义钻削点。

(2)自动选取:只要选第一点、第二点及最后一个点,系统将自动选择一系列已存在的点作为要定义的点。主要用于选择较多已经存在的点。

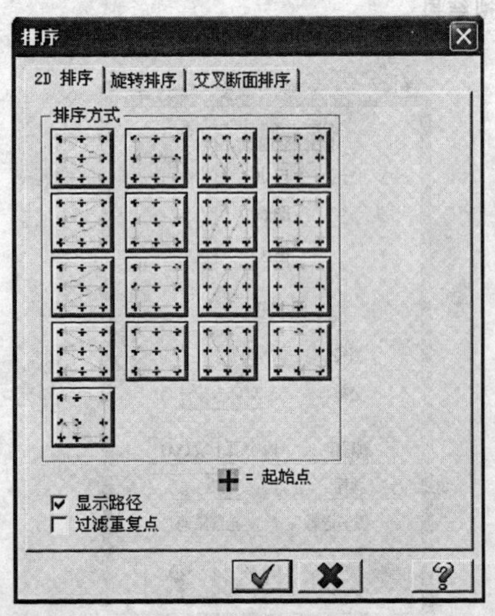


图 5-55 2D 排序对话框

(3)选取图素:将已选择图素的端点作为钻削点。

(4)窗选:用鼠标的视窗包含所有的钻削点。

(5)限定圆弧:在图形上用一个指定的半径选择圆弧的中心点执行钻削,可以选择开放或封闭的圆弧。这种方式常用于在大量半径相同的圆或圆弧的圆心位置钻孔。

(6)副程式:使用钻、扩、铰加工的数控子程序,在同一个孔位置进行重复钻削,以简化数控。这种方式适用于对一个或一组孔进行多次钻削加工,如加工螺纹。

(7)选择上次:选择上一个操作中所定义的钻削点。

(8)排序:用于设定所选的钻削点的排列方式,即钻削点的加工顺序。单击该按钮弹出 2D 排序对话框,如图 5-55 所示。

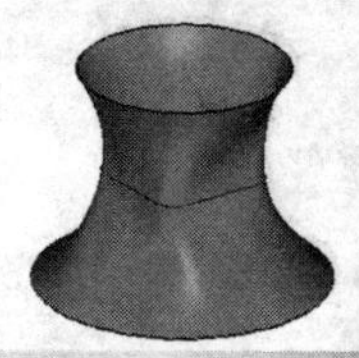



(9)编辑:用于对已选择的点进行编辑,重新设置参数,如跳跃点高度、钻孔深度。

## 5.4.2　钻孔加工参数设置

1.钻孔循环

Mastercam X 提供了 20 种钻孔方式,包括 7 种标准钻孔方式和 12 种自定义钻孔方式。其中常用的七种标准钻孔方式如下:

(1)深孔钻:一般为钻孔和镗孔,其孔深一般小于刀具直径的 3 倍。

(2)步进式钻孔:用于钻深度大于 3 倍刀具直径的深孔,此循环中有快速退刀动作,退刀至参考高度,以便强行排出铁屑和强行冷却。

(3)断屑式:用于钻深度大于 3 倍刀具直径的深孔,此循环中有快速退刀动作,退回一定距离,但并不退刀至参考高度,以便断屑。

(4)攻牙:攻左旋内螺纹。

(5)镗孔#1:用正向进刀、反向进刀方式镗孔。

(6)镗孔#2:用正向进刀、主轴停止让刀、快速退刀方式镗孔。

(7)精镗孔:在孔深处停转,将刀具旋转角度后退刀。



2.深度

孔深度可用绝对坐标或增量坐标来制定。在增量坐标方式中,深度是指选择点到孔底部之间的距离。如果孔底部在选择点之上,则深度值为正值,如果孔底部在选择点之下,则深度值为负值。

用绝对坐标方式时,深度值就是从 Z 零平面到孔底部的距离。此时系统不考虑选择点的 Z 轴坐标,只使用 Z 零平面作为测量 Z 深度的参考。

一般建议使用绝对坐标方式,只有当孔有不同深度而且选择点与实际孔底部的 Z 值相同的时候,才使用增量坐标方式。

3.刀尖补正

为了使加工的孔的全直径部分的长度等于或大于输入的孔深尺寸,就需要将刀尖部分的尺寸补偿进去(即对刀尖 118°部分长度进行补偿)。单击“钻孔加工”对话框左侧的“刀尖补正”选项按钮,弹出刀尖补正对话框,如图 5-56 所示进行设置。

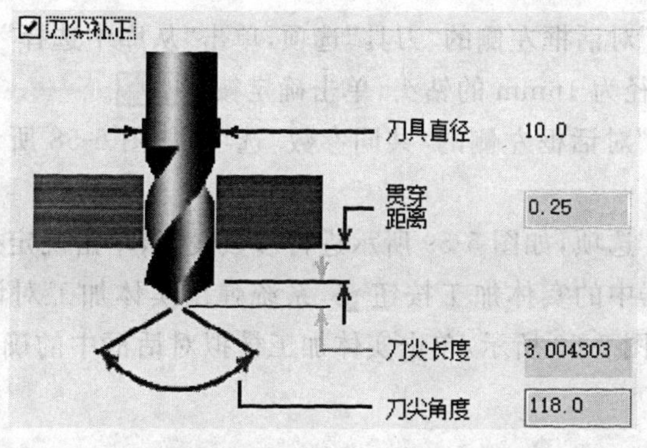


图 5-56　刀尖补正对话框

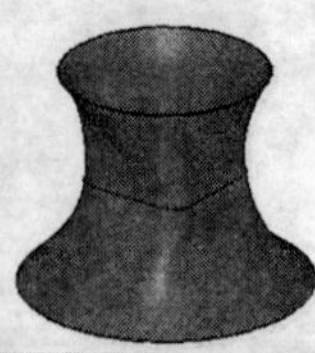





## 5.4.3 钻孔加工实例

下面进行一个钻孔加工操作。

操作步骤：

①绘制如图 5-45 所示图形。

②选择菜单栏中“刀具路径”/“钻孔”。

③系统提示选择钻孔点，手动选择如图 5-45 所示钻孔图形 R8 两圆的圆心，单击确定按钮，弹出如图 5-57 所示“钻孔加工”对话框。

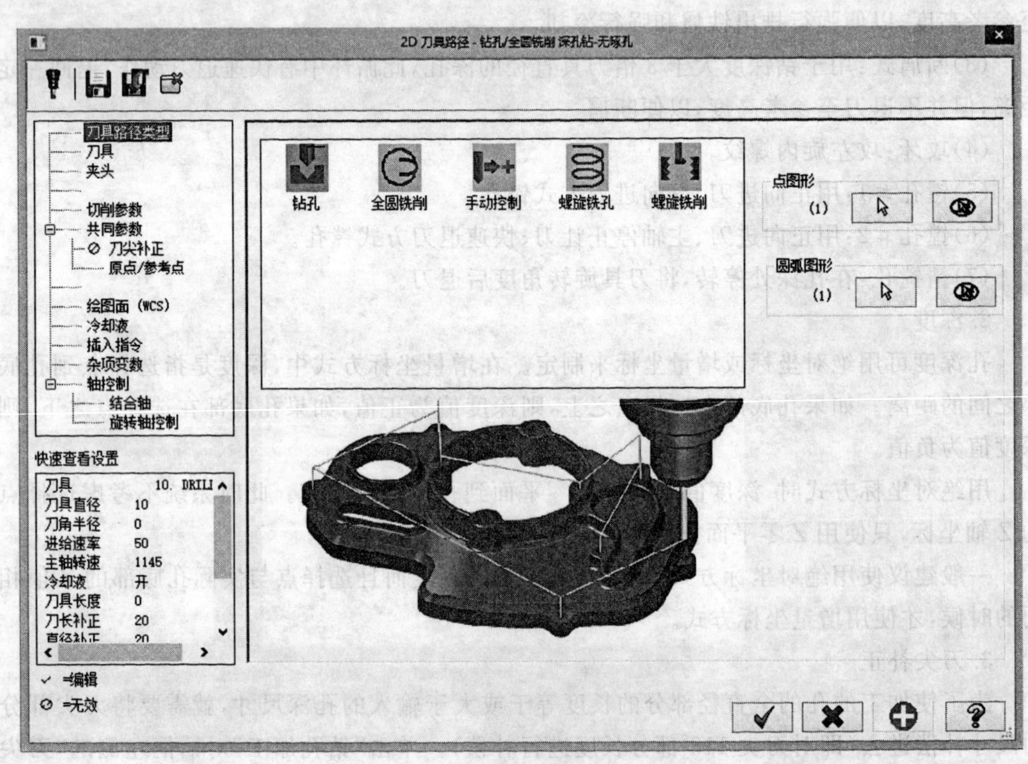


图 5-57 “钻孔加工”对话框

④单击“钻孔加工”对话框左侧的“刀具”选项，单击“从库中选择”按钮，系统弹出“选择刀具”对话框。选择直径为 16mm 的钻头，单击确定按钮。

⑤单击“钻孔加工”对话框左侧的“共同参数”选项，如图 5-58 所示进行参数设置，单击确定按钮。

⑥单击“刀尖补正”选项，如图 5-59 所示进行参数设置，单击确定按钮。

⑦单击操作管理器中的实体加工按钮，系统弹出实体加工对话框，单击开始加工按钮，模拟加工结果如图 5-60 所示，单击实体加工模拟对话框中的确定按钮，结束模拟操作。

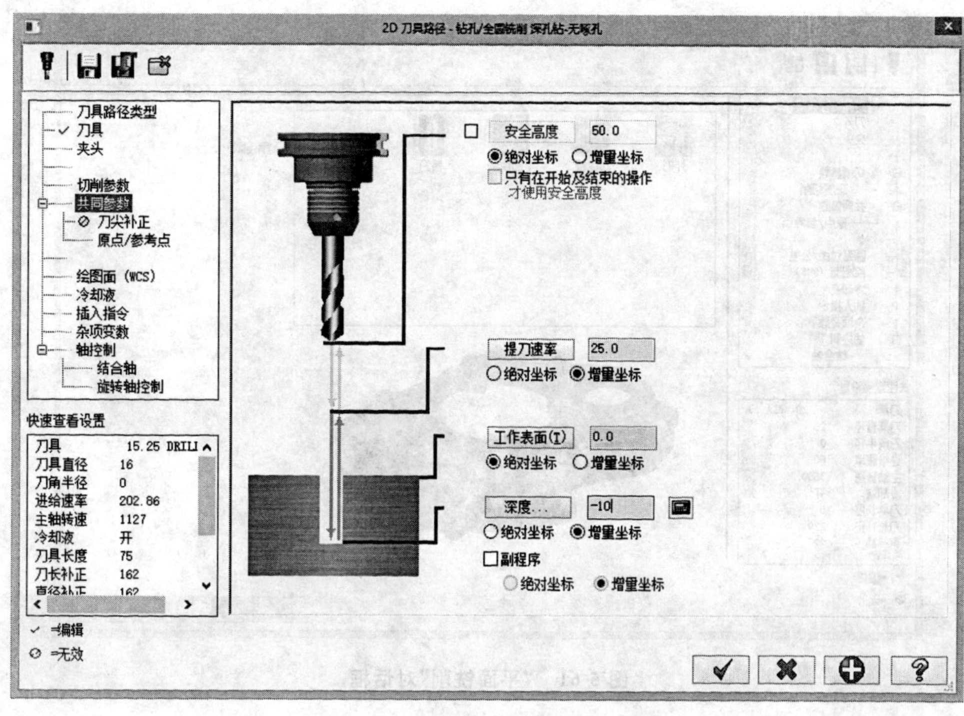


图 5-58　“钻孔加工”共同参数设置

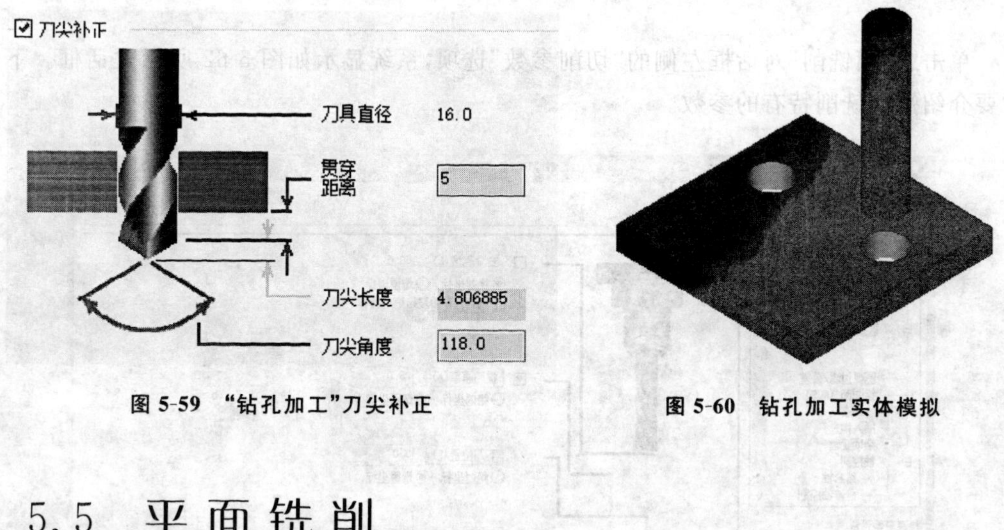


图 5-59　“钻孔加工”刀尖补正

图 5-60　钻孔加工实体模拟

## 5.5　平面铣削

平面铣削主要用于对工件的毛坯表面进行加工，提高工件的平面度、平行度及降低工件表面粗糙度，以便后续的挖槽、钻孔等加工操作。

执行平面铣削加工时，单击菜单栏中的“刀具路径”/“平面铣削”命令，系统弹出串连选择对话框，单击确定按钮，便可打开如图 5-61 所示的“平面铣削”对话框。

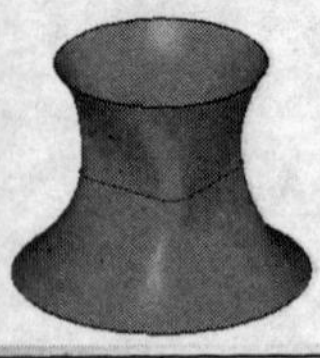





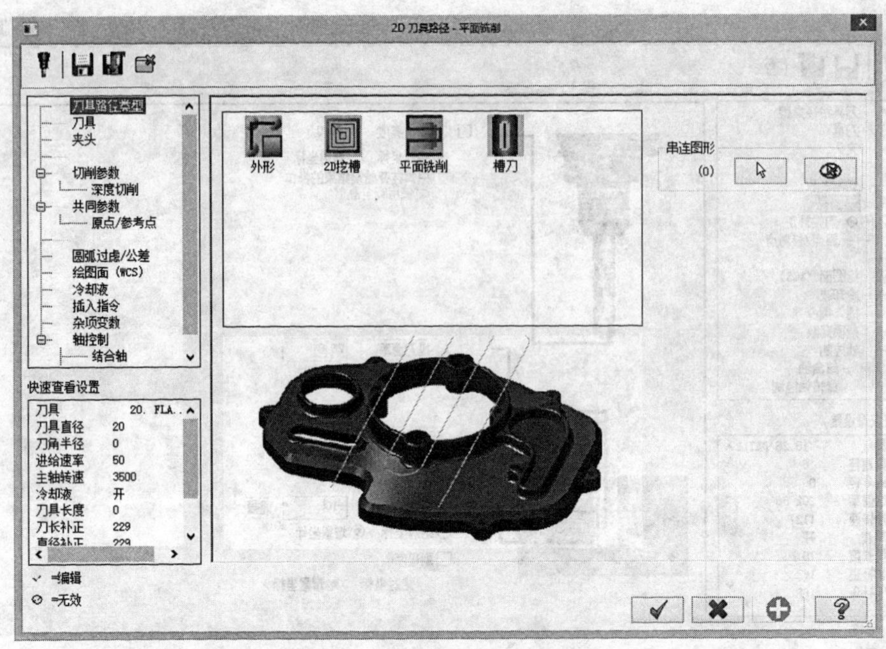


图 5-61 “平面铣削”对话框

## 5.5.1 平面铣削加工专用参数

单击“平面铣削”对话框左侧的“切削参数”选项，系统显示如图 5-62 所示对话框。下面主要介绍平面铣削特有的参数。

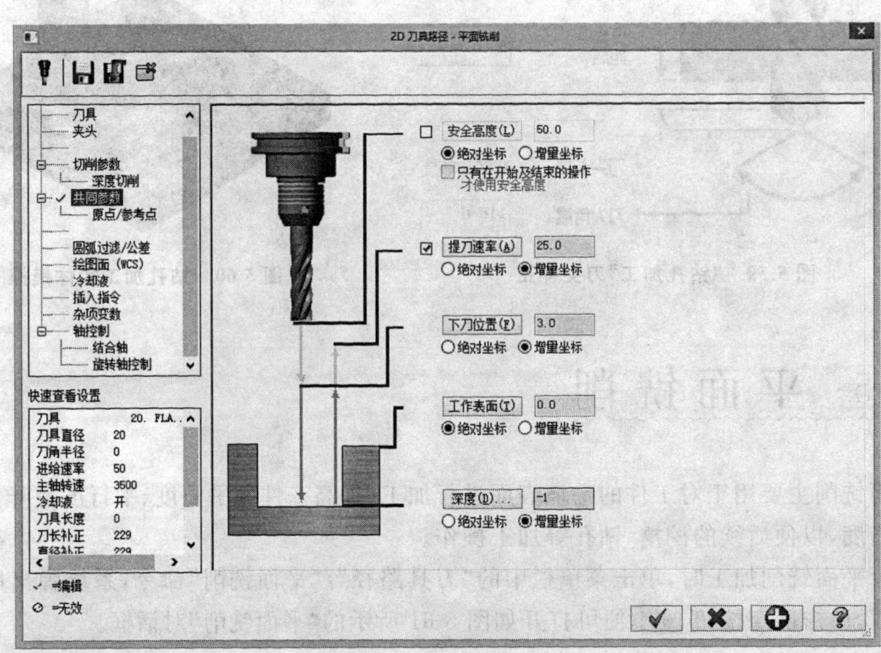


图 5-62 “平面铣削”共同参数选项

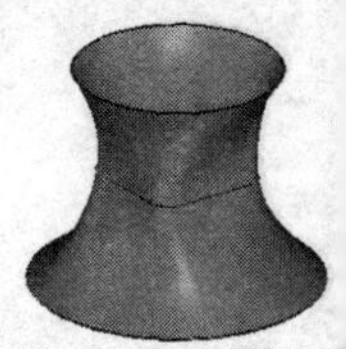





1. 切削方式

在进行平面铣削加工时，可以根据需要选取不同的铣削方式，切削方式有“双向”、“单向”、“一刀式”和“动态视图”四种。在平面铣削中一般采用双向的方式来提高加工效率。

2. “自动计算角度与最长边平行”复选框

若选中“自动计算角度与最长边平行”复选框，系统将自动计算角度。取消选中“自动计算角度与最长边平行”复选框，在“粗切角度”文本框中设置角度可以对带有一定角度的刀具路径进行加工。

3. 切削之间位移

设置两相邻刀具切削之间的加工方式，有高速回圈、线性和快速进给三种。

(1)高速回圈：刀具按圆弧的方式移动到下一次铣削的起点。

(2)线性：刀具以直线的方式移动到下一次铣削的起点。

(3)快速进给：刀具以直线的方式快速移动到下一次铣削的起点。

4. 截断方向、引导方向超出量和进/退刀引线长度

为保证刀具能完全铣削工件表面，平面铣参数设置时需设置截断方向、引导方向的超出量。设置进/退刀引线长度是保证进/退时刀具不碰到毛坯侧面。

## 5.5.2　平面铣削加工实例

下面进行平面铣削加工操作。

操作步骤：

①绘制如图 5-45 所示图形。

②选择菜单栏中“刀具路径”/“平面铣削”。

③系统弹出串连选择对话框(注意：不选择图素，也就是对整个毛坯进行平面铣削)，单击确认按钮，结束串连选择。

④单击“平面铣削”对话框左侧的“刀具”选项，单击“从库中选择”按钮，系统弹出“选择刀具”对话框。选择直径为 12mm 的钻头，单击确定按钮。

⑤单击“平面铣削”对话框左侧的“共同参数”选项，如图 5-62 所示进行参数设置，单击确定按钮。

⑥单击操作管理器中的实体加工按钮，系统弹出实体加工对话框，单击开始加工按钮，模拟加工结果如图 5-63 所示。单击实体加工模拟对话框中的确定按钮，结束模拟操作。

**图 5-63　平面铣削实体模拟**

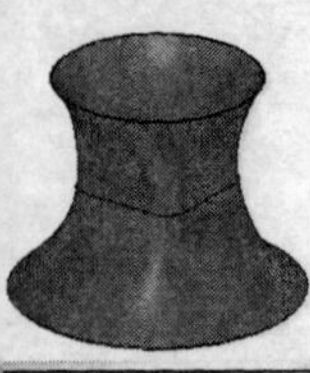





# 5.6 任务实施

任务：对如图 5-64 所示端盖零件进行模拟加工。

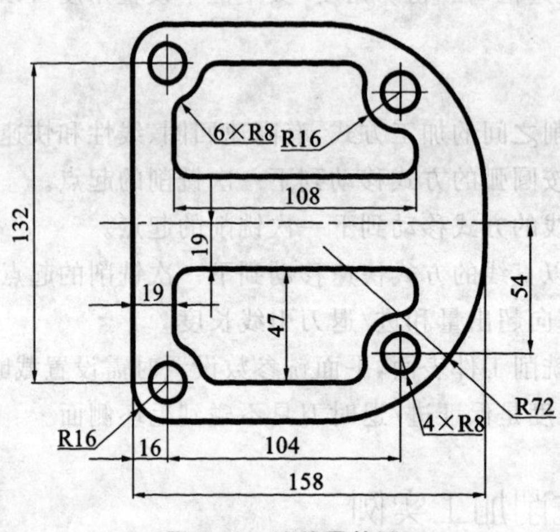


图 5-64 端盖零件图

具体操作步骤：

1. 平面铣削

①绘图面设置为俯视图，绘制如图 5-64 所示图形。

②单击“刀具路径管理器”/“属性”/“素材设置”，设置 180mm×180mm×5mm 的长方形素材。

③选择菜单栏中“刀具路径”/“平面铣削”。

④系统弹出串连选择对话框（注意：不选择图素，也就是对整个毛坯进行平面铣削），单击确定按钮✓，结束串连选择。

⑤单击“平面铣削”对话框左侧的“刀具”选项，单击“从库中选择”按钮，系统弹出“选择刀具”对话框。选择直径 12mm 的钻头，单击确定按钮✓。

⑥单击“平面铣削”对话框左侧的“共同参数”选项，如图 5-65 所示进行参数设置，单击确定按钮✓。

2. 外形铣削

①选择菜单栏中“刀具路径”/“外形铣削刀具路径”。

②系统提示选择串连外形，选择如图 5-64 所示二维图形外形，单击确定按钮✓，结束串连外形选择。

③系统弹出如图 5-1 刀具路径对话框，选择该框左侧“刀具”，弹出如图 5-2 所示对话框，在刀具区空白下方单击“选择刀库”按钮，系统弹出如图 5-4 所示刀具库对话框，选择直径为 12mm 的平底刀，单击确定按钮✓。

④单击“外形铣削”对话框左侧“共同参数”选项，参照图 5-66 所示设置参数。

⑤单击“外形铣削”对话框左侧“切削参数”中的“深度切削”选项，参照图 5-67 所示设置

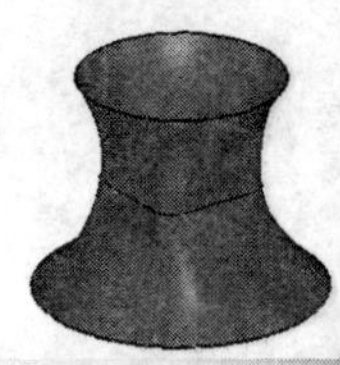





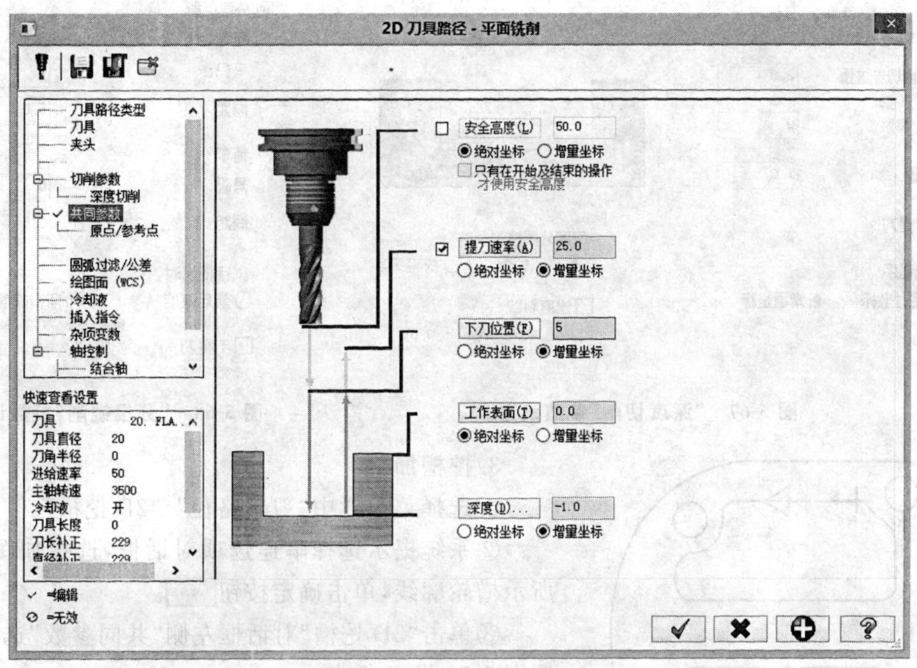


图 5-65　端盖零件平面铣削“共同参数”设置对话框

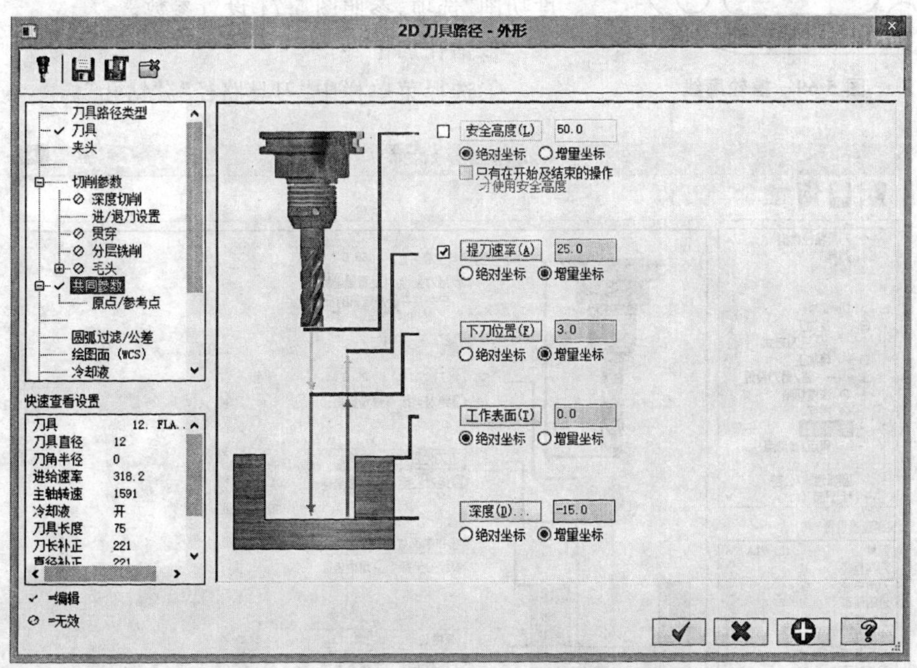


图 5-66　端盖零件外形加工“共同参数”设置对话框

参数。

⑥单击“外形铣削”对话框左侧“切削参数”中的“分层铣削”选项，参照图 5-68 所示设置参数。

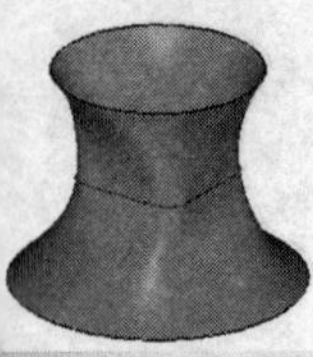



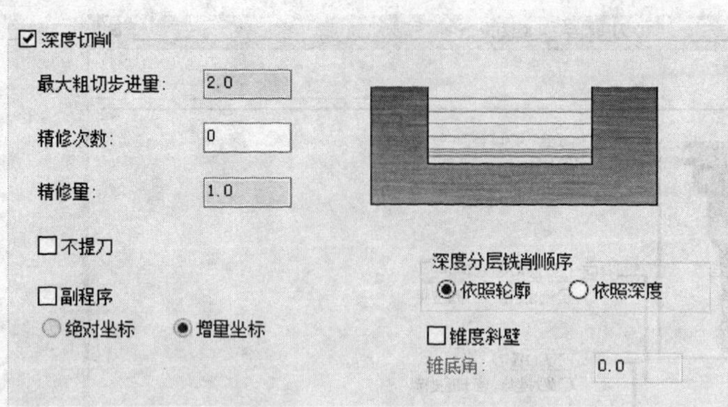


图 5-67 “深度切削”参数设置

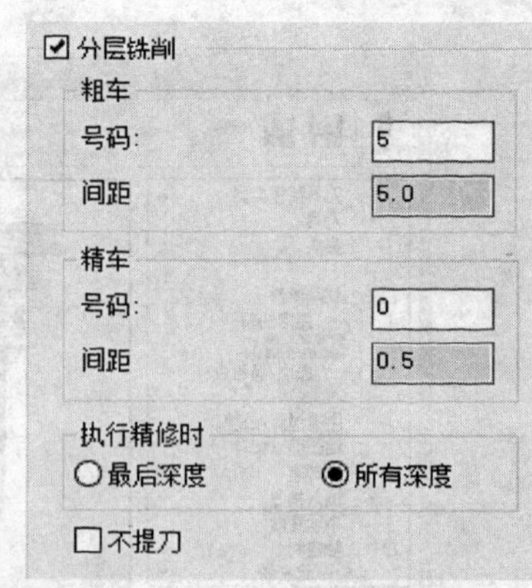


图 5-68 “分层铣削”参数设置

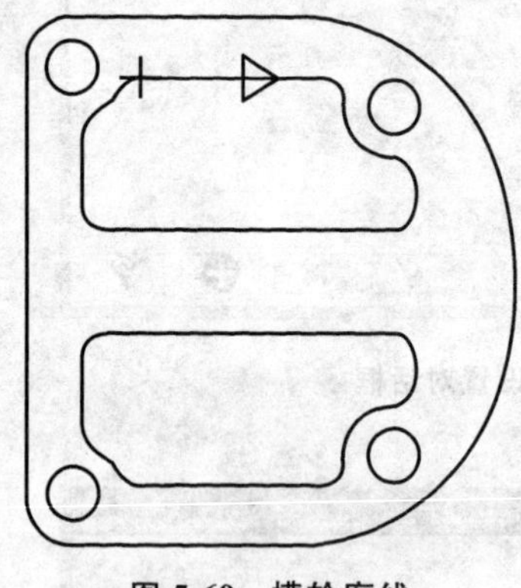

图 5-69 槽轮廓线

3. 挖槽加工

①选择菜单栏中“刀具路径”/“2D 挖槽”。

②系统提示选择串连选项对话框，选择如图 5-69 所示槽轮廓线，单击确定按钮 ✓ 。

③单击“2D 挖槽”对话框左侧“共同参数”选项，参照图 5-70 设置参数。

④单击“2D 挖槽”对话框左侧“切削参数”中的“深度切削”选项，参照图 5-71 设置参数。

4. 钻孔加工

①选择菜单栏中“刀具路径”/“钻孔”。

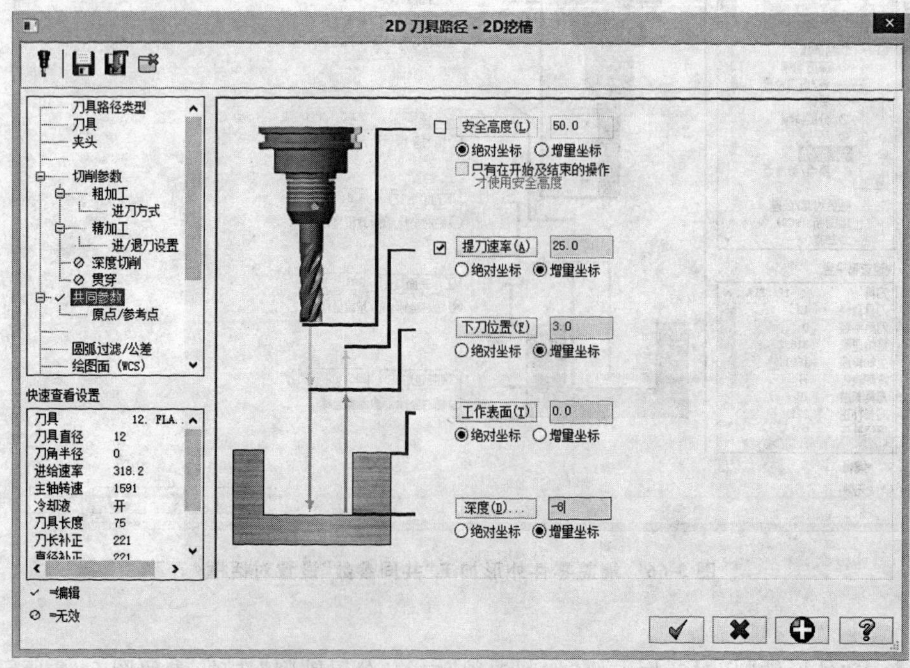


图 5-70 “2D 挖槽”共同参数设置对话框

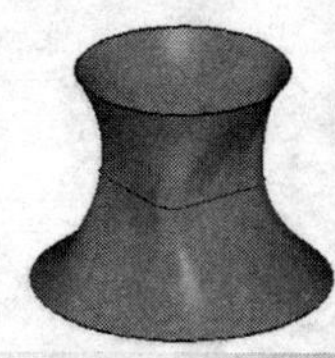

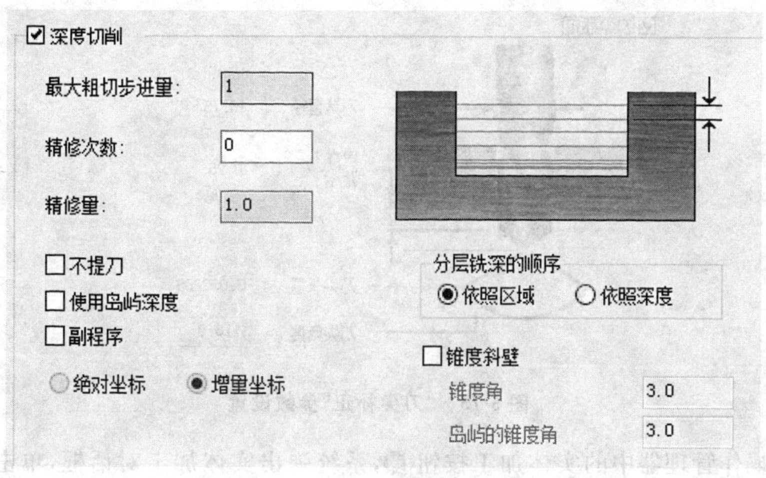


图 5-71 “深度切削”参数设置



②系统提示选择钻孔点，选择如图 5-64 所示 4 个 R8 的圆的圆心，点击确定按钮✔。

③单击“钻孔”对话框左侧的“刀具”选项，单击“从库中选择”按钮，系统弹出“选择刀具”对话框。选择直径为 16mm 的钻头，单击确定按钮✔。

④单击“钻孔”对话框左侧的“共同参数”选项，如图 5-72 所示进行参数设置，单击确定按钮✔。

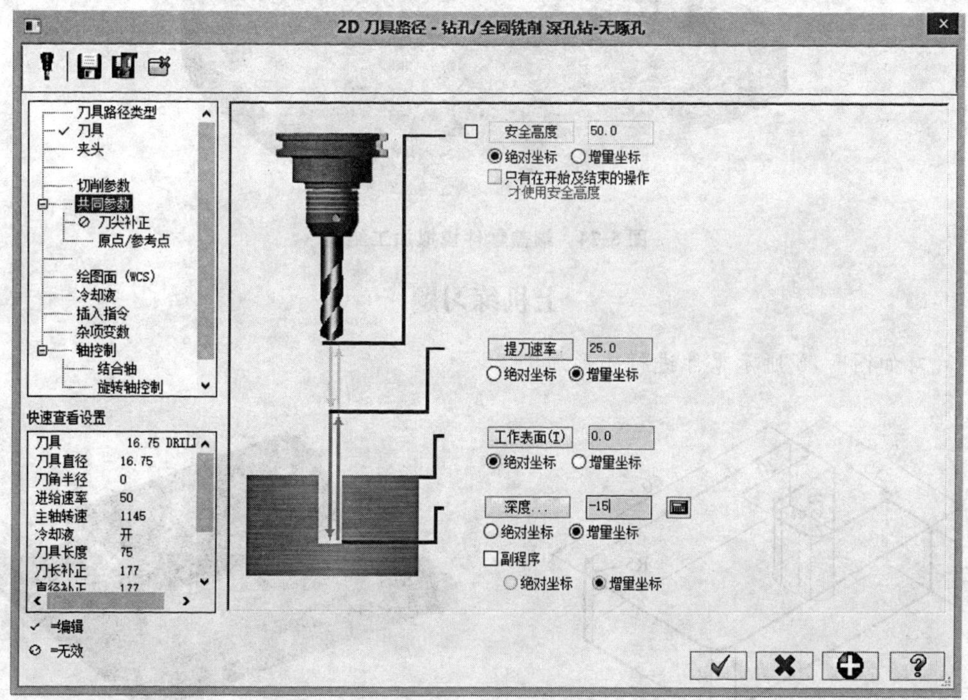


图 5-72 “钻孔加工”共同参数设置

⑤单击“刀尖补正”选项，如图 5-73 所示进行参数设置，单击确定按钮✔。

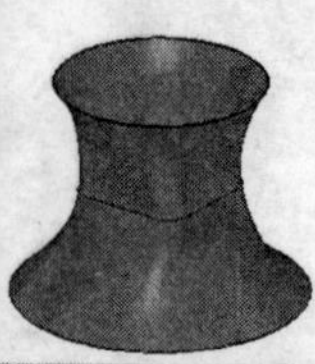



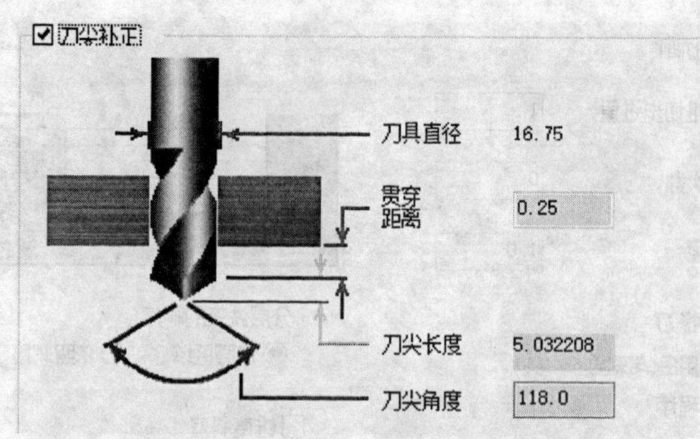


图 5-73 “刀尖补正”参数设置

⑥单击操作管理器中的实体加工按钮，系统弹出实体加工对话框，单击开始加工按钮，模拟加工结果如图 5-74 所示，单击实体加工模拟对话框中的确定按钮，结束模拟操作。



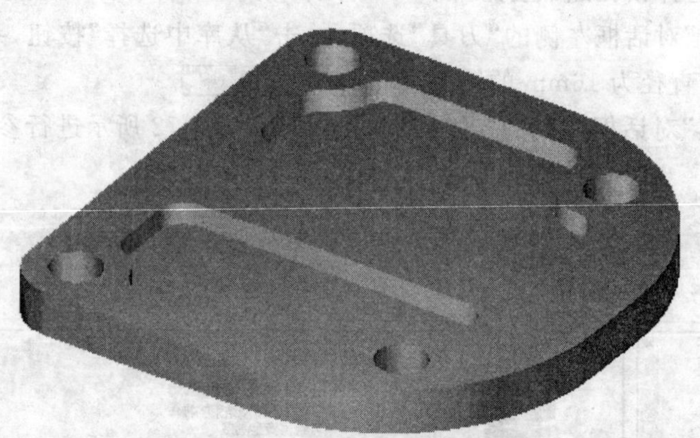

图 5-74 端盖零件模拟加工结果

## 上机练习题

1. 对如图 5-75 所示零件进行外形加工。

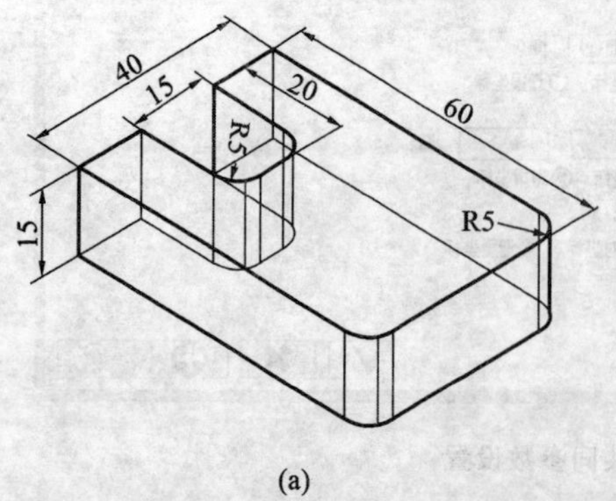


(a)

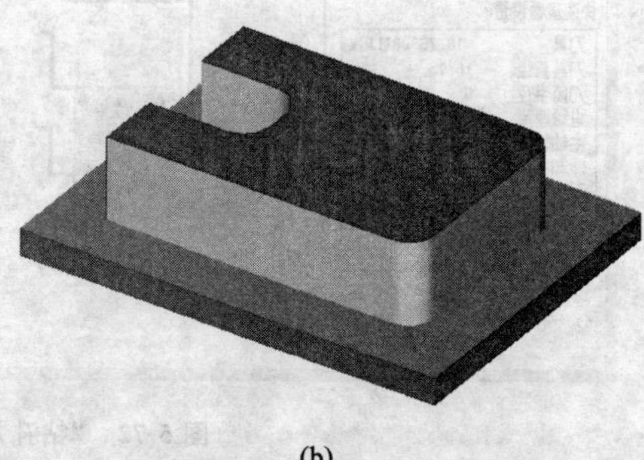

(b)

图 5-75

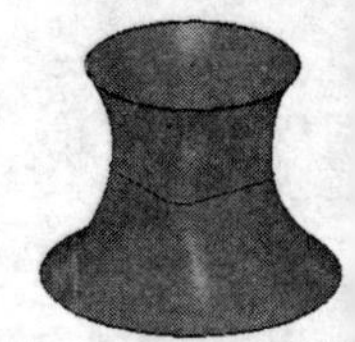



2. 加工如图 5-76 所示零件。

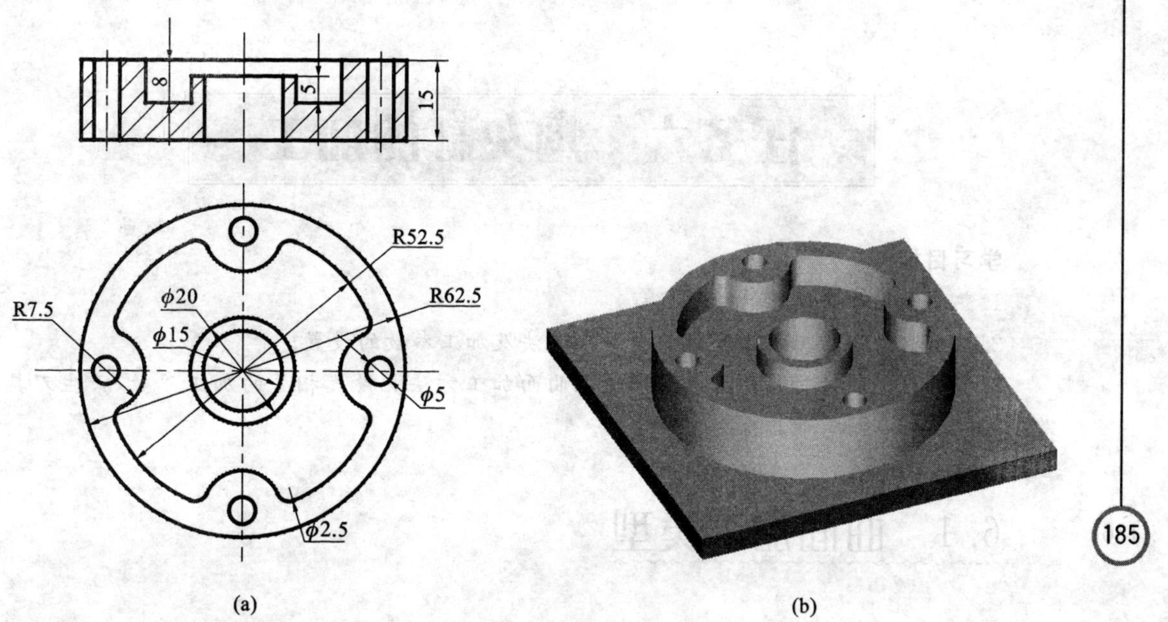


图 5-76

3. 对如图 5-77 所示文字进行加工。

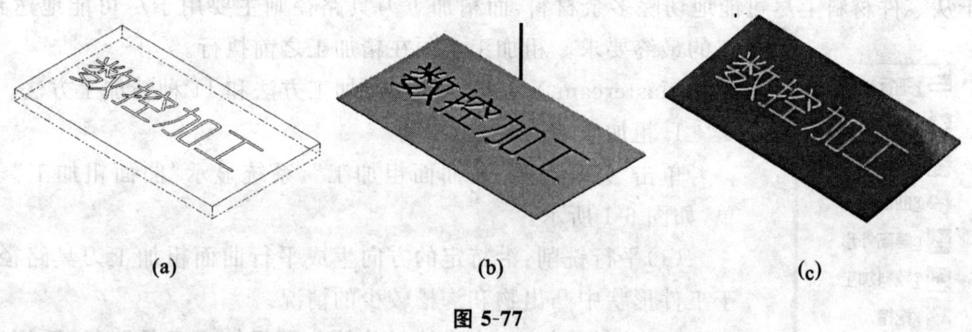


图 5-77

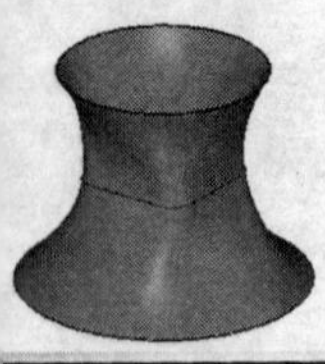





# 任务六　烟灰缸的加工

**学习目标**

1. 熟悉数控加工编程的一般流程。

2. 熟悉曲面粗加工方法和曲面精加工方法及加工参数的设置。

3. 能够根据加工对象灵活地选择三维曲面加工方法并设置相关的加工参数，产生刀具路径，进行实体验证，最后生成 NC 程序。

## 6.1 曲面加工类型

运用 Mastercam X 软件的曲面加工系统可生成加工曲面、实体或实体表面的加工路径。Mastercam X 提供了两大类曲面刀具加工路径：曲面粗加工刀具路径和曲面精加工刀具路径。大多数曲面都需要这两类刀具路径才能完成其曲面的加工。粗加工刀具路径主要用于从零件材料上尽可能地切除多余材料，而精加工刀具路径则主要用于尽可能地达到加工的最终要求。粗加工必须在精加工之前执行。

P平行铣削...
R放射状...
J投影加工...
F曲面流线...
C等高外形...
T残料加工...
K挖槽...
L钻削式...

**图 6-1 “曲面粗加工”子菜单**

Mastercam X 提供了 8 种粗加工方法和 11 种精加工方法。

1. 粗加工方法

单击“刀具路径”/“曲面粗加工”，系统显示“曲面粗加工”子菜单，如图 6-1 所示。

(1)平行铣削：沿特定的方向生成平行曲面粗加工刀具路径，用于工件形状中凸出物和沟槽较少的情况。

(2)放射状加工：生成放射状的曲面粗加工刀具路径，适用于具有回转特征的零件形状。

(3)投影加工：将已有的刀具路径或几何图形投影到被加工曲面来生成粗加工刀具路径，常用于产品的装饰加工中。

(4)曲面流线：沿曲面的流线方向生成粗加工刀具路径，适合曲面流线非常明显的曲面加工。

(5)等高外形：沿曲面的等高线(外形)生成粗加工刀具路径，适合具有较大坡度的曲面加工。

(6)残料加工：用于生成清除前面粗加工未切削或因刀具直径较大而不能切削到的残留材料的粗加工刀具路径，适合清除大刀加工不到的凹槽、拐角区域。

(7)挖槽粗加工：依据曲面形态沿 Z 方向下降生成粗加工刀具路径，适用于大部分粗加工。

(8)钻削式加工：切削所有位于曲面与凹槽边界材料而生成的粗加工刀具路径，适用于具有陡峭壁的凹曲面型腔和凸曲面零件的加工。

2. 精加工方法

单击“刀具路径”/“曲面精加工”，系统显示“曲面精加工”子菜单，如图 6-2 所示。

（1）平行铣削：沿特定的方向生成平行曲面精加工刀具路径。

（2）陡斜面加工：生成用于清除曲面斜坡上残留材料的精加工刀具路径，适合较陡曲面的残料清除。

（3）放射状加工：生成放射状的曲面精加工刀具路径。

（4）投影加工：将已有的刀具路径或几何图形投影到被加工曲面来生成精加工刀具路径。

（5）曲面流线：沿曲面的流线方向生成精加工刀具路径。

（6）等高外形：沿曲面的等高线（外形）生成精加工刀具路径。

（7）浅平面加工：用于生成清除曲面浅平面部分残留材料的精加工刀具路径。

（8）交线清角：用于生成清除曲面间的交角部分残留材料的精加工刀具路径，适合曲面交角残料的清除。

P平行铣削...
A陡斜面...
R放射状...
J投影加工...
F曲面流线...
C等高外形...
S浅平面加工...
E交线清角...
L残料清角...
O环绕等距...
B熔接加工...

**图 6-2 “曲面精加工”子菜单**

（9）残料清角：用于生成清除因使用较大直径刀具加工所残留材料的精加工刀具路径。

（10）环绕等距：按照加工面的轮廓生成等距环绕工具曲面的精加工刀具路径。

（11）熔接加工：在两个熔接边界区域间产生精切削刀具路径。

## 6.2　曲面加工的共同参数

Mastercam X 中进行加工设置时，在完成加工对象的选择后，系统会弹出曲面参数设置对话框，在对话框中有三个选项卡，其中的刀具参数和曲面参数是各种三轴铣削加工类型中的共同参数，而第三个选项卡是按不同的参数来定义的。图 6-3 所示为曲面参数设置对话框。

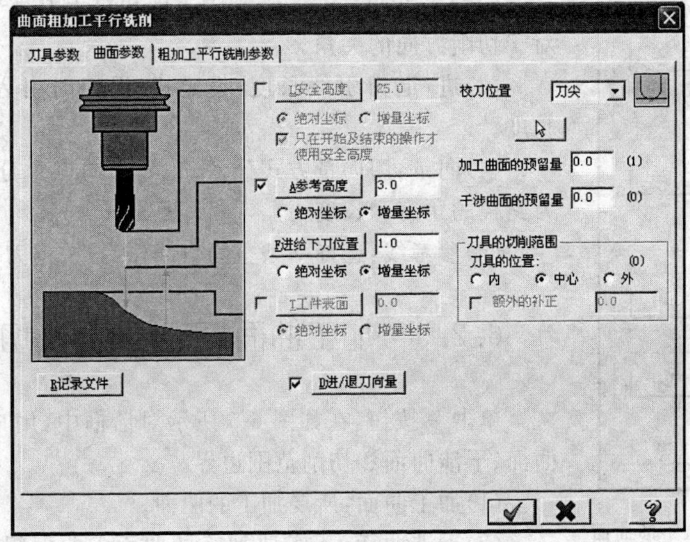


**图 6-3　曲面参数设置对话框**

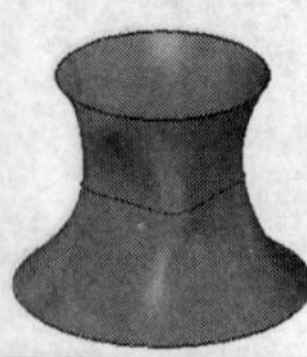



### 6.2.1 高度设置

曲面加工的高度设置与二维加工的高度设置基本相同，也包括安全高度、参考高度、下刀位置及工件表面，只是少了最后切削深度选项，因为曲面加工的最后切削深度由曲面外形自动决定，不需要设置。

### 6.2.2 进/退刀向量

选择“进/退刀向量”选项，并单击 D进/退刀向量 按钮，系统弹出进/退刀向量设置对话框，如图 6-4 所示。



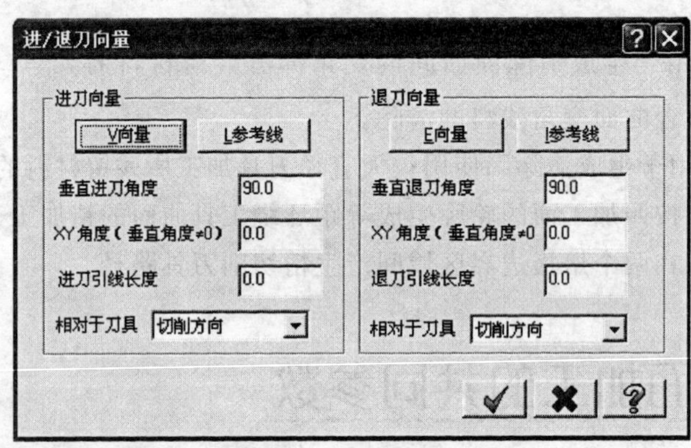


图 6-4　进/退刀向量设置对话框

(1)垂直进刀角度：设定进/退刀路径与 XY 平面（刀具平面）的夹角，90°代表垂直进/退刀。

(2)XY 角度：设定进/退刀方向相对于刀具平面的 X 轴或相对于切削方向的夹角。

(3)进/退刀引线长度：设定进/退刀时引入和退出路径的长度。

(4)向量：用向量方式分 X、Y、Z 方向三个分量来设定进/退刀路径的角度和长度。

(5)参考线：选择一条空间直线作为进/退刀的方向。

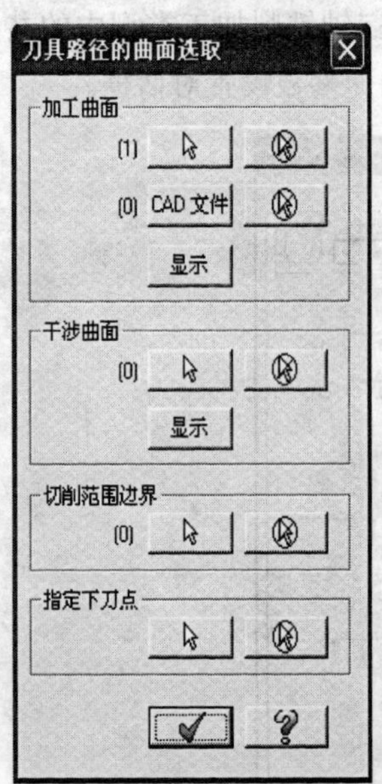


图 6-5　加工曲面、干涉曲面及切削范围边界设置

### 6.2.3 加工曲面、干涉曲面及切削范围边界

单击 按钮，在如图 6-5 所示对话框中，用户可以设置加工曲面、干涉曲面和切削范围边界。

(1)加工曲面：所要加工的曲面。

(2)干涉曲面：不需要加工的曲面。曲面粗加工前，为了防止切到禁止加工的表面，就要将禁止加工的曲面设为干涉曲面

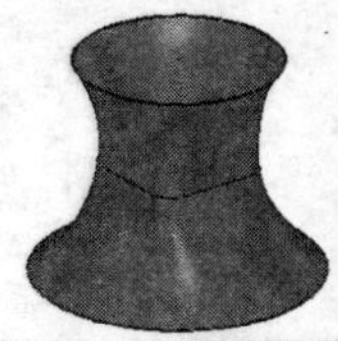



加以保护。

(3)切削范围边界:是指在曲面的基础上再给出一个封闭区域作为加工的范围,目的是针对某个结构进行加工,减少空走刀,提高加工效率。

### 6.2.4　校刀位置

校刀位置是设置铣刀补正至刀具端头的中心或刀尖,可选择下列选项之一。

(1)刀尖:补正至刀具端头的刀尖。

(2)中心:补正至刀具端头的中心。

### 6.2.5　预留量设置

预留量包括加工曲面的预留量和加工刀具避开干涉曲面的距离。在进行粗加工时一般需要设置加工曲面的预留量,此值一般设为 0.3～0.5,目的是为了便于后续的精加工,而设置加工刀具避开干涉曲面的距离可以防止刀具碰撞干涉曲面。



## 6.3　曲面粗加工

Mastercam X 系统的曲面粗加工提供了 8 种加工方式来适应不同的工件结构,曲面粗加工除了包括共同刀具参数和共同曲面参数外,还包括一组特定铣削方式专用的粗加工参数(与选择的铣削方式相对应)。

### 6.3.1　平行铣削

平行铣削是一个简单、有效和常用的粗加工方法,加工刀具按指定的进给方向进行切削,适用于工件形状中凸出物和沟槽较小的工件加工。

1. 曲面形状选择

建立平行铣削粗加工刀具路径,在进行曲面选择前,会有曲面形状选择提示,如图 6-6 所示。

选取工件的形状

凸

凹

未定义

**图 6-6　曲面形状选择**

(1)“凸”选项:某些参数按此进行调整,其中“切削方式”设置为“单向”,“下刀的控制”设置为“双侧切削”,“允许沿面上升切削(＋Z)”复选框也被选中。

(2)“凹”选项:选择该项时,“切削方式”设置为“双向”,“下刀的控制”设置为“切削路径允许连续下刀提刀”,“允许沿面下降切削(－Z)”复选框被选中。

(3)“未定义”选项:当选择该项时,参数表中将采取默认参数,一般为上次平行铣削粗加工设置的参数。

2. 平行铣削粗加工专用参数设置

使用平行铣削粗加工时,完成了曲面的选择后,弹出粗加工平行铣削参数对话框,除了刀具参数和曲面参数外，还需要设置粗加工平行铣削参数，如图 6-7 所示。

曲面粗加工平行铣削

刀具参数 | 曲面参数 | 粗加工平行铣削参数

T整体误差 0.025　　M最大切削间距 12.0

切削方式 单向　　加工角度 0.0

最大 Z 轴进给 2.0

下刀的控制

○ 切削路径允许连续下刀提刀

○ 单侧切削

◉ 双侧切削

☐ 定义下刀点

☐ 允许沿面下降切削（-Z）

☑ 允许沿面上升切削（+Z）

D切削深度　G间隙设置　E高级设置

**图 6-7　粗加工平行铣削参数设置**

(1)整体误差

该文本框用来设置曲面刀具路径的精确误差。设置的数值越小，刀具路径就越精确，但加工程序也越长，加工时间也长。粗加工中其值可稍大，建议取 0.05。如图 6-8 所示为不同整体误差值的切削效果图。

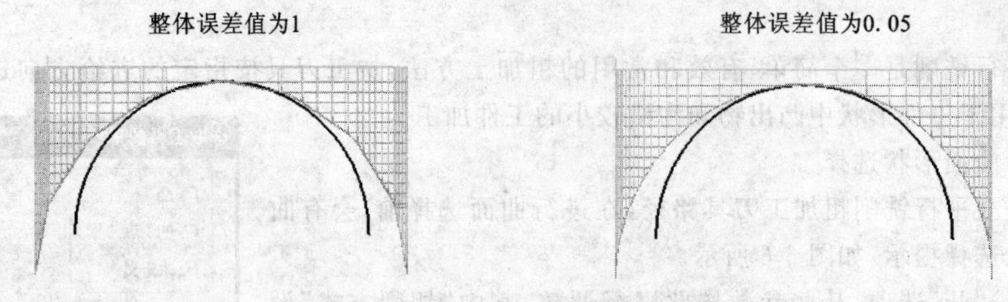


**图 6-8　不同整体误差值的切削效果图**

(2)切削方式

切削方式下拉列表框用来设置刀具在 XY 方向的走刀方式，共有两种切削方式：双向切削和单向切削。单向切削时刀具切削于同一个方向(起点→切削→回到起点)；双向切削是刀具前后反复切削于曲面。利用双向切削可以节省抬刀时间，而利用单向切削可以保证所有的刀具路径是统一按顺铣或逆铣，同时也容易取得更为理想的加工表面质量。

(3) 最大 Z 轴进给

该文本框用来设定两相近切削路径的最大 Z 方向距离。最大 Z 轴进给量越大，则粗加

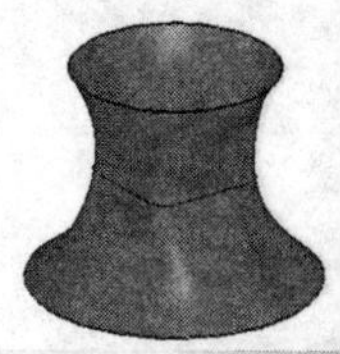

工层次越少，加工越粗糙。该值越小，则粗加工层次越多，加工也越平滑。

(4)最大切削间距

该文本框用来设置两相近切削路径(即 XY 平面方向)的最大进给量。该值一般为刀具直径的 50%～75%。切削间距值越大，产生的粗加工刀具路径数越少，加工越粗糙。切削间距值越小，产生的刀具路径越密，加工的曲面越光滑，但是加工程序也越长，加工的时间也越长。图 6-9 所示为切削间距不同时的加工效果图。

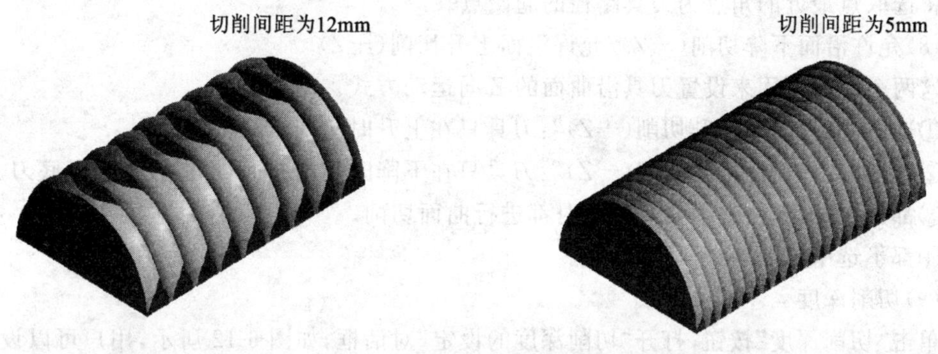


图 6-9　切削间距不同时的加工效果图



(5)加工角度

该文本框用来设定刀具路径在 XY 平面内的加工角度，加工角度从 X 轴的逆时针方向开始计算。加工角度不同时的加工效果图如图 6-10 所示。

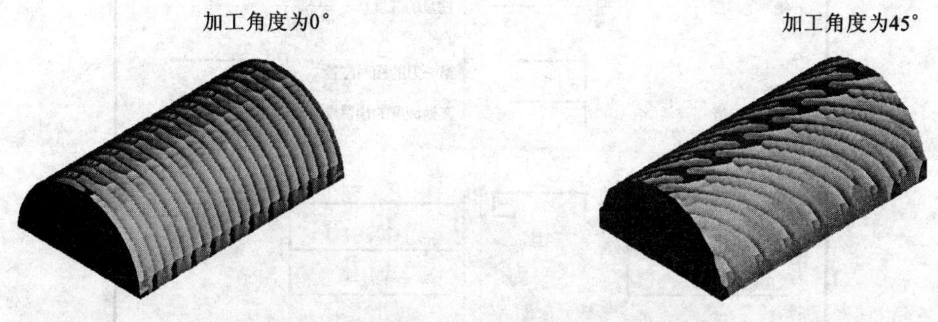


图 6-10　加工角度不同时的加工效果图

(6)下刀的控制

该文本框用来设置下刀和提刀时刀具在 Z 方向的移动方式，有 3 种方式供选择，如图 6-11 所示。

图 6-11　3 种下刀和提刀方式

①切削路径允许连续下刀提刀：刀具沿曲面连续地下刀和提刀，多用于多重凹凸曲面的加工。

②单侧切削：刀具只在单侧下刀或退刀。

③双侧切削：刀具可在双侧下刀或退刀。

(7)定义下刀点

当选中该复选框，设置完参数后，系统提示指定输入下刀点，可用鼠标选取一个下刀点，系统将选取点最近的角点为刀具路径的起始点。

(8)允许沿面下降切削(－Z)/允许沿面上升切削(＋Z)

这两个复选框用来设置刀具沿曲面的 Z 向运动方式。

①选中"允许沿面上升切削(＋Z)"：刀具只在上升时切削曲面。

②选中"允许沿面下降切削(－Z)"：刀具只在下降时切削曲面，不适合使用平底刀。

③都选中：刀具将在上升和下降时都进行曲面切削。

④都不选中：刀具将不切削曲面。

(9)切削深度

单击"切削深度"按钮，打开"切削深度的设定"对话框，如图 6-12 所示，用户可以设置加工深度距离曲面顶面及底面的距离，粗加工切削深度可以选择使用绝对坐标和增量坐标。

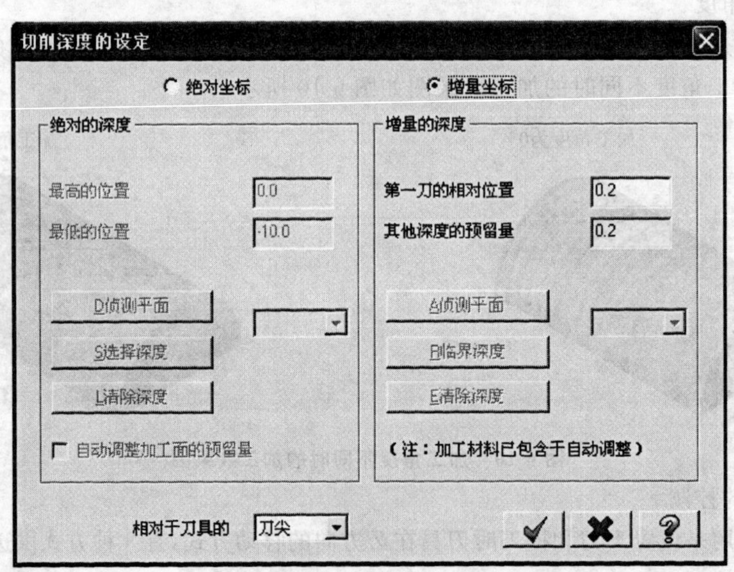


图 6-12　"切削深度的设定"对话框

①绝对坐标深度设定

有下列内容供选择：

a. 最高的位置(最小深度)：下刀切削的最浅点，也是刀具上升的最高点。

b. 最低的位置：刀具下刀的最深点，也是刀具下降的最低点。

c. 选择深度：单击该按钮，可用鼠标在绘图区中选择最高点和最低点。

d. 相对于刀具的：选择切削深度相对于刀具刀尖还是刀具圆弧中心。

②增量坐标深度设定

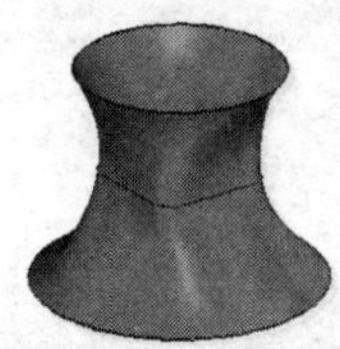

有下列内容供选择：

a. 第一刀的相对位置：刀具的最高点与顶部切削边界的距离。若为正值，刀具加工的最高点下移到工件顶部边界，为负值则上移一个距离。

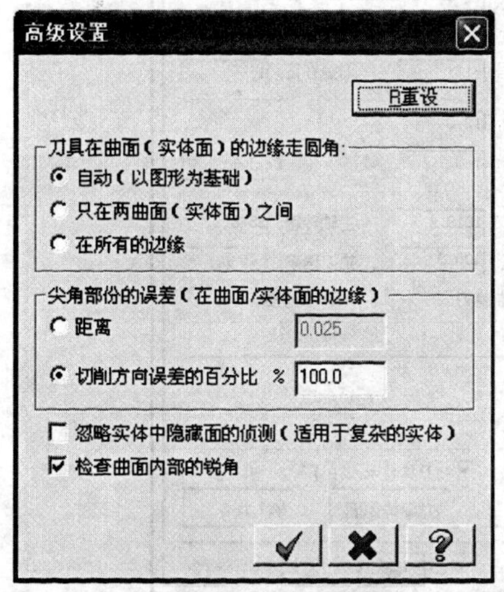


**图 6-13　高级设置对话框**

b. 其他深度的预留量：刀具的最低点与底部切削层的距离。为正值，切削相对于切削层上移一个距离；为负值，则下移。

c. 临界深度：仅用于粗加工挖槽、等高外形以及精加工等高外形加工中。

(10)间隙设置

该选项用来设置刀具在不同间隙时的运动方式。间隙是指连续曲面加工中的缺口或曲面断开的地方。它通常由下列因素造成：相邻曲面没连接；曲面修剪后；删除过切的部分。

(11)高级设置

单击“高级设置”按钮，打开高级设置对话框，如图 6-13 所示，该对话框用来设置刀具在曲面或实体边缘处的运动方式。

操作举例：进行平行铣削粗加工练习。

操作步骤：

①画出如图 6-14(a)所示曲面。

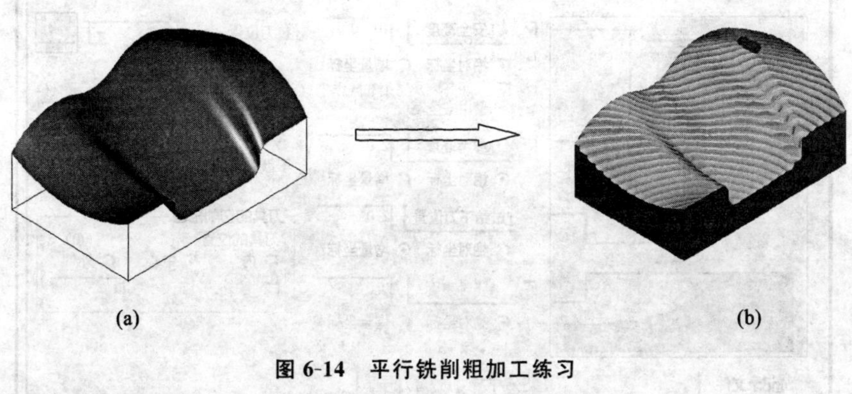

(a)　　(b)

**图 6-14　平行铣削粗加工练习**

②单击顶部工具栏中的俯视图绘图面按钮，设置为俯视图。

③选择菜单栏中的“刀具路径”/“曲面粗加工”/“平行铣削”命令。

④系统弹出如图 6-6 所示对话框，单击确定按钮 ✔。

⑤选择如图 6-14(a)所示曲面为加工曲面，按回车键确认。

⑥系统弹出如图 6-5 所示对话框，单击确定按钮 ✔。

⑦系统弹出“曲面粗加工平行铣削”对话框，在刀具栏空白处单击鼠标右键，从刀具库选择直径为 12mm 的圆鼻刀，并设置如图 6-15 所示刀具参数。

⑧选择如图 6-16 所示曲面参数选项卡，设置相关参数。

⑨选择如图 6-17 所示粗加工平行铣削参数选项卡，设置相关参数。

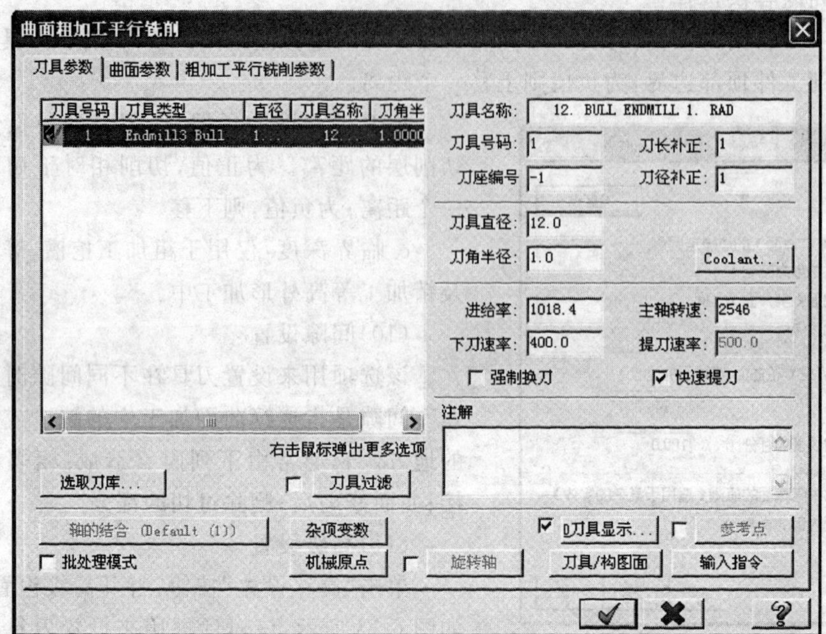


图 6-15　曲面粗加工平行铣削刀具设置

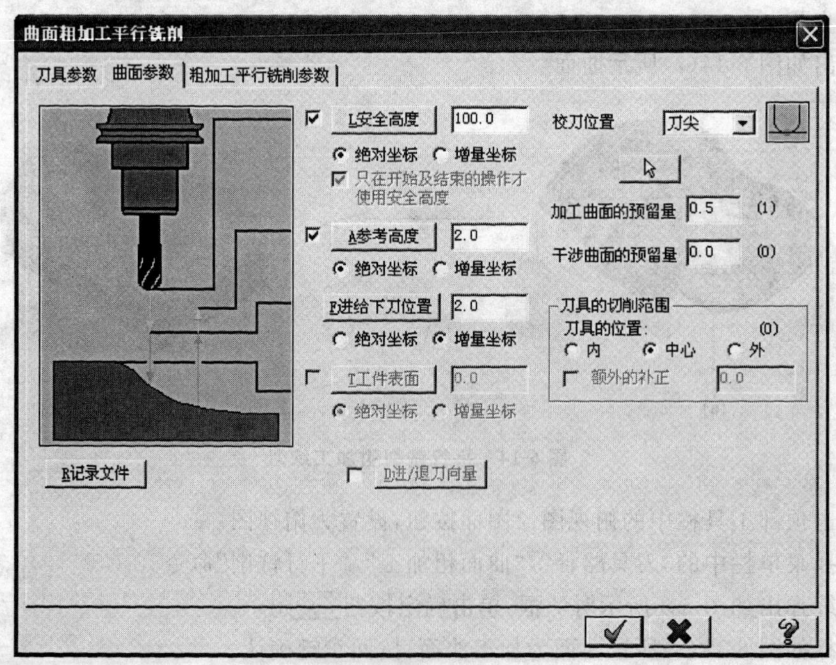


图 6-16　曲面参数设置

⑩单击“曲面粗加工平行铣削”对话框中的确定按钮 ✔ ,产生的刀具路径如图 6-18 所示。

⑪选择刀具路径管理器中的素材设置。

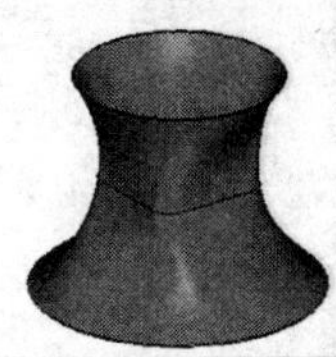



曲面粗加工平行铣削

刀具参数 | 曲面参数 | 粗加工平行铣削参数

T整体误差 0.01667　　M最大切削间距 5.0

切削方式 双向　　加工角度 45.0

最大 Z 轴进给 2.0

下刀的控制

切削路径允许连续下刀提刀

单侧切削

双侧切削

定义下刀点

允许沿面下降切削(－Z)

允许沿面上升切削(＋Z)

D切削深度　G间隙设置　E高级设置

图 6-17　粗加工平行铣削参数设置

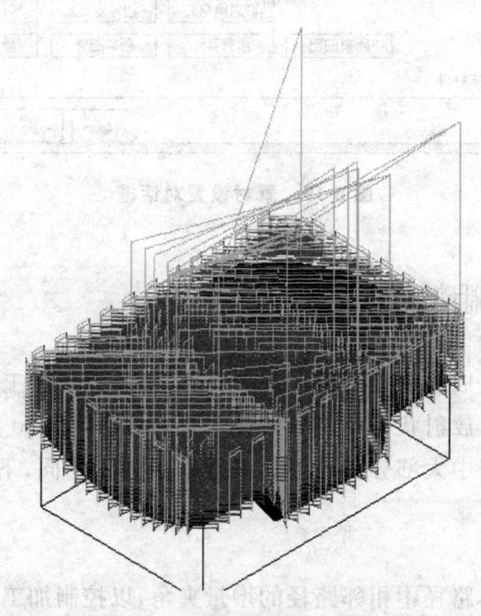

图 6-18　平行铣削产生的刀具路径

⑫在弹出的如图 6-19 所示素材设置对话框中，设置 X 值为“100”，Y 值为“150”，Z 值为“72”。单击确定按钮。

⑬单击加工操作管理器中的实体加工模拟按钮，系统弹出实体加工模拟对话框。单击执行按钮，模拟加工结果如图 6-14(b)所示。单击实体加工模拟对话框中的确定按钮，结束模拟操作。

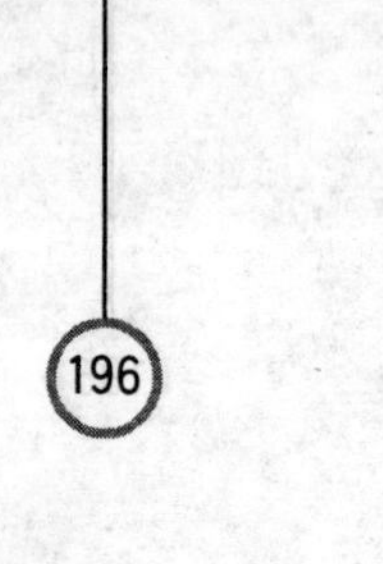



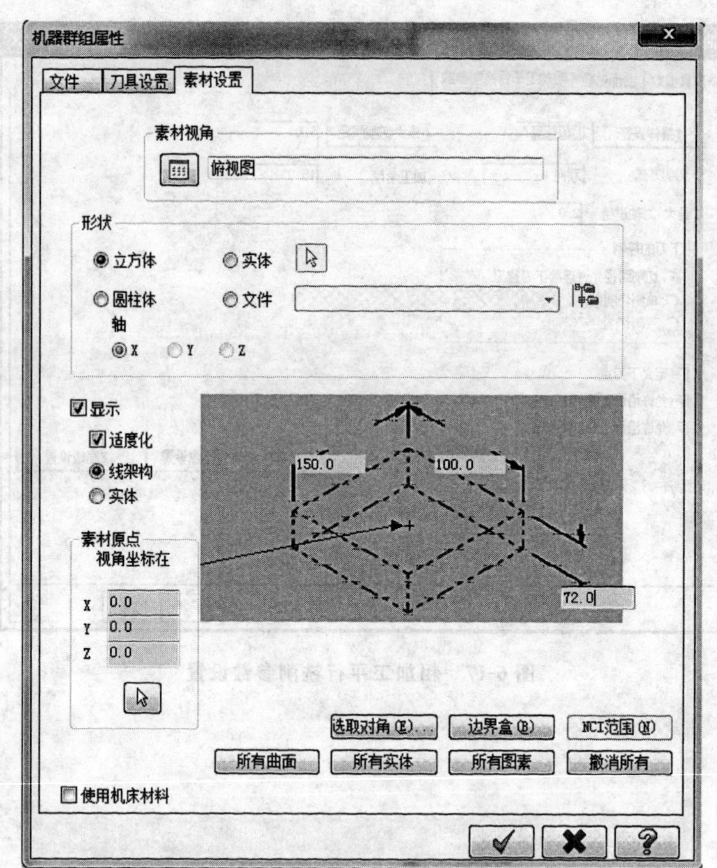


**图 6-19　素材设置对话框**

## 6.3.2　放射状粗加工

放射状粗加工用于生成放射状的粗加工刀具路径，常用于加工圆形类工件，刀具路径是以某点为中心的放射状。放射状粗加工参数设置对话框如图 6-20 所示。

放射状粗加工参数表中大部分都与前面平行铣削加工相同，下面仅介绍前面未介绍的参数。

1. 最大角度增量

最大角度增量指刀具路径中相邻路径的增量夹角，以控制加工路径的密度，功能类似于平行铣削的最大粗切间距。

2. 起始角度

起始角度指刀具路径的起始角度，以 X 轴的正方向起，逆时针为正值，如图 6-21 所示。

3. 扫描角度

扫描角度指刀具路径覆盖的角度范围，如图 6-21 所示。

4. 起始补正距离

起始补正距离指刀具路径的中心点与选取点的偏移距离。

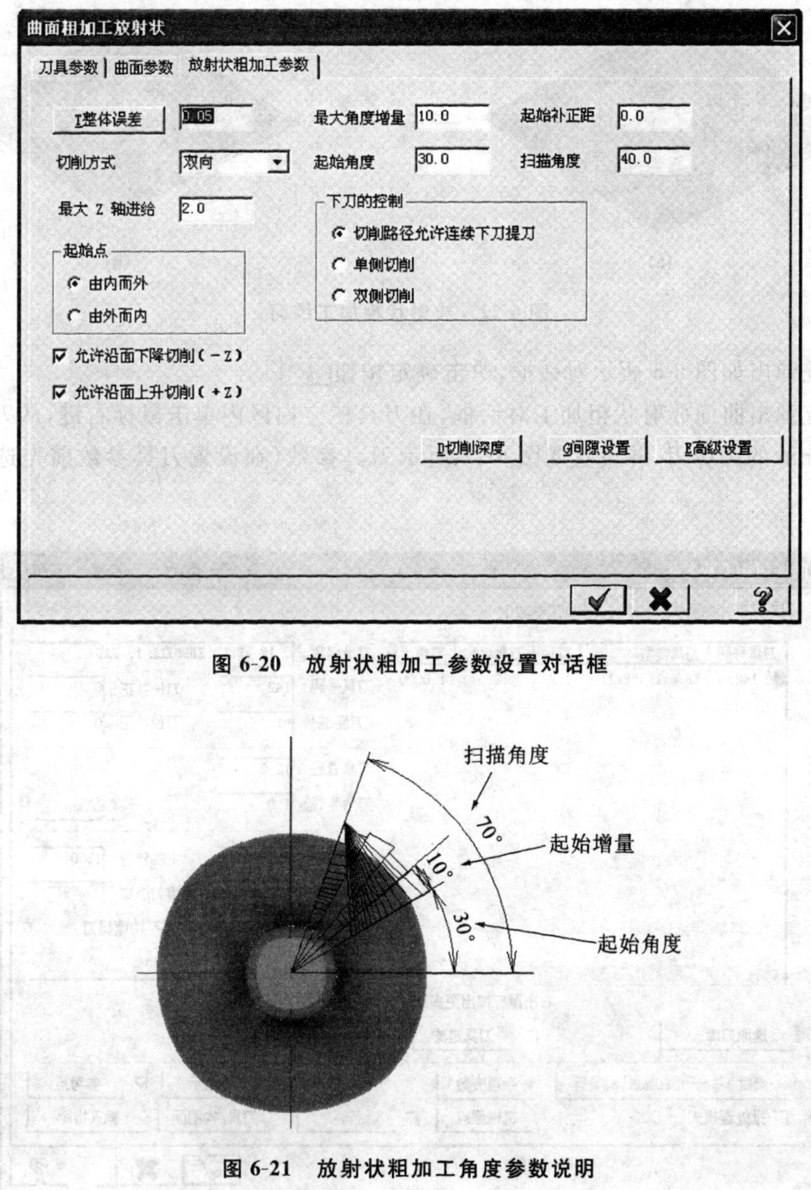


图 6-20　放射状粗加工参数设置对话框

图 6-21　放射状粗加工角度参数说明

5.起始点

起始点用来设置刀具路径的起始点和路径方向,有两种选择。

(1)由内而外:刀具路径从下刀点向外切削。

(2)由外而内:刀具路径从下刀点向内切削。

操作举例:进行放射状粗加工练习。

操作步骤:

①绘制如图 6-22(a)所示曲面。

②单击顶部工具栏中的俯视图绘图面按钮,设置为俯视图。

③选择菜单栏中的“刀具路径”/“曲面粗加工”/“放射状粗加工”命令。

④系统弹出选取工件的形状对话框,直接单击确定按钮 ✔ 。

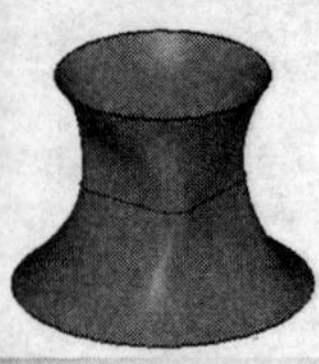





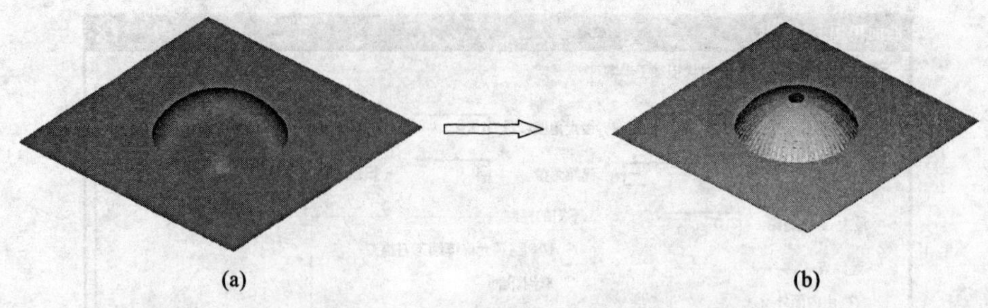


图 6-22　放射状粗加工练习

⑤系统弹出如图 6-5 所示对话框，单击确定按钮 ✓ 。

⑥系统弹出曲面放射状粗加工对话框，在刀具栏空白区内单击鼠标右键，从刀具库选取直径为 12mm 的圆鼻刀，并设置如图 6-23 所示刀具参数（在设置刀具参数前先选择一下刀具）。

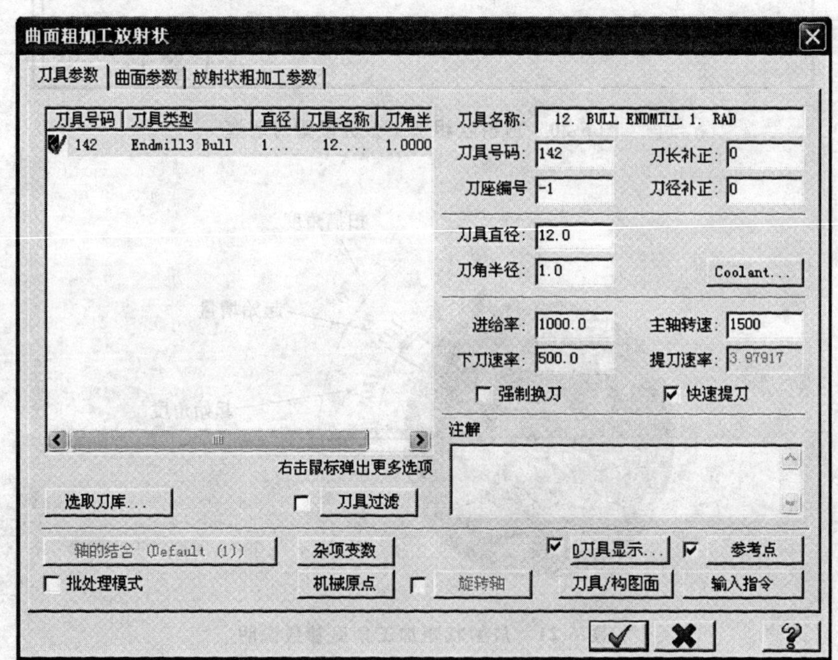


图 6-23　刀具参数设置对话框

⑦选择曲面参数选项卡，设置相关的参数，如图 6-24 所示。

⑧选择放射状粗加工参数选项卡，弹出如图 6-25 所示对话框，设置相关参数。

⑨单击曲面放射状粗加工参数设置对话框中的确定按钮 ✓ ，系统提示选取放射状中心点，在坐标输入栏分别输入（X，Y，Z）坐标为（0，0，0），产生的刀具路径如图 6-26 所示。

⑩选择加工操作管理器中的工件设置。

⑪在弹出的如图 6-19 所示素材设置对话框中，设置 X 值为“110”，Y 值为“110”，Z 值为“15”。单击确定按钮 ✓ 。

⑫单击加工操作管理器中的实体加工模拟按钮，系统弹出实体加工模拟对话框。单

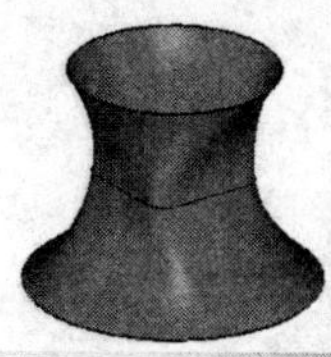



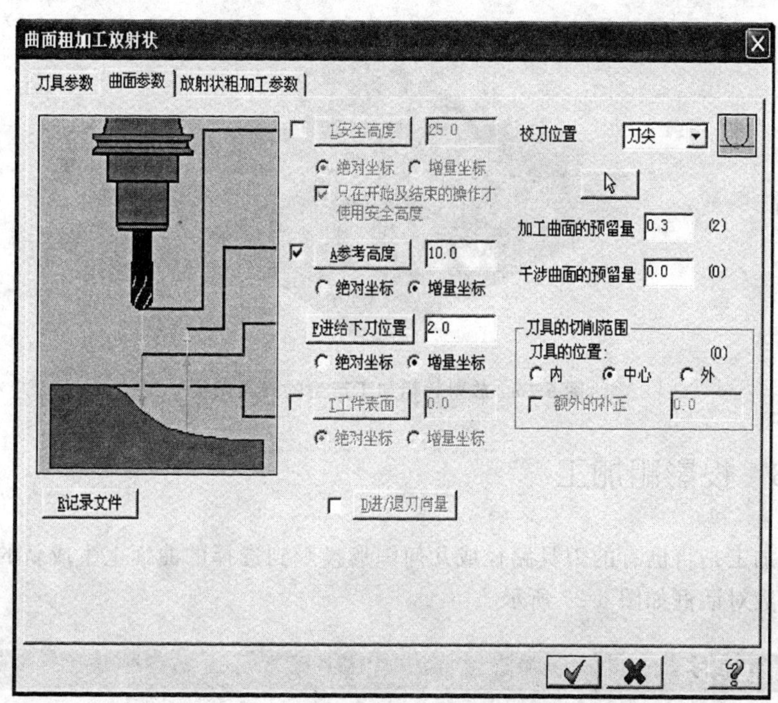

图 6-24　放射状粗加工曲面参数设置

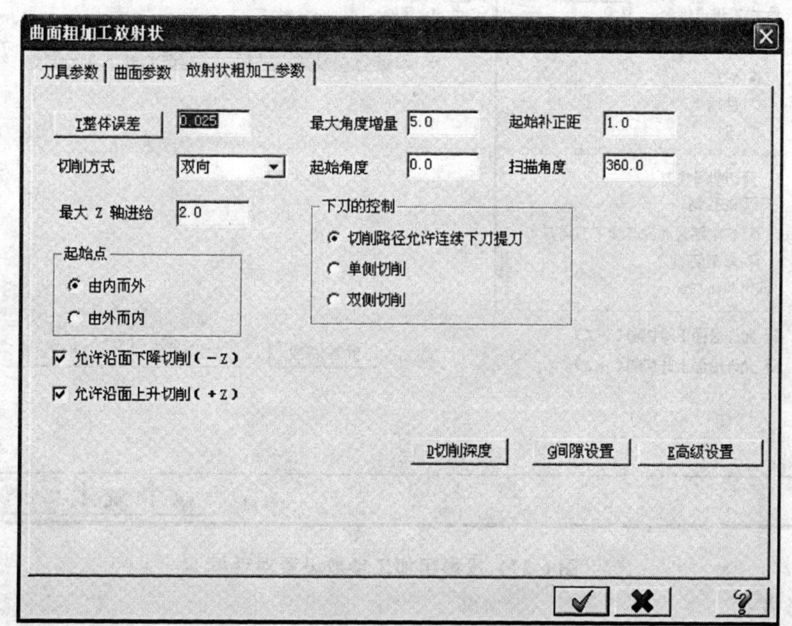

图 6-25　放射状粗加工参数设置对话框

击执行按钮▶，模拟加工结果如图 6-22(b)所示。单击实体加工模拟对话框中的确定按钮✔，结束模拟操作。

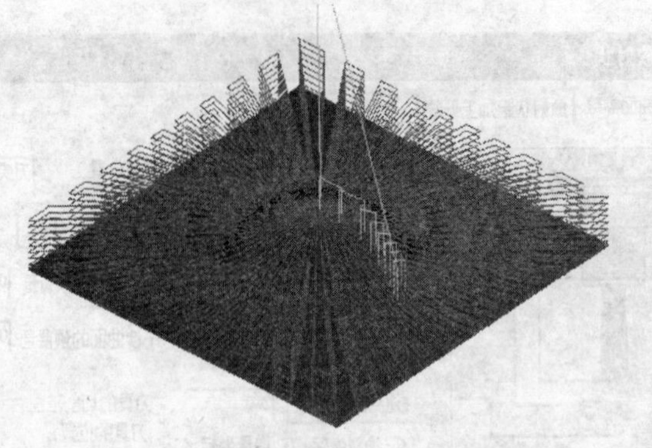

图 6-26　放射状粗加工产生的刀具路径

## 6.3.3　投影粗加工

投影粗加工是将已有的刀具路径或几何图形投影到选择的曲面上生成新的粗加工刀具路径。其参数对话框如图 6-27 所示。

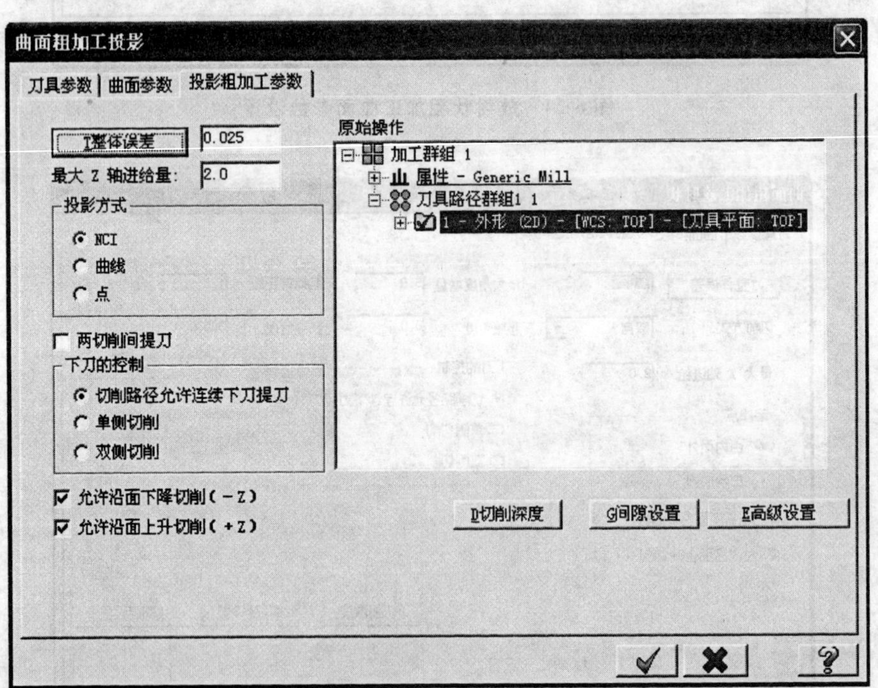


图 6-27　投影粗加工参数设置对话框

1. 投影方式

(1)NCI:用已存在的 NCI 文件投影到曲面上来加工曲面。

(2)曲线:用一条曲线或一组曲线投影到曲面上来加工曲面。

(3)点:用一个点或一组点投影到曲面上来加工曲面。

2. 回刀设置

两切削间提刀:选择此项,在两次投影加工之间刀具回刀,以免产生连刀。

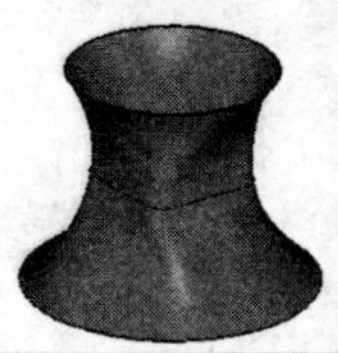



3. 原始操作

该窗口显示了当前文件中已有的 NCI 文件,用户可以从中选择用于投影的 NCI 文件。

操作举例:进行投影粗加工练习。

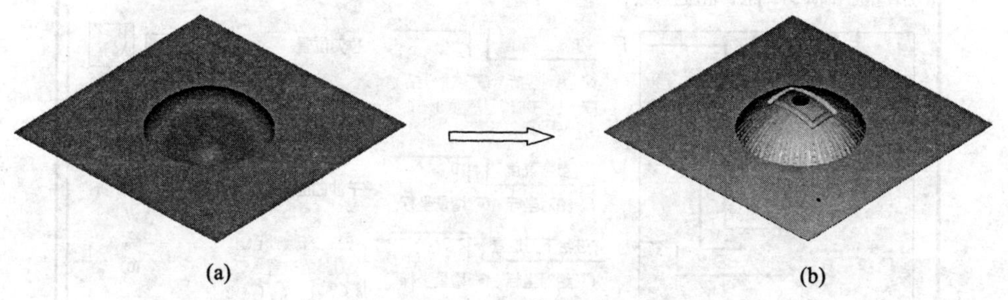


**图 6-28　投影粗加工练习**

操作步骤:

①先对工件进行放射状加工。(前面已详细介绍,这里不再重复)

②单击顶部工具栏中的俯视图绘图面按钮,设置为俯视图。

③选择菜单栏中的"刀具路径"/"曲面粗加工"/"投影粗加工"命令。系统弹出选取工件的形状对话框,直接单击确定按钮。

④选择如图 6-28(a)所示圆球面为加工曲面,按回车键确认。

⑤系统弹出如图 6-5 所示对话框,单击确定按钮。

⑥系统弹出曲面投影粗加工对话框,在刀具栏空白区内单击鼠标右键,从刀具库选取直径为 3mm 的球刀,并设置如图 6-29 所示刀具参数(在设置刀具参数前先选择一下刀具)。

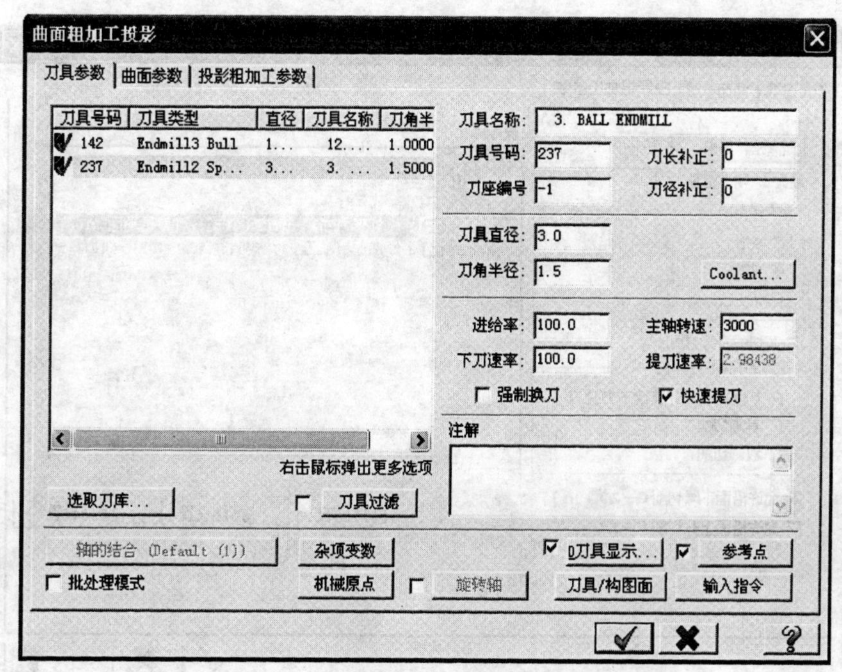


**图 6-29　投影粗加工刀具参数设置对话框**

201

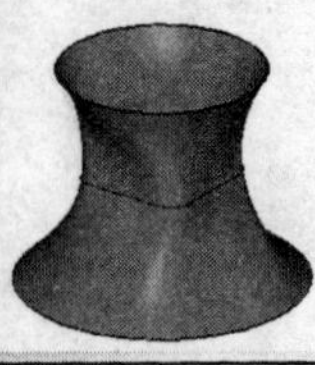





⑦选择如图 6-30 所示曲面参数选项卡,设置相关参数。

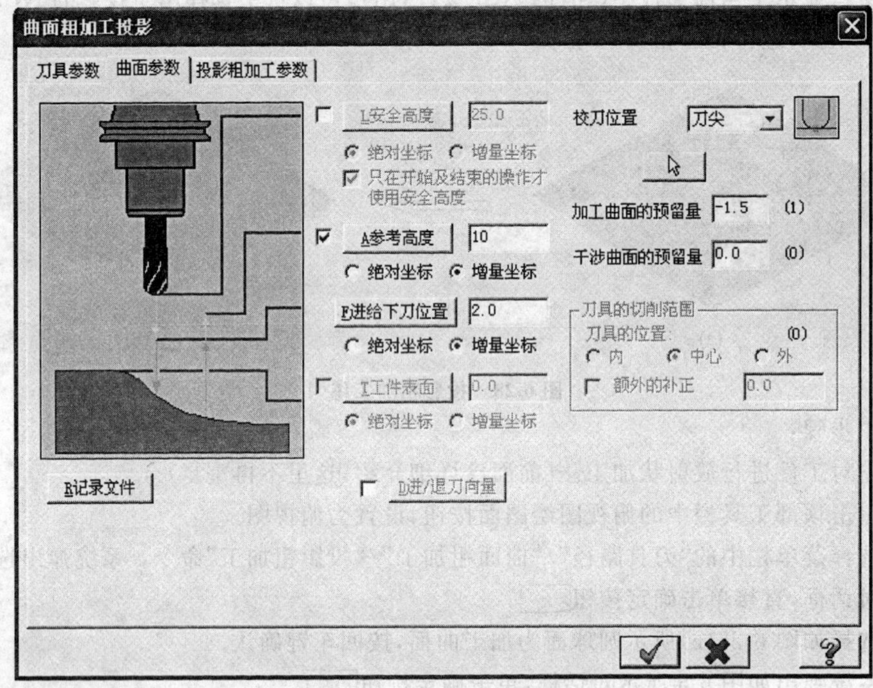


图 6-30　投影粗加工曲面参数设置

⑧选择如图 6-31 所示投影粗加工参数选项卡,设置相关参数,单击确定按钮 ✓。

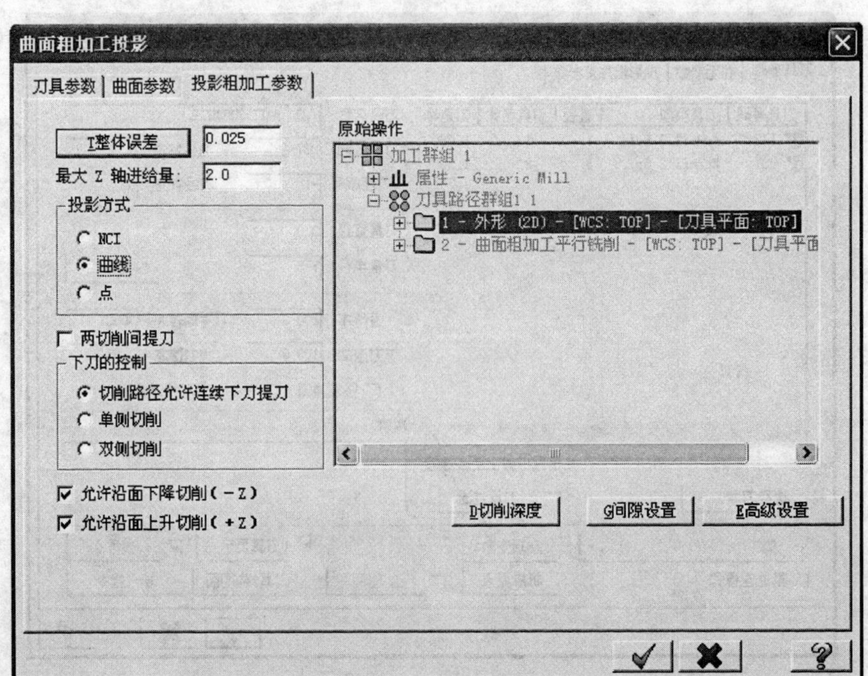


图 6-31　投影粗加工参数设置

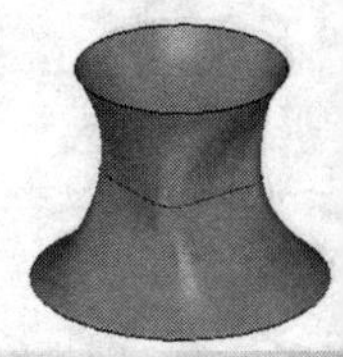



⑨系统提示选择投影几何图形，选择如图 6-28(a)所示矩形，单击串连选择对话框中的确定按钮 ，产生的刀具路径如图 6-32 所示。

⑩单击加工操作管理器中的选择所有加工操作按钮，再单击加工操作管理器中的实体加工模拟按钮 ，系统弹出实体加工模拟对话框。单击执行按钮 ，模拟加工结果如图 6-28(b)所示。单击实体加工模拟对话框中的确定按钮 ，结束模拟操作。

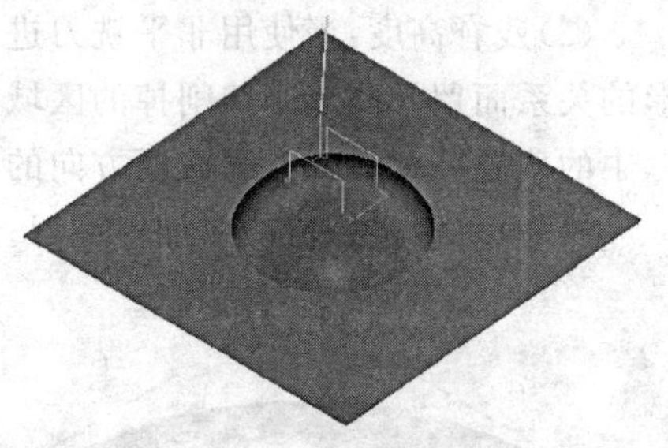

**图 6-32　投影粗加工产生的刀具路径**

## 6.3.4　流线粗加工

曲面流线粗加工可以沿曲面流线方向生成粗加工刀具路径，它能控制曲面的残留高度。其参数对话框如图 6-33 所示。

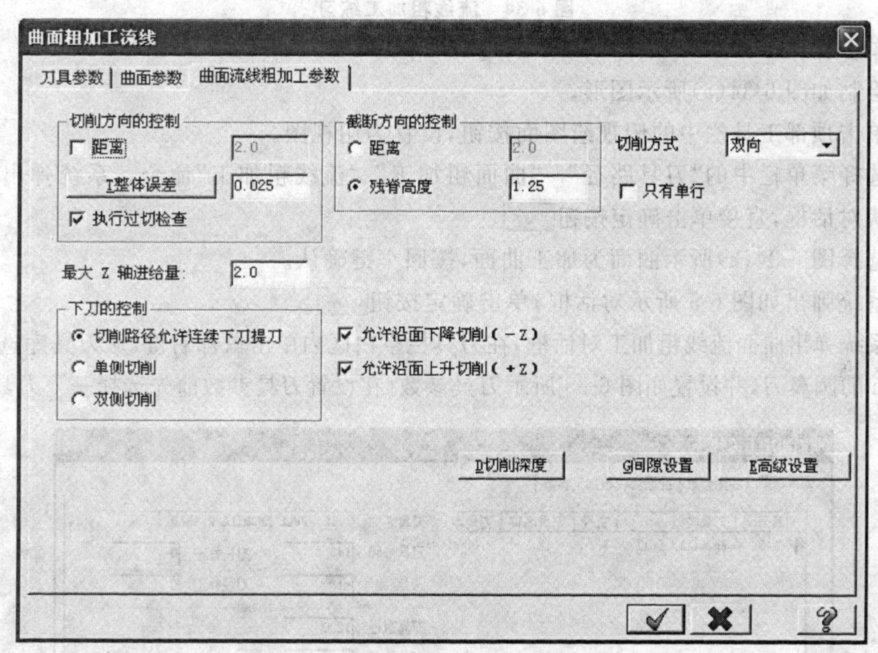


**图 6-33　流线粗加工参数设置**

1. 切削方向的控制

该选项用于控制刀具沿曲面切削方向的切削运动。

(1)距离：选中该复选框，系统将两相邻刀具路径纵深方向的进刀量设置为输入值。

(2)整体误差：该文本框用来输入实际刀具路径与真实曲面在切削方向的误差及过滤误差的总和。

(3)执行过切检查：选中该复选框，当临近过切，系统自动调整加工刀具路径。

2. 截断方向的控制

该选项用于控制刀具沿曲面截断方向的进刀运动。

(1)距离：选中该复选框，系统将两相邻刀具路径截面方向的进刀量设置为输入值。

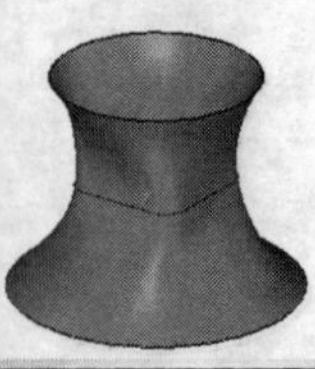



(2)残脊高度:当使用非平铣刀进行切削加工时,在两条相邻的切削路径之间,会因为刀形的关系而留下凸起未切削掉的区域,该凸起高度称为残脊高度。选择该项,系统使用文本框中的残脊高度值来计算截面方向的切削增量。

操作举例:进行流线粗加工练习。

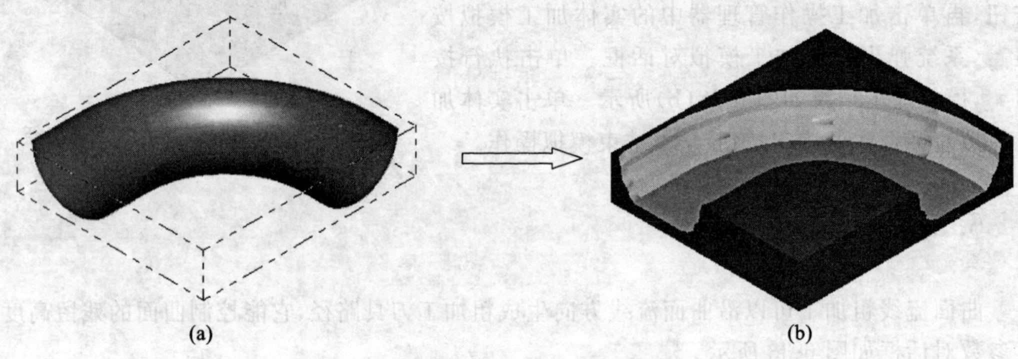

(a) (b)

图 6-34 流线粗加工练习

操作步骤:

①绘制如图 6-34(a)所示图形。

②单击顶部工具栏中的俯视绘图面按钮,设置为俯视图。

③选择菜单栏中的“刀具路径”/“曲面粗加工”/“流线粗加工”命令。系统弹出选取工件的形状对话框,直接单击确定按钮✔。

④选择图 6-34(a)所示曲面为加工曲面,按回车键确认。

⑤系统弹出如图 6-5 所示对话框,单击确定按钮✔。

⑥系统弹出曲面流线粗加工对话框,在刀具栏空白区内单击鼠标右键,从刀具库选取直径为 12mm 的圆鼻刀,并设置如图 6-35 所示刀具参数(在设置刀具参数前先选择一下刀具)。

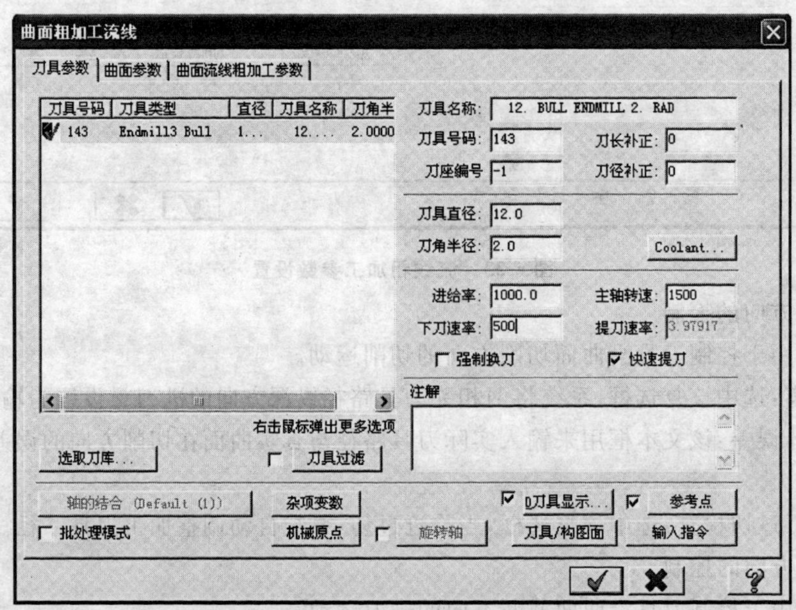


图 6-35 流线粗加工刀具参数设置

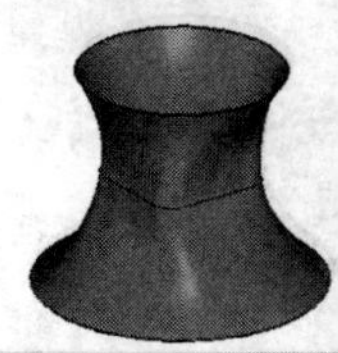





⑦选择如图 6-36 所示曲面参数选项卡,设置相关参数。

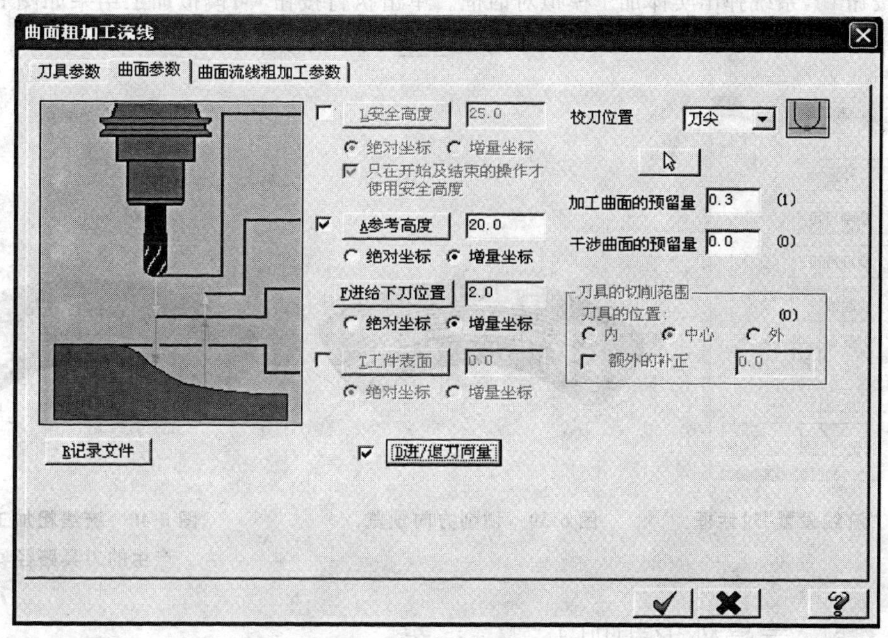


图 6-36　设置曲面参数

⑧选择如图 6-37 所示曲面流线粗加工参数选项卡,设置相关参数,单击确定按钮。

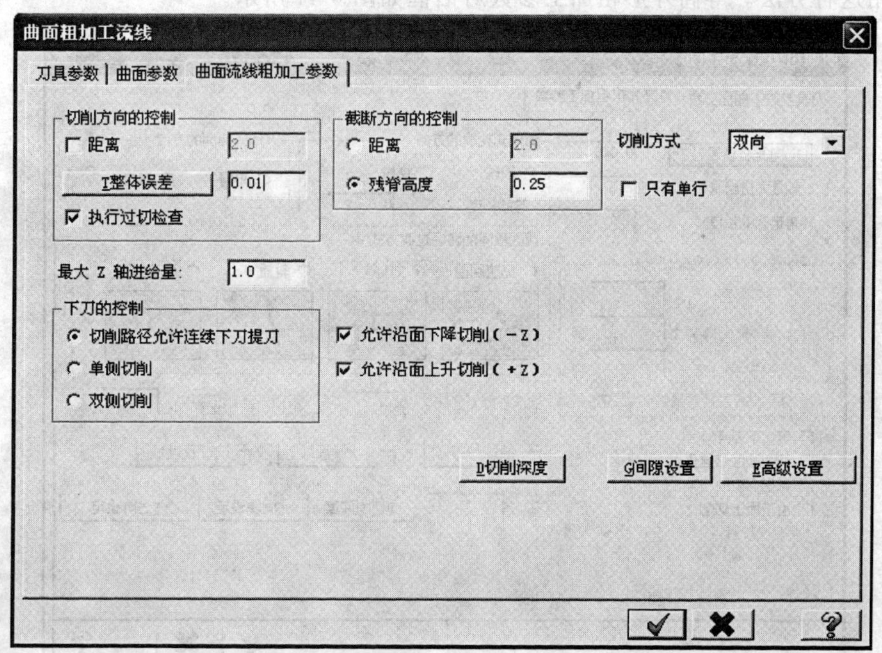


图 6-37　设置流线粗加工参数

⑨系统弹出如图 6-38 所示“流线设置”对话框,单击“切削方向”按钮,使切削方向如图 6-39 所示,单击确定按钮,产生的刀具路径如图 6-40 所示。

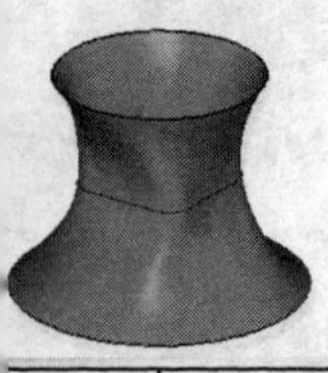



⑩单击加工操作管理器中的选择所有加工操作按钮，再单击加工操作管理器中的实体加工模拟按钮，系统弹出实体加工模拟对话框。单击执行按钮，模拟加工结果如图 6-34(b)所示。单击实体加工模拟对话框中的确定按钮，结束模拟操作。

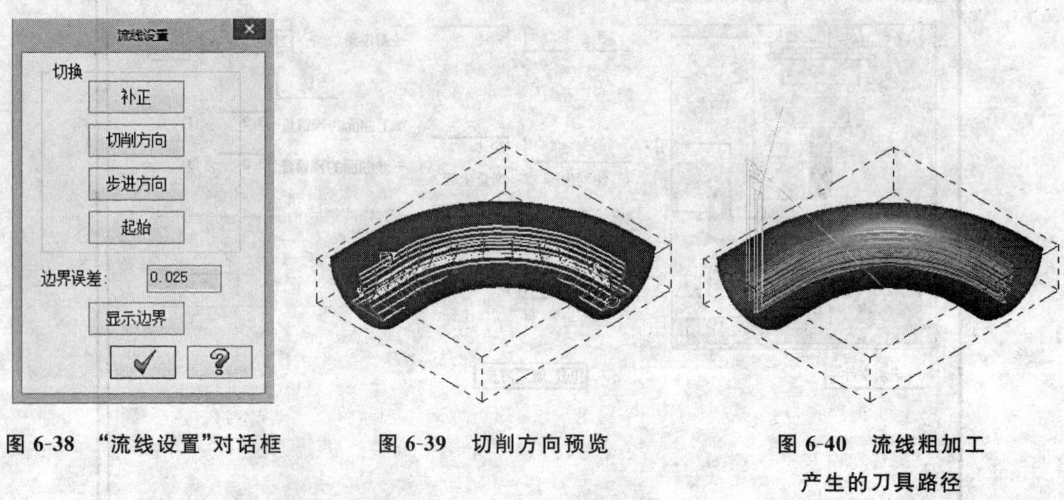


图 6-38 “流线设置”对话框　　图 6-39 切削方向预览　　图 6-40 流线粗加工产生的刀具路径

## 6.3.5 等高外形粗加工

等高外形粗加工是依据曲面的轮廓一层一层地切削而产生粗加工路径，铸造件的加工通常采用这种方法。等高外形粗加工参数对话框如图 6-41 所示。

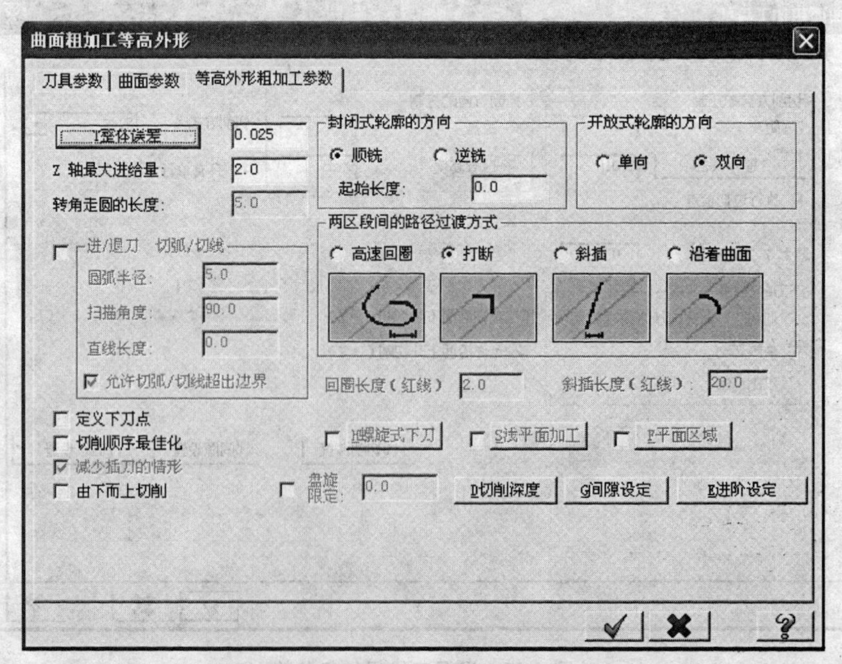


图 6-41 等高外形粗加工参数对话框

1. 封闭式轮廓的方向

封闭式轮廓的方向有顺铣和逆铣两个选项。起始长度文本框用来输入刀具路径的起始

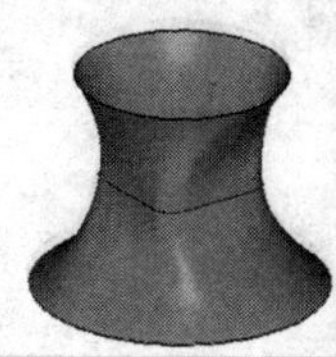





位置在等高线以下的距离。

2.开放式轮廓的方向

开放式轮廓的方向有单向和双向两个选项。

3.两区段间的路径过渡方式

该部分选项用来设置当移动量小于允许间隙时刀具移动的形式。

(1)高速回圈:用于高速加工曲面,刀具从一个位置平滑越过间隙移动到另一个位置。

(2)打断:刀具从一个曲面刀具路径终点沿 Z 方向移动(或沿 XY 方向移动),再接着沿 XY 方向移动(或沿 Z 方向上移动)到另一个曲面刀具路径的起点。

(3)斜插:刀具从一个曲面刀具路径终点直接移动到另一个曲面刀具路径的起点。

(4)沿着曲面:刀具从一个曲面刀具路径终点沿着曲面移动到另一个曲面刀具路径的起点。

4.进/退刀圆弧

选中该复选框,添加圆弧形式的进/退刀刀具路径。

(1)圆弧半径:该文本框用于输入圆弧刀具路径的半径。

(2)扫描角度:该文本框用于输入圆弧刀具路径的扫描角度。

操作举例:进行等高外形粗加工练习。

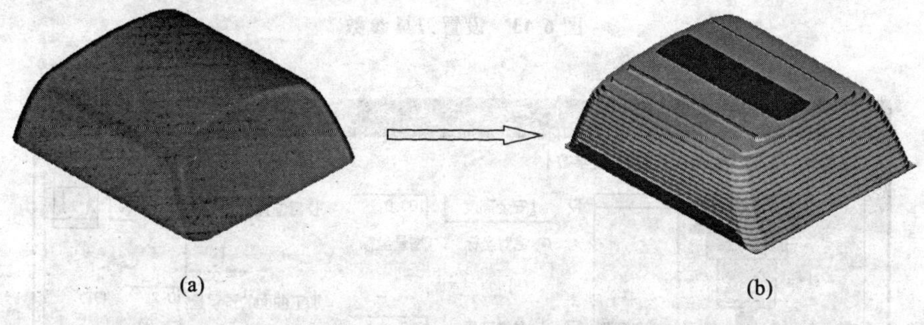


**图 6-42　等高外形粗加工练习**

操作步骤:

①绘制如图 6-42(a)所示图形。

②单击顶部工具栏中的俯视绘图面按钮,设置为俯视图。

③选择菜单栏中的“刀具路径”/“曲面粗加工”/“等高外形加工”命令。系统弹出选取工件的形状对话框,直接单击确定按钮✔。

④选择如图 6-44(a)所示曲面为加工曲面,按回车键确认。

⑤系统弹出如图 6-5 所示对话框,单击确定按钮✔。

⑥系统弹出等高外形粗加工对话框,在刀具栏空白区内单击鼠标右键,从刀具库选取直径为 12mm 的圆鼻刀,并设置如图 6-43 所示刀具参数(在设置刀具参数前先选择一下刀具)。

⑦选择如图 6-44 所示等高外形粗加工曲面参数选项卡,并设置相关参数。

⑧选择如图 6-45 所示等高外形粗加工参数选项卡,并设置相关参数。

⑨单击等高外形粗加工对话框中的确定按钮✔,产生的刀具路径如图 6-46 所示。

⑩单击加工操作管理器中的选择所有加工操作按钮,再单击加工操作管理器中的实体加

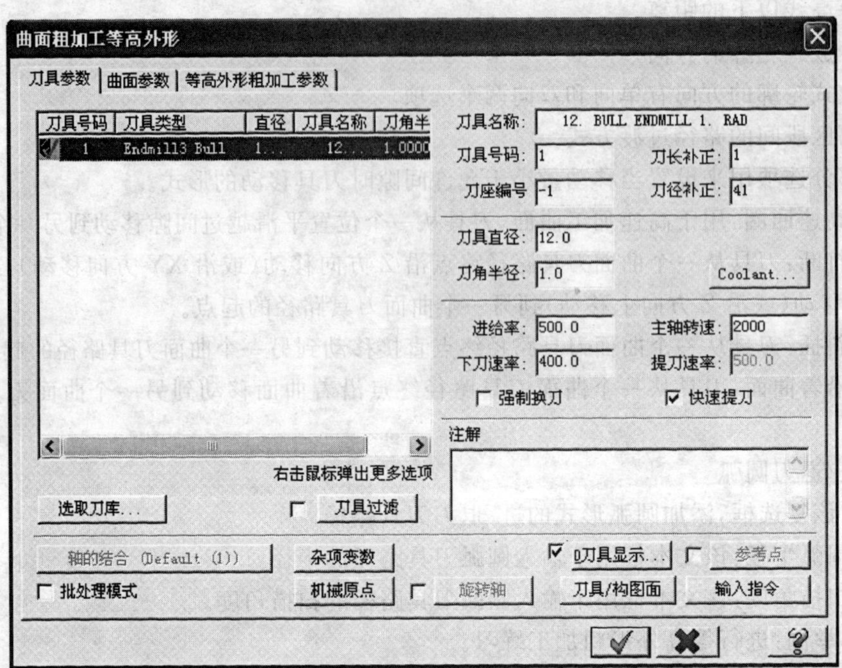


图 6-43　设置刀具参数

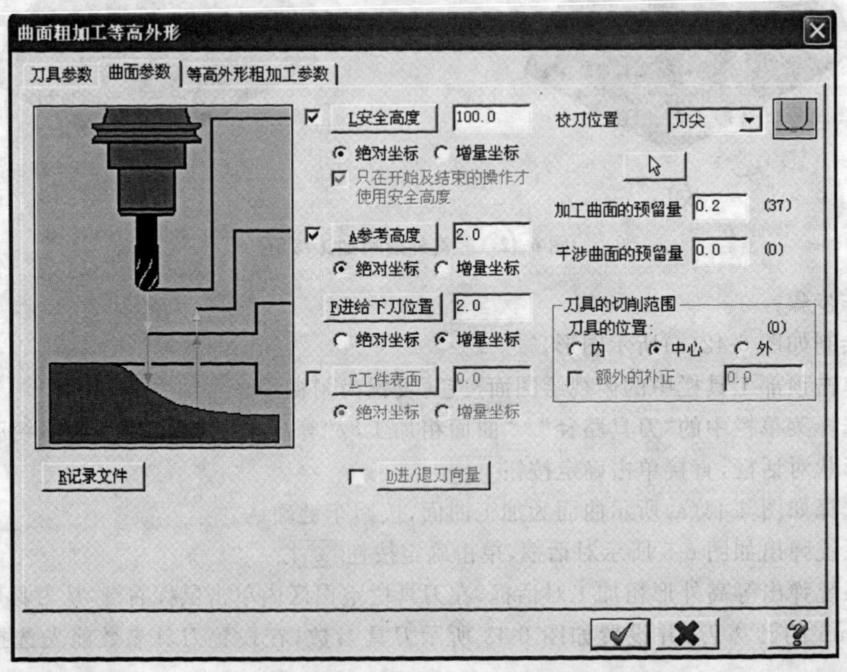


图 6-44　等高外形粗加工曲面参数设置

工模拟按钮，系统弹出实体加工模拟对话框。单击执行按钮，模拟加工结果如图 6-42(b)所示。单击实体加工模拟对话框中的确定按钮，结束模拟操作。

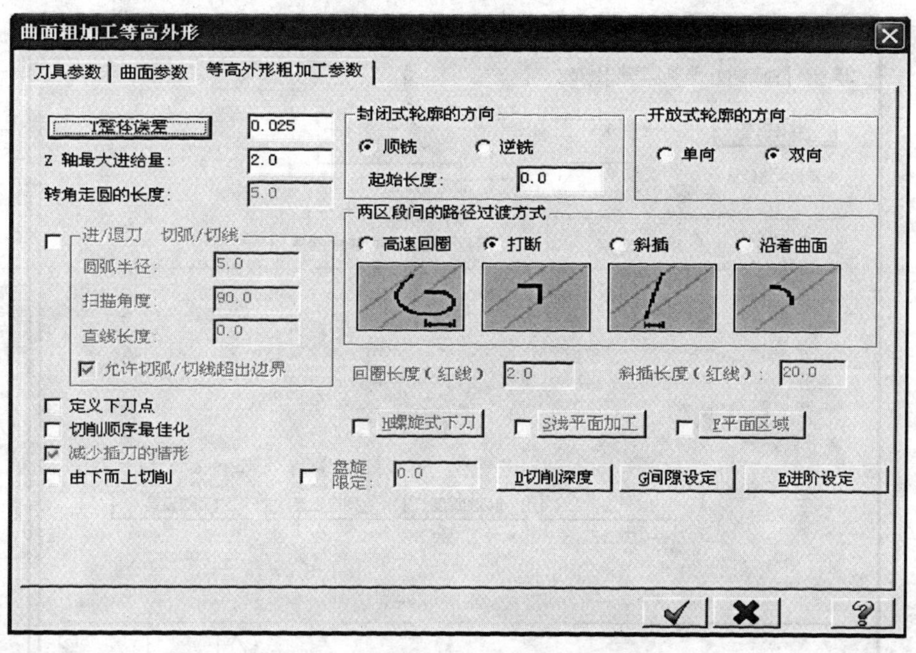


图 6-45　等高外形粗加工参数设置

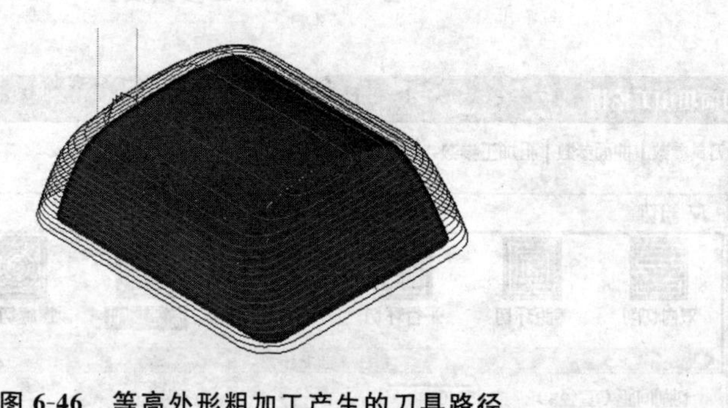

图 6-46　等高外形粗加工产生的刀具路径

## 6.3.6　挖槽粗加工

挖槽粗加工是以加工介于曲面及工件边界间多余的材料而生成粗加工刀具路径。粗加工参数设置如图 6-47 所示，挖槽参数设置如图 6-48 所示。

大部分的参数设置与平行粗加工相同，下面介绍不同的参数。

进刀选项中包括：

(1)螺旋式下刀：选择此复选框，将启动螺旋/斜线下刀方式。

(2)指定下刀点：选择此复选框，系统以选择加工曲面前选择的点作为切入点。

(3)由切削范围外下刀：选择此复选框，系统从挖槽边界外下刀。

(4)下刀位置针对起始孔排序：选择此复选框，系统从起始基础孔下刀。

操作举例：进行挖槽粗加工练习。

操作步骤：

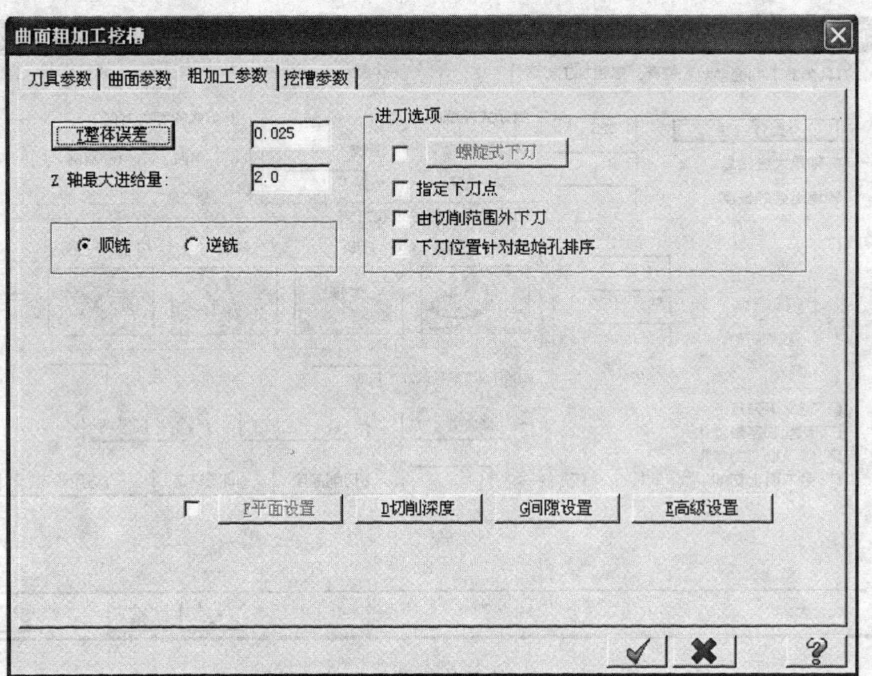


图 6-47 粗加工参数设置

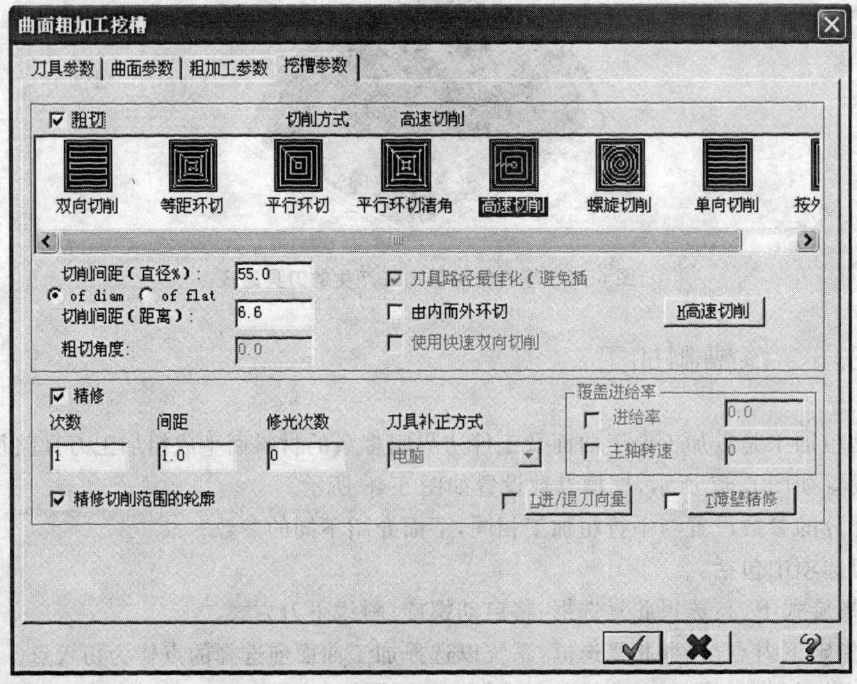


图 6-48 挖槽参数设置

①绘制如图 6-49(a)所示图形。

②单击顶部工具栏中的俯视绘图面按钮,设置为俯视图。

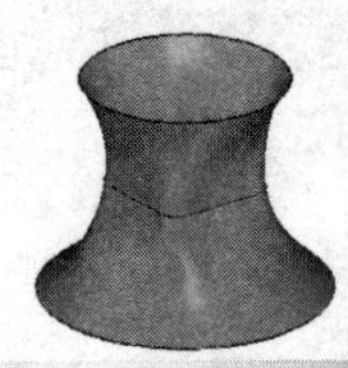



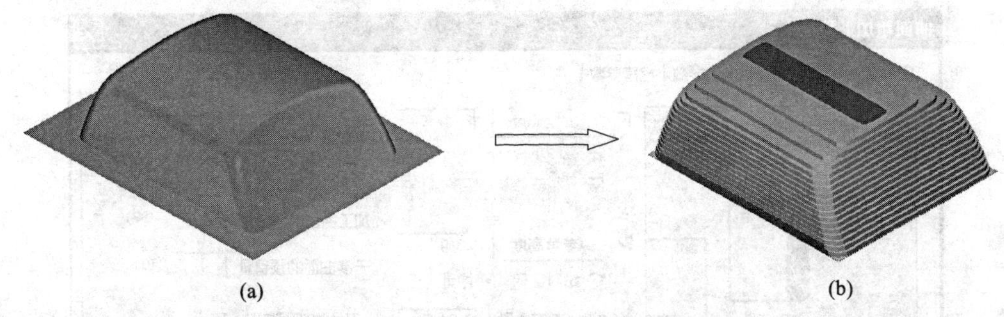


图 6-49　挖槽粗加工练习

③选择菜单栏中的“刀具路径”/“曲面粗加工”/“粗加工挖槽加工”命令。系统提示选取要加工的曲面，选择图 6-49(a)所示曲面为加工曲面，按回车键确认。

④系统弹出如图 6-5 所示对话框，单击确定按钮。

⑤系统弹出挖槽粗加工对话框，在刀具栏空白区内单击鼠标右键，从刀具库选取直径为 12mm 的平底刀，并设置如图 6-50 所示刀具参数(在设置刀具参数前先选择一下刀具)。

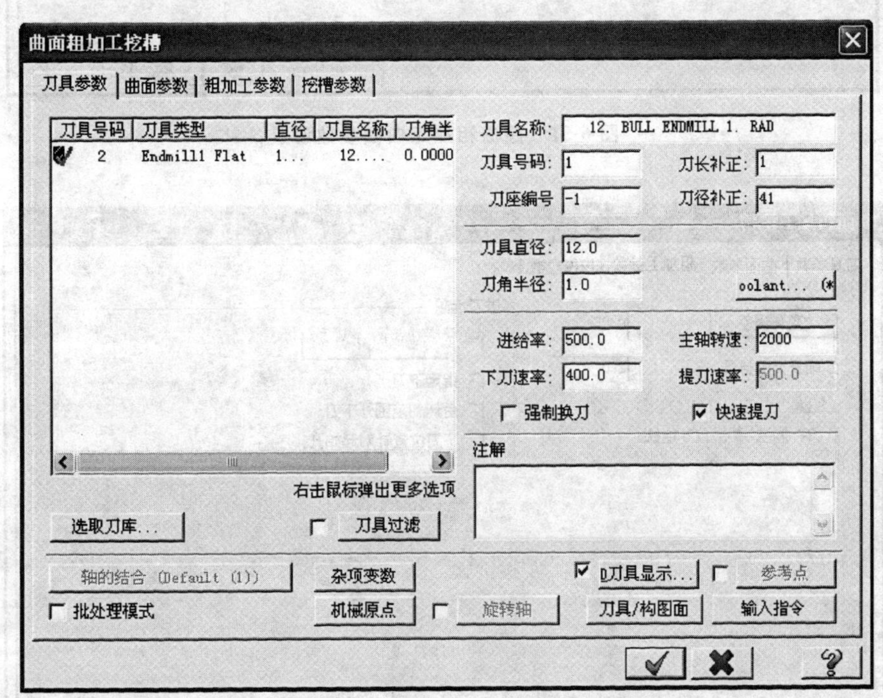


图 6-50　挖槽粗加工设置刀具参数

⑥选择如图 6-51 所示挖槽粗加工曲面参数选项卡，并设置相关参数。

⑦选择如图 6-52 所示挖槽粗加工参数选项卡，并设置相关参数。

⑧单击等高外形粗加工对话框中的确定按钮，产生的刀具路径如图 6-53 所示。

⑨单击加工操作管理器中的选择所有加工操作按钮，再单击加工操作管理器中的实体加工模拟按钮，系统弹出实体加工模拟对话框。单击执行按钮，模拟加工结果如图 6-49(b)所示。单击实体加工模拟对话框中的确定按钮，结束模拟操作。

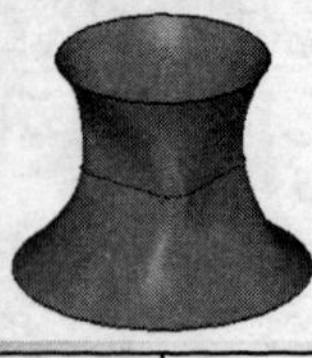





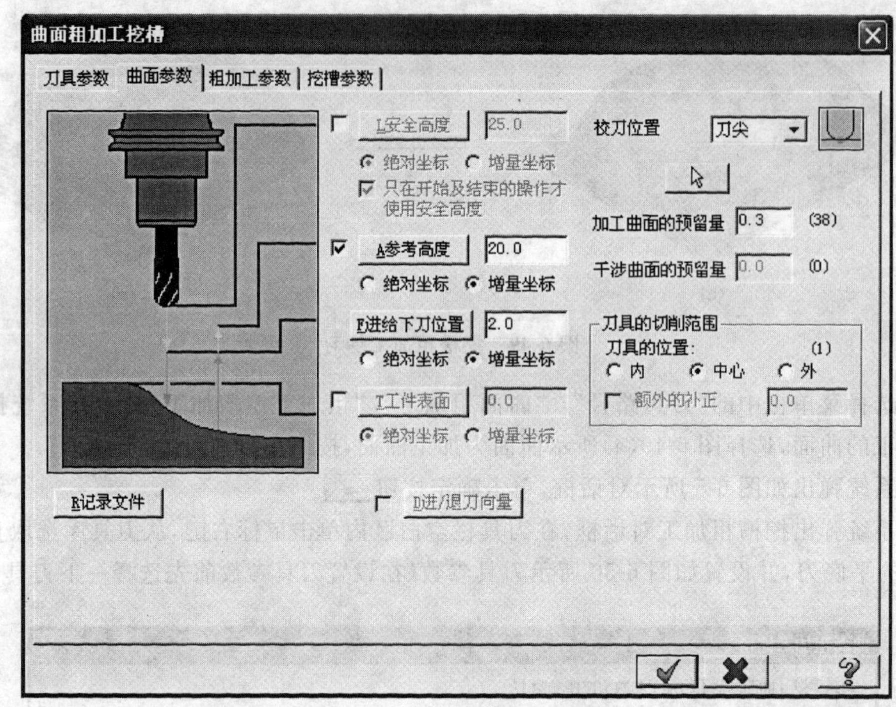


图 6-51　挖槽粗加工曲面参数设置

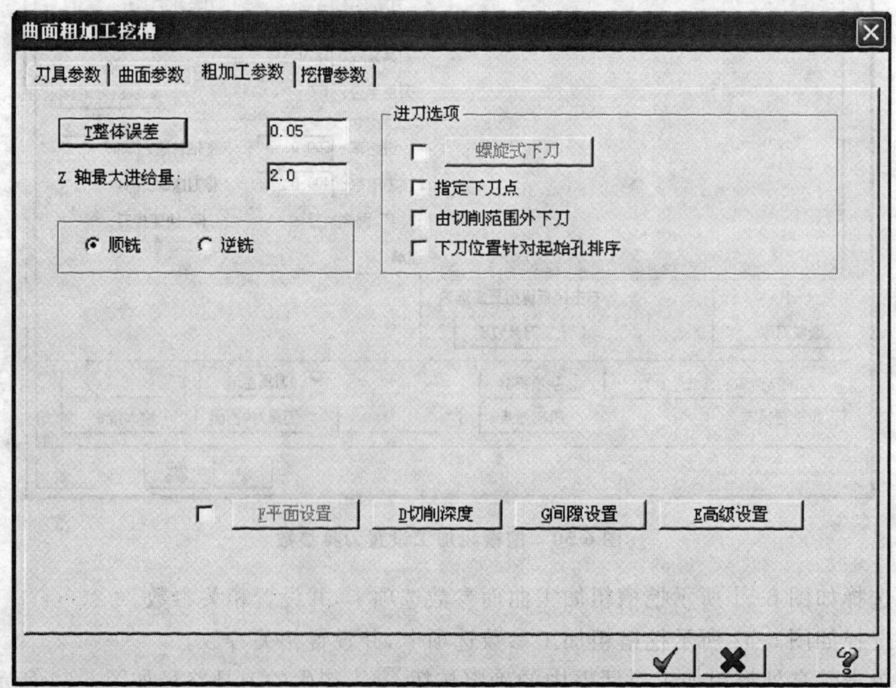


图 6-52　挖槽粗加工参数设置

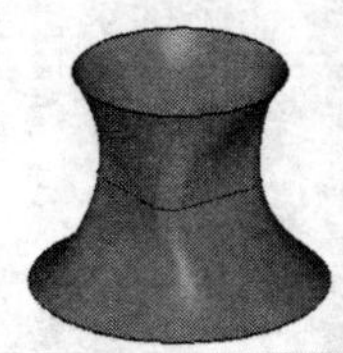



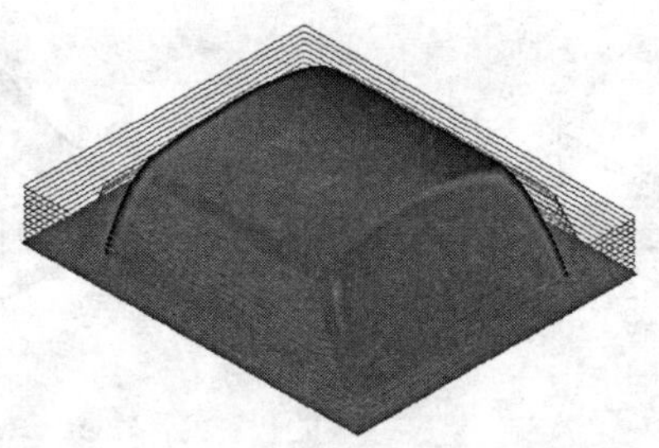

图 6-53　挖槽粗加工产生的刀具路径

## 6.3.7　钻削式粗加工

钻削式粗加工是一种类似于钻孔的加工方法，它可以切削所有位于曲面与凹槽边界的材料，从而迅速去掉粗加工余量。钻削式粗加工参数对话框如图 6-54 所示。



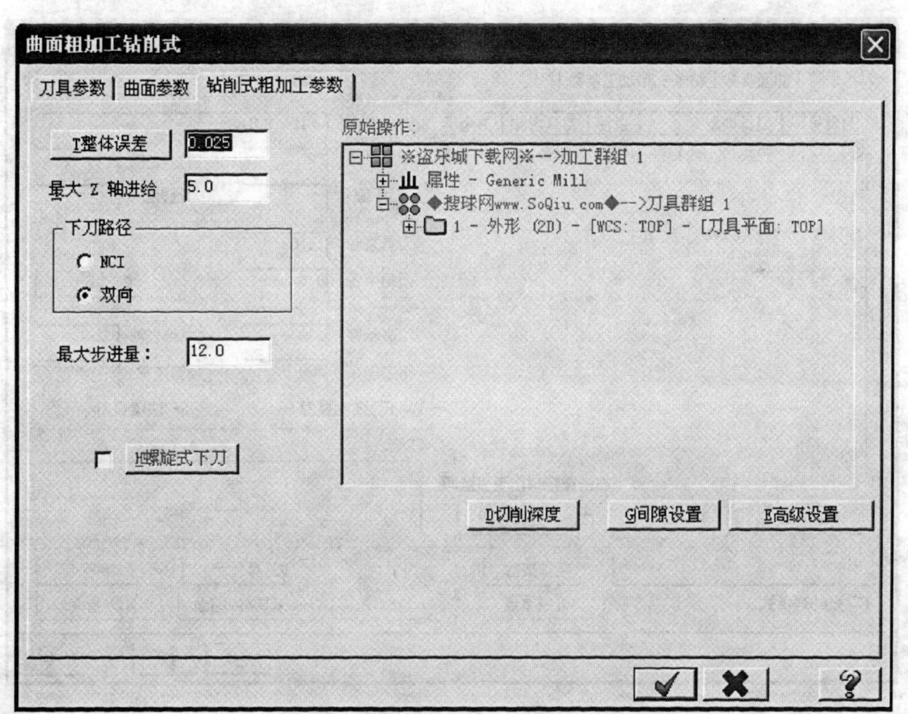


图 6-54　钻削式粗加工参数对话框

在选项卡中只有整体误差、最大 Z 轴进给、最大步进量三个参数，其参数含义与前面介绍的相同。

操作举例：进行钻削式粗加工练习。

操作步骤：

①绘制如图 6-55(a)所示图形。

②单击顶部工具栏中的俯视绘图面按钮，设置为俯视图。

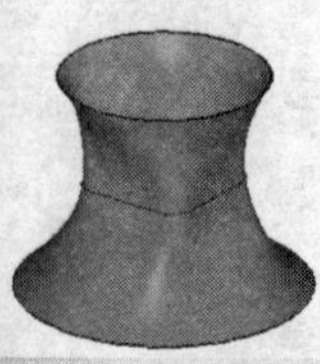



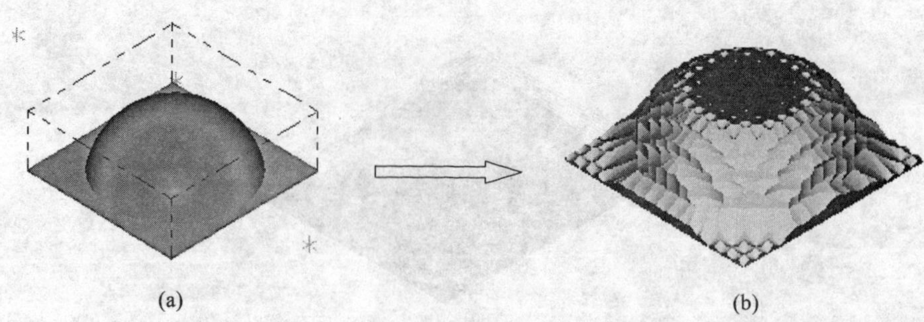


图 6-55　钻削式粗加工练习

③选择菜单栏中的“刀具路径”/ “曲面粗加工”/“钻削式粗加工”命令。系统提示选取加工曲面，选择图 6-55(a)所示曲面为加工曲面，按回车键确认。

④系统弹出如图 6-5 所示对话框，单击确定按钮 。

⑤系统弹出钻削式粗加工对话框，在刀具栏空白区内单击鼠标右键，从刀具库选取直径为 12mm 的钻头，并设置如图 6-56 所示刀具参数(在设置刀具参数前先选择一下刀具)。



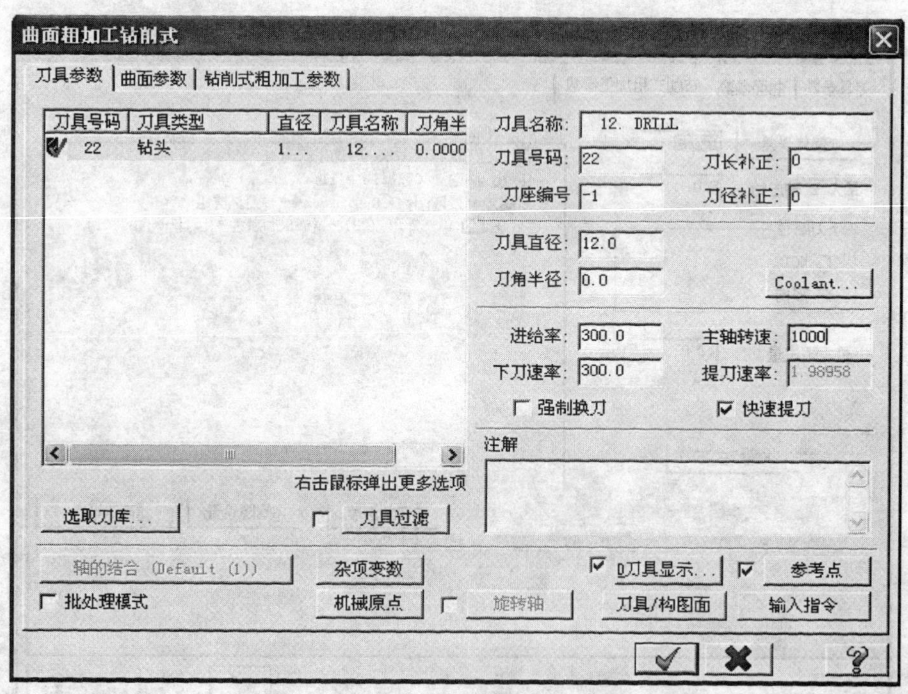


图 6-56　钻削式粗加工刀具设置

⑥选择如图 6-57 所示曲面参数选项卡，设置相关参数。

⑦选择如图 6-58 所示钻削式粗加工参数选项卡，设置相关参数。

⑧单击钻削式粗加工对话框中的确定按钮 ，系统提示选择钻削范围的两对角点，在坐标输入栏中分别输入第一角点坐标，X 坐标为“－23”，按回车键确认，Y 坐标为“23”，按回车键确认，Z 坐标为“5”，按回车键确认；继续在输入栏中输入另一角点坐标，X 坐标为“23”，按回车键确认，Y 坐标为“－23”，按回车键确认，Z 坐标为“5”，按回车键确认，产生的刀具路径如图 6-59 所示。

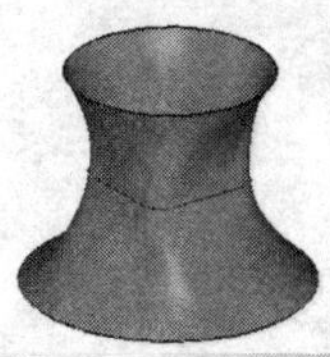





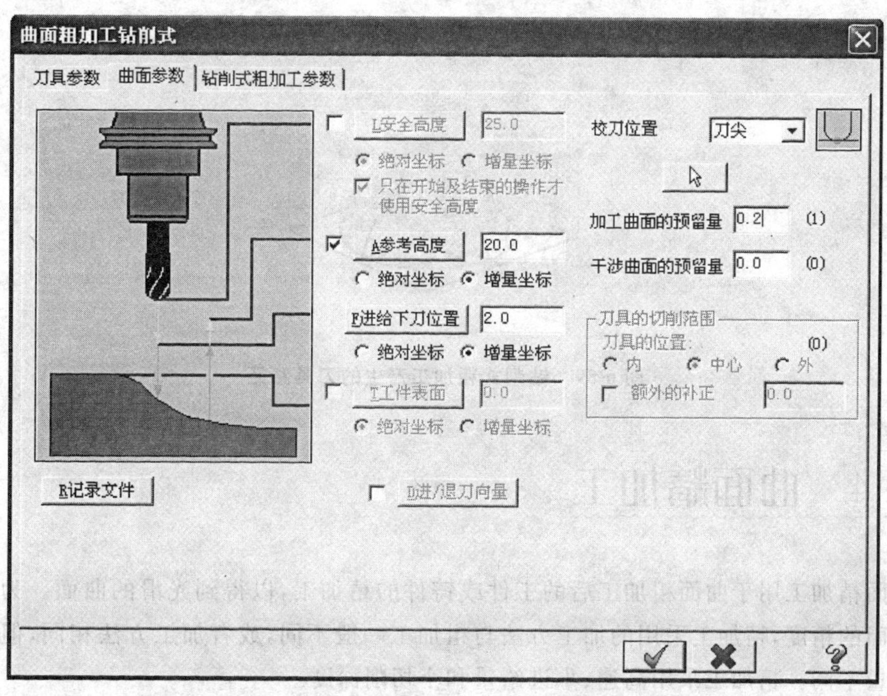


图 6-57　钻削式粗加工曲面参数设置

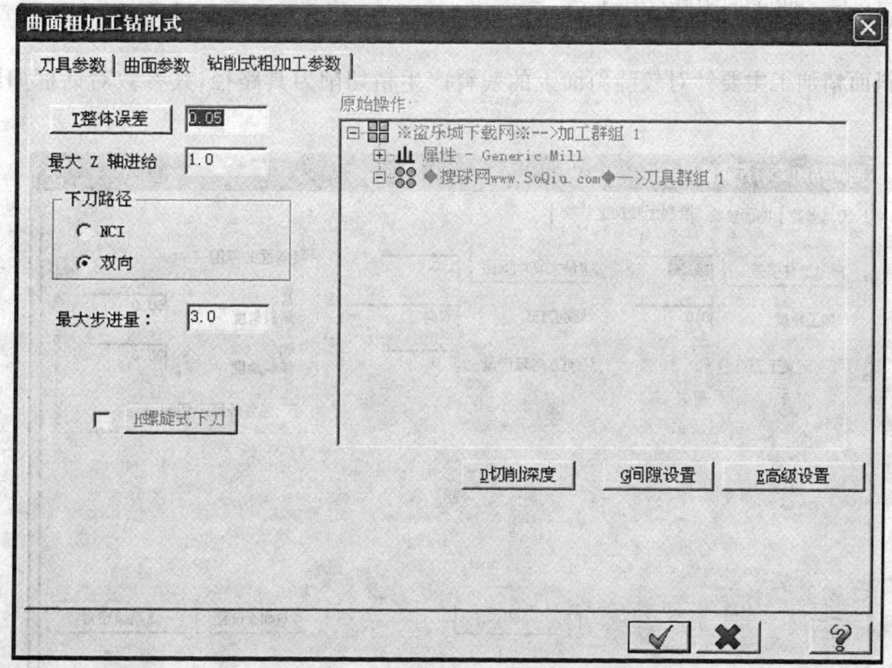


图 6-58　钻削式粗加工参数的设置

⑨单击加工操作管理器中的选择所有加工操作按钮，再单击加工操作管理器中的实体加工模拟按钮，系统弹出实体加工模拟对话框。单击执行按钮，模拟加工结果如图 6-55(b)所示。单击实体加工模拟对话框中的确定按钮，结束模拟操作。

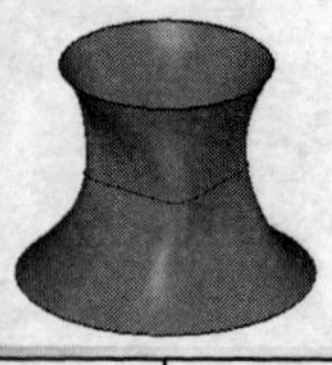





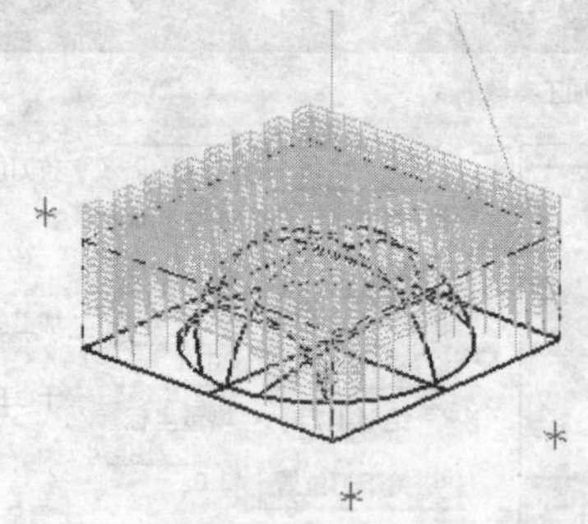

图 6-59　钻削式粗加工产生的刀具路径

## 6.4　曲面精加工

曲面精加工用于曲面粗加工后的工件或铸件的精加工，以得到光滑的曲面。为了保证加工表面的精度，精加工采用的加工方法与粗加工一般不同，或者加工方法相同，但是所有切削用量不同。精加工采用高速、小进给量和小切削深度。

### 6.4.1　陡斜面精加工

陡斜面精加工主要针对较陡斜面上的残料产生精切削刀具路径，其参数对话框如图 6-60 所示。

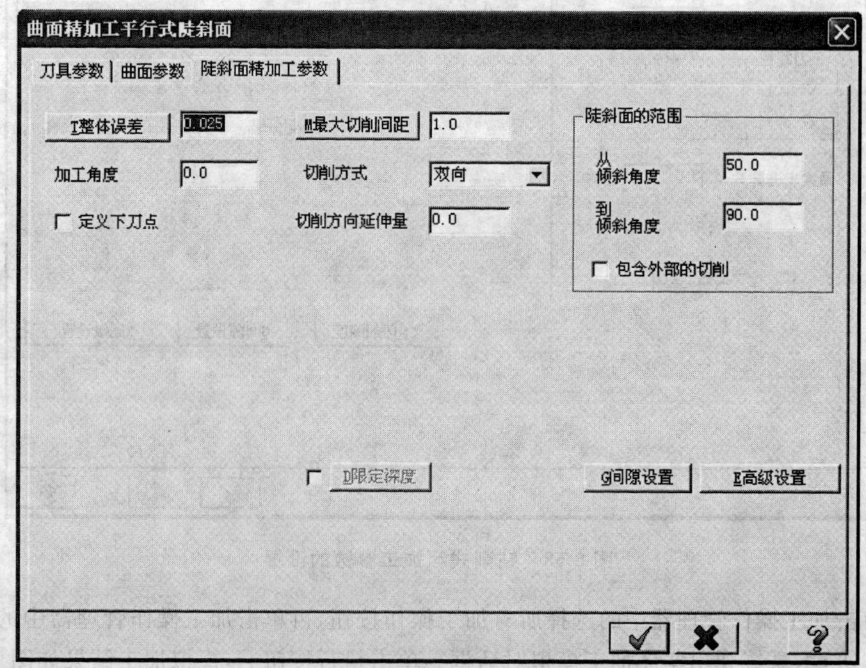


图 6-60　陡斜面精加工参数对话框

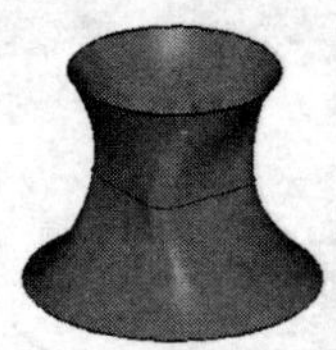



1. 加工角度

加工角度是指刀具路径与 X 轴正方向的夹角，在此要特别注意的是，陡斜面加工的加工角度应与前次精加工的刀具路径垂直，如果不能肯定前次加工路径的角度，那么应在 0°和 90°两个方向进行陡斜面路径的计算和加工。

2. 陡斜面的范围

用来确定陡斜面的斜度范围是指曲面法线与 Z 轴的夹角范围，系统内设值一般是 50°～90°。也就是说倾斜角度 50°～90°的曲面都认为是陡斜面。

3. 切削方向延伸量

切削方向延伸量用于设定加大切削的范围。

## 6.4.2　浅平面精加工

浅平面精加工用于加工较平坦的曲面，与陡斜面精加工正好互补。某些精加工方式(如等高外形)会在曲面平坦部位产生刀具路径较稀的现象，此时就要采用浅平面精加工来保证该部位的加工精度。浅平面精加工的参数设置对话框如图 6-61 所示。



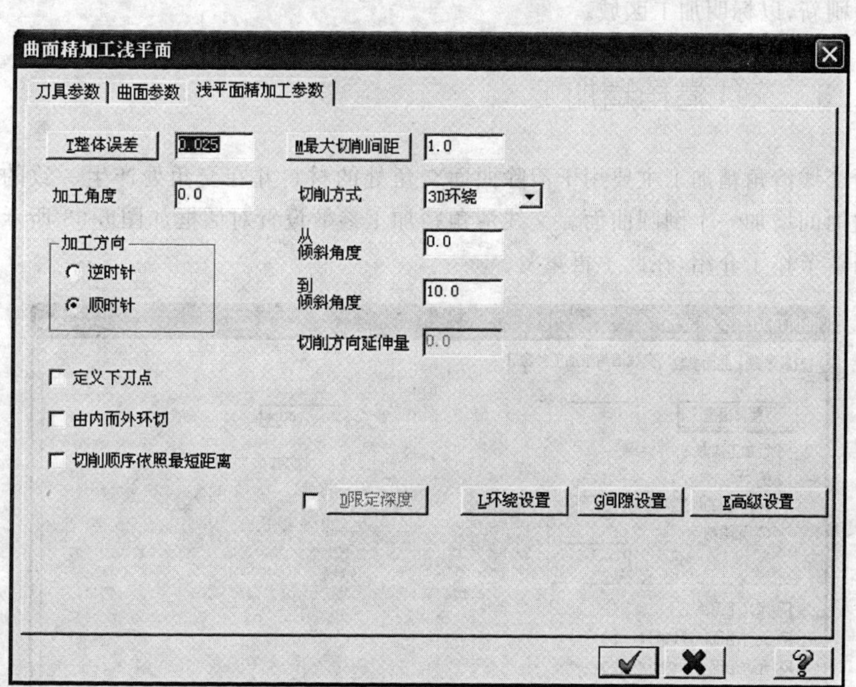


**图 6-61　浅平面精加工的参数设置对话框**

1. 倾斜角度

倾斜角度用于定义浅平面的倾斜范围，内设置是 0°～10°。系统将倾斜角度在 0°～10°的区域定义为浅平面。

2. 3D 环绕切削

在切削方式下拉条中，除了双向切削和单向切削两种方式外，还增加了 3D 环绕切削，点击“环绕设置”按钮，弹出如图 6-62 所示的环绕设置对话框。

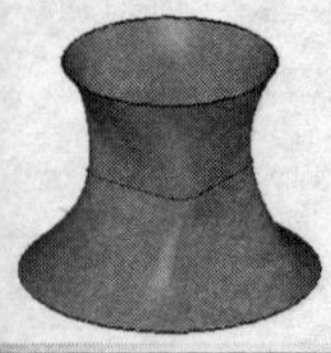



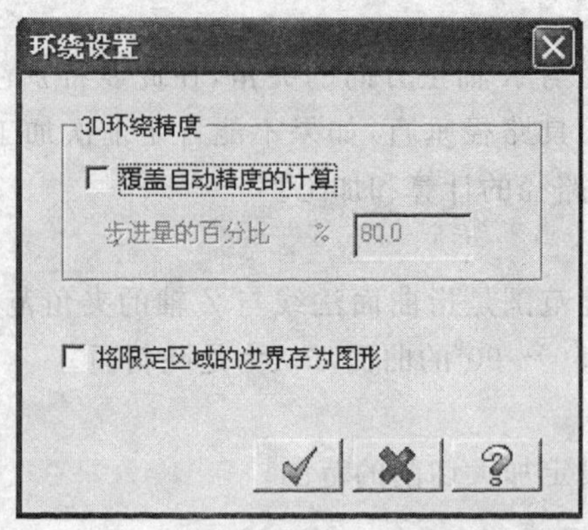


图 6-62 环绕设置对话框

(1)3D 环绕精度

依照步进距离的百分比设置 3D 环绕加工的精度，即刀具路径在曲面的平滑程度。

(2)将限定区域的边界存为图形



选中该复选框，在生成刀具路径的同时，系统将把刀具路径的边界存储为几何图形，不再随路径刷新，以标明加工区域。

## 6.4.3 交线清角精加工

曲面交线清角精加工主要用于清除曲面交角处的材料并在交角处产生一致的半径，相当于在曲面间增加一个倒圆曲面。交线清角精加工参数设置对话框如图 6-63 所示，其参数均在前面章节作了介绍，在此不再重复。

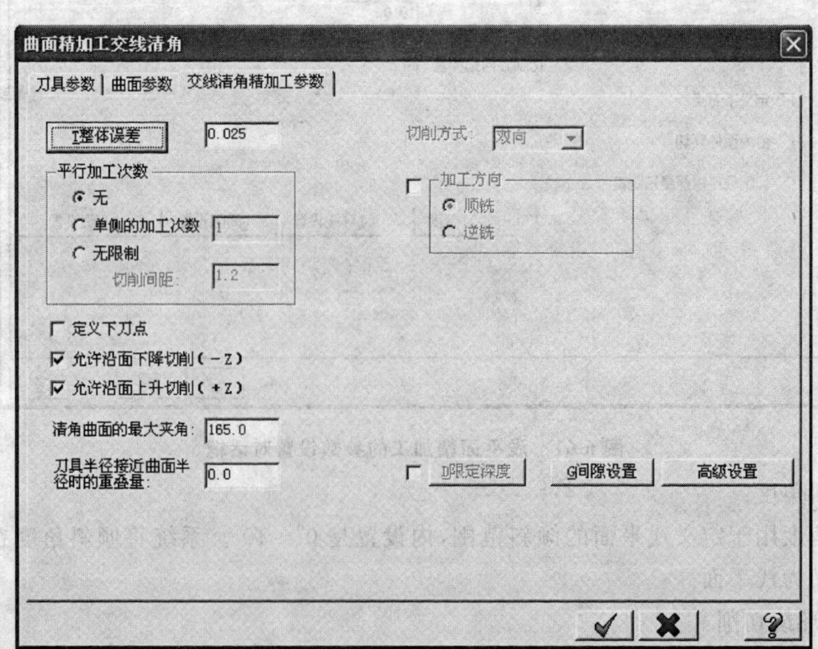


图 6-63 交线清角精加工参数设置对话框

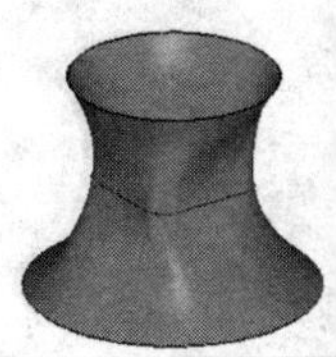



## 6.4.4　残料清角精加工

残料清角精加工用于清除由于大直径刀具加工所造成的残留材料，此操作需要与其他精加工配合使用。残料清角精加工参数设置对话框如图 6-64 所示，残料清角的材料参数设置对话框如图 6-65 所示。

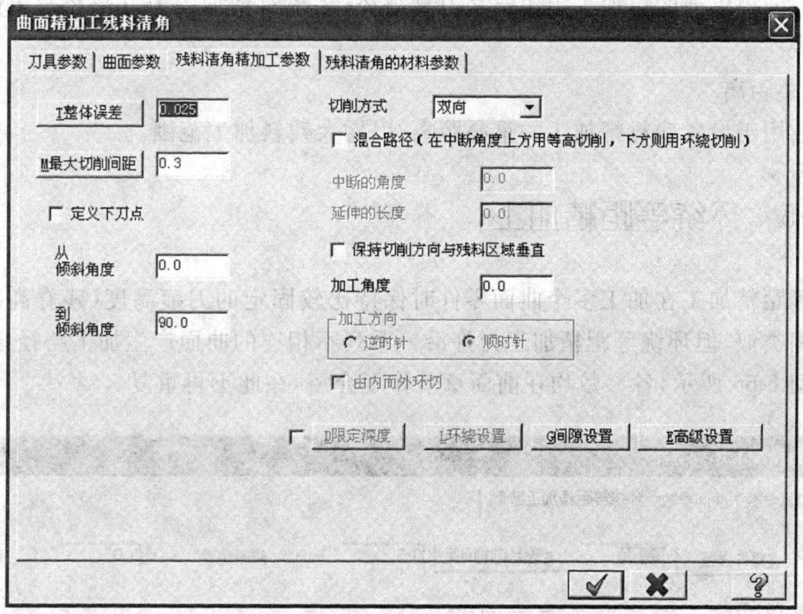

图 6-64　残料清角精加工参数设置对话框

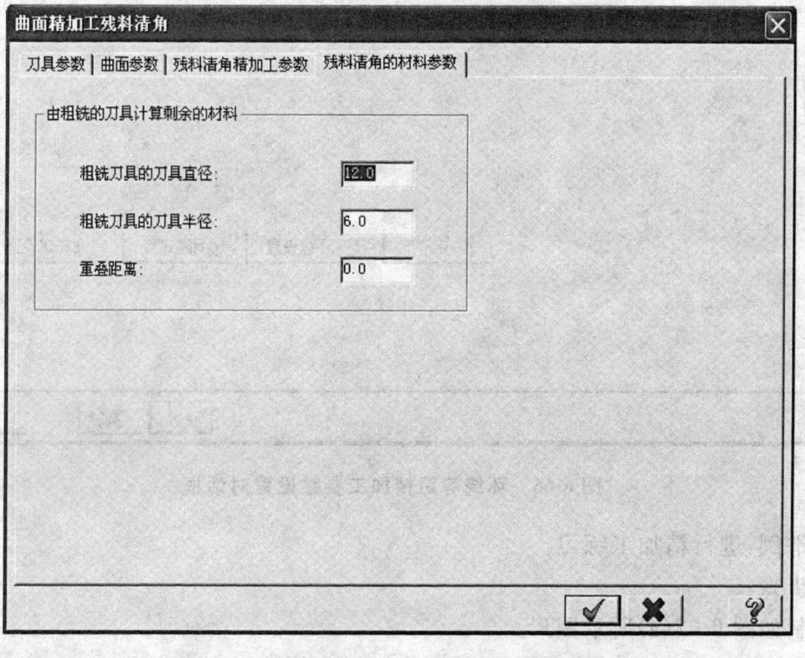

图 6-65　残料清角的材料参数设置对话框

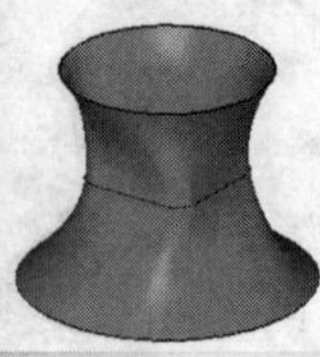





其中"残料清角精加工参数"选项卡的参数设置与浅平面精加工参数设置类似，下面主要介绍"残料清角的材料参数"选项卡的参数。

(1)粗铣刀具的刀具直径

该参数使用以前的粗加工操作定义刀具直径，残料清角精加工切除余量的刀具直径必须小于粗加工的刀具直径。

(2)粗铣刀具的刀具半径

该参数使用以前的粗加工操作定义刀具半径，系统对精加工刀具半径与粗加工刀具半径进行比较。

(3)重叠距离

该参数用于设置残料精加工的重叠距离，以增大残料加工范围。

### 6.4.5 环绕等距精加工

环绕等距精加工在加工多个曲面零件时保持比较固定的刀痕高度(残脊高度)，与曲面流线加工相类似，但环绕等距精加工允许沿一系列不相连的曲面产生加工路径，其参数设置对话框如图 6-66 所示，各参数均在前面章节作了介绍，在此不再重复。

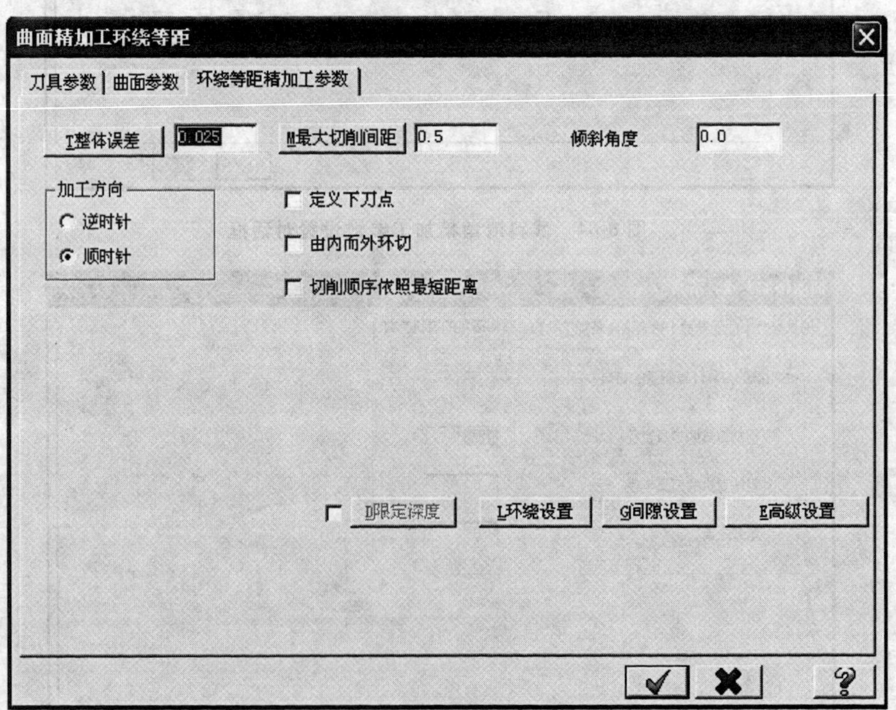


图 6-66 环绕等距精加工参数设置对话框

操作举例：进行精加工练习。

操作步骤：

①绘制如图 6-67(a)所示图形。

②单击顶部工具栏中的俯视构图面按钮，设置为俯视图。

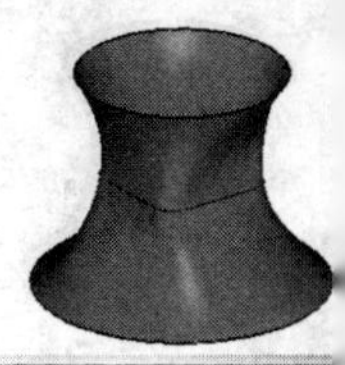



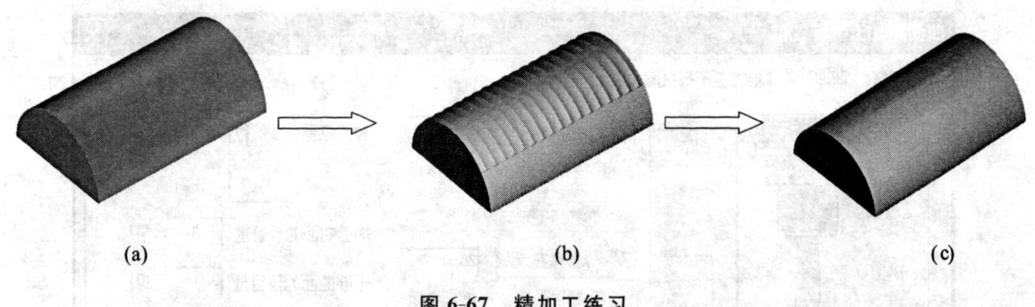



**图 6-67　精加工练习**

③选择菜单栏中的“刀具路径”/“曲面粗加工”/“平行铣削粗加工”命令。系统提示选取加工曲面，选择图 6-67(a)所示曲面为加工曲面，按回车键确认。

④系统弹出如图 6-5 所示对话框，单击确定按钮。

⑤系统弹出平行铣削粗加工对话框，在刀具栏空白区内单击鼠标右键，从刀具库选取直径为 12mm 的平底刀，并设置如图 6-68 所示刀具参数(在设置刀具参数前先选择一下刀具)。

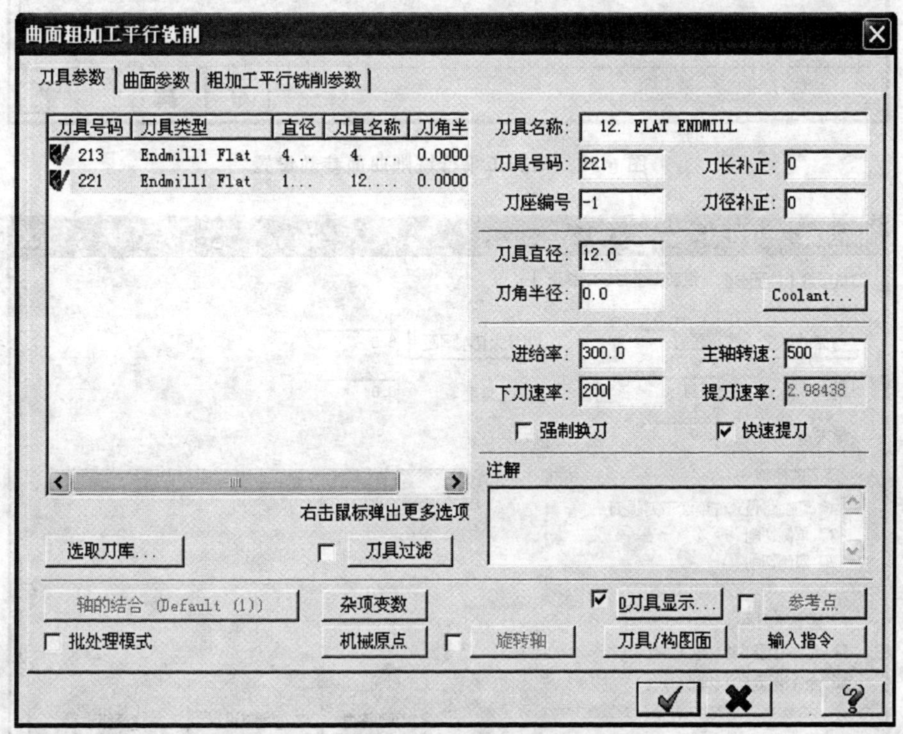



**图 6-68　平行铣削粗加工的刀具设置**

⑥选择如图 6-69 所示曲面参数选项卡，设置相关参数。

⑦选择如图 6-70 所示粗加工平行铣削参数选项卡，设置相关参数。

⑧单击粗加工平行铣削参数对话框中的确定按钮，产生的刀具路径如图 6-71 所示。

⑨单击加工操作管理器中的选择所有加工操作按钮，再单击加工操作管理器中的实体加

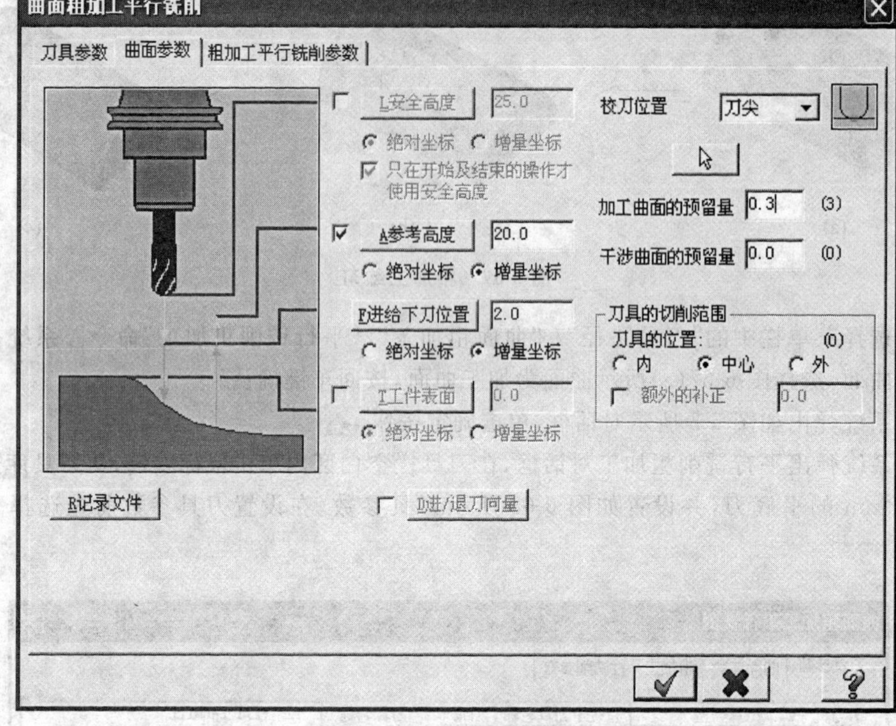


图 6-69 粗加工平行铣削曲面参数设置

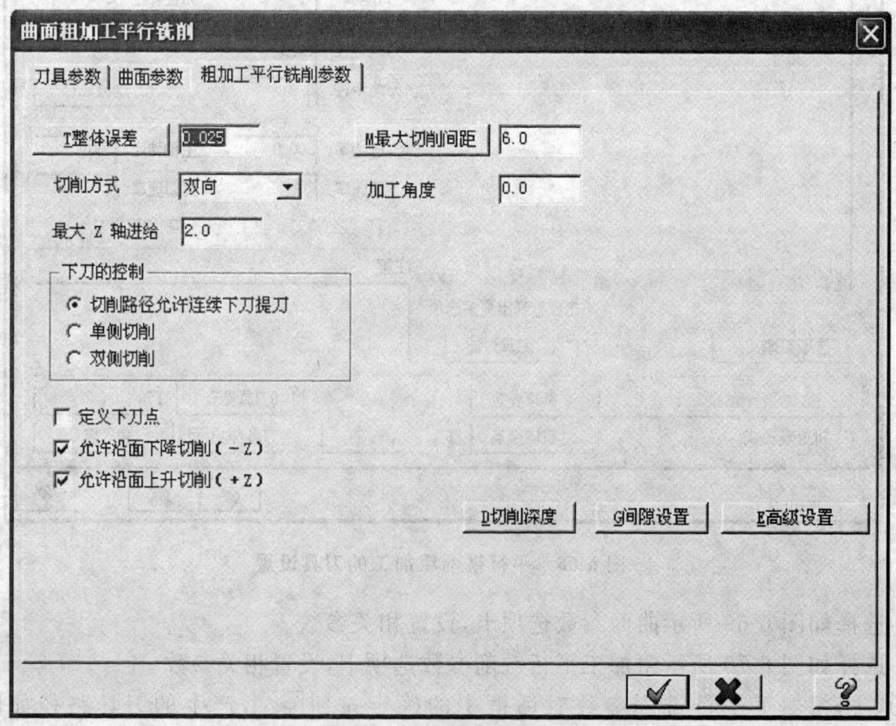


图 6-70 粗加工平行铣削参数设置

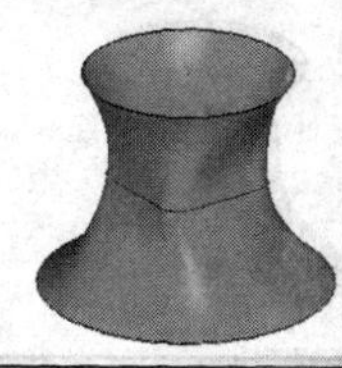





工模拟按钮，系统弹出实体加工模拟对话框。单击执行按钮，模拟加工结果如图 6-72 所示。单击实体加工模拟对话框中的确定按钮，结束模拟操作。

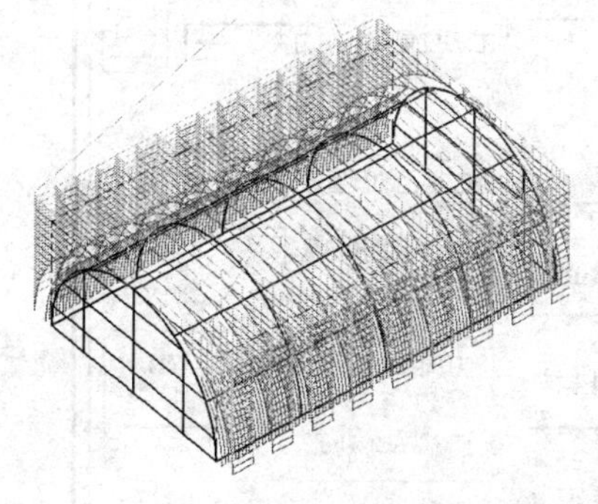

图 6-71　粗加工平行铣削产生的刀具路径

图 6-72　粗加工平行铣削实体模拟结果

⑩单击顶部工具栏中的俯视绘图面按钮，设置为俯视图。

⑪选择菜单栏中的"刀具路径"/"曲面精加工"/"陡斜面精加工"命令。系统提示选取加工曲面，选择图 6-67(a)所示曲面为加工曲面，按回车键确认。

⑫系统弹出如图 6-5 所示对话框，单击确定按钮。

⑬系统弹出陡斜面精加工对话框，在刀具栏空白区内单击鼠标右键，从刀具库选取直径为 4mm 的平底刀，并设置如图 6-73 所示刀具参数(在设置刀具参数前先选择一下刀具)。

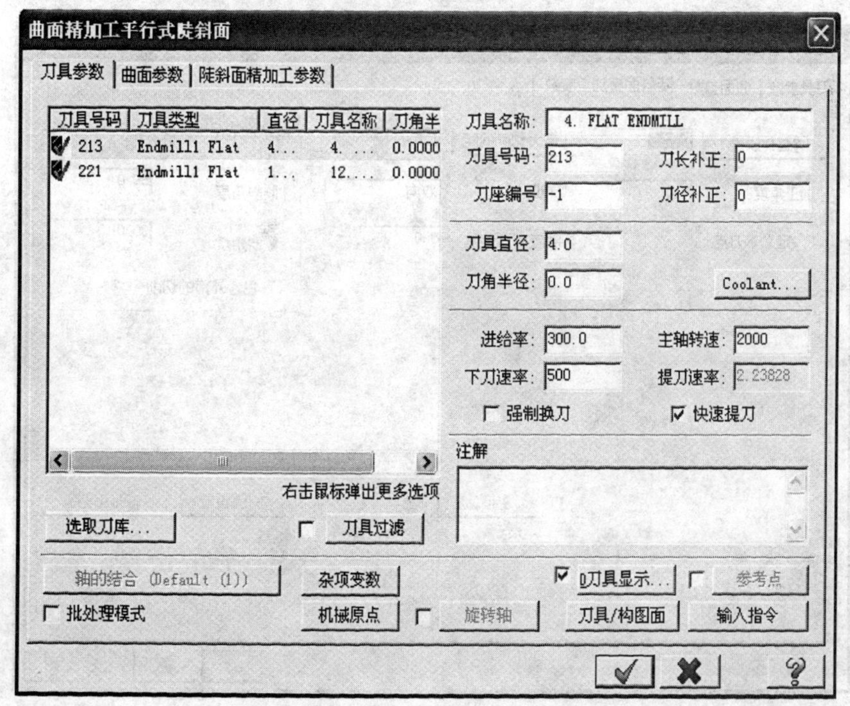


图 6-73　陡斜面精加工刀具设置

⑭选择如图 6-74 所示曲面参数选项卡，设置相关参数。

⑮选择如图 6-75 所示陡斜面精加工参数选项卡，设置相关参数。

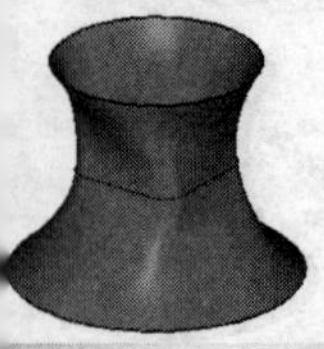





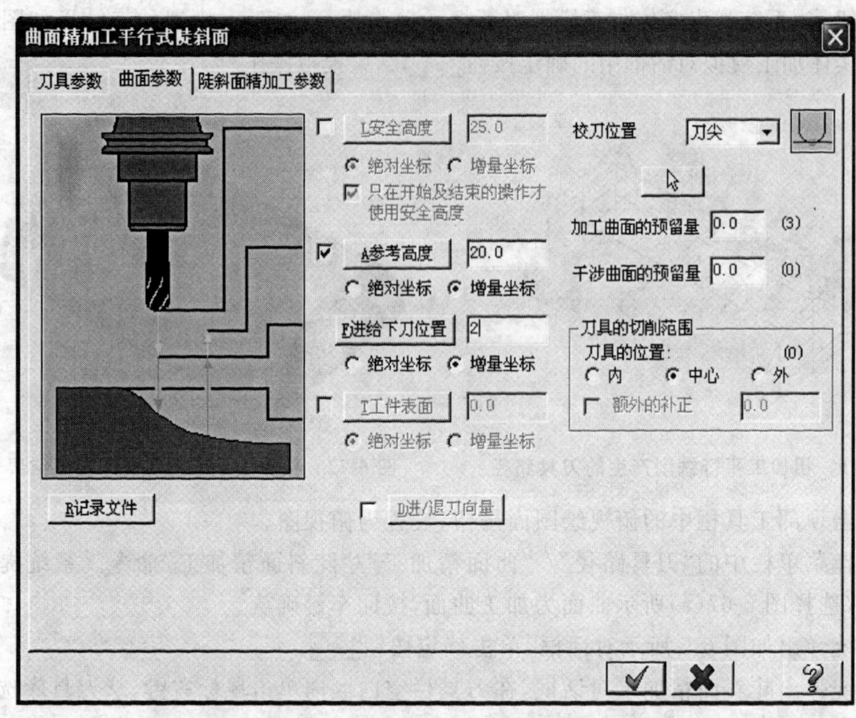


图 6-74　陡斜面精加工曲面参数设置

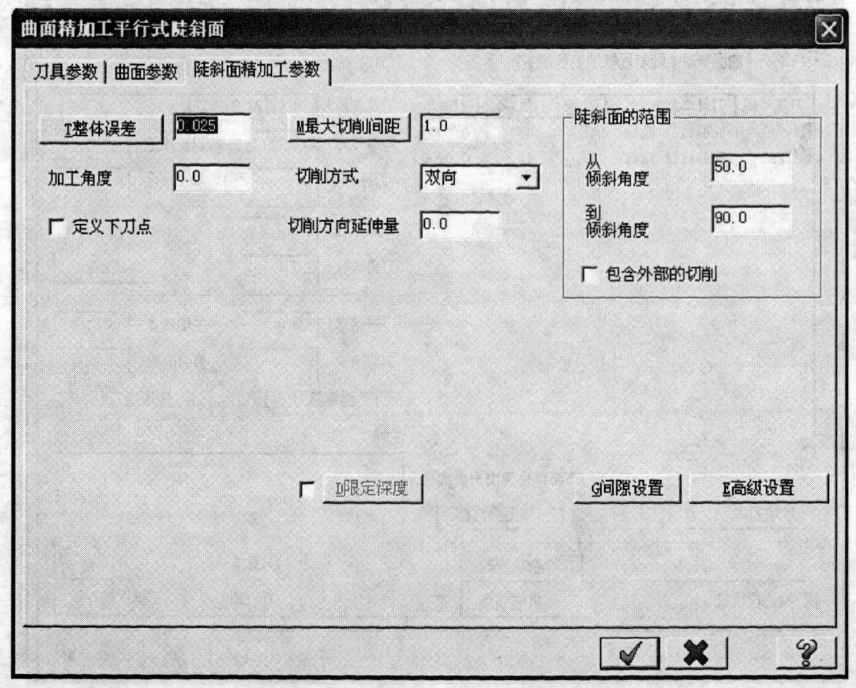


图 6-75　陡斜面精加工参数设置

⑯单击陡斜面精加工参数对话框中的确定按钮[✓],产生的刀具路径如图 6-76 所示。

⑰单击加工操作管理器中的选择所有加工操作按钮,再单击加工操作管理器中的实体加

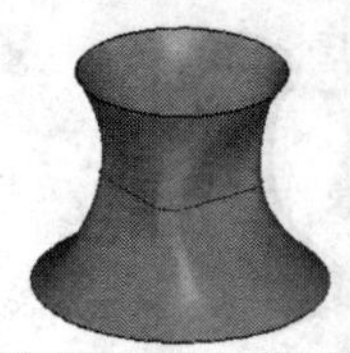





工模拟按钮 ，系统弹出实体加工模拟对话框。单击执行按钮 ，模拟加工结果如图 6-67(b)所示。单击实体加工模拟对话框中的确定按钮 ，结束模拟操作。

⑱单击顶部工具栏中的俯视绘图面按钮，设置为俯视图。

⑲选择菜单栏中的“刀具路径”/“曲面精加工”/“浅平面精加工”命令。系统提示选取加工曲面，选择图 6-67(a)所示圆柱曲面为加工曲面，按回车键确认。

⑳系统弹出如图 6-5 所示对话框，单击确定按钮 。

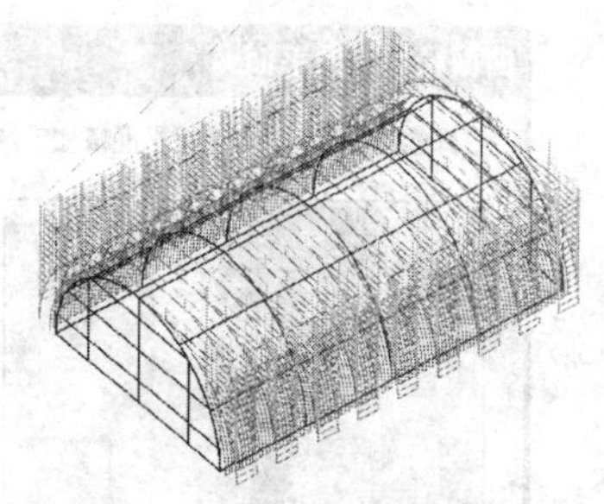

**图 6-76　陡斜面精加工产生的刀具路径**

㉑系统弹出浅平面精加工对话框，在刀具栏空白区内单击鼠标右键，从刀具库选取直径为 6mm 的球刀，并设置如图 6-77 所示刀具参数(在设置刀具参数前先选择一下刀具)。

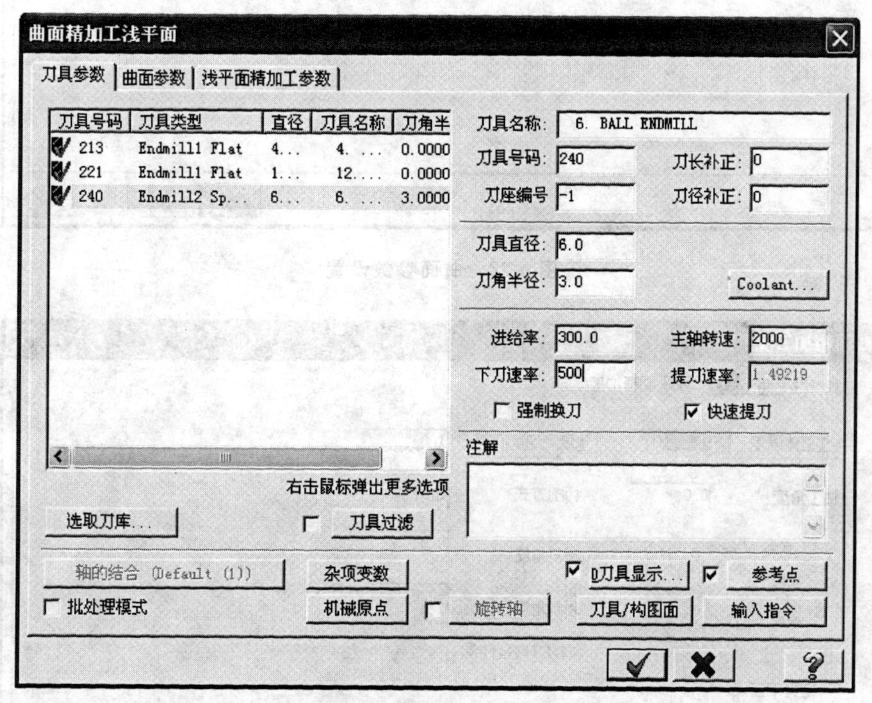


**图 6-77　浅平面精加工刀具设置**

㉒选择如图 6-78 曲面参数选项卡，设置相关的参数。

㉓选择如图 6-79 所示浅平面精加工参数选项卡，设置相关的参数。

㉔单击浅平面精加工参数对话框中的确定按钮 ，产生的刀具路径如图 6-80 所示。

㉕单击加工操作管理器中的选择所有加工操作按钮，再单击加工操作管理器中的实体加工模拟按钮 ，系统弹出实体加工模拟对话框。单击执行按钮 ，模拟加工结果如图 6-67(c)所示。单击实体加工模拟对话框中的确定按钮 ，结束模拟操作。

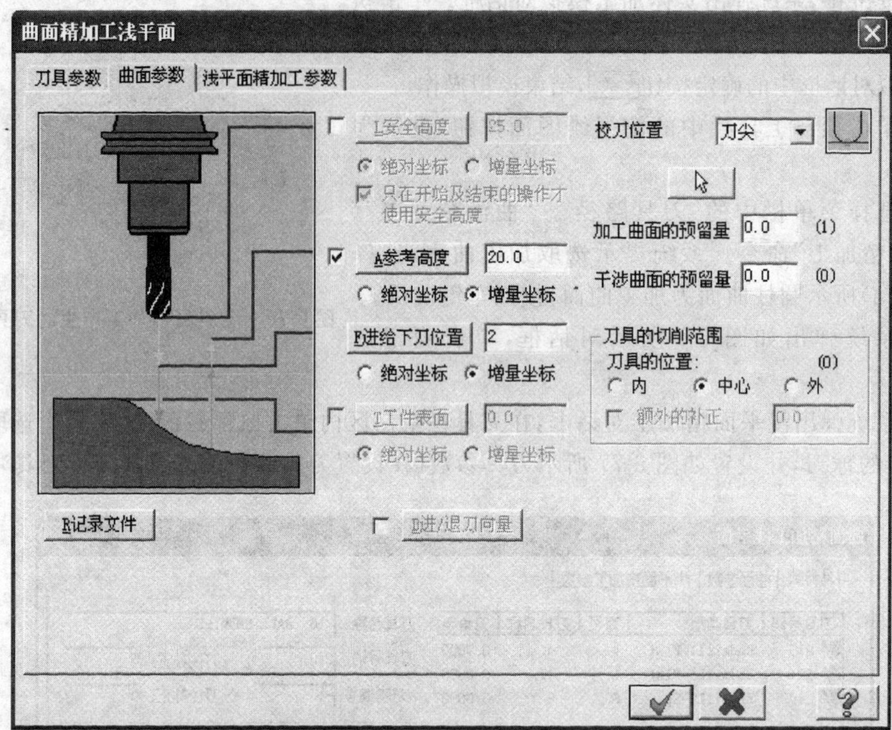


图 6-78　曲面参数设置

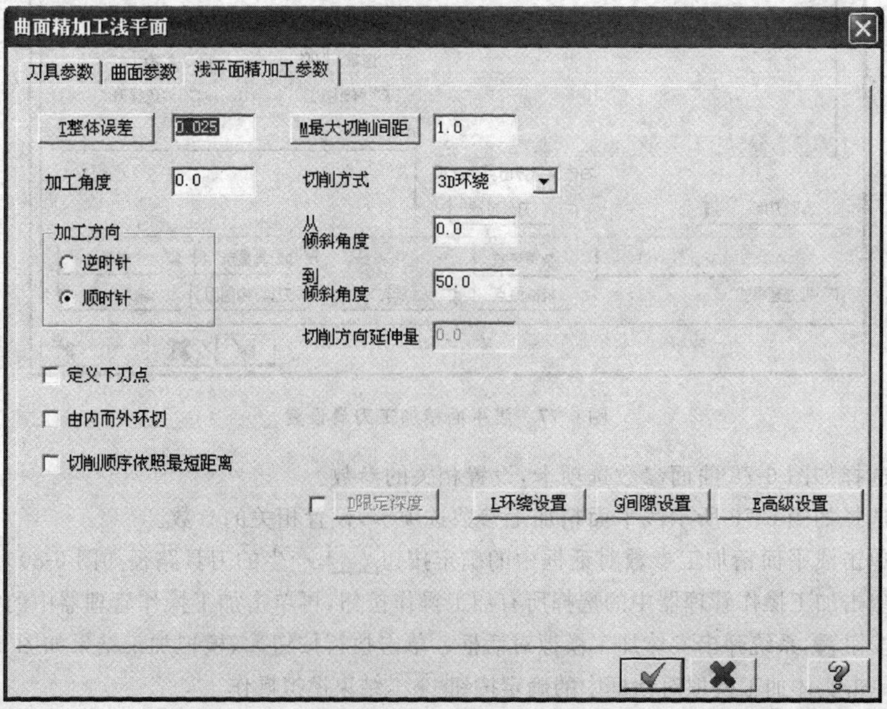

曲面精加工浅平面
刀具参数 | 曲面参数 | 浅平面精加工参数
T整体误差 0.025
M最大切削间距 1.0
加工角度 0.0
切削方式 3D环绕
加工方向
逆时针
顺时针
从倾斜角度 0.0
到倾斜角度 50.0
切削方向延伸量 0.0
定义下刀点
由内而外环切
切削顺序依照最短距离
D限定深度
L环绕设置
G间隙设置
E高级设置

图 6-79　浅平面精加工参数设置

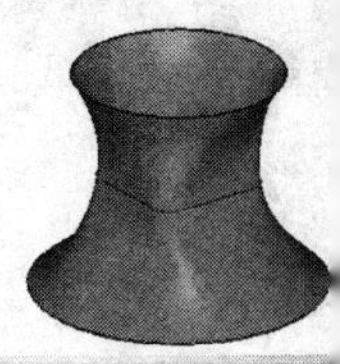

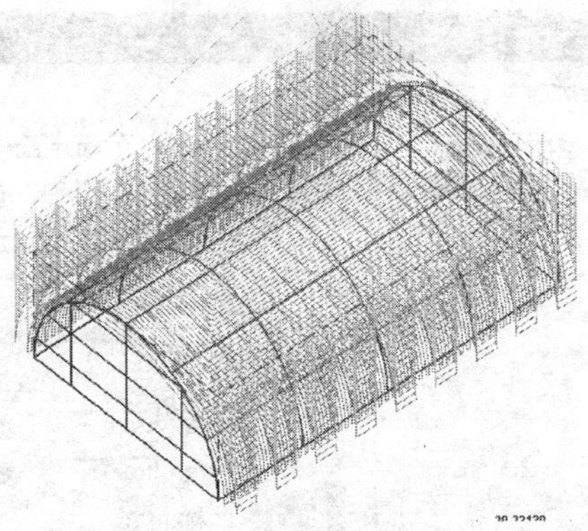

图 6-80　浅平面精加工产生的刀具路径



## 6.5　任务实施

任务:完成如图 6-81 所示烟灰缸的加工。

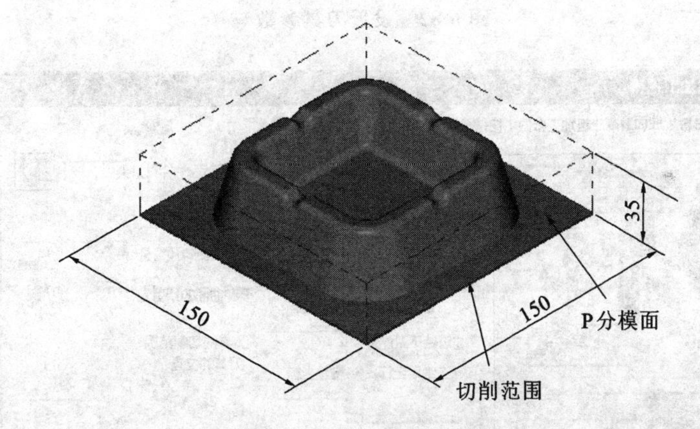


图 6-81　烟灰缸实体模型

操作步骤:

1. 实体挖槽粗加工

①单击工具栏中的俯视绘图面按钮，绘图面设置为俯视图。

②选择菜单栏中的“刀具路径”/“曲面粗加工”/“挖槽粗加工”命令。系统提示选取要加工的曲面，单击选择工具栏上的实体选择按钮，选择烟灰缸实体，按回车键结束实体选择，选择 P 曲面，按回车键确定。

③系统弹出如图 6-5 所示对话框，单击切削范围边界选择按钮，选择矩形作为切削范围，单击确定按钮。

④系统弹出挖槽粗加工对话框，在刀具栏空白区内单击鼠标右键，从刀具库选取直径为 12mm 的平底刀，并设置如图 6-82 所示刀具参数(在设置刀具参数前先选择一下刀具)。

⑤选择如图 6-83 所示挖槽粗加工曲面参数选项卡，并设置相关参数。

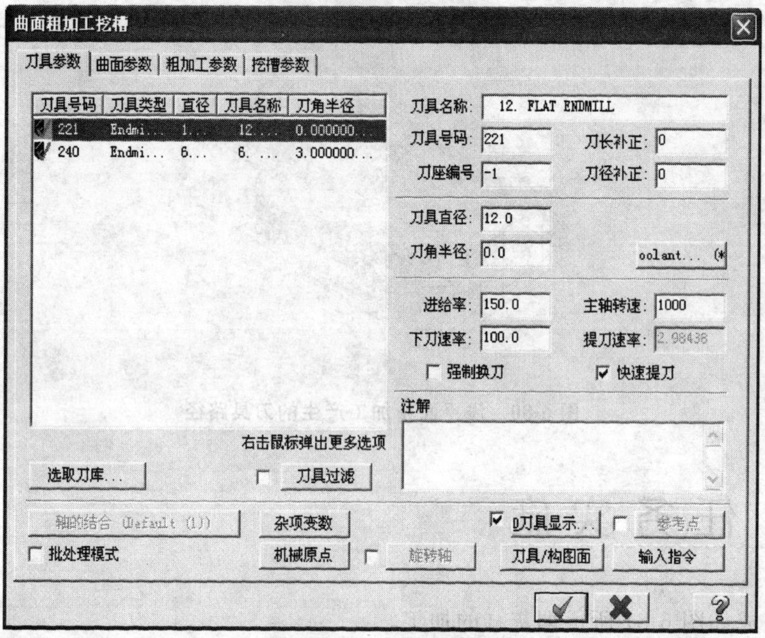

图 6-82　设置刀具参数

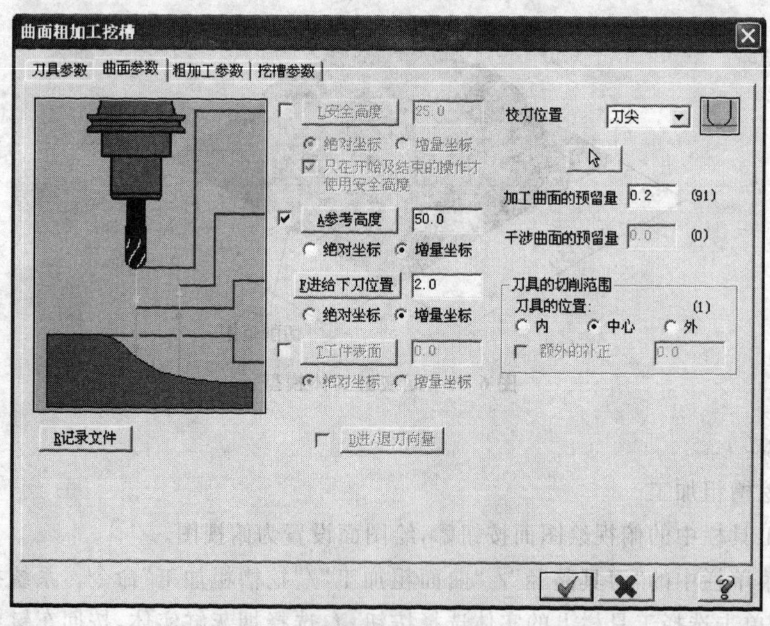


图 6-83　设置挖槽粗加工曲面参数

⑥选择如图 6-84 所示挖槽粗加工参数选项卡,并设置相关参数。

⑦选择如图 6-85 所示挖槽参数选项卡,并设置相关参数。

⑧单击挖槽粗加工对话框中的确定按钮 。

2. 等高外形精加工

①单击工具栏中的俯视构图面按钮 ,绘图面设置为俯视图。

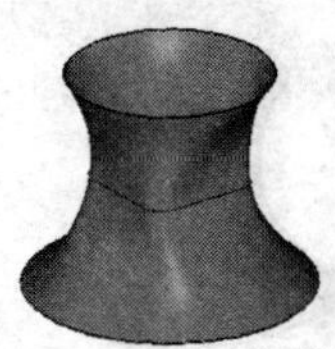

图 6-84　设置挖槽粗加工参数

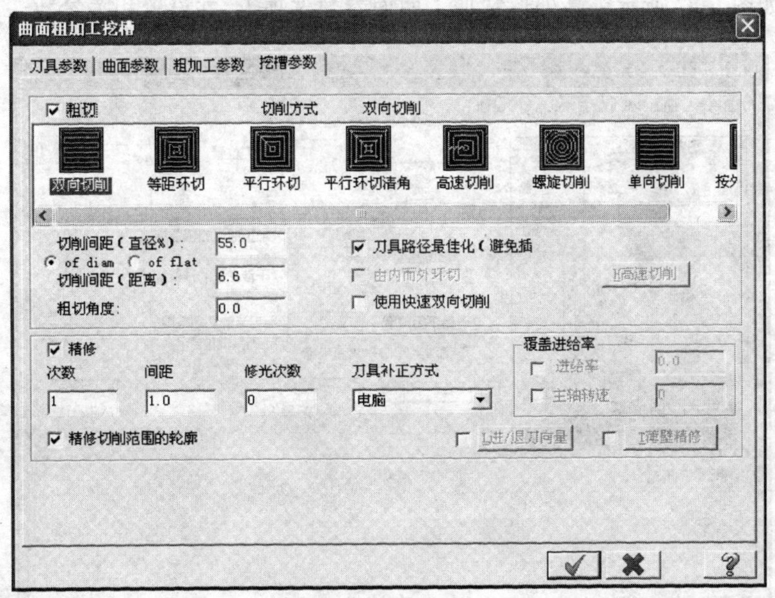


图 6-85　设置挖槽参数

②选择菜单栏中的“刀具路径”/“曲面精加工”/“等高外形精加工”命令。系统提示选取要加工的曲面,单击选择工具栏上的实体选择按钮,选择烟灰缸实体,按回车键确认。

③系统弹出如图 6-5 所示对话框,单击切削范围边界选择按钮,选择矩形作为切削范围,单击确定按钮。

④系统弹出等高外形精加工对话框,在刀具栏空白区内单击鼠标右键,从刀具库选取直径为 6mm 的球刀,并设置如图 6-86 所示刀具参数(在设置刀具参数前先选择一下刀具)。

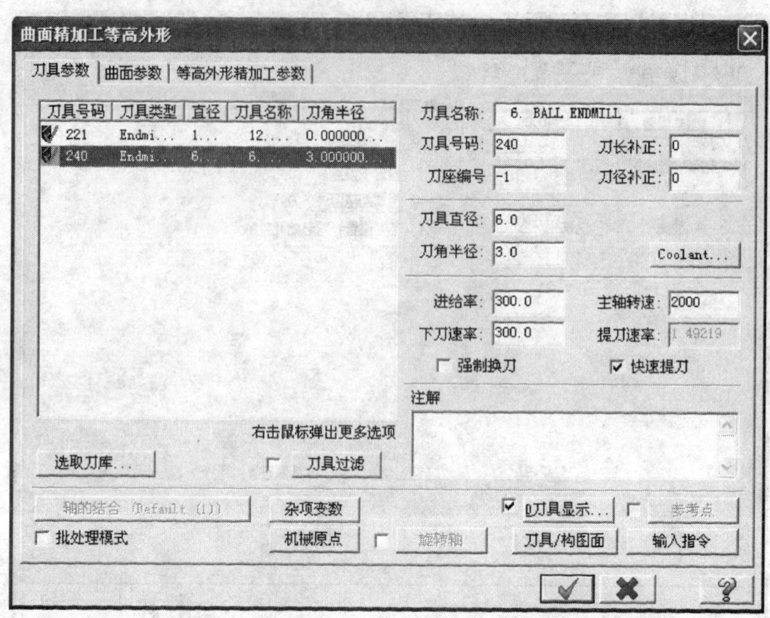

图 6-86　设置刀具参数

⑤选择如图 6-87 所示等高外形精加工曲面参数选项卡，并设置相关参数。

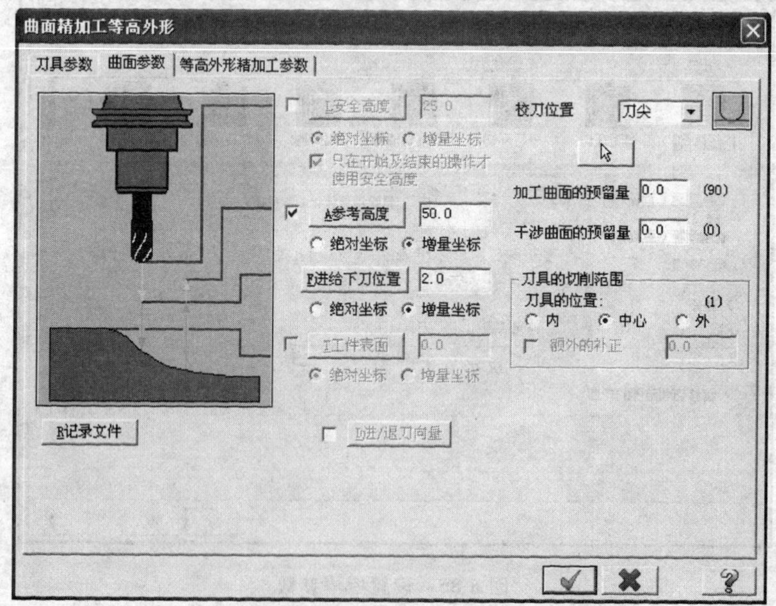

图 6-87　设置等高外形精加工曲面参数

⑥选择如图 6-88 所示等高外形精加工参数选项卡，并设置相关参数。

⑦单击等高外形精加工对话框中的确定按钮![ ]。

3. 浅平面精加工

①单击工具栏中的俯视构图面按钮![ ]，绘图面设置为俯视图。

②选择菜单栏中的“刀具路径”/“曲面精加工”/“浅平面精加工”命令，系统提示选取要

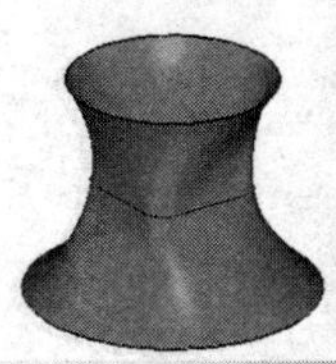

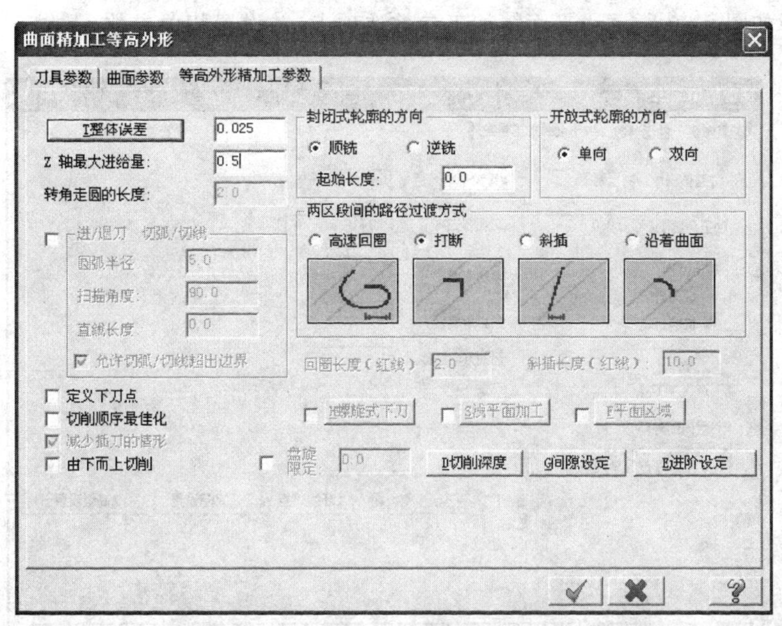


图 6-88 设置等高外形精加工参数



加工的曲面,单击选择工具栏上的实体选择按钮,选择烟灰缸实体,按回车键确认。

③系统弹出如图 6-5 所示对话框,单击切削范围边界选择按钮,选择矩形作为切削范围,单击确定按钮。

④系统弹出浅平面精加工对话框,选取直径为 6mm 的球刀,并设置如图 6-89 所示刀具参数(在设置刀具参数前先选择一下刀具)。

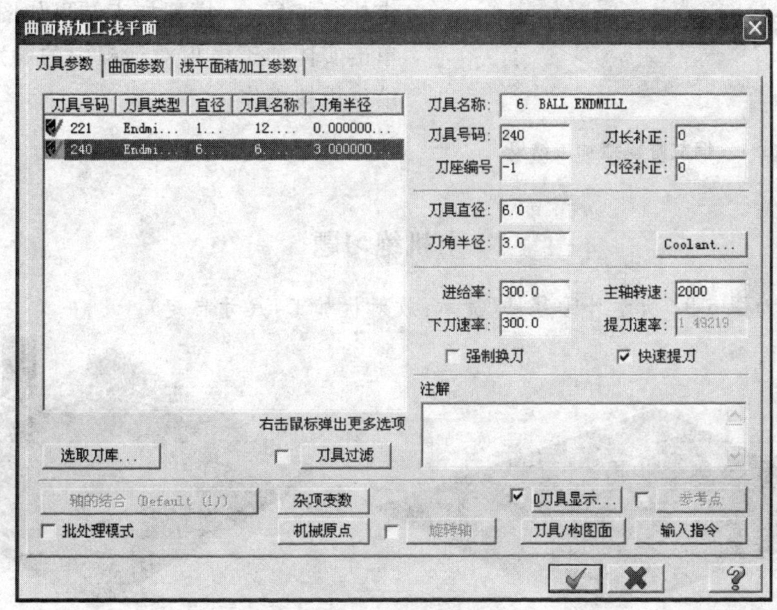


图 6-89 设置刀具参数

⑤选择如图 6-90 所示浅平面精加工参数选项卡，并设置相关参数。

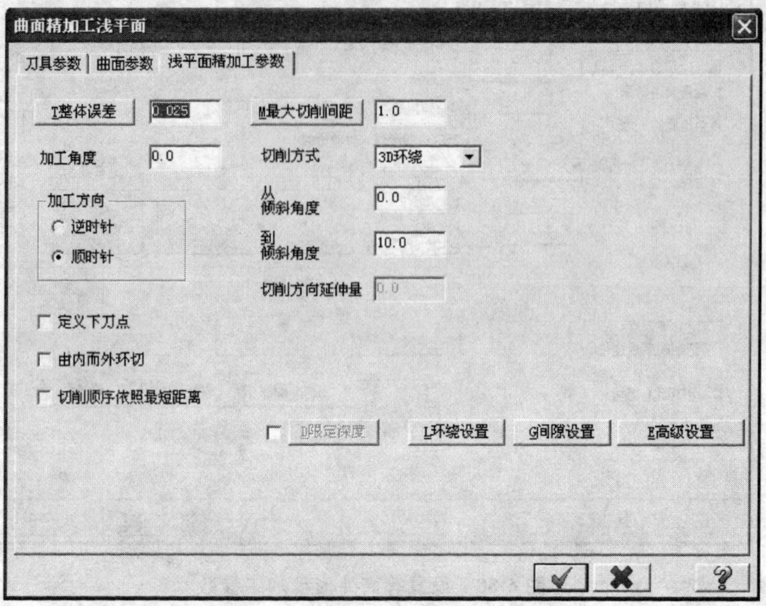

**图 6-90　设置浅平面精加工参数**

⑥单击浅平面精加工对话框中的确定按钮 ✓ 。

⑦单击加工操作管理器中的实体加工模拟按钮，系统弹出实体加工模拟对话框。单击执行按钮 ▸ ，模拟加工结果如图 6-91 所示。单击实体加工模拟对话框中的确定按钮 ✓ ，结束模拟操作。

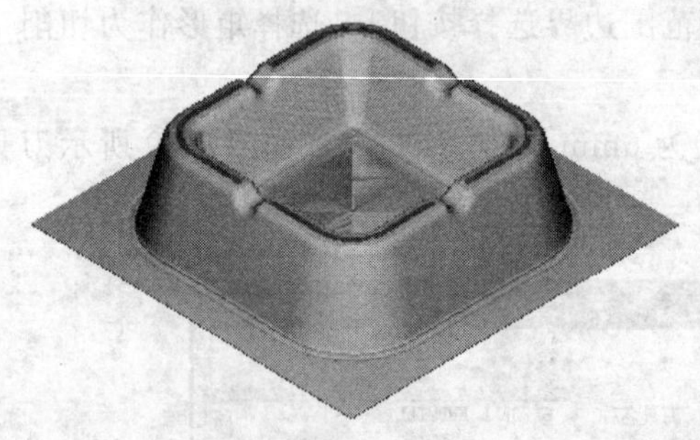

**图 6-91　烟灰缸模拟加工结果**

## 上机练习题

1. 加工如图 6-92 所示外形零件（提示：放射状加工，尺寸自定）。

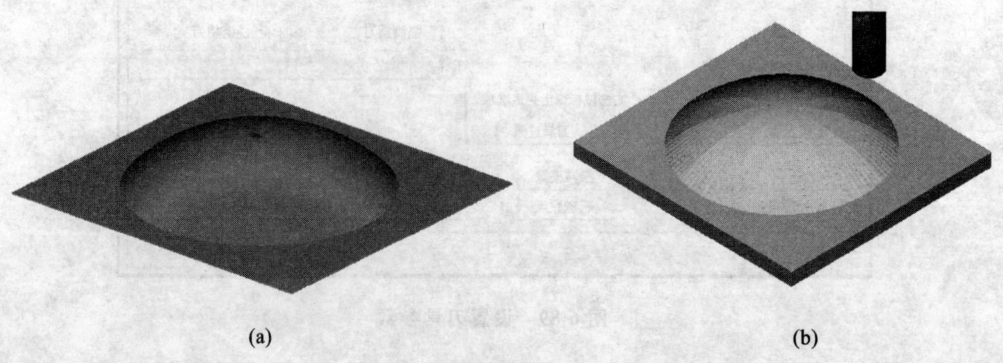

(a)　　(b)

**图 6-92**

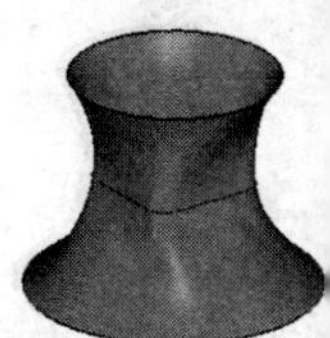



2.加工如图 6-93 所示外形零件(提示:平行铣削,尺寸自定)。

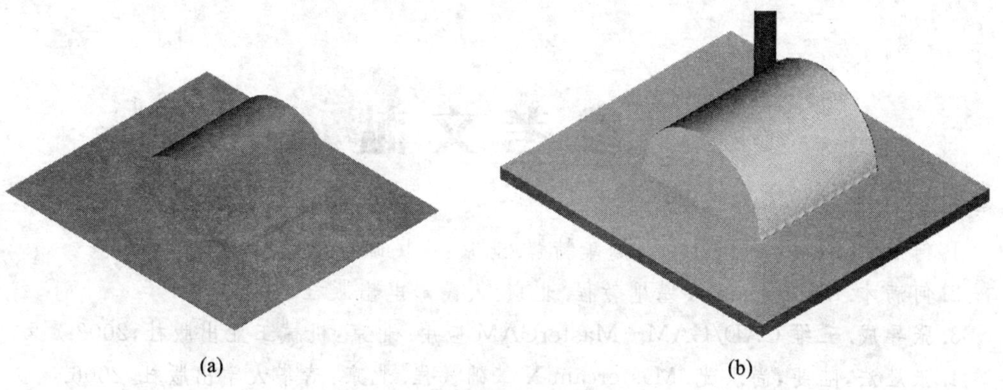

(a)　　(b)

图 6-93

3.加工如图 6-94 所示外形零件(提示:投影加工,尺寸自定)。



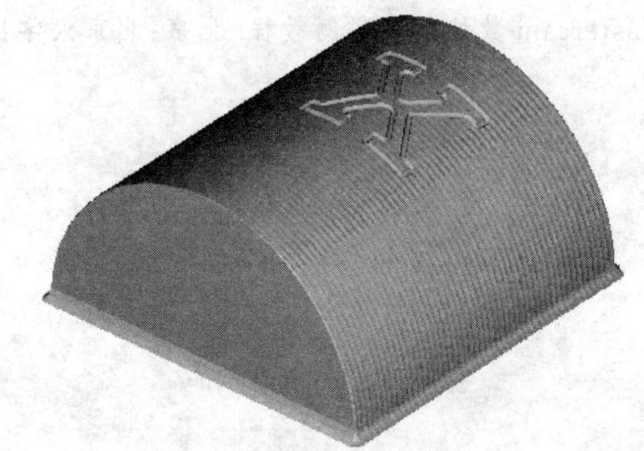

图 6-94

4.进行如图 6-95 所示鼠标外壳零件的加工。

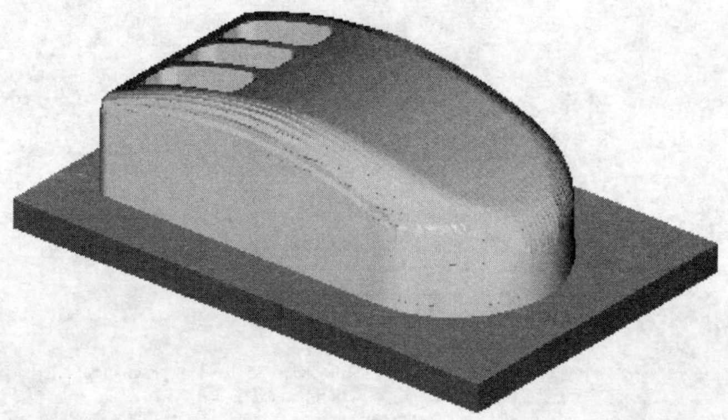

图 6-95

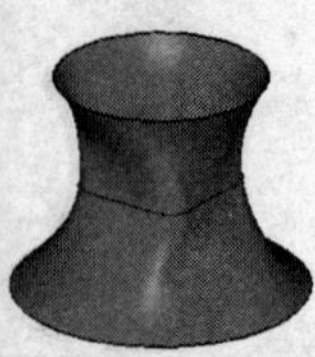



# 参考文献

1. 何满才. Mastercam 9.0 习题集精解. 北京:人民邮电出版社,2003.

2. 何满才. Mastercam X 基础教程. 北京:人民邮电出版社,2006.

3. 张导成. 三维 CAD/CAM—MasterCAM 应用. 北京:机械工业出版社,2002.

4. 张灶法,陆斐,尚洪光. Mastercam X 基础教程. 北京:清华大学出版社,2006.

5. 王睿,郑联语. Mastercam 8.0 基础教程. 北京:人民邮电出版社,2000.

6. 严列. Mastercam 8.0 模具设计教程. 北京:冶金工业出版社,2000.

7. 曹岩. Mastercam X6 数控加工从入门到精通. 北京:化学工业出版社,2012.

8. 刘文,姜永梅. Mastercam 数控加工案例教程. 北京:北京大学出版社,2011.